Arno Becker | Gerd Götz |
Sebastian Hörsch | Matthias Petgen

REBSCHNITT

Weinreben und Tafeltrauben
richtig schneiden

2., aktualisierte Auflage

263 Fotos und Zeichnungen
22 Tabellen

Der gelernte Winzer **Arno Becker** ist als Weinbauberater am DLR Rheinhessen-Nahe-Hunsrück in Oppenheim tätig. Auf einem Betrieb in der Nähe von Trier aufgewachsen führten berufliche Aktivitäten den Geisenheimer Diplom-Ingenieur nach Chile und Südafrika. Nachdem er zunächst als Betriebsleiter aktiv war, begann die Beraterlaufbahn im Jahr 2001.

Gerd Götz ist seit dem Jahr 2000 Weinbauberater am DLR Rheinpfalz in Neustadt an der Weinstraße. Voran ging die Ausbildung zum Winzer und Diplom-Ingenieur (FH) für Weinbau und Oenologie.

Sebastian Hörsch ist Diplom-Ingenieur (FH) für Weinbau und Oenologie und seit 2010 wissenschaftlicher Mitarbeiter am Weincampus Neustadt.

Dr. Matthias Petgen ist Dozent im Dualen Studiengang Weinbau & Oenologie am Weincampus. Der Schwerpunkt seiner Forschung liegt auf der Förderung wertgebender Inhaltsstoffe in der Traube durch weinbauliche Maßnahmen sowie in der Entwicklung weinbaulicher Strategien zur Abfederung des Klimawandels durch alternative Erziehungsformen, Rebsorten und Kulturmaßnahmen.

Inhaltsverzeichnis

Vorwort

„In dem Schneiden der Reben dokumentiert sich der eigentliche Anfang der Weinkultur ...“ heißt es im fast hundert Jahre alten Standardwerk von Bassermann-Jordan. Ohne die eingreifende Hand des Menschen klettere die Rebe möglichst hoch ohne jedoch Früchte zu bringen, die zur Weinbereitung geeignet wären.

In Anlehnung an dieses Zitat widmet sich dieses Buch den bewährten Grundsätzen des Rebschnitts. Es werden Schnittmethoden verschiedener Erziehungssysteme dargestellt, die mit dem Wissen über pflanzenphysiologische Hintergründe untermalt sind. Wie in allen Kapiteln ergänzen neueste Versuchsergebnisse die Ausführungen.

Zugleich werden die eingangs erwähnten Worte auf den Prüfstand gestellt. Denn auch arbeitssparende und extensive Produktionsverfahren wie der Minimalschnitt, bei dem der Winterschnitt zum großen Teil entfällt, werden ausgiebig behandelt. Nicht ohne Grund heißt schließlich ein weiterer Satz aus dem Volksmund dass „der Weinbau alle zehn Jahre neu geschrieben werde“. Andere Aspekte sind in diesem Zusammenhang zum Beispiel Holzpilzerkrankungen wie die Esca, die sich über große Schnittwunden einwachsen und sich ausbreiten können. Durch längere Nutzungszeiten der Rebanlagen gewinnen diese Aspekte zunehmend an Wichtigkeit. Es gilt, große Wunden soweit als möglich zu vermeiden, um das Einwachsen der Erreger zu unterbinden und das etabliertes Leitbahnsystem zu erhalten. Im Kapitel „Reben schneiden – womit?“ wird auf die Technik des Schnitts, die Mechanisierung und die Arbeitswirtschaft eingegangen. Die verschiedenen benutzbaren Handwerkzeuge für den manuellen Rebschnitt spielen dabei eine Rolle. Daneben werden Geräte zum teilmechanisierten Schnitt beschrieben, die eher im professionellen Weinbau ihren Einsatz finden. Auch die Frage „Wohin mit dem Schnittholz?“ wird in kompakter Form beantwortet.

Auf jeden Fall soll dieses recht komplexe Thema umfassend dargestellt werden. So wendet sich dieses Buch an Praktiker und Neulinge, sowohl hauptberuflich Tätige als auch Nebenerwerbs- und Hobbywinzer, die sich intensiver mit der Thematik beschäftigen möchten. In der Neuauflage wurden viele Kapitel grundlich überarbeitet, vor allem die Gerätetechnik wurde auf den aktuellen Entwicklungsstand gebracht, neue Scherenmodelle im Test vorgestellt. Der „Sanfte Rebschnitt“ wurde als eigenes Kapitel neu aufgegriffen und nach aktuellem Wissensstand dargelegt. Zudem wird auf die Sanierung von durch holzzerstörende Pilze erkrankten Reben eingegangen. Ein Thema, das in den letzten Jahren zunehmend Brisanz entwickelt und zu deren Lösung der Rebschnitt beitragen kann.

Die Autoren, im Sommer 2020

1 Allgemeine Grundsätze des Rebschnitts

1.1 Die Anfänge

Eine überlieferte Legende besagt, dass ein Esel der wahrhaftige Erfinder des Rebschnitts gewesen sein soll. Wohl mangels Futter hielt sich das Tier an die verholzten Triebe von wild oder halbwild wachsenden Reben. Der Legende nach hatten gerade diese auf kurze Stummel gestutzten Reben

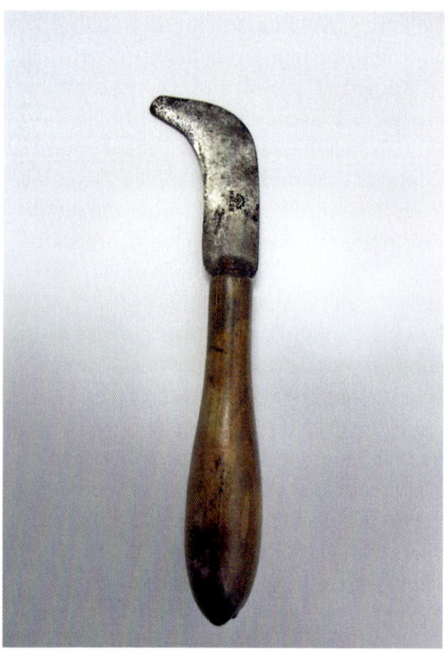

Abb. 1 Der Sesel oder das Römische Krummmesser war der Vorgänger der Rebschere. Heute findet man noch historische Exemplare von Ausgrabungen in Weinbaumuseen. Bis zur Ablösung durch die Rebschere um 1870 waren die Vorläufer der Rebschere im Weinbau noch allgemein im Einsatz.

im Folgejahr den kräftigsten Neutrieb und trugen die schönsten Trauben. Soweit man der Anekdote also Glauben schenken darf, war der Esel, mitunter auch eine Ziege, Wegbereiter des Zapfen- oder Kordonschnitts, der ältesten Form, wie kultivierte Reben geschnitten und erzogen werden.

Schon aus ältester Zeit zeigen Darstellungen von Reben aus Ägypten oder Griechenland, dass kultivierte Reben einem regelmäßigen systematischen Schnitt unterzogen wurden. Dies gilt unabhängig von der Erziehungsart. In den Mittelmeerländern ist die Gobelet-Erziehung teils heute noch weit verbreitet – ein meist einfacher Stamm mit aufsitzenden Zapfen. Daher war das römische Rebmesser, auch als Krummmesser, Sesel, Hape oder Hippe bezeichnet, schon immer Symbol des Weinbaus und der Rebleute. Auch in römischen Darstellungen aus Ausgrabungen an Rhein und Mosel wurde dies überliefert.

Mögen sich wohl damals bereits Gelehrte und Rebleute intensiv mit dem Schnitt und der Erziehung von Reben auseinandergesetzt haben, so zeigt dies doch bis heute, welchen Stellenwert dem Rebschnitt und damit auch der Erziehungsform und dem Anbausystem beigemessen wurde bzw. noch heute beigemessen wird. Auch wenn heute die Arbeitswirtschaft und Vollmechanisierung in der weinbaulichen Produktion im Vordergrund stehen, gelten die schon früh erkannten physiologischen Zusammenhänge zwischen angeschnittenen Reben, Wuchs und Ertragsverhalten bis heute. Der Rebschnitt ist somit ertrags- und qualitäts-

Abb. 2 Die Stamm- oder Gobelet-Erziehung ohne jegliches Unterstützungssystem stellt die einfachste und ursprünglichste Reberziehung dar und ist in Mittelmeerländern noch weit verbreitet. Das Fruchtholz besteht aus kurzen Zapfen direkt auf dem Stamm. Das Bild wurde im Burgund (Frankreich) aufgenommen. Der dargestellte Weinberg hat ein Alter von mindestens 40 Jahren.

bestimmend. Natürlich sind jahrgangsabhängige Witterungseinflüsse und weitere Stockpflegemaßnahmen für den Qualitätserhalt unbestritten, dennoch bestimmt der Rebschnitt die Grundtendenz, ist also ein Regulativ im Groben, er bleibt damit das wichtigste Regulativ im Weinbau, der den Wuchs und Fruchtansatz wesentlich beeinflusst.

1.2 Zuerst die Theorie – sie schadet bekanntlich nie

Theorie schreckt den Praktiker zwar oft ab, denn er sucht seine Lösung lieber in praktischen Tipps und Ratschlägen. Trotzdem sollen einige pflanzenbauliche Hintergrundinformationen als Basis dienen, um zu verstehen, warum die Rebe nun gerade so wächst und nicht wie erwünscht oder erwartet. Besonders der Begriff der Apikaldominanz durchzieht die Thematik wie ein roter Faden. Sie drückt das Bestreben der Rebe aus, möglichst rasch in die Höhe zu wachsen, indem die oberen Augen stärker durchtreiben als diejenigen an der Basis. Die Apikaldominanz zu brechen, ist ein wesentlicher Punkt beim Rebschnitt und der gesamten Reberziehung. Auch der Aufbau des Holzkörpers der Rebe sowie einige wesentliche Begrifflichkeiten zum Rebschnitt sollen vorweg erläutert werden.

1.2.1 Der Rebschnitt als Regulativ in der Rebenerziehung und Qualitätssteuerung

Als Rebschnitt bezeichnet man den jährlichen Winterrückschnitt, der in aller Regel während der vegetationslosen Zeit durchgeführt wird. Dagegen werden Schnittmaßnahmen im Sommer als Laubschnitt bezeichnet, denn diese betreffen die wachsenden grünen Sommertriebe und Geiztriebe. Der Sommerschnitt greift im Gegensatz zum Winterrückschnitt nicht nachhaltig in den Stockaufbau und die Formgebung ein. Jedoch kann durch gezieltes Entfernen oder Belassen von grünen Trieben bewusst auf die Triebentwicklung und -stellung während der Wachstumszeit Einfluss genommen werden.

Der Rebschnitt hat sowohl auf die Form des Stockes und Stammes als auch auf die Physiologie, die Wuchskraft sowie das Ertragsverhalten einen starken Einfluss und stellt daher ein tiefgreifendes Steuerungsinstrument dar. Durch keine Maßnahme kann der Winzer mehr Einfluss auf Wuchs und Form seiner Reben ausüben als durch den meist manuellen, d. h. mittels Rebscheren durchgeführten Rebschnitt. Auch wenn vielfach elektrische und pneumatische Rebscheren im Weinbau Einzug eingehalten haben, so ist die eigentliche Schnittführung immer noch Hand- und vor allem Kopfarbeit. Durch den klassischen Rebschnitt auf Ruten, Strecker oder Zapfen werden über 90 % des Neuzuwachses an einjährigen verholzten Trieben entfernt. Zudem wird das vorjährig belassene Fruchtholz, also in der Regel die alte Bogrebe und bei Verjüngungsschnitten auch Teile vom mehrjährigen Stammholz, abgeschnitten bzw. abgesägt.

Entscheidend ist nicht nur das eigentliche Schnittbild, also wie die Rebe vor und nach dem Schnitt aussieht. Zum tieferen pflanzenbaulichen Verständnis gehört auch, wie sich die Rebe daraus entwickelt, wie sie sich also im ergrünten Zustand und nach Vollendung der Vegetationsperiode im Folgewinter präsentiert, wenn wiederum der Rebschnitt ansteht.

Verschiedene Reben, die nahezu identisch geschnitten wurden, können sich abhängig von der jeweiligen Wuchskraft, äußeren Witterungseinflüssen, Krankheiten und Schädlingsbefall, Sorteneinflüssen, Eingriffen durch Pflegearbeiten wie Ausbrechen oder frühe Ausdünnung völlig verschieden präsentieren. Ein junger Rebstock reagiert aufgrund seines begrenzten Wurzelwachstums ganz anders auf eine Stress-Situation, etwa durch Wassermangel im Sommer, als ein alter, tiefwurzelnder Stock. Die Gruppe der Burgundersorten, die zu starker Wasserschossbildung am Stamm- und Kopfbereich neigen, zeigen als Beispiel wiederum ein anderes Bild als etwa der Portugieser, der nur schwerlich Triebe aus dem alten Holz entwickelt und daher zur Verkahlung neigt. Diese sortenspezifischen Wuchseigenheiten müssen demnach beim Schnitt berücksichtigt werden, ein erfahrener Winzer macht dies oft intuitiv. Er sieht dem Stock an, wie viele Augen er gut verträgt und ab wann es für die Rebe und damit auch für die Traubenqualität kritisch wird oder ob eine Verjüngungsmaßnahme wie die Ableitung auf einen Wasserschoss sinnvoll erscheint, weil etwa ein Stammschaden vorliegt.

Um diese Erfahrung zu sammeln, benötigt der Praktiker genügend Erfahrung – erst nach einigen Vegetationsperioden gewinnt die schneidende Person die nötige Sicherheit. Zuvor bewegt man sich erfahrungsgemäß in einem Übungsmodus, den man nach und nach ablegt und an Schnittsicherheit gewinnt. Wird etwa einmalig der Anschnitt,

Ziele des Rebschnitts

Früher (nach den Weinbaugelehrten Johann Philipp Bronner und Friedrich von Bassermann Jordan)

- Der Schnitt war ertragsbetont, „Viel soll es geben!", auf die Fruchtbarkeit der angeschnittenen Ruten wurde großen Wert gelegt. Daher galt der Grundsatz, die Fruchtrute muss aus einem Zapfen entspringen. „Anschnitt vom zahmen Holz". Wasserschosse, also „wildes Holz" als Fruchtruten waren verpönt.
- Durch häufigere und gravierendere witterungsbedingte Einflüsse (Frost, schlechte Blüte), Rebkrankheiten sowie wenig fruchtbarem, virusbelastetem Pflanzmaterial und ausgezehrte Böden (häufig Nährstoffmängel) war das Ertragsniveau von Natur aus schon begrenzt.
- Der Stockaufbau war weniger entscheidend, da die geringe Mechanisierung dies nicht erforderlich machte.
- Je nach Region wurde aber auch Wert darauf gelegt, dass ein Weinberg möglichst lange nutzbar bleibt, da die Qualität alter Weinberge als höher eingeschätzt wurde. Hier wurde zugunsten längerer Nutzungsdauer besonders kurz angeschnitten (z. B. Rheingau).

Heute

1. **Formerhaltung**
   - Die Rebe dem Drahtrahmen und dem Erziehungssystem jährlich anpassen und Triebe gezielt im Wuchs fördern oder unterdrücken.
   - Verkahlung im unteren Bereich verhindern (Apikaldominanz brechen).
   - **„Formerhaltung geht vor Ertrag".**
   - Speziell beim **Sanften Rebschnitt** gilt es, die Positionierung von Zapfen als „Ausgänge" an fixen Positionen dauerhaft zu setzen, um das Leitbahnsystem zu erhalten und eine gezielte Astbildung zu unterstützen (Ramifikation) . Auf diese Methodik wird ausführlich in Kapitel 3.9 eingegangen.
2. **Qualitäts- und Ertragssicherung**
   - Gleichmäßig verteilte günstige Anordnung der Sommertriebe und der Traubenzone ermöglichen.
   - **Ziel:** Hohe, schlanke und gut belichtete Laubwände für ein optimales Blatt-Frucht-Verhältnis und für eine harmonische Ernährung der Trauben.
   - Die heutigen ertragssicheren Klone erfordern in der Regel eine strikte Begrenzung der Augenzahl, um Übererträge und damit einhergehende Qualitätsmängel zu vermeiden.
   - Verringerung der Krankheitsanfälligkeit durch gute Durchlüftung und Belichtung der sich entwickelnden Laubwand.
3. **Steuerung und langfristige Erhaltung des Gleichgewichtes zwischen generativer (Fruchtbildung) und vegetativer (Holzbildung) Entwicklung**
   - **Alternanz** brechen, also einen jährlichen Wechsel zwischen sehr hohen und sehr geringen Erträgen möglichst vermeiden.
   - Das Verhältnis zwischen Schnittholzmenge und Traubenertrag sollte etwa 4:1 bis 8:1 betragen.
4. **Arbeitswirtschaft**
   - Dem Erziehungssystem angepasste, ergonomisch günstige Durchführung der Stockarbeiten einschließlich der problemlosen maschinellen Lese ermöglichen (kein Totholz, keine morschen Stämme belassen).
   - Der Mechanisierung sollte nichts im Wege stehen, daher hochgebaute Stämme oder seitlich abstehende Ruten vermeiden. Dies gilt vor allem für den Unterstockbereich, hier ist auf einen geraden Stammaufbau zu achten.
5. **Langlebigkeit der Anlage, Wirtschaftlichkeit**
   - Aufgrund der längeren Standzeiten der Anlagen durch länger haltbares Pfahl- und Drahtmaterial sollte auch der Rebbestand bis zur Rodung vital und ertragssicher bleiben, nicht zuletzt ein Verdienst eines sachgerechten Rebschnitts sowie notwendiger Stocksanierung (Stammerneuerung nach Frost, starkem Hagelschlag oder Krankheiten wie Esca, Eutypa, Schwarzholzkrankheit).
   - Gleichmäßige Erträge anstreben und lange wirtschaftliche Nutzung des Weinberges ermöglichen ohne Über- oder Unterbelastung der Reben.
   - Erhaltung des wirtschaftlich erforderlichen Produktionspotenzials der Anlage bis zur geplanten Rodung.

also die belassene Augenzahl auf der Rute, zu knapp gehalten, führt dies zu wüchsigen Beständen. Wird die Augenzahl hingegen zu hoch gewählt, so verursacht dies überlastete, schwachwüchsige Reben. Das Ziel soll eine ausgeglichene Wuchsentwicklung sein, daher muss spätestens im Folgejahr oder besser schon beim Ausbrechen der grünen Triebe nachjustiert werden. Nach langjähriger intensiver Beschäftigung mit der Thematik lernt man seinen Weinberg quasi immer besser kennen. Als Trost gilt, dass selbst ein erfahrener Praktiker sich schwer tut, wenn er einen fremden Weinberg mit einer für sie neuen Sorte zum ersten Mal schneidet. Diese Erfahrung machen zu dürfen, ist aber gerade das Spannende bei der Arbeit in und mit der Natur, mit Lebewesen, zu denen die Reben ja zweifelsohne auch zählen.

Wie sich die Augenzahl konkret in Exaktversuchen auf den Ertrag und die Fruchtbarkeit der Augen langfristig auswirken, wird ausführlich im Kapitel Anschnittempfehlungen und Anschnittniveau dargelegt.

1.2.2 Schematischer Aufbau der Rebe und ihrer Organe

Den Rebenaufbau und Rebschnitt betreffend, lassen sich in der Vegetationsruhe folgende verholzten Organe unterscheiden (siehe auch Abb. 7):

Aufbau des Rebstocks am Beispiel der Halbbogenerziehung

- **Einjähriges Holz** sind alle verholzten Triebe bzw. Ruten, die im Frühjahr aus den Winteraugen ausgetrieben haben oder in der Vegetation zugewachsen sind. Auch die verholzten Geiztriebe zählen dazu, sie entstammen als Seitenverzweigungen den Sommeraugen (Geiztriebaugen) der Blattachseln. Geiztriebe, die nicht verholzt sind, fallen in der Regel mit dem Blattfall zu Boden. Oft hängen noch einzelne abgestorbene Blattstiele und unverholzte Geiztriebe locker an den verholzten Trieben, gerade bei früh durchgeführtem Schnitt. Nach Frost oder starkem Wind fallen diese aber meist ab. Das Frucht- oder Tragholz, das beim Schnitt belassen wird, besteht immer aus einjährigem Holz in Form von Ruten oder kurzen Zapfen (etwa beim Kordonschnitt). Einjähriges Holz ist hell- bis dunkelbraun gefärbt und hat eine fester sitzende Rinde. Sind Teile der Rute nicht ausgereift, so erscheinen sie vor dem ersten Frost grün, nach dem Frost werden sie schwärzlich und sind taub. Gesunde und intakte Jahrestriebe sind unter der Borke grün.
- Das einjährige Holz weist Ranken auf und wächst in der Regel aufrecht nach oben in den Drahtrahmen ein, dies hängt aber von den durchgeführten Laubarbeiten, der Erziehung (Biegedrahtabstand) und der Sortenneigung ab. Weiter wird beim einjährigem Holz nach wildem und zahmem Holz unterschieden. **Wildes Holz** sind die Wasserschosse, die direkt aus dem mehrjährigen Holz gewachsen sind. Sie trugen in der Regel keine oder nur wenige Trauben. Auch die Augenfruchtbarkeit ist bei Wasserschossen in der Regel vermindert. **Zahmes Holz** wächst aus der vorjährigen Bogrebe oder dem Zapfen entsprungen. Zahmes Holz hatte zumeist einen reichlichen Fruchtansatz, außer an den Trieben, die aus den basalen, stammnahen Augen gewachsen sind und die je nach Sorte weniger fruchtbar sind. Dieses zahme Holz ist grundsätzlich als angeschnittenes Tragholz fruchtbarer als wildes Holz in Form von Wasserschossen, da mehr Gescheinsansätze in den Augen vorgebildet sind. Hat eine verholzte Rute im

Vorjahr schon Trauben getragen, so ist auch im Folgejahr von einer guten Fruchtbarkeit der Winteraugen auszugehen. Der ehemalige Fruchtansatz kann beim Rebschnitt am Stielansatz der abgeschnittenen Trauben noch gut erkannt werden. Bei mit dem Vollernter gelesenen Trauben hängen meist noch die Rappen (Stielgerüste der Trauben) an den Ruten.

- **Zweijähriges Holz** stellt das Tragholz dar, das im Vorjahr beim Rebschnitt (Anschnittrute und Ersatzzapfen bei der Bogenerziehung) belassen wurde. Die Augenzahl des vorjährigen Anschnittes (Anschnittstärke) lässt sich durch Abzählen der belassenen Augen bzw. der Anzahl Triebe auf der Bogrebe leicht ermitteln und so das ungefähre Anschnittniveau in Abhängigkeit der Wuchskraft für den nachfolgenden Rebschnitt ableiten. Zweijähriges Holz bleicht durch die UV-Strahlung der Borke aus und ist damit heller. Oft siedeln sich auch unschädliche Algen oder Pilze an und es ist dann gräulich gefärbt. Die alte Borke platzt durch das sekundäre Dickenwachstum auf und ist rissig (siehe Abb. 3).
- **Mehrjähriges Holz** stellt den Stamm und den Kopf dar. Bei Kordonschnitt (Zapfenschnitt) gehört auch der mehrjährige Kordonarm dazu. Auch der Wurzelstock besteht aus mehrjährigem Holz. Je dicker der Stammumfang, umso älter sind in der Regel die Reben. Ausnahmen sind schwachwüchsige Reben auf kargen Standorten, die auch im hohen Alter noch dünne Stämmchen haben oder Reben, deren Stamm (mehrfach) verjüngt worden ist, etwa nach Befall durch Esca oder starken Frostschäden. Hier lässt sich das Alter der Reben am umfangreichen Wurzelstock grob feststellen. Jahresringe sind bei Reben nur schwach ausgeprägt, sie lassen sich kaum auseinanderhalten.

Abb. 3 Zweijähriges Holz ist im Vergleich zu einjährigem Holz ausgebleicht und die Borke ist durch das sekundäre Dickenwachstum bereits rissig geworden.

- **Veredelungsstelle (Pfropfkopf)** Meist deutlich erkennbare Verdickung am Stamm, bei herkömmlichen Pfropfreben in der Regel knapp über dem Boden und bei Hochstammreben im mittleren bis oberen Stammbereich gut zu sehen. Bei Hochstammreben ist manchmal die Unterlage dünner als der Stammteil des Edelreistriebes und die Rindenstruktur verschieden. Die Unterlage verbindet die reblausfeste Amerikanerunterlage mit der Edelsorte durch Pfropfung. Wichtig zu wissen ist, dass Triebe unterhalb dieser Veredlungsstelle sogenannte Unterlagsausschläge darstellen. Diese sind vollständig zu entfernen, da ansonsten die Unterlage sich verselbständigt und die Ertragssorte abgestoßen wird. Bei vielen Zierpflanzen, etwa der aufgepfropften Korkenzieherhasel auf Wildlingen, kann

Abb. 4 Rechter Trieb ist eine ausgetriebene Unterlage, sie wächst unterhalb der Veredlungsstelle. Diese Ausschläge sollten umgehend stammnah entfernt werden.

beobachtet werden, wie rasch sich die wuchskräftigere Unterlage durchsetzt und die Veredlung verkümmert. Infolge von Stammverjüngungen bei Reben kann es mitunter vorkommen, dass statt eines Triebes aus dem Edelreis unbeabsichtigt ein Unterlagentrieb hochgezogen wird. Normalerweise sind die Rebunterlagen bei der Veredlung geblendet, sodass sie keine Augen mehr ausbilden können. War die Blendung unvollständig, so können sich wieder schlafende Augen (Adventivknospen) bilden und austreiben. Triebe aus Unterlagen sind im Holz schwarzbraun und haben weite Internodien, schwach ausgebildete Ranken und kleinere Winteraugen. Im Sommer sind sie gut am Trieb (meist behaart) und der Blatt-

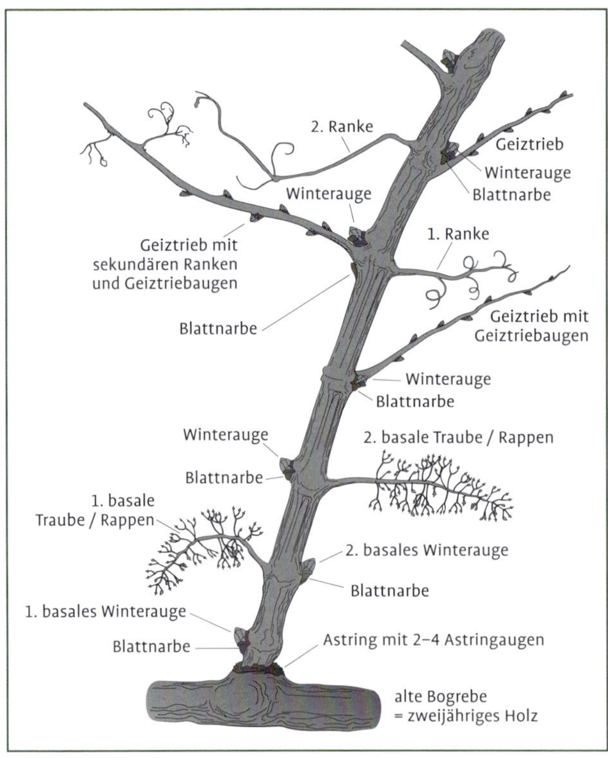

Abb. 5 Das Schaubild zeigt den charakteristischen Bauplan eines Rebentriebes vom 1. bis zum 7. Nodium. Beispielhaft wurden zwei Trauben/Rappen abgebildet. Die Gescheinszahl kann jedoch zwischen 0 und 4 variieren.

form (keine Einbuchtungen) zu unterscheiden (siehe Abb. 4).

- **Schnabeltrieb, Schnabelauge** Bei der Halbbogenerziehung stellt das letzte Auge an der Bogrebe das sogenannte Schnabelauge dar. Der Trieb, der sich daraus entwickelt, ist der Schnabeltrieb. Dieser steht bei der Halbbogenerziehung oft ungünstig ab und lässt sich im Sommer daher nur mit Mühe aufheften, da er sich unter den Biegedrähten befindet. Daher wird teilweise schon beim Rebschnitt das Schnabelauge geblendet. Bei weiten Pendelbögen (Biegedrahtabstand > 30 cm) werden im Allgemeinen alle eingekürzten Triebe am abfallenden Bogenteil als Schnabeltriebe bezeichnet. Sie weisen ein ungünstiges Blatt-Frucht-Verhältnis auf und sind daher bei einem qualitätsbetonten Weinbau unerwünscht. Sie steigern den Traubenertrag auf Kosten der Traubenqualität (siehe Abb. 7).
- **Genetisch bedingtes Wuchsmuster der Rebe** Jeder Rebentrieb ist in aller Regel nach einem bestimmten Muster aufgebaut. So bilden sich die Haupttrauben ausschließlich an der Triebbasis. In der Regel ist die Gescheinsbildung ab dem 6. oder 7. Nodium abgeschlossen, manchmal gibt es Mischformen aus Ranken und Trauben. Danach bilden sich nur noch Ranken. Zudem sind Blätter und Trauben wechselständig angeordnet, d. h. am nächsthöher positionierten Nodium wächst die Traube auf der anderen Seite des Triebes. Zudem ist jedes 3. Nodium frei von Ranke und Traube. Somit ist gewährleistet, dass die Trauben von Natur aus nicht zu dicht aufhängen.
Gegenüber der Traube entwickelt sich jeweils ein Hauptblatt, ein Geiztrieb (manchmal auch nur rudimentär verkümmert) und ein Winterauge, das die Gescheinsanlagen für das Folgejahr trägt

Abb. 6 Eine Mischform aus Ranken und Beeren wird auch als Rankentraube oder Gescheinsranke bezeichnet.

und den Austrieb sichert. Nur bei massiver Schädigung treiben einzelne Winteraugen bereits im Jahr der Bildung aus, etwa bei starkem Hagel. Diese können zusammen mit Geiztriebe die Funktion der Haupttriebe übernehmen. Auch starke Geiztriebe sind nach demselben Muster ausgebildet, tragen allerdings oftmals keine oder nur kleine (Geiz-)Trauben. Durch besondere Umstände wie Viruskrankheiten kann sich das Wuchsmuster ändern. Dann entstehen häufig Triebbänderungen, Doppelaugen oder Kurzkno-

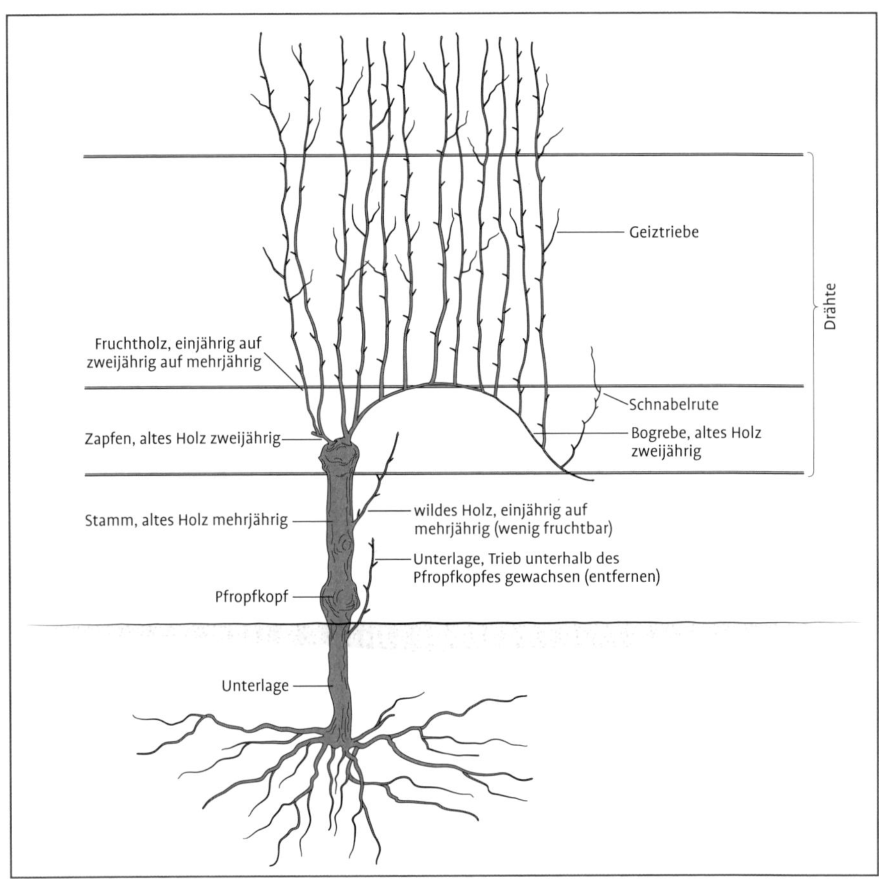

Abb. 7 Die Graphik verdeutlicht schematisch den Aufbau einer älteren Ertragsrebe nach dem Laubfall vor dem Schnitt bei Halbbogenerziehung. Das Alter der Rebe lässt sich in etwa vom Stammumfang ableiten. Abhängig von der Rebsorte, dem Standraum, der Wuchskraft, der Bogrebenlänge und den sommerlichen Stockarbeiten kann die Anzahl und Länge der verholzten Triebe und Geiztriebe sehr variieren.

ten, der Wuchs wird buschig (daher auch der Ausdruck Reisigkrankheit für bestimme Viruserkrankungen). Auch der Gescheinsansatz ist unregelmäßig angeordnet, es bilden sich kleine, aber oftmals mehr Gescheine am Trieb, die meist stark verrieseln (siehe Abb. 42 und 43).

1.2.3 Holzquerschnitt

Ohne dabei zu sehr in die Botanik einsteigen zu wollen, kann der grundlegende Aufbau des Holzes doch zum Verständnis der Rebphysiologie beitragen. Grundsätzlich ist ein- und mehrjähriges Holz im Querschnitt gleich aufgebaut, lediglich die Proportionen verändern sich. So nimmt der Anteil des eigentlichen Holzgewebes bei mehrjährigen Stämmen fortwährend zu, wohingegen die anderen Gewebeschichten sich kaum in ihrer Ausprägung verändern.

Im Inneren der Rute und des Stammes liegt der sogenannte **Markkanal**, ein Hohlorgan mit schwammig ausgefülltem Gewebe, dem Mark. Dieser Markkanal hat nach der Verholzung keine weitere Funktion mehr. Er wird nur im einjährigen Holz gebildet und bleibt auch beim späteren Dickenwachstum im Stamminneren erhalten (siehe Abb. 12 und 13).

In den **Nodien** (Verdickungen, wo sich die Winteraugen, Blattnarben, Ranken und Trauben befinden) wird das Mark durch die Holzbrücke (Diaphragma) unterbrochen. Sie sorgt für die nötige Stabilität, damit der Neuaustrieb von hinten abgestützt wird und nicht so leicht aus dem Holz brechen kann. Im Inneren direkt um das Mark liegt im ovalen Querschnitt der eigentliche **Holzkörper**, der beim frischen Schnitt in intakten Ruten grün erscheint. Gut ausgereiftes, kräftiges Holz mit vielen eingelagerten Reservestoffen besitzt wenig Mark und viel Holz. Das **Holz-Mark-Verhältnis** ist daher ein Maß für die Ausreife des Holzes. Sehr mastig gewachsene Ruten können zwar dick sein, weisen aber einen höheren Markanteil im Vergleich zu besser ausgereiften Ruten auf. Für die Holzreife spielt demnach weniger die Nährstoffversorgung als vielmehr die Belichtung eine Rolle. Daher sind besonnte herangewachsene Ruten meist auch besser ausgereift. Im Halbschatten nachgetriebene Ruten zeigen ein ungünstiges Holz-Mark-Verhältnis. Zudem gibt es sortenspezifische Unterschiede: Sorten mit hartem Holz (Riesling, Ortega, Cabernet Sauvignon), die in der Regel auch frosthärter sind, weisen ein besseres Holz-Mark-Verhältnis aus als Sorten die weiches Holz bilden, wie z. B. Trollinger oder Portugieser.

Abb. 8 Auch ein bereits hohl gewordener Stamm kann den Rebstock weiterhin ausreichend versorgen, solange die äußeren Leitbahnen noch intakt sind.

Auch die Rutendicke ist einmal sortenspezifisch und zum anderen von der Nährstoffversorgung abhängig. Sehr dicke Ruten weisen häufig sogar ein ungünstigeres Holz-Mark-Verhältnis auf als mitteldicke. Gerade bei allgemein schlechter Holzreife sollten daher mitteldicke Ruten bevorzugt werden. Bei der Auswahl der Zielrute lässt sich das Holz-Mark-Verhältnis leicht feststellen, wenn sie oben abgelängt wird, auch ob sie grün und damit intakt ist.

Der Holzkörper hat sowohl eine Stützfunktion als auch eine Versorgungsfunktion. Wasser und gelöste Bodennährstoffe wie Kalium, Magnesium oder Nitrat (anorganischer Stickstoff) werden in den Leitungsbahnen (Tracheen) des Holzgewebes von der Wurzeln bis in die Triebspitzen transportiert, dieser Bereich nennt sich **Xylem** und liegt direkt im Holzkörper (siehe Abbildung Holzquerschnitt). Die Markstrahlen unterbrechen den Holzkörper. Nach außen

Abb. 9 Wird ein Stamm durch einen Fremdkörper ringsherum eingeschnürt, so führt dies zum Absterben des oberen Bereichs.

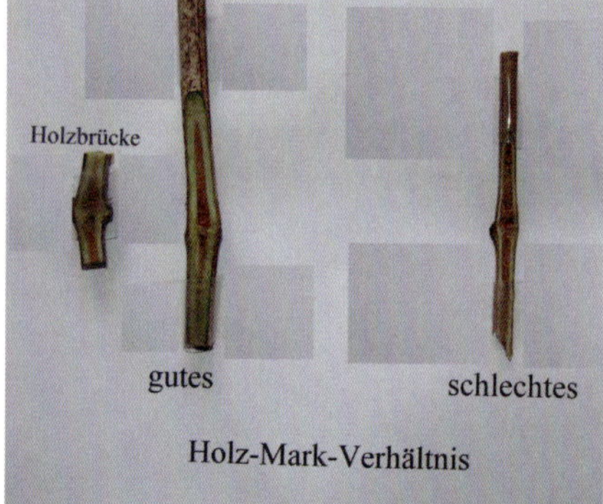

Abb. 10 Ein günstiges Holz-Mark-Verhältnis gilt als wichtiges Kriterium für die Holzreife und bei der Auswahl der Anschnittruten.

Abb. 11 Stark vermooste Reben treiben aus dem Altholz nicht mehr aus. Zwar schädigt das Moos die Rebe nicht direkt, indirekt kann es aber den Austrieb von Wasserschossen hemmen und Pilze fördern. Daher sollten solche Moospolster möglichst entfernt werden. Schattige und feuchte Stellen fördert die Moosbildung.

schließt sich eine sehr schmale Zellschicht an, die für das Dickenwachstum des Stammes verantwortlich ist. Diese Schicht wird auch Kambiumzone genannt und besteht aus teilungsfähigem Gewebe, das nach innen neues Xylemgewebe und nach außen neues Phloemgewebe aufbaut. So wächst jährlich ein Jahresring hinzu, der aus jungem Holzgewebe besteht. Der älteste Teil des Stammes liegt also stets im Inneren des Stammes und der jüngste direkt unter der Borke. Daher kann ein alter Stamm auch im Inneren schon morsch sein. Solange die äußeren Bereiche noch intakt sind, ist eine Versorgung über die Leitbahnen gesichert.

Der äußere Teil des Holzkörpers besteht aus dem **Siebteil oder Phloem**. Diese nur wenige Millimeter dicke Schicht ist für den Assimilattransport sowohl akropedal, also nach oben in die Triebspitzen, als auch basipedal, also nach unten in die Wurzeln, zuständig. Sie besteht aus verschiedenen Schichten, sogenannten Hartbast- und Weichbastplatten. Beim Ringeln wird das

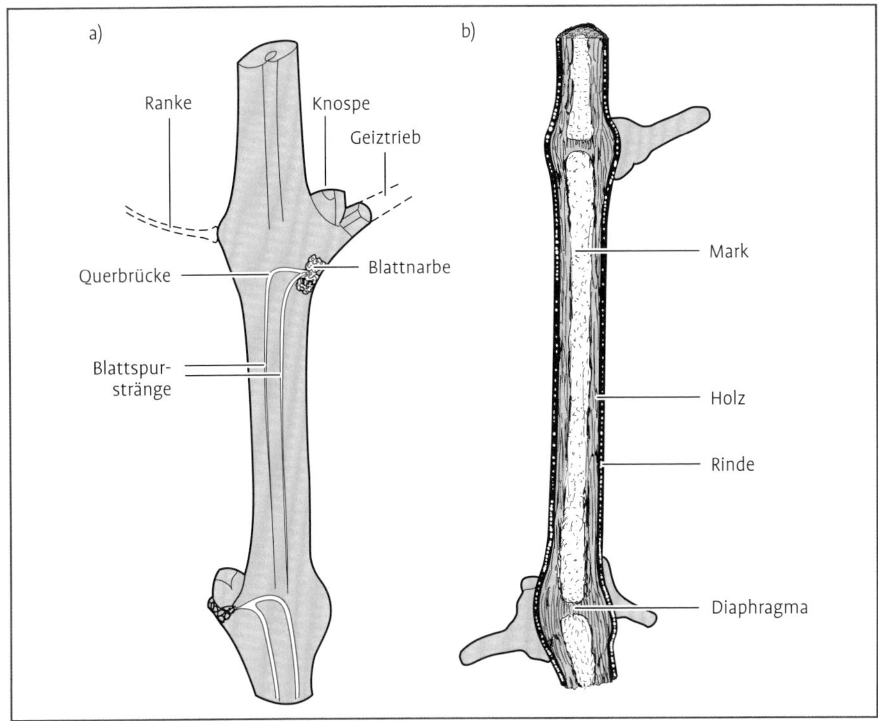

Abb. 12 Schematischer Aufbau (links) und Längsquerschnitt (rechts) des einjährigen Holzes. Es ist ein Internodium mit zwei Augen dargestellt.

Phloem ganz oder teilweise unterbrochen und es entsteht ein Assimilatstau, sodass die Assimilate sich im grünen Gewebe akkumulieren und die Wurzel weniger gut versorgt wird. Sie hungert damit langfristig aus, was dem Stock sehr schaden kann. Früher wurden Reben zur besseren Durchblührate **geringelt**, um damit die Verrieselung zu unterbinden. Auch bei Frostschäden am Stamm (Kambiumschäden) friert häufig nur das Gewebe der Phloemschicht und Kambiumschicht an der Stammbasis ab. Daher können die Reben noch einmal austreiben und einige Zeit ergrünen, sofern die Augen noch intakt sind. Sie „kippen" meist erst im Sommer oder Frühherbst um, da der Stamm an einer Stelle nicht mehr in die Dicke wachsen kann und die Leitungsbahnen somit endgültig durch das Dickenwachstum abgeschnürt werden. Dies ist besonders bei sehr jungen Reben der Fall (siehe Abb. 70).

Nach außen schließt sich die **Borke** an, die aus abgestorbenem Rindengewebe besteht. Diese lässt sich leicht bahnenförmig bis zur untersten fest aufsitzenden Schicht abziehen. Sie schützt etwas von äußeren Einflüssen und unterscheidet sich charakteristisch bei verschiedenen Sorten. So ist sie bei der Rebsorte Ehrenfelser besonders ausgeprägt lederartig-fest, bei Riesling dagegen feinfaserig. Die stark rissige Borke der alten Stämme ist meist dunkelgrau, in Teilbereich auch grünlich oder rötlich gefärbt, was am Algenbewuchs und der oberflächlichen Ver-

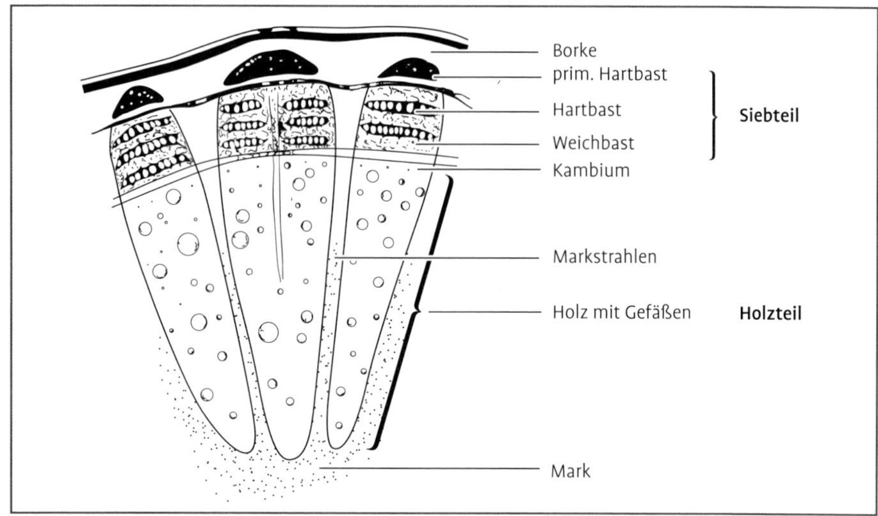

Abb. 13 Schematische Detaildarstellung eines Triebsegments des einjährigen Holzes mit Siebteil, Kambium, Holzteil und Mark.

pilzung der Rinde liegt. Oft sitzen gelbe und graublaue kreisförmige Flechten auf den alten Stämmen, teilweise werden alte dicke Stämme auch von Moosen besiedelt, was den Reben zwar nicht direkt schadet, den Austrieb der Adventivknospen unter der Rinde aber unterdrücken kann (siehe Abb. 49 und 50).

Bei einjährigen Ruten sitzt die Borke noch sehr fest, beim Biegen kann sie seitlich aufplatzen, was den Reben aber nicht weiter schadet, sofern der Holzkörper intakt bleibt.

1.2.4 Aufbau der Winteraugen

In den Winteraugen steckt bereits die ganze Triebanlage mitsamt den Gescheinen für die kommende Vegetationsperiode, geschützt vor Kälte, Schädlingen und Austrocknung durch die fest umschließenden Knospenschuppen. Damit ist die Rebe –wie alle Holzgewächse – in der Lage, bei entsprechenden Bedingungen sehr rasch auszutreiben und ihren Assimilationsapparat in Form von Blättern auszubilden. So lange die Winteraugen in völliger Winterruhe sind, ist die Frostfestigkeit hoch. Sobald sie beginnen aufzubrechen, sinkt die Frostfestigkeit sehr rasch, sodass Augen im Wollestadium bereits leicht erfrieren. Auch kann das junge saftige Gewebe der treibenden Knospen von Schädlingen (Rhombenspanner, Erdraupen) ausgefressen bzw. in ihrer Entwicklung beeinträchtigt werden (Kräuselmilbenbefall).

In der Regel treibt nur der Haupttrieb aus dem Auge aus, bei Sorten mit ausgeprägten Doppelaugen entspringen häufig zwei vollwertige Triebe aus einem sichtbaren Auge. Die Beiaugen werden hormonell in ihrer Entwicklung gehemmt, sofern das Hauptauge sich normal entwickelt. Stirbt es ab, was durch Frosteinwirkung, Fraßschäden oder Triebbruch geschehen kann, entwickeln sich die Bei- oder Nebenaugen, sofern diese nicht auch geschädigt waren (etwa starke Winterfröste). Da Beiaugen aber weniger fruchtbar sind, bilden sich er-

Abb. 14 Nach frühem Austrieb und Spätfrost treiben häufig die Beiaugen nicht mehr aus, da die Anlagen bereits verkümmert sind.

heblich weniger Gescheinsanlagen aus, die zudem kleiner bleiben. War der Haupttrieb bereits weit entwickelt, bis er abstirbt, so bleiben oftmals die Nebenaugen ganz aus. Die Bogrebe bleibt dann kahl.

Die Winteraugen werden bereits im Sommer des Vorjahres ausgebildet und befinden sich in den Blattstielachseln neben den Geiztrieben. Trauben und Ranken stehen jeweils gegenüber den Winteraugen. Beim Putzen der Ruten werden Ranken und verholzte Geiztriebe mehr oder weniger augennah abgeschnitten. Aus Unachtsamkeit können hierbei die Winteraugen geschädigt werden, vor allem die große Haupttriebanlage treibt dann nicht mehr aus. Wird hingegen das basale Auge des Geiztriebes stehen gelassen, treibt dies ebenso aus und verursacht unnötige Verdichtungen in der Laubwand, falls keine Triebkorrektur auf der Bogrebe stattfindet. Daher sollten Aushilfskräfte sowohl bei der Ausführung der Putzschnitte an der Rute als auch beim Ausbrechen von Doppeltrieben sensibilisiert und sorgfältig angelernt werden (siehe Abb. 119).

Normalerweise sind die Abstände (Internodien) zwischen zwei Augen auf der Rute in etwa gleich groß. Durch äußere Einflüsse des Vorjahres, wenn die Internodien durch Triebstreckung ausgebildet werden, können sie aber mitunter deutlich variieren. So führt ein Kräuselmilbenbefall zu engen Internodien besonders an der Basis der Rute, wo der Befall stärker war. Auch Trockenheit beeinflusst die Internodienabstände. Sortenspezifisch ist die Rebsorte Kerner dafür bekannt, dass oft zwei eigenständig ausgebildete Winteraugen sehr eng beieinanderliegen können. Bei anderen Rebsorten ist

Morphologischer Aufbau des Holzes und der Knospen – Begriffe und Funktionen im Überblick

1. Holzaufbau

- **Borke:** Äußerer Teil der Rinde, der aus abgestorbenen Zellen besteht. Die Borke reißt streifenförmig auf und lässt sich leicht abziehen. Sie schützt bedingt vor äußeren Einflüssen wie starke Besonnung, Frosteinwirkung, Fraßschäden oder mechanischen Einflüssen und sollte daher nicht unbedacht entfernt werden.
- **Siebteil, Phloem:** Bildet den äußeren Teil des Holzkörpers und besteht aus lebenden Zellen. Ist für den Transport der Assimilate (Zucker und Aminosäuren) nach oben in die jungen Triebe und nach unten bis in die Wurzelspitzen zuständig (Leitbahnen). Wird das Phloem an einer Stelle ringsherum entfernt (sogenanntes Ringeln), findet kein Abfluss der Assimilate nach unten mehr statt, die Wurzel und das Altholz werden unterversorgt, die Triebe und Trauben überversorgt. Dauerhaft zehrt dies aber die Rebe aus.
- **Kambium:** Dünne Zellschicht, die für das Dickenwachstum der Triebe und des Stammes verantwortlich ist. Sie bildet nach außen Siebteilzellen und nach innen Holzteilzellen.
- **Holzteil oder Xylem**: Sehr breite Zellschicht mit jährlichen Zuwächsen (Jahresringe). Bildet stabiles Stützgewebe (Holz, Zellulose) und ist für den Transport von Wasser und Nährsalzen (Kalium, Kalzium, Nitrat, Ammonium, Phosphat) verantwortlich (Leitbahnen). Innere Holzzellen sterben nach einigen Jahren ab (Kernholz bei Bäumen) und werden mit natürlichen Holzschutzstoffen ausgefüllt (Lignin, Harze, Gerbstoffe), die vor Verrottung und Schädlingen schützen.
- **Mark:** Innerster Teil des Triebes, stellt poröses Füllgewebe dar; es wird jeweils durch Holzbrücken unterbrochen. Beim Dickenwachstum des Stammes wird kein weiteres Mark gebildet. Ein geringer Markanteil beim Stammaufbau einer Jungrebe ist günstig (Frostgefahr, holzzerstörende Pilze).
- **Holzbrücke oder Diaphragma:** Bildet ein Trenngewebe, welches das Mark unterbricht, stabilisiert den neuen Trieb, schützt vor eindringenden Pilzen, Schädlingen und Austrocknung. Ein Holzüberstand zum obersten Auge der abgelängten Bogrebe an der Basis der Rute (kurzer Überstand bzw. Stummel aus der vorjähren Bogrebe zur neuen Fruchtrute) ist daher vorteilhaft.

2. Knospenaufbau

- **Nodium:** Wörtlich übersetzt bedeutet Nodium auch „Knoten“ und stellt die Verdickung am einjährigen Trieb mit Winterauge, Blatt(narbe), Geiztrieb (Sommerauge), Holzbrücke und evtl. Traube oder Ranke dar.
- **Internodium:** Triebabschnitt zwischen zwei Nodien bzw. Abstand zweier Winteraugen auf der Bogrebe. Kann sortenspezifisch variieren, besonders die basalen Internodien sind verkürzt, was beim Zapfenschnitt den Anschnitt recht kurzer Zapfen ermöglicht.
- **(Sichtbare) Winteraugen, die bestehen aus**:
  - Knospenschuppen und Knospenwolle: Schutzfunktion vor Nässe, Kälte, Wind, Austrocknung.
  - Hauptauge oder der Haupttriebanlage: Es treibt vorrangig aus, ist fruchtbar, die Blatt und Gescheinsanlagen sind bereits ausgebildet, bildet den Haupttrieb, bei zwei Haupttriebanlagen entstehen so Doppel- oder Mehrfachtriebe (häufiger bei Burgundersorten). Nach dem Streckungswachstum der Internodien bilden sich im Frühsommer jeweils Winterauge und Geiztriebe (sogenanntes Sommerauge am jungen Trieb) am Nodium aus. Besonders nach dem Gipfeln (Entfernung der Triebspitze) werden die Geiztriebe im Wuchs gefördert. Aus primären Geiztrieben können sich auch sekundäre und tertiäre Geiztriebe bilden. Teilweise wachsen daran verkümmerte Trauben (Geiztrauben), die aber kaum zu Reife gelangen. Nach frühem starkem Ha-

gelschaden treibt der Stock aus noch vorhandenen Geiztrieben und den schon gebildeten Winteraugen unmittelbar wieder aus.
  - 1 bis 2 Nebentriebaugen oder Beiaugen: Sie befinden sich ober- und unterhalb des Hauptauges und werden im Austrieb in der Regel gehemmt. Der Austrieb dieser Triebanlagen erfolgt verstärkt bei sehr kurzem Anschnitt oder falls die Hauptaugen durch Schädlinge, Frost etc. ausfallen. Sie sind weniger fruchtbar, da kein, eines oder selten auch zwei kleinere Gescheine in der Triebanlage vorgebildet sind. Die Fruchtbarkeit ist sehr sortenabhängig, fruchtbarer sind Burgundersorten, Silvaner, Müller-Thurgau → für Spätfrostlagen besser geeignet.
  - Weitgehend unfruchtbare Beiaugen haben Portugieser, Dornfelder, Traminer, Trollinger, Kerner → für Spätfrostlagen ungeeignet.
- **Basale Augen:** Die unteren 1 bis 3 sichtbaren Augen am Trieb, die speziell bei Kordonerziehung angeschnitten werden und auch als Basalaugen bezeichnet werden. Ihre Fruchtbarkeit ist sehr sortenabhängig (Übersicht siehe auch Kordoneignungsliste Tab. 9, ab Seite 197), aber meist geringer als an den höher positionierten Augen am Trieb.
- **(Unsichtbare) Adventivknospen oder schlafende Augen:** Knospen am mehrjährigen Holz, insbesondere am Kopf- und Stammbereich. Knospen sind sehr klein und unter der Rinde verborgen. Erst durch Abschälen der Rinde kann man diese Augen als kleine Höcker erkennen, sie bilden sich immer wieder neu, lassen aber bei alten Reben nach. Daher sinkt die Wasserschossbildung mit dem Dickenwachstum des Stammes. Sie dienen der Stockerneuerung bei starker Schädigung (Winterfrost, Holzpilze, mechanische Stammschäden). Die sich daraus entwickelnden Triebe sind die wilden Triebe oder Wasserschosse, sie werden regional auch als „Stocklaub" bezeichnet. Sie tragen in der Regel keine, selten auch mehrere Trauben und sind als Anschnittholz im Folgejahr weniger fruchtbar als „zahme" Ruten auf einjährigem Holz. Sie erfüllen als Ersatzholz (Zapfen, Stift, Knebel, Schnitt) bei einer Stockverjüngung oder einer Stammanpassung eine wichtige Funktion. Bei der Umstellung zum Sanften Rebschnitt dienen sie zum Aufbau von „Ausgängen", hierzu wird ausführlich in Kapitel 3.9 eingegangen.
- **Wasserschosse:** Normalerweise werden diese Wasserschosse am Stamm im grünen Zustand beim Ausbrechen komplett entfernt, sofern sie nicht zum Stockaufbau gebraucht werden. Die sortenspezifische Ausbildung ist sehr unterschiedlich, so bleiben sie bei der Sorte Portugieser fast komplett aus, bei Burgundersorten, Morio-Muskat, Silvaner oder Auxerrois treiben hingegen sehr viele Wasserschosse aus. An der Unterlage bilden sich in der Regel keine Adventivknospen mehr aus, da bei der Veredlung die Augen komplett geblendet wurden. Dies ist besonders bei Hochstammreben wichtig, die ansonsten an der stammförmig verlängerten Unterlagejährlich wieder neu ergrünen würden.
- **Achselaugen, Astringaugen**: Nennt man die sehr kleinen, aber mit dem bloßen Auge noch erkennbaren Knospen direkt an der Triebbasis des einjährigen Triebs (am sogenannten Astring). Sie treiben aus, wenn der Trieb auf Astring geschnitten wird. Sie sind in der Regel wenig fruchtbar und dienen der Erneuerung von Zapfen bei der Kordonerziehung. Wird beim Kordonschnitt nur auf Astring (damit unterhalb des ersten Basalauges) geschnitten, so ist der Fruchtansatz in der Regel schwach, da nur noch die Astringaugen austreiben können. Die Büschelbildung von Trieben ist aber geringer als beim Schnitt auf ein oder zwei basale Augen, da sich neben den Trieben aus basalen Augen auch noch Triebe aus den Astringaugen bilden können. Wird bei basal fruchtbaren Sorten sie z. B. Burgundersorten oder Silvaner auf Astring geschnitten, so kann jedoch oftmals auf das Ausbrechen am Kordon verzichtet werden.

Abb. 15 Ein in den letzten Jahren häufiger beobachtetes Schadbild beim Austrieb sind extrem gestauchte Triebe. Die Triebbasis bleibt dabei extrem engknotig, darüber wachsen die Internodien wieder normal lang. Über die Ursache ist man sich bislang noch nicht im Klaren.

Abb. 16 Die Astringaugen direkt an der Triebbasis treiben in der Regel nur beim Rückschnitt auf ein Auge oder Astring aus. Diese dienen zur Verjüngung. Wird der Astring mit entfernt, so ist kein Austrieb an dieser Stelle mehr möglich.

dies selten der Fall, durch Viruskrankheiten (Reisigkrankheit) wird diese unregelmäßige Engknotigkeit aber massiv gefördert. Auch eine neuartige, noch nicht ursächlich geklärte Triebstauchung führt zu extremer Kurzknotigkeit an der Triebbasis. Später verwächst sich wieder der Schaden.

Selbst bei guter Ausreife im gesunden Zustand gilt ein Ausfall von etwa 10 % der Hauptaugen aus verschiedenen Gründen (Fehlbildung des Auges, Verpilzung, Verletzung) als normal. Bei Bewertungen von Frostschäden (siehe Abb. 71) gelten daher Schäden dieser Größenordnung noch als Null-Schaden.

1.2.5 Fruchtholz und Augenfruchtbarkeit

Bei der Auswahl geeigneter Anschnittruten spielt die potenzielle Augenfruchtbarkeit, also wie viele Gescheinsanlagen in der Triebanlage ausgebildet sind, eine wesentliche Rolle. Diese ist abhängig:

- von der Rebsorte und Holzreife,
- von der Vorjahreswitterung (Vegetationsdauer, Wärmegunst, Wasser- und Nährstoffversorgung),
- von der effektiven Triebbelichtung im Vorjahr,
- vom relativen Vorjahresertrag des Stockes im Vergleich zur Wuchskraft und Witterung (Reservestatus/Alternanz/Ausdünnzeitpunkt),

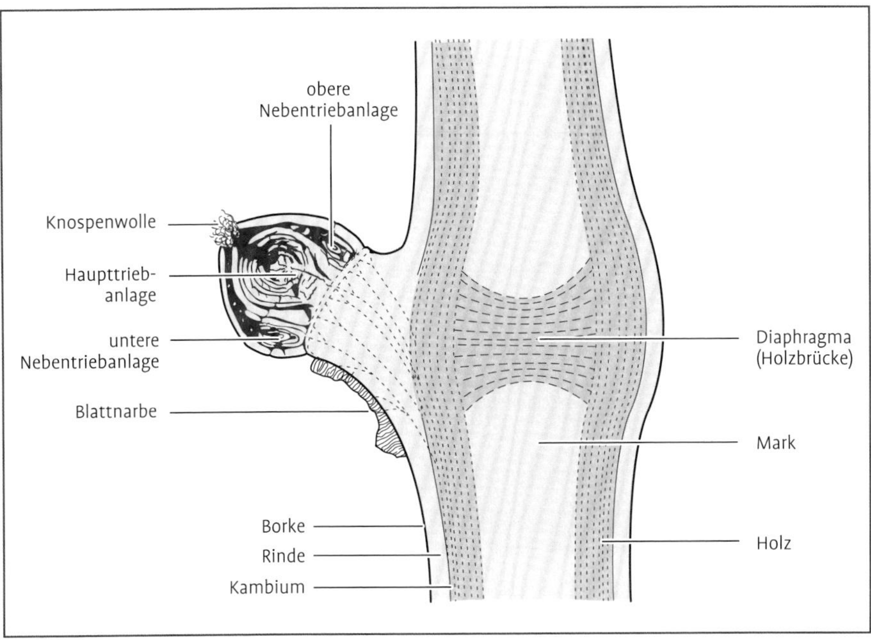

Abb. 17 Aufbau eines Nodiums mit Winterauge im Querschnitt.

- vom Lesezeitpunkt,
- von der Stellung des Auges an der Rute (basal, apikal),
- davon, ob die Rute zahmes oder wildes Holz (Wasserschoss) darstellt,
- von evtl. vorhandenem Krankheits- oder Schädlingsbefall der Rebe bzw. dem Auge selbst (*Phomopsis*, *Oidium*, *Botrytis*, Kräuselmilben, Virusinfektionen),
- von sonstigen Schädigungen (Hagel, Teilfrostschäden der Hauptknospen, mechanische Abschürfungen, Fraßschäden), nur Beiaugen treiben aus,
- von einer Gibberellinsäureapplikation bei Sorten, die auf verminderte Fruchtbarkeit im Folgejahr reagieren (insbesondere bei Riesling, Silvaner, St. Laurent, Traminer und Regent u. a.). Eine Behandlung ist für Weiß-, Grau-, Spätburgunder sowie Schwarzriesling und Portugieser zur Auflockerung des Stielgerüstes vorteilhaft. Hier sind keine relevanten Folgeschäden auf die Augenfruchtbarkeit gegeben. **Die aktuell geltende Zulassungssituation laut Pflanzenschutzgesetz ist zu beachten!**

Die Anzahl an Gescheinen (den späteren Trauben pro Trieb) wird im Vorsommer angelegt und steht daher im Winter bereits fest. Beim Austrieb findet lediglich eine Differenzierung der einzelnen Blütenanlagen statt, die später die Anzahl der Beeren in der Traube ausmacht. Durch differenzierte Augenschnitte kann die Anzahl der Gescheinsanlagen im Winterauge mikroskopisch bestimmt werden. In der Praxis erweist sich diese Vorgehensweise allerdings als schwierig, da die Gescheinsanlagen sich bei nicht professioneller Mikroskopie

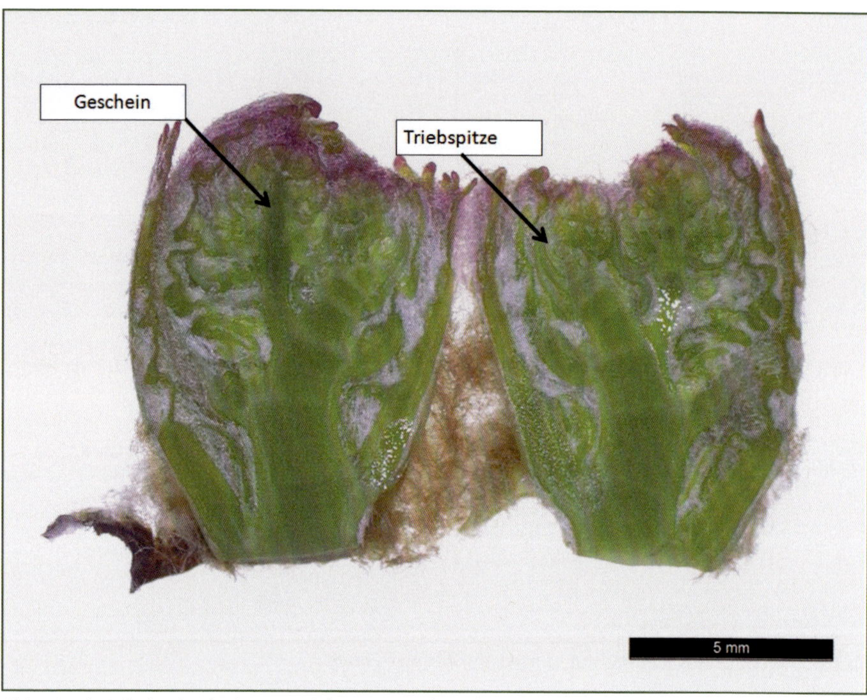

Abb. 18 Ein Schnitt durch ein angetriebenes Auge lässt bereits deutlich die Gescheinsanlage erkennen.

schwer erkennen lassen, besonders die höher insistierten, also das 3. und eventuell 4. Geschein am Trieb. Da Gescheine morphologisch eigentlich umgebildete Ranken darstellen, liegen die oberen Gescheine häufig nur rudimentär vor. Sie stellen quasi eine Ranke mit Beerenansatzdar, die auch als Rankengeschein oder Gescheinsranke bezeichnet wird. Dies lässt sich vor allem im Sommer bei Geiztrauben (Herlingen) gut beobachten, wo sich nur einzelne Beeren an der Ranke bilden.

Bei ungünstiger nasskalter Blütewitterung fallen mangels erfolgter Befruchtung die Beerenansätze ab und das Geschein wird zur Ranke umfunktioniert oder stirbt ab, man spricht von starker Verrieselung. Bei guter Blütewitterung können selbst wenige Blütenansätze am Geschein zu einer passablen Traubengröße heranwachsen.

Etwa zeitgleich zur Rebblüte werden in den sich entwickelnden Winteraugen am grünen Trieb die Gescheinsanlagen für das Folgejahr ausgebildet. Bedingt durch den Längenwuchs erfolgt dies an unteren basalen Knospen früher als an den am Trieb höher insistierten. Auch die Geiztriebe bilden Winteraugen mit Gescheinsanlagen im Spätsommer aus. Sofern diese noch verholzen, bilden sie z. B. bei ungeschnittenen Reben (Minimalschnittanlagen) ebenso Trauben aus. Ausreichend verholzte Geiztriebe können daher nach starkem Hagelschlag, mechanischem Sommerschnitt oder Krankheitsbefall als geeignetes Zielholz herangezogen werden. Neben phytohormonellen

Einflüssen spielt die **Licht- und Wärmegunst** in dieser Phase der Ausdifferenzierung eine wichtige Rolle für die zukünftige Fruchtbarkeit der Augen. Je günstiger die Belichtungsverhältnisse sind und je wärmer es ist, umso fruchtbarer werden die Winteraugen angelegt, also umso mehr und größere Gescheinsanlagen werden ausdifferenziert. Dies gilt besonders für nördliche Anbauregionen, in südlichen Gefilden kann die höhere Temperatur und Belichtung bereits das Optimum darstellen.

Daher sind die basalen, unter weniger belichtungsgünstigen Bedingungen entwickelten Augen weniger fruchtbar. Auch sind diese Augen meist kleiner, was schon optisch auf geringere Fruchtbarkeit schließen lässt. Dieser Zusammenhang spielt z. B. bei der Kordoneignung eine wichtige Rolle und hat wesentlichen Einfluss auf den Ertrag des Folgejahres. Einige Rebsorten wie Traminer oder St. Laurent sind an den basalen Augen nahezu unfruchtbar, was sie für den Kordonschnitt ungeeignet macht. Häufig nimmt die Fruchtbarkeit ab einem Optimum im akropedalen (obersten) Abschnitt der Rute wiederum etwas ab, was neben den beschriebenen Einflüssen auch an einer schwächer werdenden Holzreife liegen kann. Diese weniger fruchtbaren Bereiche kommen jedoch zumeist als Anschnittholz nicht mehr in Betracht, da die Anschnittruten in aller Regel oben abgelängt werden bzw. diese Bereiche im Sommer bereits beim Laubschnitt gekappt wurden. Lediglich zur Überbrückung von Fehlstellen werden in der Praxis manchmal überlange, horizontal gezogene Ruten angeschnitten, die dann zu überhöhter Stockbelastung führen können. Unter günstigen und wüchsigen Bedingungen können an einer Rute durchaus über 30 Winteraugen ausgebildet werden und ausreifen. Dies ist beispielsweise an Hausreben und Unterlagenschnittgärten gut zu sehen.

Neben der Vorjahreswitterung spielt der **Vorjahresertrag** eine wesentliche Rolle für die Augenfruchtbarkeit. Dieser darf aber nicht absolut in Kilogramm pro Hektar gesehen werden, sondern muss immer relativ zum Standort und der Sorte betrachtet werden. Der Standort und die Witterung bestimmen die Wärmegunst und die Wasser- und Nährstoffversorgung. Daher kann sich ein Ertrag von 80 hl/ha auf einem flachgründigen Standort in einem Trockenjahr in jungen Anlagen bereits negativ auf die Fruchtbarkeit im Folgejahr auswirken. Auf einem günstigen Standort wirken sich hingegen 150 hl/ha nicht negativ auf die Augenfruchtbarkeit aus, falls die Assimilatversorgung und Reservestoffeinlagerung über die Blätter optimal verlief.

Auch der **Lesezeitpunkt** spielt eine Rolle. Bei früher Lese werden die Assimilate nach der Lese aus den Blättern in den Stock zurückverlagert. Bei später Lese (im Extrem bei Eiswein) in Verbindung mit verzögerter Traubenreife versorgt die Rebe bis zum Vegetationsabschluss die Trauben auf Kosten reduzierter Reservestoffeinlagerung ins Holz. Dies geht meist mit einer geringeren Austriebsbereitschaft und Fruchtbarkeit der Augen im kommenden Jahr einher. Sehr ungünstig ist ein früher Vegetationsabschluss durch Frühfröste bereits Ende September/Anfang Oktober, die das Laub schädigen, in Verbindung mit noch unausgereiften Trauben. Diese Worst-Case-Voraussetzungen kommen aber aufgrund der Tendenz zu wärmeren und längeren Vegetationsperioden glücklicherweise seit den 1970er-Jahren kaum noch zum Tragen. Problemjahre waren gebietsweise 1972 und 1984.

Des Weiteren entstehen eventuelle Augenausfälle, falls *Botrytis* durch faule Trauben in die basalen Augen einwachsen kann. So zeigen Stöcke, die aufgrund hoher Fäulnis oder Übermengen nicht beerntet wurden und deren Trauben bis zum Rebschnitt am Stock verblieben sind, im Folgejahr häufig einen unregelmäßigen Austrieb und Kümmerwuchs durch Schwächechlorose. Zudem ist hier nicht allein der schwache Gescheinsansatz das Problem, sondern es ist vielmehr die damit einhergehende Wuchsdepression zu beklagen. Gleiches gilt für *Oidium* (Echter Mehltau) und *Peronospora* (Falscher Mehltau) in nicht oder unzureichend behandelten Anlagen, die dann eine erschreckend schlechte Holzreife aufweisen (siehe Abb. 32). Auch bei der Produktion von Eiswein kann es im Folgejahr durch verpilzte Augen oder unzureichende Rückverlagerung vermehrt zu Augenausfällen kommen.

Gerade reichtragende Sorten wie Portugieser, Dornfelder oder Trollinger alternieren stark, denn die Assimilate werden für die Ausreife der zahlreicheren und größeren Trauben benötigt und stehen für die Anlage der Winteraugen und Einlagerung in den Holzkörper nur eingeschränkt zur Verfügung. Der Rebstock schützt sich selbst vor chronischer Überlastung, indem er sich im Folgejahr regeneriert, eher zur Verrieselung neigt und dem Holzkörper (vegetative Organe) im Wuchs den Vorrang einräumt. Zum Wohle der Langlebigkeit der Reben und der Ertragskonstanz im Weinberg sollte vom Winzer der Alternanz durch den Anschnitt gerade bei typischen Überlastungssymptomen mit einer frühzeitigen Ertragsregulierung begegnet werden. Riesling und Burgundersorten erweisen sich in dieser Hinsicht als robuster. Sie besitzen eine höhere Ertragskonstanz, gelten als qualitätsstabil. Sie zeigen in der Regel auch eine höhere Holzreife. Daher kann ein höheres Anschnittniveau akzeptiert werden (siehe auch Anschnittempfehlungen Kapitel 2.4).

Durch die jahrzehntelange Klonenauslese konnte bei allen gängigen Ertragsrebsorten eine hohe Ertragssicherheit und gute Blütesicherheit erreicht werden. Lediglich unter ungünstigen Bedingungen ist bei blüteempfindlichen Rebsorten wie Traminer oder in älteren Rieslingbeständen mit höheren Ertragsausfällen zu rechnen. Ein erhöhter Anschnitt als Ausgleich für einen möglichen Minderansatz an Gescheinen ist nur in Ausnahmefällen ratsam. So gilt auch, dass gut positionierte Wasserschosse, die unter guten Belichtungsverhältnissen heranwuchsen, eine völlig ausreichende Fruchtbarkeit der Augen aufweisen. Ein kräftig gewachsener Wasserschoss kann ohne Weiteres als vollwertige Bogrebe verwendet werden. Falls der Gescheinsansatz doch geringer als erhofft ausfällt, ist dies kein Beinbruch, denn die verminderte Traubenzahl reift meist besser aus und im Folgejahr wird die Rebe es mit Frohwüchsigkeit danken. Daher lautet die Empfehlung heute grundsätzlich: „**Stockform geht vor Ertrag**". Daher ist der althergebrachte Zwang heute überholt, einen Wasserschoss stets als Zapfen anzuschneiden, um dann im Folgejahr eine daraus gebildete Rute als „zahme" Bogrebe anzuschneiden. Lediglich kurze, ungenügend ausgereifte oder zu schwache Wasserschosse können bei Bedarf auf Ersatzzapfen eingekürzt werden.

Spät entwickelte und im Schatten herangewachsene Ruten befinden sich häufig in Verdichtungszonen und weisen im Verhältnis zu ihrem Durchmesser weite Internodien und kaum Geiztriebe auf, sie sollten als Anschnittholz möglichst gemieden werden. Gut belichtete Triebe haben einen hohen Holzanteil und in der Regel kürzere Internodien.

Um die Fruchtbarkeit, besonders die der Wasserschosse zu fördern, sollte deren Belichtung optimiert werden. Schlecht belichtete Verdichtungszonen entstehen durch übereinandergegertete Ruten im Anschnittbereich, nicht entfernte Kopfausschläge und allgemein durch Selbstbeschattung zu üppig wachsender Bestände. Die Belichtung und Durchlüftung wird durch Ausbrechen am Kopf- und Bogrebenbereich frühzeitig gefördert. Daher sollten überschüssige Triebe etwa bis zum 4-Blatt-Stadium vereinzelt werden, sodass die Zielruten eine gute Belichtung und Besonnung erfahren. Zu einem späteren Zeitpunkt ist eine bessere Belüftung und Belichtung durch maschinelle oder manuelle Entblätterung zwar ebenfalls möglich, eine frühe Triebkorrektur fördert aber die Entwicklung belassener Einzeltriebe stärker.

Gerade bei Hauptaugenschädigungen durch Spätfrost, nach starkem Hagelschlag (bis auf Stummeln) oder bei abgerissenen Bogreben und gleichzeitig fehlenden Ersatzzapfen, muss zwangsläufig beim Rebschnitt auf Wasserschosse bzw. abgeleitete Geizruten zurückgegriffen werden. Bei den sommerlichen Stockarbeiten gilt daher: **„Belichtung fördern, heißt Fruchtbarkeit der Winteraugen fördern“.** Die Geiztriebe dieser Zielruten sollten nicht entfernt, stattdessen nur gekappt werden (Laubschneider), da die Geiztriebblätter zusätzlich zur Assimilation beitragen und helfen, die Holzreife zu verbessern. Geiztrauben werden hingegen entfernt, wenn keine Chance mehr auf eine Lesereife besteht oder die Lese sich nicht lohnen würde. Bei frühem Hagelschlag kann es mitunter erstaunlich gute Ernteresultate durch nachfolgend gebildete Geiztrauben geben und sich deren Ernte durchaus lohnen, falls die Trauben eine gute Reife erlangen. Dies gilt vor allem für Burgundersorten und Silvaner.

1.3 Schnittsysteme

Begriffsdefinition „Anschnitt“

Mit Anschnitt oder besser Augenanschnitt wird ausgedrückt, was als Fruchtholz belassen wird. Alle Winterknospen bzw. Augen, die beim Rebschnitt belassen werden, umfassen demnach den Anschnitt. Anders ausgedrückt, alles einjährige Holz, das am Stock nicht abgeschnitten wird, wird quasi angeschnitten. Dies beinhaltet sowohl die Augen auf der oder den Rute(n) oder anderer Anschnittformen wie Ersatzzapfen, Ertragszapfen, Astringen usw. Ein hoher Anschnitt bedeutet demnach, dass dem Stock viele Augen belassen werden, ein schwacher Anschnitt, der auch als qualitätsbetonter Anschnitt bezeichnet wird, bedeutet, dass der Rebstock stärker in seiner Augenzahl begrenzt wurde. Bei Minimalschnittsystemen ist der Ausdruck „Anschnitt“ unpassend, da dies kein selektives Schnittsystem darstellt.

1.3.1 Selektive Schnittsysteme

Rebkulturen können in **selektive** und **nicht selektive Schnittsysteme** unterteilt werden. Als selektives Schnittsystem wird ein Rückschnitt und Anschnitt bezeichnet, der eine exakte Augenpositionierung am Stock definiert. So wird beispielsweise beim bekannten Bogrebenschnitt jedem belassenen Winterauge auf der Fruchtrute eine definierte Position im Drahtrahmen zugestanden, die in der Regel nach dem Befestigen der Rute am Draht exakt festgelegt ist. Damit ist mehr oder weniger bestimmt, wie viele Augen an welcher Stelle austreiben werden bzw. zu erwarten sind. Treiben mehr Augen aus, etwa durch Bildung von Wasserschossen oder Doppeltrieben, so erfolgt bei selektiven Schnittsystemen vielfach eine Triebkorrektur des Rebschnitts durch Entfernung von jungen grünen Trieben. Somit ist die Anzahl, vorgegebene Wuchsrichtung, Triebdichte und mit gewisser Sicherheit auch die Anzahl der gebildeten Gescheine ziemlich genau vorherbestimmt. Mit einem selektiven Schnitt kann sehr planmäßig auf das Wuchs- und Ertragsverhalten der Rebe eingewirkt werden.

Unsere Standarderziehungssysteme auf Halb- oder Flachbogen, der Kordonschnitt, die Vertiko-, Umkehrerziehung oder Systeme mit Y- oder V-förmigen Laubwänden (Lyra) sind allesamt selektive Schnittsysteme. Es werden demnach genau abgestimmte Ruten, Zapfen oder Strecker angeschnitten, die in definiertem Abstand oder in bestimmter Position liegen. Die Rebe wird in ein strenges Erziehungssystem hinein angepasst oder, martialisch ausgedrückt, gezwängt. Ziel ist eine streng vorgegebene Traubenzonen- und Laubwandentwicklung. Qualitativ vorteilhaft lassen sich so schlanke Laubwände verwirklichen, die in der Regel ausreichend lange Sommertriebe aufweisen. Unter Qualitätsaspekten spielt hier das Blatt-Frucht-Verhältnis eine wesentliche Rolle: Demnach sollte ein Trieb eine bestimmte Anzahl an gut belichteten Haupttriebblättern und Trauben aufweisen. In der Regel gelten dabei 7 Haupttriebblätter pro Traube als optimal, bei 2 Trauben wären es demnach 14 Haupttriebblätter. Durch Ausdünnen von grünen Trauben und einzustellender Trieblänge mittels Gipfeln oder Laubschnitt, kann zusätzlich auf das Blatt-Frucht-Verhältnis eingewirkt werden.

Die Trauben und Beeren erreichen in selektiven Schnittsystemen in den meisten Fällen eine kulturtechnisch sortentypische Form und Größe. Auf ungeplante äußere Einflüsse wie Bruch der Fruchtrute, Windbruch, Spätfrostschäden, Hagelschlag oder Verrieselung der Blüte reagieren diese Systeme aber relativ stark. Es muss viel eher mit Ertragseinbußen und Einflüssen auf die Formerhaltung der Rebe gerechnet werden als bei nicht selektiven Schnittsystemen. Unser auf definierte Erträge (gesetzliche Hektarhöchstertragsregulierung) und Qualitäten (Mindestmostgewichte) ausgerichteter Weinbau sowie die Technisierung von Stockarbeiten wie Laubschnitt, maschinelles Heften, Ausbrechen am Stamm, Pflanzenschutzmittelausbringung, Vollerntelese etc. hat diese Schnittformen stets weiter vereinheitlicht und normiert. Als sogenannte „Normalerziehung" hat sich somit eine Halb- oder Flachbogenerziehung entwickelt, die wesentlich auf normierter Zeilung (+/- 2,0 m bei Schmalspurschleppereinsatz) basiert und Laubwände mit circa 1,30 m Laubhöhe anstrebt. Eigenständige, regional sehr unterschiedliche Systeme, die keine standardisierte Technisierung zuließen, sind nahezu verschwunden oder werden nur noch in Weinbaulehrpfaden demonstriert.

Eine Ausnahme stellt die Moselpfahlerziehung dar, die im traditionellen Steillagenweinbau noch eine gewisse Bedeutung hat. Beispielhaft für regionaltypische Erziehungen waren auch: Badischer Pfahlbau, Württembergische 3-Schenkel-Pfahlerziehung, Mittelrheinischer Wechselschnitt, Rheinischer Kammertbau oder Fränkische Kopferziehung und Rheingauer Pfahlerziehung. Auch alle diese Systeme waren schon auf selektiven Schnitt ausgerichtet.

Ein Vorteil selektiver Schnittsysteme ist die Anpassung an die nördlichen Weinbauregionen, da mit ihnen leichter Einfluss auf die Traubenqualität genommen werden kann bzw. konnte. Auch hinsichtlich des notwendigen Pflanzenschutzes haben selektive Schnittsysteme gewisse Vorzüge. Nachteil ist, dass der Rebschnitt und allgemein Stockarbeiten dieser Systeme sehr exakt erfolgen müssen und eine manuelle Nacharbeit des Fruchtholzes in Form von Ruten, Streckern oder Zapfen erforderlich ist,

Abb. 19 Die Bogrebenerziehung stellt das am weitesten verbreitete selektives Schnittsystem dar. Jedes Auge bzw. jeder Trieb erhält seinen genau bestimmten Raum im Drahtrahmen. Ergänzend zum Schnitt erfolgt in der Regel eine Triebkorrektur nach dem Austrieb, um zu dicht oder ungünstig stehende Triebe zu entfernen.

wenn z. B. Rebvorschneidegeräte eingesetzt werden. Die Ruten werden auf bestimmte Längen geschnitten, Ranken, Verzweigungen- und Geiztriebe müssen in der Regel entfernt und Zapfen auf definierte Augenzahlen eingekürzt werden.

1.3.1.1 Die drei Phasen des Rebschnitts: Vergangenheit, Gegenwart und Zukunft

Bei selektiven Schnittsystemen, wie sie zu über 90 % in der Praxis in Deutschland und im nahen Ausland anzutreffen sind, spricht man gerne von einer Dreiteilung beim Schnitt. Eine treffende Beschreibung, die der französische Rebenwissenschaftler Jules Guyot, er wirkte um 1860, lieferte. Nach ihm ist im Übrigen auch die Guyot-Erziehung benannt, also der Anschnitt auf langes Fruchtholz im Gegensatz zum damals ausschließlich praktizierten Gobelet-Schnitt oder Kopfschnitt auf hohem Stamm.

- Schnitt in die **Vergangenheit**: Entfernung des alten Fruchtholzes (alte Bogreben, Ertragszapfen mitsamt dem daran befindlichen einjährigen Holz).
- Schnitt in die **Gegenwart**: Anschnitt des Fruchtholzes (Zielrute als neue Bogrebe, Ertragszapfen) in Abhängigkeit der Fruchtbarkeit und Ertragserwartung für das folgende Vegetationsjahr.
- Schnitt in die **Zukunft**: Anschnitt eines optimal positionierten Ersatzzapfens, der bei der Bogenerziehung geeignete Fruchtruten für das folgende Jahr hervorbringt

Auch beim Kordonschnitt werden analog alte Ertragszapfen entfernt, neue angeschnitten und meist noch ein Ersatzzapfen in Stammnähe belassen, um den alten Kordonarm bei Bedarf wieder erneuern zu können.

Dieses Schnittprinzip nach Guyot hat im Grunde bis heute Bestand, wenn auch Aspekte wie die Positionierung von Ruten und Ersatzzapfen heute anders bewertet werden als in den historischen Quellen.

1.3.1.2 Schnittlängen und Anschnittformen

Bei selektiven Schnittsystemen wird nach der angeschnittenen Länge des einjährigen Holzes unterschieden. Diese hat erhebliche Auswirkungen auf das Wuchsverhalten der Sommertriebe und den Zielertrag. Beim Anschnitt von langem Holz spielt zudem die Formierung beim Biegen eine Rolle, auf die im Abschnitt Biegen und Binden sowie im Abschnitt „Apikaldominanz“ näher eingegangen wird.

Es sind folgende Bezeichnungen gängig:

a) **Trag- oder Fruchtholz**, dient in erster Linie, wie der Name schon sagt, zur Erzeugung der Trauben und ist stets einjährig. Es wird im Folgejahr wieder weitestgehend entfernt. Fruchtbares Tragholz ist vorrangig zahmes Holz. Wildes Holz kommt bei guter Eignung und Positionierung ebenfalls infrage (siehe auch Abschnitt Augenfruchtbarkeit Seite 24).

Ertragszapfen: Sehr kurzes Fruchtholz mit 1 bis 4 sichtbaren Augen, Zapfen werden nicht im Drahtrahmen fixiert, sie stehen frei und sollten demnach schon optimal am Stock positioniert sein. Sie werden bei der Kordonerziehung und bei Vertiko nach Kraus angewandt. Astringe, also Zapfen ohne sichtbare Augen, können im Sonderfall auch als Anschnittholz Verwendung finden. Die sich entwickelnden Triebe zeigen jedoch geringen Fruchtansatz.

Strecker: Kurzes Fruchtholz mit 4 bis 6 sichtbaren Augen, Strecker bleiben entweder unfixiert stehen (Umkehrerziehung mit Zapfen und Streckern, Vertiko nach Caragnello) oder werden am Ende an den Draht fixiert (V-Strecker-Erziehung, Doppelflachstrecker, siehe Abb. 20).

Bogreben, Ruten: längeres Fruchtholz, Bogreben werden durch Biegen und Binden im Drahtrahmen bzw. am Einzelpfahl fixiert, je nach Erziehungssystem spricht man von Halbbogen, Flachbogen, Pendelbogen oder Rundbogenerziehung. Letztere wird z. B. bei der Moselpfahlerziehung angewandt (siehe Abb. 21).

b) **Ersatzholz**, dient der Erzeugung von Tragholz für das Folgejahr. Es stellt also bei Bogrebenerziehung und Strecker den Ersatzzapfen dar, um daraus neues Fruchtholz zu generieren. Auch wenn mitunter daran Trauben fruchten, so hat der Ersatzzapfen grundsätzlich eine andere Funktion als der Ertragszapfen bei der Kordonerziehung. Ersatzholz steht in der Regel auf mehrjährigem Holz, stellt also einen Rückschnitt eines Wasserschosses dar. Ersatzholz sollte stets so am Stamm positioniert sein, dass die daraus erwachsenden Ruten auch Verwendung finden können.

- *Astring*: Sehr kurzer **Ersatzzapfen ohne** sichtbares Auge, aber die Astringaugen an der Basis (untere 3 mm, ringartige Struktur an der Rutenbasis) bleiben erhalten. Bei Sorten, die stark am Kopf austreiben (Burgundersorten, Silvaner, Morio-Muskat, Auxerrois), genügt vielfach der Anschnitt von Astringen, um den Ausbrechaufwand möglichst gering zu halten.

  Wo kein Austrieb mehr erfolgen soll, etwa an tiefen Stammtrieben, wird der verholzte Trieb komplett, also einschließlich

Abb. 20 Die V-Strecker-Erziehung arbeitet mit zwei V-förmig angeordneten Streckern. Hier vor dem Schnitt.

dem Astring, entfernt→vergleichbar dem Blenden von Unterlagen beim Veredeln.

- *Ersatzzapfen (Stift, Schnitt, Knebel)*: In aller Regel reicht ein sichtbares Augen aus, um günstig stehende, stammnahe Ruten daraus zu generieren. Aufgrund der Apikaldominanz wird beim aufrecht stehenden Zapfen immer das oberste Auge am stärksten gefördert, die darunter liegenden – einschließlich der Astringaugen – dagegen gehemmt. Selbst bei Anschnitt nur eines sichtbaren Auges treiben in der Regel zwei kräftige Schosse (sichtbares Auge und Astringauge) aus einem Zapfen. Nur in Ausnahmefällen etwa bei hoher (Windbruchgefahr oder schwacher Austriebsbereitschaft der basalen Augen) ist es sinnvoll, zwei oder mehr Augen am Ersatzzapfen zu belassen. Speziell bei der Sorte Portugieser, eingeschränkt auch bei

Abb. 21 Bei der am Steilhang noch verbreiteten Moselpfahlerziehung werden ebenfalls Bogreben angeschnitten, die als Rundbogen an den Pfahl gebunden werden.

Abb. 22 Der Ersatzzapfen dient dem Erhalt der Stockform, er wird auch als Stift, Schnitt oder Knebel bezeichnet. Da er für das Folgejahr neues Anschnittholz generiert, spricht man vom „Schnitt in die Zukunft".

Dornfelder, Trollinger, Kerner, Müller-Thurgau und Acolon, hat sich dieses Vorgehen bewährt, denn sie neigen bei mastigem Austrieb gerne zu Triebbruch. Brechen Triebe aus dem Zapfenauge, so bleibt meist auch das Astringauge aus und der Zapfen stirbt ab. Mitunter ist es daher sinnvoll, auch Zapfen stehen zu lassen, die eigentlich zu tief stehen. Diese werden dann als kurze Strecker bis zur geplanten Stammhöhe angeschnitten und bis zur Höhe des Anschnittbereichs ausgebrochen.

- Auf die Besonderheiten des Ersatzzapfens bei der Methodik des Sanften Rebschnitts wird in Kapitel 3.9 ausführlich eingegangen.
- *Ersatzstamm*: Dieser entstammt nach Möglichkeit nahe der Veredlungsstelle, also möglichst tief aus der Stockbasis und reicht maximal bis zur gewünschten Stammhöhe. Bei (vermuteter) Schädigung des Altstammes (Frost, Stammpilzerkrankungen, Hagelnarben an jungen Stämmen, mechanische Beschädigung) bildet er den zukünftigen Ersatzstamm. Auch bei zu hoch gewordenen Stämmen, z. B. bei Umstellung der Erziehung von Pendelbogen auf Flachbogen, kann auf diese Weise ein Stammneuaufbau erfolgen. Vielfach kann der verholzte und gut gewachsene Trieb an der Basis gleichzeitig als vollwertige Bogrebe angeschnitten werden, etwa wenn der Altstamm stark geschädigt ist (Frosteinfluss, Esca). Ansonsten erfolgt der Anschitt auf Stammhöhe bei Belassung des Altstammes, der nochmals das Fruchtholz trägt. Im Folgejahr wird der Altstamm entfernt und der Ersatzstamm fungiert als vollwertiger Stammersatz und trägt das Fruchtholz. Vorsicht: Keine Unterlagentriebe als Ersatzholz verwenden! In der Praxis sieht man des Öfteren einzelne hochgezogene Unterlagsreben, die keinen Ertrag, aber massiven Blattreblausbefall aufzeigen (siehe Abb. 23).
- Früher war es üblich, den alten Stamm regelmäßig zu verjüngen oder die Rebe mehrstämmig zu erziehen, was bei Frosteinflüssen Vorteile hatte und meist höhere und sichere Erträge mit sich brachte, da die Zweitstämme ebenfalls Anschnittholz trugen. Heute ist dies aus Gründen der Mechanisierung und wegen massiven Triebverdichtungen nicht mehr zweckmäßig. Der hohe manuelle Arbeitsaufwand rechtfertigt meist nicht die damit gewonnene Ertragssicherheit.

Abb. 23 Hochgezogene Unterlage mit Blattreblausbefall (die noch belaubte Rebe). Diese Reben sind komplett zu roden, da sie keine verwertbaren Trauben bilden und zur Reblausverbreitung beitragen.

1.3.2 Nicht selektive Schnittsysteme

Diese sind in Deutschland noch wenig verbreitet, aber vor allem unter Kostenaspekten interessant. Neben dem klassischen Minimalschnitt fällt auch der Kordonschnitt **ohne** Handrückschnitt darunter. Der hat jedoch aufgrund von stärkeren Verdichtungen und höherem Fäulnisdruck kaum Eingang in die Praxis gefunden.

Als selektive Schnittsysteme werden Erziehungen bezeichnet, die mit einer mehr oder weniger breiten und dichten Fruchtholzzone auskommen. Das Fruchtholzband wird nur von außen eingekürzt, nicht ausgeputzt oder entrankt und nach dem Aufbau der Reben nicht weiter formiert, also nicht gebunden und gebogen. Diese Systeme sind auf maschinellen Schnitt ausgelegt, ohne dass eine manuelle Nacharbeit erforderlich ist. Allenfalls leichte Korrekturen können von Hand erfolgen. Zu dicht stehende und schlecht belichtete Triebe sterben natürlich ab, sie verkahlen oder verkümmern allmählich. Sinnbildlich „schneidet" sich der Rebstock quasi damit selbst. Eine Verkahlung und ein Totholzaufbau im Inneren sind die zwangsläufigen Folgen.

Diese Systeme haben eine hohe Selbstregulierungsfähigkeit, sodass Witterungseinflüsse (Hagel, Fröste oder Windbruch) sehr gut ausgeglichen werden. Auch im Ertragsverhalten passt sich die Rebe durch Reduzierung der Traubengröße und des Beerengewichts dem geänderten Licht-, Wasser- und Nährstoffangebot an. Überlastungsan-

Abb. 24 Ein Kordonschnitt ohne Handnachschnitt ergibt ein Fruchtholzband, das lediglich in Form geschnitten wird. Er ist neben Minimalschnittsystemen ein weiterer Typ eines nicht selektiven Schnittsystems.

Tab. 1 Selektive und nicht selektive Schnittsysteme

Selektive Schnittsysteme:	• Bogrebenschnitt • Zapfenschnitt (Kordon) • Vertikoerziehung • Umkehrerziehung auf Strecker oder Zapfen
Nicht selektive Schnittsysteme:	• klassischer „gewickelter" Minimalschnitt • Minimalschnitt im Spalier (Heckenschnittsysteme) • maschineller Kordonschnitt ohne Nachschnitt • Umkehr- und Vertikoanlagen, die nur maschinell in Form geschnitten werden

zeichen können zwar kurzfristig auftreten, die Rebe passt sich aber durch stärkere Verrieselung und verminderte Augenfruchtbarkeit im Folgejahr der Belastung an. Folge ist, dass die Erträge jährlich stärker schwanken (starke Alternanz). Auf ein Jahr mit hohen Erträgen folgt in der Regel ein schwächeres Jahr, wobei sich der Ertrag mit der Zeit auch auf ein konstantes Niveau einpendeln kann.

Nicht der Winzer greift also maßgeblich in das Geschehen ein, sondern die Rebe reguliert sich weitgehend selbst. Am ehesten kann man dies mit ungeschnittenen Obstbäumen vergleichen, die oftmals ein vergleichbares alternierendes Fruchtungsverhalten aufweisen. Auch hier sterben meist kleinere Äste im Zentrum ab und fallen irgendwann zu Boden. Auch z. B. bei Eichen spricht man von fetten Eicheljahren mit hohem Ertrag und Fehljahren. Dies sind also natürlich eingestellte Systeme, die sich ohne tiefgreifende Einflüsse des Bewirtschafters selbst regulieren können. Selbstverständlich ist dies nur auf das Wuchs- und Ertragsverhalten beschränkt. Die Bodenpflege sowie notwendiger Pflanzenschutz müssen bei kultivierten Reben weiterhin erfolgen.

Nicht selektive Schnittsysteme bringen also eine kontrollierte Freiheit im Wuchs mit sich. Eingriffsmöglichkeiten in Ertrag und Traubengüte sind begrenzt, aber z. B. mittels Vollernterausdünnung durchaus möglich. Eine ausführliche Behandlung erfolgt im Kapitel Minimalschnittsysteme.

1.4 Das (Un)Wesen der Apikaldominanz

Jeder Eingriff beim Schnitt hat Folgen für das Wuchsverhalten der Rebe. Es ist wichtig zu verstehen, warum dieser oder jener Rückschnitt ein so oder anders geartetes Wuchsmuster auslöst. Nicht nur das

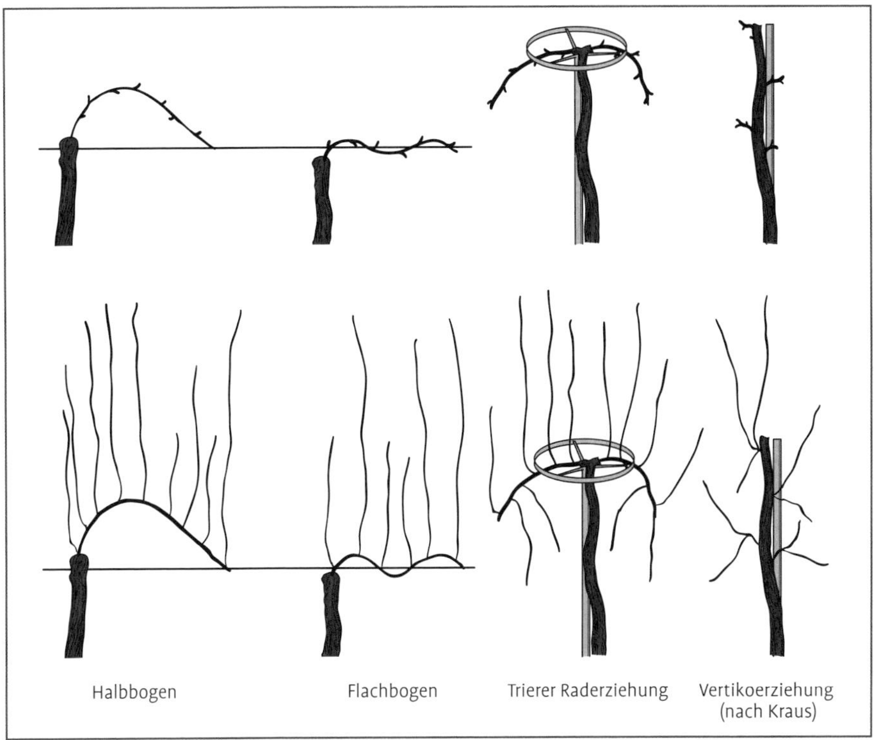

Abb. 25 Die Darstellung zeigt idealisiert das Wuchsverhalten der Rebe, beeinflusst durch die Apikaldominanz. Höher am Stock positionierte Triebe sowie Triebe, die oben auf der Bogrebe stehen, werden in der Regel länger und kräftiger.

Schnittbild ist entscheidend, das sich unmittelbar nach dem Rebschnitt präsentiert. Auch die Art und Weise und wie stark sich die Rebe daraus entwickelt, also wo und wie stark sie Triebe ausbildet und sich schließlich im Folgewinter präsentiert, spielt eine wesentliche Rolle.

Eine Schlüsselfunktion auf das Wuchsverhalten nimmt dabei die Apikaldominanz ein. Wörtlich übersetzt bedeutet der Begriff, dass die höher positionierten (apikalen) Wuchsorgane der Rebe (Winterknospen, Triebspitzen) stärker (dominanter) im Wuchs gefördert werden als die darunter liegenden. Man spricht in diesem Zusammenhang auch vom **akrotonischen Wachstumsmuster** der Rebe. Der deutsche Ausdruck lautet treffendermaßen: **„Spitzenförderung"**. Die Wuchsentwicklung wird hormonell beeinflusst und ist ein Kennzeichen aller Lianengewächse. Sie sind von Natur aus auf eine Stütze angewiesen. Dies kann in der Natur ein lebendender oder abgestorbenen Baumstamm, ein Felsen etc. sein. Da Reben ihre natürliche Verbreitung in lichten Wäldern haben bzw. hatten, drohten sie ständig von anderen Gehölzen überwuchert zu werden und mussten dies durch enormen Streckungswuchs ausgleichen, um rasch ans Licht zu gelangen. Die Folge davon ist, dass Reben keinen kräftigen, baumartigen Stamm ausbilden können, der die ganze Last der Triebe und der Früchte alleine trägt.

Auch im Weinbau bedarf es in der Regel einer Stütze, dem Drahtrahmen oder sonstigen Rankhilfen wie Pergolen oder Rankgittern an Wänden. Lediglich sehr alte Reben können bei spezieller Schnittführung einen tragfähigen Stamm ausbilden, der den gesamten grünen Stock trägt (Gobelet-Erziehung, mittelmeerischer Zapfenschnitt, siehe Abb. 2). Die Rebe ist von Natur aus sehr lichthungrig und kommt mit Beschattung kaum zurecht. So zeigen gut belichtete Triebe durch ihre Triebstärke und ihr Rankverhalten diese Neigung sehr deutlich. Triebe, die schwach belichtet sind (etwa in Verdichtungszonen) oder die von der Apikaldominanz unterdrückt werden, verkümmern. Sie verholzen gar nicht oder nur ansatzweise und sterben im Folgejahr ab.

Daher ist ein ganz wesentlicher Punkt der Erziehung bei jedem Rückschnitt und der Fruchtholzformierung durch Biegen, die Apikaldominanz zu brechen bzw. so zu lenken, dass die Rebe auch den ihr zugedachten Raum einnimmt. Volkstümlich wird die Brechung der Apikaldominanz häufig auch als „Saftstau“ bezeichnet. Zwar stauen sich nicht im wörtlichen Sinne die Blutungssäfte, doch lässt sich die Apikaldominanz anhand einer Wasserwaage gut veranschaulichen. Gleich hoch positionierte Triebe werden etwa gleich stark gefördert. Im Obstbau spricht man in diesem Zusammenhang auch von einer „Saftwaage“, wenn also die fruchttragenden Äste durch Rückschnittmaßnahmen auf etwa gleicher Höhe angeordnet sind. Wird dem Bestreben des akrotonischen Wuchsmusters der Rebe auf Dauer nicht entgegengewirkt, so läuft die Erziehung mehr und mehr aus dem Ruder. Dies ist an überbauten Stämmen, die nicht mehr „in den Drahtrahmen passen“ zu erkennen. Logische Folge ist dann eine massive „Stockverjüngung“ durch das Belassen von Fruchtruten, die viel zu tief am Stamm stehen. Dieser Verjüngungsschnitt stellt eine Radikalkur dar, die Rebe wieder dem System anzupassen. Das Ziel einer gleichmäßigen Stockform möglichst aller Reben im Bestand sollte aber vorrangig sein. Wird von Beginn an der Apikaldominanz entgegengearbeitet, so kann vielfach eine derartige „Stammreparatur“ verhindert werden. Dies kommt zudem der Mechanisierung und rationeller Bewirtschaftung sehr entgegen. Die manuellen Stockarbeiten wie Ausbrechen, Heften etc. lassen sich in gleichmäßigen Beständen standardisiert durchführen, ohne dass Besonderheiten einzelner Reben berücksichtigt werden müssen. Gerade bei der Beschäftigung saisonaler Aushilfen ist es hilfreich, wenn Standardarbeiten an jeder Rebe nach Schema „F“ erledigt werden können. Die Langlebigkeit des Rebenbestandes einer Anlage kann gegebenenfalls entscheidend verlängert werden, was wiederum die Rentabilität der Anlagen erhöht.

Besonders kritisch hinsichtlich der Apikaldominanz sind senkrecht ausgerichtete Erziehungssysteme. Beim vertikalen Kordon (Vertikoerziehung) kommt das akrotonische Wachstumsmuster besonders deutlich zum Tragen. Daher ist ein Stockaufbau auch etappenweise sinnvoll. Ein Aufbau mittels einer einzigen senkrecht stehenden Rute kann vielfach schon im ersten Jahr zur massiven Verkahlung an der Basis führen.

Wird bei herkömmlichen Bogenerziehungssystemen langes Holz angeschnitten, so werden die Fruchtruten durch „Neigen“, „Niederziehen“ (regional treffende Bezeichnungen für das Biegen) von der Vertikalen in die Horizontale gelenkt. Die Winteraugen liegen somit beim Flachbogen oder Strecker nahezu auf einer Ebene. Bei der

Schräg-/Halbbogenerziehung, vor allem jedoch der Pendelbogenerziehung, liegen die fruchtbaren oberen (apikalen) Augen nach dem Bindevorgang tiefer als die stammnahen (basalen) Augen. Somit ist gewährleistet, dass aus den stammnahen Augen einschließlich denen des Ersatzholzes, wiederum kräftige Ruten wachsen, die zukünftig als Anschnittruten dienen. Gerade diese Umkehrung der Triebförderung trägt ganz wesentlich zum Erhalt der langjährigen Formgebung der Rebe bei (siehe Abb. 25).

Beim Anschnitt frei stehender Strecker (Umkehrerziehung) wird die Apikaldominanz dadurch gebrochen, dass sich diese mit zunehmendem Gewicht der Triebe und Trauben nach unten neigen. Damit erfolgt automatisch eine Umkehrung der Wuchsrichtung und so werden nach und nach die Triebe an der Basis gefördert. Beim Kordonschnitt wird die Apikaldominanz durch Anschnitt kurzer Zapfen gebremst. Gleiches trifft auch für die Vertikoerziehung zu, wo der Zapfenschnitt das akropetale Wuchsmuster unterdrückt.

Ein Zapfenschnitt mindert die Apikaldominanz, sofern die Ertragszapfen auf maximal zwei sichtbare Augen gehalten werden (Vertiko nach Kraus) oder längere Zapfen angeschnitten werden, die nach unten wachsen oder sich beim Wuchs leicht nach unten neigen können (Vertiko nach Caragnello). Damit bauen sich die Zapfen kaum hoch, da zur Verjüngung regelmäßig auf Triebe aus dem Astring zurückgegriffen werden kann. Bleiben diese aus, so bleibt oft keine Alternative als den Kordonarm zu erneuern, um Hochbauen und Verkahlung zu verhindern.

Wird bei der Bogrebenerziehung ein relativ weit unten am Stamm stehender Trieb angeschnitten, wie dies bei Verjüngungsschnitten in der Praxis häufig zu sehen ist, so ist der schräg ansteigende oder gar senkrecht ausgerichtete Teil der Bogrebe („aufsteigender Ast“) besonders gefährdet, bis zum abgeflachten Bogen hin wieder zu verkahlen. Daher neigen solch stark zurückgenommene Reben dazu, sich schnell hochzubauen und müssen wiederum stark zurückgesetzt werden, dies wird auch als „Fahrstuhlprinzip“ bezeichnet

Wo die Stämmchen relativ hoch sind und die Bogrebe dementsprechend schon an der Basis stark gebogen wird, ist die Apikaldominanz dagegen gebrochen. Die Wahrscheinlichkeit, dass sich hier an den basalen Augen kräftige Anschnittruten bilden, ist höher. Zumindest bei Rebsorten, die sich leicht biegen lassen und wo sich gut und regelmäßig Wasserschosse am Altholz bilden, sollten die Stammköpfe recht hoch gezogen werden (Burgundersorten, Riesling, Silvaner, Morio-Muskat, Schwarzriesling). Vorsicht ist geboten bei Rebsorten mit hohem Rutenbruchrisiko (Lemberger, Kerner) und weiten Internodien sowie Sorten, die sich nur schwer aus dem Altholz regenerieren (Portugieser, Müller-Thurgau, Trollinger).

Im Steilhang bei über 30 % Steigung hat es sich bewährt, bei Anschnitt nur einer Bogrebe diese hangabwärts zu biegen. Ansonsten werden die Augen am abfallenden Bogenteil nicht weit genug abwärts geneigt und dominieren im Wuchs auf Kosten der wertvollen Zieltriebe im Kopfbereich.

Sehr deutlich kommt die Apikaldominanz zum Tragen, wenn Jungreben im zweiten Jahr auf Stammhöhe angeschnitten werden. Hier treiben meist alle Triebe gut aus, die obersten dominieren aber sehr rasch (siehe Abb. 26).

Die Apikaldominanz gilt grundsätzlich für alle Triebe, jedoch wachsen die endständigen Schnabelruten sowie Wasserschosse im Stammbereich entgegen dieser Regel meist sehr kräftig. Hier spielen demnach noch andere Faktoren mit hinein, z. B. dass

Abb. 26 Besonders bei jungen Reben, die auf Stammhöhe angeschnitten wurden, zeigt sich die Apikaldominanz deutlich. Die oberen Triebe wachsen stärker als die unteren.

Abb. 27 Bei mehräugigen Zapfen wird der Trieb aus dem oberste Auge gefördert, die stammnäheren unteren Triebe hingegen durch die Apikaldominanz gehemmt.

das letzte Auge an der Bogrebe eine stärkere Förderung erfährt (siehe Abb. 25).

Die Wirkung der Apikaldominanz ist beim Austrieb noch nicht erkennbar, sie wird erst mehr und mehr mit zunehmendem Längenwachstum bzw. dem Wachstumsstopp einzelner Triebe deutlich. Somit treiben bodennahe Stammtriebe meist sehr kräftig aus, einzelne Wasserschösse können im Wuchs über allen anderen Trieben dominieren. Auch ein nicht immer äußerlich erkennbarer Stammschaden kann den Triebwuchs stark beeinflussen. Bereiche, die von der Versorgung teilweise abgeschnitten sind, bleiben im Wuchs gehemmt. Bei der Technik des Sanften Rebschnitts versucht man, immer auf die schon vorhandenen Saftkanäle zurückzugreifen, um dem entgegenzuwirken und Leitunterbrechungen zu vermeiden.

Ein insgesamt schwacher Wuchs lässt die Apikaldominanz besonders deutlich hervortreten. Hier bleiben viele tiefer stehende Triebe rasch in der Entwicklung zurück und die Stämme bauen sich schneller hoch. Besonders bei dünnen Anschnittruten und Kurzinternodien wird dies deutlich sichtbar.

Häufig wird in solchen Fällen der gravierende Fehler gemacht, die kräftigste, in der Regel höher positionierte Rute anzuschneiden, statt einer schwächeren Rute, die günstigster steht. In solchen Fällen ist ein verkürzter Anschnitt mit nachfolgender Triebkorrektur besonders zu empfehlen. Jungreben, die überlastungsgefährdet sind, danken eine solche Vorgehensweise mit ausgeglichenem Wuchs und mehr Stresstoleranz.

Prinzipiell führt ein verhaltener Anschnitt zu einer gleichmäßigen Triebentwicklung, die Apikaldominanz verliert sich zunehmend. Ab einem gewissen Grad verläuft diese Entwicklung aber ins Negative, da die Wuchskraft massiv zunimmt und die Ruten dann zu stark werden. Bricht die Rute beim Biegen ab und hat der Stock keine Ertragsbelastung, so wird der vegetative Wuchs enorm gefördert. Auch eine stark verminderte Traubenzahl hat gravierende Nachteile: Die Trauben werden kompakter und damit fäulnisanfälliger.

Abschließend soll der **Ersatzzapfen** unter dem Aspekt der Apikaldominanz betrachtet werden. Auch dieser wird im Wuchs davon beeinflusst. Werden zwei oder gar noch mehr Augen angeschnitten, so liegt die Wuchsförderung stets auf dem oberen Auge. Die für die Stockformierung wertvolleren Basisaugen treiben zwar meist aus, entwickeln sich aber als Anschnittrute zu schwach. Bei Schnitt auf ein sichtbares Auge oder gar Astring treibt in den meisten Fällen mindestens ein kräftiger Trieb durch, der dann als vollwertige Rute im nächsten Jahr angeschnitten werden kann (siehe Abb. 27).

Wird eine **Frostrute** zur Absicherung von möglichen Spätfrostschäden bis zu den Eisheiligen Mitte Mai belassen, so treiben aufgrund der Apikaldominanz zunächst die höher gelegenen Augen aus, die tiefer stehenden Augen der Frostrute (und der gebogenen Rute) werden im Austrieb gehemmt. Sinnvoll kann es sein, die Frostrute nicht zu putzen, d. h. nicht von Geiztrieben zu befreien. Dies spart zum einen Arbeit, da die Frostrute häufig doch komplett abgeschnitten wird. Zum anderen werden die Hauptaugen zunächst blockiert und die Winteraugen der verholzten Geiztriebe treiben vorrangig aus. Es erfrieren vorrangig die weiter ausgetriebenen und weniger fruchtbaren Augen der Geiztriebe, die verzögerten Winteraugen der Rute haben eine höhere Überlebenschance und sind zudem fruchtbarer. Wird die Rute dann nach einen Frostereignis gebogen, so können auch bei Teilschäden die überlebenden Augen den Ertrag sichern. Auch intakte Triebe aus den verholzten Geiztrieben mit Gescheinen werden belassen, wenn diese benötigt werden. Zum Schadensausgleich wird die Frostrute grob geputzt und zusätzlich angebunden, traten jedoch keine Schäden aus, so entfernt man die Fruchtrute komplett. Allenfalls das unterste Auge kann als Ersatzzapfen eventuell belassen werden (siehe Abb. 29).

Abb. 28 Bei Rückschnitt auf Astring besteht die Möglichkeit des Austriebs direkt an der Basis.

Bleibt die Frostrute vor allem bei schwächeren Reben lange stehen, so treiben nach deren Entfernung oft die stammnahen Augen nicht mehr kräftig durch. Der Stock kann im Anschnittbereich verkahlen. Darüber hinaus bedeutet dies eine Reservestoffvergeudung, wenn die Rebe zunächst in Trieben investiert, die später wieder entfernt werden. Daher sollte bei jungen oder schwachwüchsigen Reben eher auf Frostruten verzichtet werden. Frostruten sollten unmittelbar nach Beendigung der Frostgefahr entfernt werden, um die Reben nicht übermäßig zu strapazieren, Verdichtungen zu vermeiden und die Übersicht bei den nachfolgenden Stockarbeiten zu bewahren.

Abb. 29 Die Frostrute dient der Ertragssicherung nach Spätfrostschäden. Bei Teilschäden sind oft die oberen Augen noch intakt und können den Ertrag sichern. Wird sie erst spät abgeschnitten, wird der Austrieb an der Basis geschwächt.

1.5 Äußere und innere Kennzeichen guter Holzreife

Gut ausgereiftes Holz als Anschnittrute zu wählen ist von entscheidendem Vorteil. Es hat eine hohe Winterfrosthärte, gute Augenfruchtbarkeit und ist weniger bruchempfindlich beim Biegen. Der Austrieb verläuft in der Regel gleichmäßig, da insgesamt mehr Reservestoffe vorhanden sind. Eine Rebsorte mit allgemein schwacher Holzreife ist Silvaner. Vielfach sind bei ausgeglichenem Wuchs und mittlerem bzw. reduziertem Ertragsniveau alle Ruten am Stock gut ausgereift. Mittelstarke Ruten (je nach Wuchs und Sorte 7 bis 12 mm starker Durchmesser) sollten dennoch bevorzugt ausgesucht werden, da hier die Internodien meist im optimalen Abstand liegen. Die endgültige Holzausreife ist nach dem Blattfall bzw. nach den ersten Frösten gegeben. Daher führt ein Herbstfrost im noch voll belaubten Zustand auch zum abrupten Abschluss der Rebvegetation und setzt der Holzausreife ein Ende. Rebtriebe, die im Spätherbst noch grün sind, erlangen keine Holzreife mehr. Grüne, unausgereifte Rutenabschnitte werden nach Erfrieren der Zellen schwärzlich und sind dann beim Anschnitt taub. Daher sind schwächer ausgereifte Ruten im oberen Bereich oft im Querschnitt braun.

Im Abschnitt zum morphologischen Aufbau des Holzkörpers ist bereits das Kennzei-

Abb. 30 Ruten, die im Herbst noch grün sind, werden nicht mehr ausreifen und schneiden sich im Winter taub, hier am Beispiel von Regent.

chen eines günstigen Holz-Mark-Verhältnisses aufgezeigt worden (siehe Abb. 10). Neben einem möglichst großen Anteil an Holz im Vergleich zum Mark gibt es aber weitere äußere Kennzeichen, die sicher auf eine gute Holzreife schließen lassen:

- Gleichmäßige **dunkelbraune Färbung** der Borke. Je dunkler diese ist, umso höher ist in der Regel die Holzreife, wobei hier auch starke Sortenunterschiede eine Rolle spielen.
- Eher **enge und gleichmäßig lange Internodien** weisen auf enge Blattstellung und gute Belichtung der Rute hin.
- **Verholzte Geiztriebe** und Ranken lassen darauf schließen, dass die Hauptrute gut ausgereift ist. Auch wenn das Putzen etwas zeitaufwendiger ist, ist der Vorteil nicht zu unterschätzen.
- Kräftige **Ausbildung der Holzbrücken** Wird die Rute gekracht, also in sich verdreht (Torsionsbeanspruchung), so brechen die Holzbrücken hörbar auf (Knacken oder Knistern), ohne dass die Rute äußerlich Schaden nimmt. Damit wird sie geschmeidiger zum Biegen und es zeigt sich, dass die Holzbrücken gut ausgebildet waren. Bei schwacher Holzreife brechen die Ruten oft an den Nodien ab wie Glas. Besonders bei bruchempfindlichen Sorten wie Lemberger ist dies zu beobachten.
- **Kräftig ausgebildete Winterknospen.**
- **Weitgehend gleichmäßiger Querschnitt**. Ruten sind von Natur aus nicht gleichförmig rund, sondern haben einen ovalen bis nierenförmigen Querschnitt, je nach Entfernung vom Auge kann das

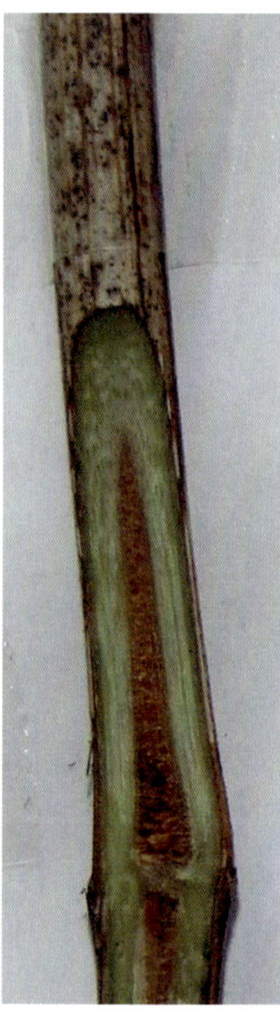

Abb. 31 Das einjährige Holz eines vitalen Triebes ist leuchtend grün, innen liegt der Markkanal, der auf das Holz-Mark-Verhältnis schließen lässt. Am Nodium ist die Holzbrücke erkennbar.

Internodium in der Stärke schwanken. Der Holzkörper sollte aber zu allen Seiten gut ausgebildet sein.

- **Helle grüne Färbung** des frischen Holzes im Querschnitt der Rute. Das Holz sollte sich „frisch“ schneiden. Holz das sich sehr „trocken“ schneidet hat meist unter Trockenstress im Sommer oder durch Winterfröste gelitten. Nicht immer ist aber von einem bleibenden Schaden auszugehen – manche Sorten wie Lemberger neigen mitunter zu trockenem und sprödem Holz.

Im Zweifel sollte eine etwas **dünnere Rute** einer sehr kräftig gewachsenen vorgezogen werden, denn gerade bei leichten Winterfrostschäden sind die meist etwas kleineren Augen der schmaleren Ruten geschützter. Auch die Ableitung einer zu starken Hauptrute auf einen gut ausgereiften Geiztrieb als Anschnittholz ist vielfach vorteilhaft, nicht zuletzt um Bruchschäden vorzubeugen und die Internodien zu verkürzen (hilfreich bei Portugieser und Dornfelder). War im Vorjahr beim Biegen die Rute abgebrochen und sind nur sehr kräftige Wasserschosse getrieben, so ist dies oft die einzig praktikable Möglichkeit, eine biegefähige Rute zu erhalten, gleiches gilt nach starken Hagelschäden.

Sind einzelne Ruten schlecht oder nur teilweise ausgereift, so ist von einer unzureichenden Holzreife insgesamt auszugehen. Oft sind Ertragsüberlastung oder starke Trockenheit die Ursachen, auch ein früh eingetretener Frost kann infrage kommen. In solchen Fällen sollte die Holzauswahl mit Bedacht erfolgen und keinesfalls zu stark angeschnitten werden. Weitere Ursachen, die z. B. im Bodenpflegekonzept oder der Rebenernährung begründet sein können, sind zu beheben. Kaliummangel vermindert die Holzreife erheblich. Eine Unterversorgung mit Kalium ist an schwärzlich gefärbten Blättern im Spätsommer oder Herbst ersichtlich. Auch hohe Erträge können zu einer schwachen Kaliumeinlagerung führen, ohne dass im Boden eine Mangelversorgung vorliegt.

1.6 Krankheiten und Schädlinge am Holz

Nicht nur die Holzreife ist beim Rebschnitt ein Kriterium, sondern auch der Befall des Holzes mit Krankheiten oder Schädlingen. Durch die Auswahl der Zielrute und Entfernung kranker oder befallener Abschnitte kann eine gezielte Eindämmung durchgeführt werden. Da einige pilzliche und tieri-

Abb. 32 Echter Mehltaubefall lässt sich noch im Winter am Schnittholz an schwärzlich-violetten *Oidium*-Figuren erkennen. Die Ränder der unregelmäßigen Figuren sind rundlich abgegrenzt.

sche Schädlinge auf dem jungen Rebholz überwintern oder Symptome hinterlassen, ist im Winter eine Diagnose möglich. So können zielgerichtet notwendige Gegenmaßnahmen eingeleitet werden, wie etwa eine Austriebsspritzung. Des Weiteren können nichtbiotische Einflüsse wie Frost oder Hagelschlag eine erkennbare Holzschädigung hervorrufen. **Achtung!** Chemische Behandlungen in der Vegetationsruhe sind unwirksam und nicht zugelassen!

1.6.1 Pilzkrankheiten

- **Echter Mehltau (*Oidium tuckeri*).** Die *Oidium*-Figuren auf dem jungen Holz sind auffallend violett bis schwarz-bräunlich gefärbt und unregelmäßig geformt. Der Befall entstand bereits im Sommer auf dem grünen empfindlichen Gewebe in Verbindung mit Blatt- und meist auch Traubenbefall (oftmals nur an Stielgerüsten). Die *Oidium*-Figuren sind zum Austrieb nicht mehr infektiös, da das Pilzgewebe auf der Borke nicht überwintern kann. Jedoch kann es in die Winterknospen einwachsen und später in Form von Zeigertrieben früh und massiv in Erscheinung treten. In der Regel treiben auch die Augen von stärker befallenem Holz aus, wobei aber die Holzreife beeinträchtigt sein kann. Daher sollten möglichst befallsfreie Ruten(teile) angeschnitten werden; auch ein Zapfenschnitt kann im Extremfall infrage kommen, etwa wenn die Anlage im Vorjahr unbehandelt blieb und massiven Befall aufweist. Eine Bekämpfung des Schadpilzes ab dem 3-Blatt-Stadium mit Netzschwefel und im Vorblütebereich in Abhängigkeit von Witterung und Wachstum mit organischen *Oidium*-Mitteln sollte bei massivem Vorjahresbefall dringend durchgeführt werden, um zukünftig den Befall zu unterbinden. Bei durchgehender Behandlung ist der Befall verhältnismäßig gut in Griff zu bekommen und das Holz sollte zukünftig sauber bleiben. Auch viele pilzfeste Sorten (Piwi-Sorten, je nach Sorte ist die Robustheit gegen Echten und Falschen Mehltau verschieden gelagert) zeigen bei starkem Pilzdruck zumindest leichte Schäden an Trauben und Holz, sodass auch hier gewisse Behandlungen zukünftig angezeigt sind.

- **Schwarzfleckenkrankheit (*Phomopsis viticola*).** Die Schwarzfleckenkrankheit zeigt sich am Holz deutlich. Der Befall macht sich bei pilzgünstiger Witterung (lange Nässephasen zum Austrieb) ohne Gegenmaßnahmen stärker bemerkbar. Sehr empfindliche Sorten sind Müller-Thurgau, Kerner, Portugieser und Trollinger. Bei Vorjahresbefall zeigen sich im Winter bereits von Weitem die aufgehellten, bleichen Rutenansätze an der Basis der Ruten. Charakteristisch sind neben der weißgräulichen Borke auch die nur wenige Millimeter bis einen Zentimeter großen schiffchenförmigen Aufreißungen, die mit bloßem Auge deutlich zu erkennen sind. Sie rühren von Infektionsstellen am grünen Trieb her und sind dort bereits bald nach dem Austrieb zu erkennen. Des Weiteren sind auf der hellen Borke viele kleine schwarze Punkte erkennbar. Diese stellen die Fruchtkörper (Pyknidien als Überwinterungsform) des Pilzes dar. Als weniger empfindlich gegenüber *Phomopsis* erweisen sich Burgundersorten, Silvaner und Riesling.

Ein Schaden durch *Phomopsis* ist bereits im Austrieb erkennbar, da viele Basisaugen entweder gar nicht austreiben oder die Triebe unter Einwirkung des Erregers bereits zum Austrieb kümmern (siehe Abb. 33). Typische Kennzeichen sind dann ein verkrümmter, schwächlicher Wuchs, dunkle schiffchenförmige Stellen, besonders am Triebansatz gelb aufgehellte und unregelmäßig eingerissene Blättchen. Befallene Blätter weisen kleine schwarze Punktnekrosen auf, die von einem hellen Hof umgeben sind.

Ein wichtiges Unterscheidungsmerkmal zu anderen Pilzkrankheiten (*Botrytis*, Schwärzepilze) ist, dass vorrangig nur die Triebe an der Basis betroffen sind. Daher liegt der Schaden auch weniger im Ertrag oder der Qualität der Trauben, sondern vielmehr darin, dass zunehmend kein geeignetes Anschnittholz an der benötigten Position mehr vorhanden ist. Eine englischsprachige Bezeichnung des Krankheitsbildes lautet daher auch treffend „**Dead-arm-disease**“ oder zu Deutsch: „**Krankheit der absterbenden Arme**“.

Durch phytosanitäre Maßnahmen ist der Befall recht gut einzudämmen. Bei der Rutenauswahl sollten nach Möglichkeit tiefer stehende Ruten ohne Befallssymptome angeschnitten werden. Meist zeigen Wasserschosse einen geringeren Befall. Wichtig ist, dass befallene Stockpartien, die sich über dem Trieb befinden, nach Möglichkeit entfernt werden. Dies gilt auch für abgestorbene Altholzbereiche, die am besten abgesägt werden. Daher ist ein Verjüngungsschnitt bis zur Anschnittrute befallseindämmend. Somit wird vermieden, dass die Sporen durch Regen auf die jungen empfindlichen Triebe gewaschen werden. Befallsfreie Wasserschosse sollten möglichst direkt als Rute angeschnitten werden, nicht zunächst als Ersatzzapfen und im Folgewinter als Rute. Stark befallene Ruten werden gänzlich weggeschnitten.

Häufig wird der Fehler gemacht, dass mehrere kranke Zapfen im Anschnittbereich belassen werden, in der Hoffnung, dass sich schon ein guter Trieb daraus entwickeln wird. Durch Triebverdichtungen hält sich aber so der Pilz besonders hartnäckig. Besser ist es, krankes Holz weitgehend zu entfernen und einen möglichst tiefen Basistrieb als Zielholz zu verwenden. So kann auf diesen verjüngt werden. Diese Methode ist besonders bei Müller-Thurgau oder Portugieser zu empfehlen, auch wenn die Stammbindung mitunter erneuert werden muss. Dies widerspricht zwar der Schnittregel, dass nur Triebe im Kopfbereich anzuschneiden sind, erweist sich aber in diesem Sonderfall als sehr hilfreich.

Insgesamt ist auf eine luftige Erziehung (kein Überbiegen der Ruten, keine Überschneidungen der Ruten mit dem Ersatzzapfen, frühes Ausbrechen im Kopf- und Stammbereich auf das Zielholz, frühe Entblätterung) zu achten. Bei günstigen Austriebsbedingungen können die Reben auf die beschriebene Weise meist befallsfrei gehalten werden. Eine Sonderspritzung gegen *Phomopsis* sollte generell die Ausnahme sein, diese kann jedoch bei Vorjahresbefall und anhaltend feuchter Witterung während des Austriebs notwendig werden.

Hierzu werden eine oder zwei Spritzungen im Ein- bis Sechsblattstadium jeweils vor dem Regen durchgeführt. Zugelassen gegen *Phomopsis* sind die meisten organische *Peronospora*-Mittel auf Kontaktbasis (z. B. Polyram WG, Folpan 80 WDG, Delan WG u. a., die aktuelle Mittelzulassung ist zu beachten). Mit Beginn der Behandlungen gegen *Peronospora* wird *Phomopsis* in der Regel miterfasst, sodass der Pilz nur beim Austrieb eine Sonderbehandlung erforderlich macht.

- **Grauschimmel (*Botrytis cinerea*).** Der „Allerweltspilz" *Botrytis* oder Grauschimmel ist eher als Traubenfäuleerreger bekannt, doch kann er auch Blätter und Triebe befallen. Besonders in milden Wintern kann er sich am Holz ausbreiten. Die befallenen Bereiche verfarben sich hell-gelblich auf der Rinde. Ein starker Befall führt zu Knospeninfektionen und damit zu Augenausfällen. Häufig rührt der Befall von infizierten oder hängengebliebenen faulen Trauben. Da meist nur einzelne Augen auf der Rute betroffen sind, ist in der Regel von einem sehr begrenzten Schadensumfang auszugehen, sodass keinerlei Sondermaßnahmen notwendig werden. Oft sind andere Pilze (*Phomopsis*, Schwärzepilze) mit beteiligt, sodass vielfach Mischsymptome auf dem Holz vorhanden sind. Stärker befallene Ruten sollten nicht als Zielholz verwendet werden, sofern eine Auswahlmöglichkeit besteht. Ein Anteil von bis zu 10 % tauber Augen auf der Rute ist noch als ak-

Abb. 33 *Phomopsis* führt häufig zum Ausfall basaler Augen an der Bogrebe. Oft hängen auch noch mumifizierte Blattstiele an den Befallszonen.

Abb. 34 Grauschimmelbefall oder *Botrytis* siedelt sich besonders an Schadstellen am Holz an und kann zu Ausfällen führen. In diesem Fall ging ein Spätfrostschaden am Trieb voraus, der Pilz konnte sich auf das abgestorbene Material ansiedeln.

zeptabel anzusehen. Ertragseinbußen sind damit nicht zu befürchten. Bei Sorten, welche die Blattstiele unvollständig abwerfen (Kerner, Trollinger), sollten diese beim Rebschnitt mit abgestreift werden, da totes Gewebe ein ideales Überwinterungsquartier für den *Botrytis*-Pilz darstellt.

Ein häufiges Problem stellt ***Botrytis* an Jungreben in Pflanzröhren** dar. Waren diese schwach im Wuchs, so können unter feucht-milden Bedingungen leicht der gesamte Trieb und die Veredlung befallen werden. Im Folgejahr erfolgt dann im Extremfall kein Austrieb mehr. Häufig sind abgestorbene Blätter, die sich noch in der Pflanzröhre befinden, eine Ursache der Ausbreitung. Daher ist es ratsam, die Pflanzröhren über Winter entweder ganz zu entfernen oder bis zum Austrieb von der Rebe zu nehmen (z. B. an Ort und Stelle an den Draht einhängen). So wird auch ein verfrühter Austrieb mit höherem Spätfrostrisiko vermieden und die Jungreben können hindernisfrei zurückgeschnitten werden. Le-

Abb. 35 In Pflanzröhren kann über Winter und Frühjahr verrottetes Laub zu Grauschimmelbefall am Holz führen. Daher sollte im Winter das alte Laub aus dem Rohr entfernt werden.

Abb. 36 Schwärzepilze (kleine schwarze Punkte) am Holz führen in der Regel nicht zu Schäden am Auge.

diglich bei zu erwartenden Wildschäden (Hasen, Rehe) kann es vorteilhafter sein, das Pflanzrohr über Winter an der Rebe zu belassen. In diesem Fall sollten die Röhren aber etwas angehoben werden, um abgestorbenes Laub aus dem Pflanzrohr zu entfernen. Gegenüber Winterfrösten bieten die Röhren keine Schutzfunktion.

- **Schwärzepilze auf dem Holz.** Neben *Botrytis* und *Phomopsis* treten häufig auch sogenannte Schwärzepilze (*Alternaria alternata*) auf den Ruten auf. Dieser Befall ist in der Regel nicht bedenklich und führt kaum zu Wuchsbeeinträchtigungen. Eine direkte Bekämpfung der Schwärzepilze ist nicht möglich und auch nicht notwendig, die Erreger werden in der Regel bei den Routinespritzungen mit erfasst. Unter pilzgünstigen Bedingungen können die Schwärzepilze mitunter auffällig werden, doch selbst hier ist ein Absterben der Augen allein durch diese Pilze nicht zu befürchten.
- **Schwarzholzkrankheit.** Die Schwarzholzkrankheit (*Bois noir)* hat keinen keinen pilzlicher Erreger als Ursache, sondern ist auf eine Infektion der Rebe mit zellwandlosen Bakterien zurückzuführen. Die Übertragung erfolgt durch Bakterien infizierte Glasflügelzikaden (*Hyalesthes obsoletus*) von der Wirtspflanze der Schadzikade (Brennnessel und Ackerwinde) auf die Rebe. Die Rebe stellt keine Wirtspflanze dar, sie wird nur sporadisch aufgesucht und infiziert, daher ist auch keine Übertragung von Rebe zu Rebe möglich. Infizierte Reben zeigen im Sommer nach der Infektion vergilbtes oder gefärbtes Laub, beginnend an den oberen Blättern. Die grünen Triebe reifen nicht aus, sie werden nach dem Frost schwarz, daher der Name der Krankheit. Beim Rebschnitt fallen dann einzelne Reben auf, die sehr schlecht ausgereiftes Holz haben. Eine sichere Diagnose ist am vergilbten Laub und den stark verkümmerten Trauben möglich, oft sind Einzeltriebe ohne Schadsymptome. Ein starker Rückschnitt bis ins gesunde Gewebe ist bereits im Sommer ratsam. Bei Jungreben sollte ein Rückschnitt bis knapp über der Veredlung erfolgen. So ist eine Gesundung des Stockes möglich, ansonsten ist damit zu rechnen, dass die Rebe abstirbt.

Abb. 37 Schwarzholzkrankes Holz (hier am Beispiel Grauburgunder) ist oft nur segmentweise ausgereift und zeigt grüne Abschnitte, die Trauben wurden welk und reiften nicht aus. Der Laubfall findet an kranken Stöcken später statt.

Eine direkte Bekämpfung der Überträgerzikade oder der Bakterien selbst in der Rebe ist nicht möglich. Neben den Rückschnittmaßnahmen an befallenen Reben sollten die Wirtspflanzen Brennnessel und Ackerwinde im Weinberg bekämpft werden, jedoch nur **außerhalb der Flugzeiten** der Glasflügelzikaden. Erfolgt diese Maßnahme innerhalb der Flugphase der Zikade (Juni bis August), ist mit verstärktem Zuflug auf die Reben durch Suchstiche zu rechnen. Die Brennnesselbekämpfung erfolgt daher im Herbst (am besten nach der Lese) oder im zeitigen Frühjahr (April). Somit werden die Zikadenlarven an den Wurzeln der Wirtspflanze ausgehungert und der Kreislauf wird unterbunden.

- **Esca und Eutypiose.** Oft fallen beim Rebschnitt teilweise oder ganz abgestorbene Stöcke auf, ohne dass eine direkte äußerliche Schadursache feststellbar ist. Grund ist in der Regel ein Pilzbefall im Inneren des Stammes durch Esca oder Eutypiose. Beides sind Stammpilzerkrankungen, welche das Leitungsbahngewebe der Reben zerstören und die Reben früher oder später zum Absterben bringen. Bei leichtem Befall zeigen sich keine äußerlichen Schadsymptome, die Rebentwicklung und Traubenreife wird aber negativ beeinflusst. Der betroffene Stock zeigt allgemeine Schwächesymptome, teilweise sind die Trauben mit schwarzen Flecken übersät (black measles, „schwarze Masern"). An den Krankheiten sind verschiedene holzzerstörende Pilze beteiligt, sodass ein sogenannter Schadpilzkomplex vorliegt. Als gefährlichster Wundparasit gilt der Mittelmeerfeuerschwamm (*Fomitiporia mediterranea*), der Weißfäule im Holz verursacht. Er kann seine Fruchtkörper noch in längst abgestorbenen Stämmen meist am Kopfbereich ausbilden (siehe Abb. 40). Daher sollten befallene Reben nicht im Weinberg verbleiben. Junge, wachsende Triebe sind nur indirekt betroffen, indem Leitungsbahnen unterbrochen sind und die Triebe absterben oder durch Pilztoxine die Trauben und das Laub (charakteristisches Tigerstreifenmuster) geschädigt werden (siehe Abb. 38). Betroffene Stöcke sollten im Sommer mit Markierungsband gezeichnet werden. Beim Rebschnitt oder in einem separaten Durchgang werden sie knapp über der Veredlung gekappt. In der Regel sind nur ältere Reben ab dem 10. Standjahr betroffen.
Häufig zeigen teilgeschädigte Reben komplett taubes Holz an einzelnen Ruten oder die Ruten schneiden sich nur noch

auf einer Seite grün. Nicht jedes Jahr ist der Schaden bei den Stammpilzerkrankungen durch äußerliche Kennzeichen deutlich zu erkennen. Manchmal können sich als krank markierte Reben auch vorübergehend wieder erholen. Erst durch Schnitte in das Altholz oder beim Durchsägen von Stämmen fallen das gelblich vermorschte und verpilzte Holz sowie trockene abgestorbene Bereiche auf. Langfristig können befallene Reben aber nur gesunden, wenn der Stamm durch einen bodennahen Trieb erneuert wird. Die Infektion durch diese Schadpilze erfolgt in erster Linie über Schnittwunden, die durch Sporenflug besiedelt werden.

Ob eine Terminierung des Rebschnitts sowie das Überstreichen großer Schnittstellen mit Wundverschlussmittel Neuinfektionen verhindern können, ist bisher noch nicht abschließend geklärt. Der Sporenflug ist bei milder Witterung im Frühjahr besonders hoch, bei anhaltendem Frost sind dagegen kaum Sporen in der Luft. Daher wird des Öfteren die Empfehlung gegeben, gefährdete Anlagen bei Minustemperaturen zu schneiden, um die Wunde rasch zum Abtrocknen zu bringen (Frosttrocknis fördert die Austrocknung der Wunde) und mögliche Infektionen zu vermeiden. Vielfach wird ein Wundverschluss im Streichverfahren diskutiert. Auch eine Desinfektion des Schnittwerkzeuges, insbesondere der Säge, wird häufig ins Feld geführt, um eine mögliche Übertragung von Stock zu Stock zu unterbinden. Dazu kann Spiritus verwendet werden, jedoch ist eine ausreichende Wirkung nicht nachgewiesen. Des Weiteren sollten erkrankte Reben nach Möglichkeit separat geschnitten werden. Solange eine positive Wirkung dieser Vorgehensweise aber nicht bestätigt wird, ist sie eher eine vorbeugende Empfehlung, zumal die Wundversiegelung, Desinfektion der Schnittwerkzeuge und der separate Schnitt erkrankter Reben mit erheblichem Mehraufwand verbunden und wenig praxisgerecht sind.

Ein Rat, der auf alle Fälle befolgt werden sollte, ist die Entfernung abgestorbener oder abgesägter Stämme aus dem Weinberg, um mögliches Infektionspotenzial aus der Umgebung zu schaffen. Diese phytosanitäre Maßnahme vermindert das Sporenaufkommen, da die Pilze auch noch in toten Stämmen Fruchtkörper und Sporen bilden. Die gängige Empfehlung ist die zeitnahe Verbrennung der Stämme. Einjähriges Rebholz oder grüne Triebe können in der Anlage belassen werden. Sie sind nicht infektiös bzw. sporenbelastet.

Auch die **Mauke**, eine Bakterienkrankheit (*Agrobacterium vitis*) der Rebe, zeigt sich vor allem an mehrjährigem Stammholz. Die Krankheit verursacht knollenartige Wucherungen (siehe Abb. 41). Seltener ist auch schon zweijähriges Holz befallen. Ursache am Ausbruch der Krankheit sind meist vorhergegangene starke Winterfröste. Die Bakterien können jedoch durch Frostrisse in die Reben gelangen. Bei starkem Maukebefall sterben die Reben komplett ab. Bei leichtem Befall tritt ein Kümmerwuchs ein. Durch Stammneuaufbau können diese Reben wieder gesunden. Eine direkte Bekämpfung der Krankheit ist nicht möglich. Oft ist ein latenter Befall durch den Erreger ohne sichtbare Symptome (Knollenbildung) vorhanden, unter Stressbedingungen (z. B. Winterfröste) kann die Krankheit dann ausbrechen. Nicht jede Wucherung am Stamm muss ein Befall durch Mauke sein, es gibt auch natürliche Wuchsanomalien, ohne dass ein Bakterienbefall nachgewiesen werden kann. Hierbei

Abb. 38 Stammzerstörende Pilze wie der Esca-Komplex führen besonders bei älteren Reben zu Stockausfällen.

Abb. 39 Bei Sägeschnitten zeigen sich am Stamm vermorschte Segmente, die von holzzerstörenden Pilzen verursacht werden.

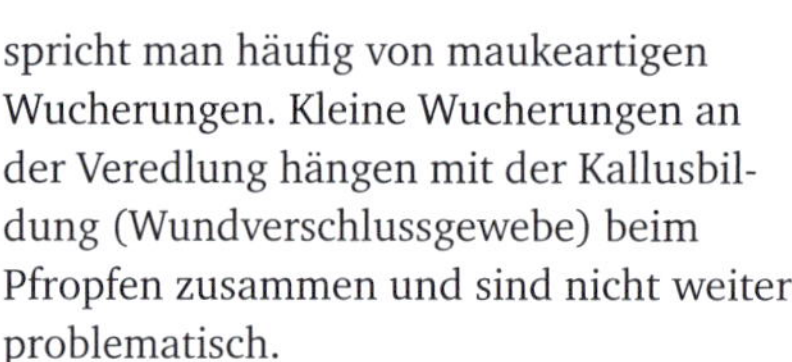

spricht man häufig von maukeartigen Wucherungen. Kleine Wucherungen an der Veredlung hängen mit der Kallusbildung (Wundverschlussgewebe) beim Pfropfen zusammen und sind nicht weiter problematisch.

- **Viruskrankheiten am Holz.** Falls Reben in jedem Jahr herdartig kümmern, die Trauben stark verrieseln und der Ertrag auffällig schwächer als auf vergleichbaren Standorten ist, kann auch eine Viruserkrankung der Reben vorliegen. Besonders auffällig beim Rebschnitt ist die Reisigkrankheit der Rebe. Diese zeigt sich durch besenartigen Wuchs und breitet sich durch virusübertragende Nematoden (Fadenwürmer) im Bestand weiter aus. Vor allem ältere Stöcke sind infiziert und zeigen dieses anormale Wuchsbild. Zeigen hingegen sehr jungen Reben dieses Schadbild im Winter, kann womöglich auch ein Milben- oder Thripsschaden die Ursache sein, da alle in Verkehr gebrachten Pfropfreben frei von nachteiligen Viruskrankheiten sein müssen. Eine Neuinfektion kann somit nur über den Boden stattfinden, durch infizierte Nematoden, die an Wurzeln der Altanlage überdauerten. Die Symptome können sich je nach Virus erst nach einer gewissen Standzeit der Reben bemerkbar machen.
Beim Rebschnitt fallen reisigkranke Bereiche durch verzweigtes und engknotiges Holz auf. Vielfach sind am Stock nur stark verzweigte Triebe mit Kurzinternodien vorhanden, die zickzackartig wachsen, das Symptom kann von Stock zu Stock verschieden stark ausgeprägt sein.

Abb. 40 Fruchtkörper des Mittelmeerfeuerschwamms (*Fomitiporia mediterranea*) findet man oft an bereits längst abgestorbenen Rebstämmen. Um das Sporenpotenzial zu senken, sollten tote Stämme möglichst aus der Anlage gebracht und verbrannt werden.

Ein für die Reisigkrankheit typisches Kennzeichen ist die Verbänderung. Das sind Einzeltriebe, die sich im Verlauf des Längenwachstums in zwei oder mehr Trieben fächerartig aufspalten und an der Verwachsungsposition handrückenartig verbreitert sind. Weiter kommen häufig Kurzinternodien in unregelmäßigen Abständen und Doppelaugen vor oder Triebe wachsen ohne äußeren Einfluss stark abgewinkelt weiter. Zudem tritt eine massive Geiztriebbildung auf. Die Trauben sind oft stark verrieselt und entsprechend verkümmert; häufig bilden sich Geiztrauben oder höher positionierte Trauben am Trieb aus. Leichte Verbänderungen und einzelne Kurzinternodien können aber auch ohne Virusbefall bei bestimmten Rebsorten (Kerner, Trollinger, Dunkelfelder) hin und wieder vorkommen. Dies ist sortenbedingt und genetisch begründet. Leider können viruserkrankte Reben durch Schnittmaßnahmen nicht mehr gesunden. Ein starker Rückschnitt auf einen kräftigen, gesund aussehenden Wasserschoss oder Bodentrieb bringt demnach

Abb. 41 Maukebefall an der Stammbasis. Treibt die Rebe unter der geschädigten Stelle wieder aus, kann der Stamm neu aufgebaut werden. Andernfalls ist die Rebe zu roden.

Abb. 42 Verkürzte Internodien, Rankenfehlstellungen, Doppelaugen und/oder starker Geiztriebwuchs ohne äußerliche Ursache wie Triebbruch oder Hagelwunden sind meist einem Virusbefall (Reisigkrankheit) geschuldet. Auf dem Bild ist ein gebänderter Trieb der Sorte Lemberger zu sehen.

Abb. 43 Eine Triebbänderung bei Dunkelfelder kann auch sortenbedingt sein. Diese Sorte neigt genetisch dazu.

keinen Erfolg. Auch das Nachpflanzen einer gesunden Rebe an dieser Stelle verspricht keinen dauerhaften Erfolg. Lediglich eine langjährige Brachezeit mit vollständiger Rodung der Haupt- und Nebenwurzeln kann Abhilfe schaffen. Chemische Bodenbehandlungen (Entseuchung) sind seit vielen Jahren nicht mehr zulässig. Falls eine Ertragsanlage mit vorhandenen Virusherden noch nicht zur Rodung ansteht, werden diese Bereiche so gut es geht mitbewirtschaftet. Fehlstellen werden nicht mehr ausgestuft, da dies in einer bestehenden Anlage wirtschaftlich nicht sinnvoll ist. Stark betroffene Reben werden am besten gerodet und schwächer befallene Reben werden erhalten.

Bei einigen Sorten sind die Bruchgefahr der Ruten erhöht (besonders bei Chardonnay) und die Windbruchgefahr der jungen Triebe größer. Es ist bei Ruten mit Kurzinternodien sinnvoll, diese auf normale Länge anzuschneiden und eine Triebreduktion zum Austrieb oder beim Heften durchzuführen. Erkrankte Reben verursachen bei der Bewirtschaftung vor allem bei Heft- und Ausbrecharbeiten einen Mehraufwand und zusätzliche Durchgänge. Erfahrungsgemäß ist es aber qualitativ und quantitativ nicht lohnend, erkrankte Reben durch besonders sorgfältige Pflege „aufzupäppeln“.

1.6.2 Tierische Schädlinge

Neben den pilzlichen Schädigungen spielen tierische Schädlinge eine untergeordnete Rolle beim Rebschnitt. Zum Rebschnittzeitpunkt sind lediglich die Wintereier der **Obstbaumspinnmilbe („Rote Spinne")** erkennbar. Typische Austriebsschädlinge machen sich in der Regel erst beim Schwellen der Augen bemerkbar. Auch Schäden am Stamm, etwa durch Wild, sollten beachtet werden.

- **Spinnmilben(eier).** Die Spinnmilben haben ihren früheren Schrecken im Weinbau weitgehend verloren. Früher war eine regelmäßige Spinnmilbenbekämpfung eine zentrale Maßnahme, um die Blätter zu schützen und eine hohe Mostgewichtsleistung zu erzielen. Dank des konsequenten Einsatzes von raubmilbenschonenden Mitteln – stärker raubmilbenschädigende Pflanzenschutzmittel sind so gut wie keine mehr zugelassen – werden Spinnmilben gut von ihrem räuberischen Gegenspieler Raubmilbe in Schach gehalten. Sie treten im Regelfall nur noch unterhalb ihrer Schadschwelle auf, sodass teurere Sondermaßnahmen faktisch gänzlich eingespart werden können. Nur in Einzelfällen kommt es noch vor, dass beim Rebschnitt der charakteristische „Rote Daumen" oder Handschuh auffällt, der von einem Massenvorkommen zerquetschter Milbeneier herrührt. Besonders gefährdet sind Junganlagen ohne ausreichenden Raubmilbenbesatz, hier kann möglicherweise eine Bekämpfung sinnvoll sein. Die Obstbaumspinnmilbe legt ihre Eier im Herbst im Bereich der Winterknospen ab. Mit dem Austrieb schlüpfen auch die Larven und entwickeln sich über zwei Nymphenstadien zum erwachsenen Tier. Sie ernähren sich von den Pflanzensäften der Rebe. Ohne natürliche Gegenspieler bzw. chemische Bekämpfung kann es zu einer Massenvermehrung kommen. Die Blätter wölben sich beim Austrieb löffelartig auf und verfärben sich im Sommer rötlich-bronzeartig. Die Milben sind mit bloßem Auge gerade noch zu erkennen, eine Lupe (Fadenzähler) ist zur Erkennung hilfreich.
Die eleganteste und einfachste Methode zur vorbeugenden Bekämpfung ist die **Ansiedlung von Raubmilben** über Schnittholz aus Altanlagen mit hohem Besatz. In der Regel braucht die Ansiedlung nur in größeren Junganlagen (besonders bei Flurbereinigungen) durchgeführt zu werden, da sich in Altanlagen von selbst ein ausreichender Besatz einstellt. Die Ansiedlung kann entweder über Ausbrechlaub oder mittels Holzabschnitten (vorrangig zweijährige Bogrebenabschnitte) erfolgen. Das Spendermaterial muss direkt an die Jungreben gehängt werden, sodass die Raubmilben barrierefrei überwandern können. Je nach Dichte der Abhängung (an jede Stickellänge oder direkt an jede Jungrebe ein Stück Spendermaterial hängen), etablieren sich die Raubmilben rasch in der Anlage und halten so Schadmilben (Spinnmilben und Kräuselmilben) zukünftig in Schach.
Die zweite rebschädigende Art ist die **Gemeine Spinnmilbe** oder **Bohnenspinnmilbe**, die am Rebstamm oder auf abgestorbenen Begrünungspflanzen überwintert. Eine chemische Bekämpfung kann unmittelbar vor dem Schlupf der Larven mit zugelassenen Ölen oder während des Sommers mit einem zugelassenen Akarizid (Pflanzenschutzmittel gegen Schadmilben) erfolgen.
- **Kräuselmilben, Thripse und Blattgallmilben.** Die mit dem bloßen Auge nicht erkennbaren Kräuselmilben überwintern

Abb. 44 Kräuselmilbenschäden werden erst nach dem Austrieb sichtbar.

Abb. 45 Blattgall- oder Pockenmilben zeigen sich am jungen Trieb durch rötliche Gallen häufig bei Riesling.

in den Knospenschuppen und beginnen bereits zum Knospenschwellen mit ihrer Saugtätigkeit. Der Schaden entsteht vor allem zum Austrieb. Die jungen Triebe treiben verkrüppelt aus, die Gescheinsansätze können durch die Saugtätigkeit vertrocknen und abfallen. Kennzeichnend für einen Vorjahresbefall zum Zeitpunkt des Austriebs sind Kurzinternodien und ein besenartiger Wuchs der Jahrestriebe. Da der Haupttrieb durch den Saugschaden im Wuchs kümmert, werden die Geiztriebe unter günstigeren Wachstumsbedingungen besonders kräftig ausgebildet. Betroffen sind in der Regel jüngere Anlagen, vor allem im 2. und 3. Standjahr. Eine Verwechslung mit den zuvor beschriebenen Virussymptomen der Reisigkrankheit ist leicht möglich. Besonders bei älteren Anlagen ist Virusbefall die überwiegende Ursache, der sich ebenfalls herdartig ausbreitet und über Jahre nicht nachlässt!

Im Spätsommer zeigt sich eine aufbauende Kräuselmilbenpopulation an den Einstichstellen der Blätter. Diese sind ist gut erkennbar, wenn sie gegen das Licht gehalten werden. Vor allem ein- und zweijährige Junganlagen sollten im Spätsommer kontrolliert werden. Auch **Rebenthripse** und **Blattgallmilben** (auch Pockenmilben genannt) verursachen

Abb. 46 Junge Rhombenspannerraupen fallen manchmal beim Rebschnitt in milden Tagen auf, da sie als Larve überwintern. Schäden verursachen sie erst nach dem Schwellen der Knospen. Hier auf dem Bild ist eine fast ausgewachsene Larve in typischer Tarnstellung zwischen Austrieb und Bindedraht abgebildet.

Saugschäden vor allem in Junganlagen. Abhilfe schafft eine Austriebsspritzung im Wollestadium mit Netzschwefel und zugelassenen Ölen. Vorbeugend ist auf alle Fälle bei größeren oder isolierten Junganlagen die Ansiedlung von Raubmilben. Besonders in Flurbereinigungsabschnitten erfolgt die natürliche Ausbreitung der Raubmilben oft verspätet und unzureichend, sodass Schadmilben leichtes Spiel haben. Um die Raubmilben zu schonen, sollte ein Netzschwefeleinsatz nach der Blüte möglichst unterbleiben; das gilt vor allem für Jungfelder. In der Regel wachsen die Schäden durch Blattgall-, Kräuselmilben und Thripse mit der Zeit aber komplett aus.

- **Rhombenspanner.** Der Rhombenspanner ist ein typischer Knospenschädling und schädigt die Reben erst mit dem Schwellen der Augen. Er ist nachtaktiv und nimmt tagsüber meist eine Tarnstellung ein. An warmen Wintertagen verlässt die junge überwinternde Spannerraupe des Falters bereits ihr Winterversteck und wandert auf den Reben umher, ohne dabei die noch ganz geschlossenen Augen zu schädigen. Eine hohe Population kann mitunter schon beim Rebschnitt auffallen. Die noch kleinen Raupen sind durch ihre Ruhestellung (Verwechslung mit Rankenteilen leicht möglich) und typische Färbung schlecht an der Rebe auszumachen. Wandern sie aber bei Störungen umher, sind sie leicht am für Spannerraupen so typischen omegaartigen Gang zu erkennen. Jungraupen seilen sich gerne an selbst abgesonderten Fäden ab, die im Sonnenlicht glänzen. Fallen die Raupen bereits beim Rebschnitt oder Biegen sporadisch auf, so sollte mit Beginn des Augenschwellens der Knospenfraß beobachtet werden. Ausgehöhlte Stellen an den bereits angeschwollenen Augen sind ein untrügliches Schadbild. Ein Absammeln der Raupen zum Austrieb bei Dämmerung oder eine chemische Bekämpfung mit einem zugelassenen Mittel verhindern großflächigen Schaden. Auch andere Knospenschädlinge, wie die ebenfalls nachtaktiven, tagsüber im Boden oder am Stamm verweilenden „**Erdraupen**“ können ein ähnliches Schadbild verursachen. Als Erdrau-

Abb. 47 Schildlaushüllen am Holz fallen beim Rebschnitt sehr auf, eine Bekämpfung kann bei hohem Befall mit zugelassenen Pflanzenölen erfolgen.

pen werden die Larven mancher Eulenfalter bezeichnet. Sie höhlen die Augen aber nicht aus, sondern fressen sie von außen her ab. Diese können bei hohem Befall nachts mithilfe einer Taschenlampe abgesammelt werden.

- **Schildläuse.** Im Herbst und Winter sind an manchen Reben, vornehmlich an der alten Bogrebe oder am Ersatzholz ganze Kolonien von Schildläusen anzutreffen. Die Rebe wird überwiegend von der **Zwetschgenschildlaus** besiedelt. Diese kann die Reben bei hohem Besatz schwächen. In der Regel wird das Ausmaß des Schadens aber überschätzt, da die Schildläuse sehr auffällig sind. Im Winter sind nur noch die abgestorbenen Hüllen der Muttertiere auf der Bogrebe vorhanden. Unter ihnen befinden sich die leeren Eihäute, die wie ein weißes Pulver unter dem Schild erscheinen. Das Abschaben der Hüllen von Hand ergibt darum keinen Sinn. Die kleinen überwinternden Jungtiere befinden sich dagegen auf dem einjährigen Holz und sind recht unscheinbar. Eine Austriebsspritzung mit zugelassenen Ölen beim Knospenschwellen ist anzuraten. Eine Insektizidbehandlung ist derzeit aufgrund der Zulassungssituation nicht möglich. Oft brechen die Populationen auch wieder von selbst zusammen, da Witterungseinflüsse und Parasitierung die Tiere stark beeinflussen können. Neuerdings stehen Schildläuse und weißliche Schmierläuse (Ahornschmierlaus) im Verdacht, dass sie Überträger der Blattrollkrankheit, einer Viruserkrankung, sind. Besonders in Vermehrungsanlagen ist daher besondere Aufmerksamkeit geboten. Die eher sporadisch vorkommenden Schmierläuse spielen jedoch als Saugschädlinge im Weinbau bisher kaum eine Rolle.
- **Wildkaninchen.** Im Vergleich zu Feldhasen, die als Einzelgänger vor allem Jungreben am Austrieb schädigen, verursachen die in Bodenhöhlen kolonieartig auftretenden kleineren Wildkaninchen auch am Stammholz sporadisch massive Schäden. Gerade in kalten Wintern suchen sie bei Nahrungsmangel (Schneeauflage) gezielt die Stämme jüngerer Reben auf und nagen die äußere nahrhafte Rinde bis aufs Holz ab. Sind solcherma-

ßen geschädigte Reben ringsherum bodennah an der Veredlungsstelle abgefressen, so kommt dies einem Todesurteil der Rebe gleich, da die Rinde einschließlich der Kambiumschicht fehlt, wodurch sich keine neuen Zellen mehr bilden können, um den Schaden zu überbrücken. Sind Reben nur teilweise angenagt, so entstehen große Wunden am Stamm, die nicht mehr überwallt werden. Zwar können die Reben damit über Jahre überleben, häufig wachsen sie aber aufgrund bleibender Schädigung wesentlich schwächer. Wo die Veredlungsstelle selbst nicht geschädigt ist, sollte ein neuer Stamm durch einen Triebausschlag aufgebaut werden. Massive Schäden entstehen im Umkreis der Baue, die oft versteckt in Feldrainen unter Gebüsch oder am Waldrand angelegt sind. Die Pfade um die Baue können entsprechend verwühlt und ausgetreten aussehen. Meist fallen die Tiere im Weinberg auf, da sie nicht allzu scheu und auch tagsüber aktiv sind. Lassen sie sich nicht durch Vertreibung oder Bejagung (Jagdpächter) dezimieren, so bleibt nur ein Schutz der Reben selbst. Engmaschige Hasenzäune sind nur bedingt geeignet, da sie leicht unterwühlt werden, deshalb ist der Zaun 20 cm tief in den Boden einzugraben. Elektrozäune haben sich als recht hilfreich erwiesen, müssen aber regelmäßig gewartet werden. Vor allem die Akkumulatoren werden mitunter Beute von Dieben. Seitlich zu öffnende Schutzrohre werden angebracht, wenn Bodentriebe geschädigter Reben als Stammersatz gezogen werden müssen. Schon vorbeugend können diese in Gebieten mit hohem Kaninchenbesatz über Winter leicht an die Stämme montiert werden. Sie werden vor dem Austrieb wieder entfernt, um die Stämme ausbrechen zu können und um den Austrieb in Jungreben

Abb. 48 Nagen Kaninchen die Rinde am Stamm über Winter ab, kann nur noch ein Neutrieb aus der Basis die Rebe retten. Sie wird daraus neu aufgebaut.

nicht zu verfrühen, was die Spätfrostgefahr erhöht. Die seitliche Öffnung erlaubt eine Anbringung auch an ältere Reben. Bei Pflanzreben oder Nachstufreben sollte umgehend nach dem Pflanzen ein Schutz (Kunststoffnetze, Pflanzrohr) erfolgen. Gitterartige Schutzhilfen (Hasenkörbchen) können zwar einige Jahre belassen werden, stören aber bei Ausbrecharbeiten am Stamm und werden mit der Zeit mürbe. Besonders beim Portugieser, der von Kaninchen gerne aufgesucht wird und wenig neue Stammtriebe bildet, ist es sinnvoll, die Körbchen dauerhaft zu belassen. Eine Schadensbegrenzung an der Rebe kann auch erfolgen, wenn den Kaninchen frisches Nageholz als Fraßalternative angeboten wird. Wird bei frühem Rebschnitt das Schnittholz über Winter in den Gassen liegen gelassen, so halten sich die Tiere vorrangig dort auf und die

Stämmchen bleiben weitgehend verschont. Auch das Überschmieren der Stämme mit speziellen Verbissmitteln (Repellent oder Paste mit Sandkörnern) bietet keinen hundertprozentigen Schutz. Vor allem bei hohem Besatz sind diese Abhilfsmaßnahmen zu unsicher.
Auch **Feldhasen** nagen im Winter gerne die verholzten Triebe von Pflanzreben durch. Dies ist jedoch deutlich über der Veredlungsstelle, sodass die Rebe sich durch einen bodennahen Neuaustrieb wieder regenerieren kann. Dies bedeutet zwar Mehrarbeit für den Winzer, die Schäden beschränken sich aber meist auf Einzelreben.

1.6.3 Was sonst noch auf und in Rebstämmen wächst und gedeiht

In den vorhergehenden Kapiteln wurde auf bedeutende Krankheiten und Schädlinge am Holz der Rebe eingegangen. Aber nicht alles, was auf Reben sitzt, ist gefährlich oder macht sie krank. Besonders in feuchten und milden Wintern fallen des Öfteren Rebstämme mit eigenartiger Stammfärbung oder Pilzauswüchsen auf. Dies hängt zum einen mit der Witterung zusammen, die bei Plusgraden Algen, Moose, Flechten und Pilze im besonderen Maße sprießen lässt, zum anderen aber mit der erhöhten Aufmerksamkeit für solche Beobachtungen beim Winzer beim Rebschnitt oder Bindearbeiten in der ansonsten kahlen Natur. Die Sorge, dass da mit den Reben etwas nicht in Ordnung sein kann, ist naheliegend. In vielen Fällen kann aber Entwarnung gegeben werden. Niedrige Pflanzen und Lebewesen nutzen gerne diese exponierten Stellen auf Reben, um Sonnenlicht zu tanken. Auf dem Boden sind sie in der Regel zu konkurrenzschwach, um sich dort dauerhaft zu etablieren. Moose und Farne gelten als niedrige Pflanzen, die keine Blüten ausbilden, sondern sich über Sporen vermehren, die betreiben wie alle grünen Pflanzen aber Photosynthese, um Sonnenlicht in chemische Energie umzuwandeln. Pilze vermehren sich bekanntlich ebenso durch Sporen, sind aber keine Pflanzen, da sie keine Photosynthese betreiben. Sie stellen in der Biologie ein eigenes Reich dar. Denkt man an nutzbringende Pilze, so fallen den meisten zunächst die Speisepilze ein. Pilze haben aber noch weitaus mehr nützliche Aufgaben in der Natur und für den Menschen, als gegessen zu werden. Die überwiegende Anzahl der Pilzarten greift abgestorbenes pflanzliches Gewebe an und hilft so mit, dieses zu zersetzen und Nährstoffe wieder für höhere Pflanzen freizusetzen (Destruenten oder Saprophyten). Sie sorgen also dafür, dass nach einiger Zeit aus abgestorbenen Blättern und dem Schnittholz wertvoller Humus entsteht und die gebundenen Nährstoffe der Rebe wieder zur Verfügung stehen. Manche Arten leben gar in enger Wurzelgemeinschaft mit höheren Pflanzen(einschließlich der Rebe). Diese Gemeinschaft wird als **Mykorrhiza** bezeichnet, die Pilzwurzel (Mycel) umschließt dabei teilweise die Pflanzenwurzeln. Der Pilz erschließt im Boden Nährstoffe für die Pflanze und erhält im Gegenzug von dieser Zuckerstoffe (Assimilate). Damit sind sie direkt für die Versorgung von Nutzen, auch die Rebe bildet mit manchen Pilzen eine Mykorrhiza aus.

Algen sind ein- oder mehrzellige Lebewesen. Auch wenn sie photosynthetisch aktiv sind, sind es keine eigentlichen Pflanzen. Sie kommen sowohl im Wasser als auch auf Land vor. Eine sonderbare Lebensform stellen hingegen Flechten dar. Diese auf unwirtliche Bedingungen hervorragend angepassten Lebewesen sind eine Lebensgemeinschaft aus Algen und Pilzen. Sie wachsen

Abb. 49 Algenbewuchs färbt im Winter oft die Borke am Stamm grünlich, meist nur auf einer Seite, wo die Bedingung von Feuchte und Licht optimal für die einzelligen photosynthetisch aktiven Lebewesen sind.

Abb. 50 Rötlich gefärbte Stämme erregen häufig die Aufmerksamkeit. Ursache sind aber rot färbende Grünalgen der Art *Trentepohlia aurea*.

auf Steinoberflächen wie Felsen genauso wie auf der Borke von Gehölzen. Der Lebenspartner Alge betreibt dabei Photosynthese zur Energiegewinnung in Form von Zucker. Der vergemeinschaftete Pilz löst Nährstoffe aus der Oberfläche und sichert so die Versorgung mit lebensnotwendigen Mineralien. Er bildet den Vegetationskörper der Flechte und sorgt für die Haftung auf der Oberfläche. Er schützt die Alge vor Austrocknung und hoher Strahlung. Entwicklungsgeschichtlich geht man davon aus, dass sich das Verhältnis aus Alge und Pilz aus einem Parasitismus entwickelte, der zu einem Gleichgewicht zwischen beiden Partner führte, mit gegenseitigen Vorteilen (Symbiose). Flechten kommen mit sehr wenig Wasser aus und können fast eintrocknen. Die wachsen meistens extrem langsam und genügsam. Daher gedeihen sie vorrangig auf Stellen, die für grüne Pflanzen keine Überlebensmöglichkeit bieten. Dort besteht auch nicht die Gefahr, von diesen überwuchert zu werden.

Rebstämme bieten besonders im Winter natürlich vorkommenden Algen, **Moosen** und **Flechten** gute Refugien, ohne diesen nennenswert zu schaden. Im Sommer, besonders nach längerer Trockenheit und während großer Hitze können die Aufsitzlebewesen teilweise absterben. Meist geraten sie aber in Trockenstarre, um bei günstigen Bedingungen wieder aufzuquellen und weiter zu wachsen. Besonders aufsitzende Flechten (siehe Abb. 54) erscheinen im Winter recht farbenfroh in Gelb, Braun oder Türkis. Sie sind keine Parasiten, da sie den Reben weder Nährstoffe, noch Wasser wegnehmen. Sie nutzen den Stamm lediglich als Aufsitz, um so günstig und dauerhaft an Sonnenlicht zu gelangen. Oftmals ist nur eine Seite bewachsen, dies hängt sowohl mit dem besseren Lichtangebot als auch mit ausreichender Feuchtigkeit zusammen. Schadstoffe durch Industrieabgase wie Schwefeldioxid oder Fungizide können das Wachstum der Flechten beeinträchtigen. Seit Maßnahmen zur Luftreinhaltung erfolgen, nimmt Flechtenbewuchs wieder zu, sie sind damit ein Bioindikator für Umweltbedingungen. Auf toten und lebenden Holzkörpern wie Rebstämmen gedeihen häufig Blasenflechten und Krustenflechten. Algen färben die Stämme im Winter meist grünlich, in manchen Fällen auch auffällig rötlich. Besonders die Algenart *Trentepohlia aurea* färbt die Stämme äußerlich rot, sie ist trotzdem eine Grünalge. Diese Färbung ist oft nur von kurzer Dauer und je nach Witterung mehr oder weniger auffällig (siehe Abb. 50).

Polstermoose (siehe Abb. 11) benötigen eine gewisse Streuauflage, um sich anzusiedeln. Wo sich organisches Material ansammelt, etwa in einer Astgabel oder auf dem Kopf der Rebe, kann sich mit der Zeit ein Moospolster ausbilden. Häufig waren zunächst Flechten da, die dann gute Wegbereiter für Moose sind. Im zeitigen Frühjahr bilden sich die Sporenträger an den Moospolstern aus, das Moos fruktifiziert. Die Sporenträger sind aber keine Blüten, somit bilden sich auch keine Samen, sondern ungeschlechtliche Sporen. Moose leben ebenso wenig parasitär auf Holz wie Flechten oder Algen, denn sie können nicht bis zu den lebenden Zellen im Stamm vordringen, sie siedeln ebenso auf Steinen und anderen Oberflächen. An alten Reben verhindert eine Moosauflage das Austreiben schlafender Augen. Totholz unter Moos wird rascher zersetzt. Die händische Entfernung ist daher sinnvoll. Sie können Wegbereiter für holzbesiedelnde Pilze sein, da sie gut Feuchtigkeit speichern. Derartig moosüberzogene Reben erweisen sich andererseits aber oft Jahrzehnte lang vital. Es ist bekannt und wissenschaftlich belegt, dass eine Besiedlung der Wunden durch „nützliche“ Pilze wie *Trichoderma*, andere Schaderreger vor dem Einwachsen abhalten kann. Diese Eigenschaft macht man sich neuerdings bei der vorbeugenden Behandlung gegen **Esca** zunutze.

Wachsen Pilzfruchtkörper aus den Rebstämmen, so muss zumindest von einer gewissen Degeneration der Reben ausgegangen werden. In der Regel ist die Rebe aber schon vorgeschädigt, etwa durch große Wunden, durch Winterfröste oder Schädlinge etc. In der Regel wird nur das **Totholz** von Ständer- oder Schlauchpilzen (also höheren Pilze, die Fruchtkörper bilden) besiedelt. Intakte Stammbereiche bleiben ebenso wie einjähriges Holz verschont. Der eigentliche Pilz ist das Pilzgeflecht oder Mycel, es sitzt tief im Rebstamm, also in den bereits länger abgestorbenen Zonen. Durch Feuchtigkeit und optimalen Temperaturen, die je nach Pilzgattung verschieden sein können, kann ein höherer Pilz manchmal auch Fruchtkörper am Rebstock ausbilden. Von einigen Arten wie dem **Hallimasch** (*Armillaria mellea)*, ein wichtiger Erreger der Weißfäule, ist bekannt, dass er sowohl parasitär als auch saprophytisch lebt und befallene Bäume einschließlich Reben zum Absterben bringen kann. Dieser typische Waldbewohner tritt häufig an geschwächten Bäumen oder an abgesägten Stubben auf, seltener ist er an Reben zu finden. Die Fruchtkörper erscheinen erst bei abgestorbenen Rebstöcken an der Wurzelzone.

Bekannter und häufiger ist jedoch der **Mittelmeerfeuerschwamm** (*Fomitiporia mediterranea*), der als ein bedeutender Erreger der Esca gilt und in Kapitel 1.6.1 beschrieben wird. Seine Fruchtkörper sind meist unscheinbar. Sie erscheinen, oft von Rinde teilweise verdeckt, an geschützten Stellen am Kopfbereich. In aller Regel sind dabei mehrere Pilzgattungen gleichzeitig beteiligt, oft findet sich an abgestorbenen Bereichen der **Striegelige Schichtpilz** (*Stereum hirsutum*). Er bildet ebenso kleine unauffällige Fruchtkörper, die schichtartig nebeneinander wachsen. Daneben kommen weitere Sekundärerreger infrage, die als Zersetzer bereits vorinfiziertes Holz besiedeln und bei günstigen Bedingungen Fruchtkörper ausbilden. Die sind nicht auf die Rebe angewiesen, was die besiedelte Gehölzart betrifft. Besonders große und auffällige Fruchtkörper zeigen sich in milden Wintern, wenn neben ausreichend Wärme auch genügend Feuchtigkeit vorhanden ist. Unter den Vertretern sind einige bekannte Speisepilze wie der Austernseitling, das **Jodasohr** (*Auricularia auricula-judae)* und der **Samtfußrübling** (*Flammulina velutipes)*, die aufgrund ihres Vorkommens auch als Winterpilze gelten.

Abschließend gilt festzuhalten, dass die Reben ein Teil des Ökosystems Weinbergs sind und vielfältige Funktionen im Naturhaushalt aufweisen. Auch viele Kleinlebewesen leben im Schnittholz auf dem Boden, das sich fortwährend zersetzt und laufend „nachwächst". Das gilt für Springschwänze, Asseln, Regenwürmer, die zur Bodenfruchtbarkeit beitragen und wiederum selbst für höhere Insekten, Spinnentiere oder Vögel ein reichhaltiges Nahrungsangebot darstellen. Etliche Nützlinge sind darunter. Daher sollte das Rebholz möglichst nur grob gehäckselt werden, um so eine längere Zersetzungszeit zu ermöglichen. Auch die Gewinnung von Rebholz zur thermischen Verwertung entzieht dem Boden langfristig Nährstoffe und Humus.

Abb. 51 Der Striegelige Schichtpilz (*Stereum hirsutum*) ist ein häufig an Laubgehölzen vorkommender Holzpilz, der auch Reben befällt. Er zählt neben dem Mittelmeerfeuerschwamm und anderen Vertretern zum Esca-Komplex.

Abb. 52 Auch Ständerpilze wie diese Seitlinge können sich auf morschen Rebstämmen ansiedeln. Seitlinge sind Speisepilze. Das Sammeln an Reben ist aber nicht ergiebig.

Abb. 53 Dieser Stamm mit „Ohren" wirkt auffällig. Es sind die Fruchtkörper des Judasohrs. Auf Reben kommt er ziemlich selten vor. Auf Holunderholz dagegen sehr häufig.

Abb. 54 Visuell auffällig ist die gelbe Blasenflechte, die häufig auf älteren Stämmen zu finden ist. Flechten sind enge Lebensgemeinschaften aus Algen und Pilzen und schaden Reben nicht.

Jedes bei jedem Lebewesen, so ist auch das Leben der Reben endlich und wird nach einstigem frohwüchsigem Wachstum immer von Verfall und Siechtum bedroht. Durch gewissenhafte Pflegemaßnahmen lässt sich der Prozess zwar verzögern, aber nicht komplett aufhalten oder außer Kraft setzen. Ein junger Stamm ist vital und noch weitgehend frei von äußeren und inneren Schäden. Mit der Zeit gibt es immer mehr Angriffsflächen für holzzerstörende Pilze, eine alte Rebe ist gezeichnet durch Witterungseinflüsse und durch die langjährigen unvermeidbaren Schnittmaßnahmen. Ein möglichst wundarmer Rebschnitt ist ein gutes Rezept für lange Vitalität. Totholz sollte entfernt werden, um der Vermorschung keinen Vorschub zu leisten. Ein Stock mit vielen Schnittstellen und vermorschten Bereichen ist vergleichbar mit einem alten Haus, das ein undichtes Dach hat. Es kann stetig Feuchtigkeit von außen eindringen und zu Moder führen. Eine Rebe lässt sich aber nicht wie ein Haus einer Generalsanierung unterziehen, allenfalls kann ein neuer Stamm aufgebaut werden. Oder einer Rodung folgt eine Neupflanzung, will man wieder junge und vitale Reben erziehen.

2 Der praktische Rebschnitt

2.1 Rationelle Vorarbeiten

Durch überlegte Vorarbeiten vor dem eigentlichen Rebschnitt kann dieser erheblich rationeller, körperlich weniger beanspruchend und kostengünstiger durchgeführt werden. Vielfach werden diese Vorteile regional nicht entscheidend genutzt bzw. sind mancherorts gar nicht geläufig. Auch wenn pro Hektar nur wenig Arbeitszeit eingespart werden kann, summieren sich die Kostenvorteile über die Gesamtfläche und über die Jahre gesehen auf. Da diese Vorarbeiten vor dem Schnitt durchgeführt werden, braucht aus arbeitswirtschaftlichen Gründen nicht so früh mit dem Rebschnitt begonnen zu werden, was die Ausfallrisiken durch Frost absenken kann.

Betriebe, die mit dem Laubhefter arbeiten, entfernen vor dem Rebschnitt die Heftschnüre. Hierzu können hydraulisch angetriebene Wickelgeräte eingesetzt werden, die auch zum Aufwickeln von Altdrähten bei Rodungen eingesetzt werden. Das Schnurmaterial muss aber noch eine genügende Festigkeit aufweisen. Scharfkantige Drahtösen führen leicht zum Abreißen der Schnüre und erfordern zeitraubende Nacharbeit. Die Heftmaschine spart zwar Zeit, aber meistens keine Kosten. Sie konnte sich daher im Vergleich zu manuellen Heftsystemen nur begrenzt durchsetzen.

2.1.1 Heftdrähte vor dem Schnitt ablegen

Im Regelfall sind heute moderne Spalieranlagen mit mindestens einem variablen Heftdrahtpaar als erster Heftstation ausgestattet, das im Sommer die Triebe aufnimmt. Weiter oben sind entweder Rankdrähte als Einzeldrähte und/oder weitere Doppeldrahtstationen. Rationelle Drahtrahmensysteme haben lediglich zwei variable Paare zumeist ohne zusätzliche Rankdrähte. Bei allen mäßig bis gut aufrecht wachsenden Sorten ist dies für eine stabile Laubwand auch vollkommen ausreichend.

Einzelne Rankdrähte sind ungünstiger, wie der Begriff schon aussagt, verranken sie stark. Dies verursacht vor allem beim Entfernen des Schnittholzes einen Mehraufwand, auch beim Heften haben Rankdrähte keinen entscheidenden Vorteil. Variable Doppeldrähte können beim Aufheften mehrfach und beliebig höher gesetzt werden, am besten geschieht dies mit beiden Paaren parallel. So werden nicht nur die wachsenden Triebspitzen aufrecht eingeheftet, sondern gleichzeitig die noch weichen Ranken während des Höhersetzens an den Drähten abgerissen. Die Doppeldrähte sind in erster Linie Stütze für die Triebe und nicht Rankhilfe. Bei weniger aufrecht wachsenden Sorten sind Heftklammern (Einwegklammern aus Kartonmaterial oder Mehrwegklammern aus Kunststoff oder Metall) hilfreich, dies gilt vor allen in windigen Lagen.

Es reicht für die Stabilität der Laubwand aus, wenn die Triebe in sich verrankt sind.

Abb. 55 Vor dem Rebschnitt sollten die Heftdrähte abgelegt werden, das kann manuell oder maschinell geschehen. Sie werden bodennah an den Stickeln eingehängt. Nur der obere Heftdraht, welcher der Schnitt-Gasse jeweils gegenüberliegt, in die das Holz gelegt wird, bleibt als Stützdraht in Position.

Vorhandene Drahtklammern werden geöffnet, der Draht wird beim Aushängen und Ablegen von den noch vorhandenen Ranken gerissen. Auch die maschinelle Drahtablage mit unterschiedlichen Systemen kann hierzu eingesetzt werden. Jedoch bedarf es für einen reibungslosen Ablauf entsprechender leicht aushängbarer Hakensysteme an den Metallstickeln. Holzpfähle und Kunststoffstützen sind eher ungeeignet. Nachteilig ist, dass entsprechende Stickel vielfach nur in den jüngeren Anlagen vorliegen und eine sinnvolle Maschinenkombination mit anderen Schlepperarbeiten zu diesem Zeitpunkt oft nicht gegeben ist. Die Vorteile der Drahtablage fallen besonders bei stark rankenden Sorten wie Riesling ins Gewicht. Bei weniger stark rankenden Sorten spart die Mechanisierung der Drahtablage lediglich Zeit und körperliche Kraft, ohne die Kosten wirklich abzusenken. Eigenbaulösungen dominieren bei Drahtablagegeräten. Eine sinnvolle Lösung ist, die maschinelle Drahtablage mit dem maschinellen Vorschnitt des oberen Heftdrahtpaares zu kombinieren.

In der Regel werden die Drähte aber noch manuell abgelegt. Um die Spannung von den Drähten zu nehmen, sollten vorhandene Spannkettchen zuvor gelöst werden. Sie werden am besten im letzten Glied am Kettennagel oder Stickelhaken eingehängt. Zur Vermeidung von Drahtwirrwarr oder auf dem Boden liegende Drahtenden bleiben die Kettchen an ihrer Heftposition und werden lediglich an den Zeilenpfählen auf Stammhöhe eingehängt. Bei langen Zeilen kann auf Spannkettchen verzichtet werden, da die Dehnung des Drahtes ausreicht, um ihn dort zu fixieren. Es genügt, den Draht nur jeden 3. oder 4. Zeilenstickel in die Haken zu fixieren. Bei Metall- und gängigen Kunststoffpfählen sind in der Regel auf dieser Höhe Haken oder Drahtaussparungen bereits vorhanden. Die Haken müssen lediglich nach unten gebogen werden, damit der Draht fest fixiert bleibt. Holzpfähle werden etwa an jedem 3. Stickel mit Hakennägeln ausgestattet, die nach unten offen eingeschlagen werden.

Neben dem unteren Doppeldraht kann auch der jeweils der Schnittholzgasse zugewandte obere Heftdraht abgelegt werden, sofern kein Vorschneider eingesetzt wird. So verbleibt lediglich an jeder Zeile noch der obere abgewandte Draht als Stütze der Triebwand. Werden beide Heftdrahtpaare komplett abgelegt, so kippen die Ruten unkontrolliert nach rechts und links weg und stören beim Anschneiden und Ausheben. Längere Rebholzstücke fallen in den Unterstockbereich oder in die gegenüberliegende freie Gasse. Folge ist, dass das Holz beim Häckseln nicht genügend erfasst werden kann und womöglich jede Gasse befahren werden muss. Werden die Heftdrähte komplett abgelegt, so sollte im Anschluss auch komplett geschnitten und ausgehoben werden. Durch Stürme können sich sonst lose hängende Rutenabschnitte unkontrolliert verteilen. Nicht zuletzt wird auch das Biegen erleichtert, wenn die Heftdrähte abgelegt sind. Um Drahtverwechslungen und -verschränkungen zu vermeiden, können eingefärbte Drähte oder unterschiedliche Drahtstärken je Heftpaar verwendet werden.

Neuerdings dienen auch sogenannte Endeisenrohrbügel (Hersteller Barbey aus Landau-Godramstein) zur Ablage der Drähte am senkrecht abgestrebten Endeisen, sodass auch die Zeilenenden von störenden Heftdrähten befreit werden können. Auch schräg eingeschlagene Endpfähle mit senkrecht abgespanntem Ankerdraht lassen sich mit diesem System ausstatten. Die Drahtenden liegen innerhalb der variabel positionierbaren Bügel und sind als Rundschlaufe

Abb. 56 Mit Endeisenrohrbügeln lassen sich die Heftdrähte auch am Zeilenende bodennah „parken“.

Abb. 57 Aus starren Drahtauslegern und speziell konstruierte Heftdrahtfedern lassen sich die Drähte sowohl aushängen als auch ablegen. Dies kommt beim Holzausheben zugute.

oben und unten miteinander verbunden. Beide derart ausgestatteten Heftdrahtpaare verbleiben so leicht gespannt unterhalb der Anschnittzone bis zum Heften in Parkstellung. Vorteil ist, dass die Drähte paarweise verbunden bleiben und nur ein Drahtspanner pro Drahtumlaufschlaufe verwendet werden muss.

Die Drähte sollten nicht lose und locker auf dem Boden hängen, da sie ansonsten beim Rebholzhäckseln stören. Auch kann im Frühjahr die Begrünung in die Drähte einwachsen, wenn diese bis zum ersten Heftvorgang am Boden aufliegen. Sind die Heftstationen mit klapp- oder drehbaren Auslegerstationen ausgestattet, so werden die Drähte nach dem Biegen dort positioniert. Heftdrähte in herkömmlichen Federauslegern (Spreizdrahtfedern) können nicht abgelegt werden. Seit einigen Jahren gibt es aber auch hier speziell geformte Drahtaufnehmer an der Feder (Heftdrahtfeder IWT-Steiner), die ein müheloses Ein- und Aushängen der Drähte ermöglichen. So lässt sich der Vorteil ablegbarer und frei versetzbarer Doppeldrähte mit dem Vorteil der Federausleger, die ein weniger termingebundenes Heften zulassen und windbruchsicherer sind, optimal verbinden.

2.1.2 Maschineller Vorschnitt der oberen Laubwandzone

Kurze Vorschneideköpfe werden heute vielfach zum Freifräsen der obersten Heftdrahtstation eingesetzt. Neben den schweren Schneidesystemen sind hier vor allem die leichten Quetschsysteme gut geeignet, welche die Ruten aus dem Draht lösen. Die Arbeitsersparnis hängt von der Laubwandhöhe ab, meist ist das Arbeitsergebnis der Maschine direkt am Stickel unzureichend. Einwegklammern aus verrottbarem Hartkarton sind als Raffklammern beim Heften geeigneter, da dauerhafte Metall- und Kunststoffklammern vorher entfernt werden müssen, wenn Vorschneidegeräte eingesetzt werden. Ein großer Vorteil des Einsatzes von Vorschneidegeräten besteht in der günstigeren Ergonomie (Arbeitshaltung) und der geringeren körperlichen Anstrengung , da kaum noch Rebholz ganz oben aus den Drähten gezogen werden muss. Besonders kleinere Personen werden dies bald zu schätzen wissen. Wird zunächst die obere Drahtstation genügend sauber freigeschnitten, so kann anschließend das mittlere Heftdrahtpaar auch in der zweitobersten Stickelstation positioniert werden, sodass es nicht am Boden abgelegt zu werden braucht.

Je nach Erziehungssystem und Stockabstand sind ausreichend lange Rutenlängen erforderlich, die die maximale Schnittbreite des maschinellen Vorschnitts bestimmen. Eine tiefe Schnittbreite erlauben zwei kurze Flachkurzstrecker oder der V-Streckerschnitt. Auch ein kurzer Halbbogen ist bei engeren Stockabständen in der Regel noch realisierbar. Dagegen ist der maschinelle Vorschnitt für Pendelbögen ungeeignet. Gleiches gilt, falls Fehlstellen in der Anlage durch längeren Anschnitt der Nachbarstöcke überbrückt werden sollen.

Eine Behelfslösung bei hohem Rebholzüberstand über dem Draht ist der späte Einsatz eines sowieso vorhandenen Laubschneiders statt einer Vorschneidmaschine. Mit dem Laubschneider werden nach der Lese die über den Drähten überstehenden Ruten eingekürzt.

Eine Arbeitszeit- und Kostenkalkulation für Rebschnitt, Holzausheben und Biegen ist in Kapitel 9 dargestellt.

2.2 Der optimale Schnittzeitpunkt

Bei der Terminierung des Rebschnitts muss zwischen pflanzenbaulichen und arbeitswirtschaftlichen Aspekten abgewogen werden.

Häufig dominieren in der Praxis **arbeitswirtschaftliche Zwänge** bei der Terminierung des Rebschnitts und pflanzenphysiologische Aspekte treten in den Hintergrund. Vor allem Betriebe mit Direktvermarktung sind zeitlich stark gebunden, sodass der Rebschnitt erfolgen muss, wenn neben der vorweihnachtlichen Vermarktungstätigkeit und termingebundenen Kellerarbeiten Zeit dazu ist. Für Nebenerwerbswinzer sind die Winterabende meist zu kurz, um noch nach der Erwerbsarbeit in die Weinberge zu gehen. So bleiben vielfach nur die Wochenenden oder die Zeit „zwischen den Jahren". Nicht immer ist die Witterung dann aber so angenehm, dass der Rebschnitt Freude macht. Wenn die Tage ab März wieder länger werden und das Wetter mitspielt, „juckt" es eingefleischten (Freizeit-) Winzern bald in den Fingern, sodass nach der Hauptarbeit die Zerstreuung im Weinberg willkommen ist. Diese Arbeit ist besonders beglückend, wenn schon ein laues Frühlingslüftchen weht.

2.2.1 Einsatz von Saisonkräften terminieren

Größere Betriebe, die auf Fremdarbeitskräfte angewiesen sind, führen meist nur das Anschneiden noch selbst durch und lassen das Ausheben des Schnittholzes, das Putzen und Ablängen der Ruten komplett von Aushilfen erledigen. Kann dabei auf betriebsnah wohnende Aushilfen (Rentner, Hausfrauen, Studenten, Schüler) zurückgegriffen werden, die relativ flexibel sind, so genügt es meist, wenn der Vorschneidetrupp jeweils einen gewissen Vorsprung zu den „Rausziehkräften" hat.

Werden dagegen Saisonarbeitskräfte eingesetzt, in der Regel Osteuropäer, die nur einige Wochen am Stück vor Ort sind, so muss der Rebschnitt entsprechend geblockt werden.

Die Zeit von Mitte Dezember bis Ende Januar kommt aufgrund der Feiertage, der verkürzten Tageslängen und vor allem wegen meist ungünstiger Witterungsverhältnisse nur eingeschränkt infrage. Daher tendieren flächenstarke Betriebe vielfach dazu, die Schnitt- und Bindearbeiten in den Spätwinter und ins zeitige Frühjahr zu verschieben. Der Anschnitt erfolgt nach und nach über die Wintermonate von Fachpersonal, meist dem Betriebsleiter selbst, sodass bis zum Eintreffen der Saisonkräfte die Anlagen weitgehend vorgeschnitten sind.

Pflanzenbaulich ist ein späterer Schnitt mit weniger Risiken verbunden. Weiterhin bietet sich an, die Saisonkräfte für die Herrichtung der Drahtanlagen sowie für Binde- und Biegearbeiten einzusetzen. Auch zeitunabhängige Arbeiten wie die Fertigstellung des Drahtrahmens in Neuanlagen bei vorjähriger Pflanzung können gleich mit erledigt werden, ebenso anstehende Pflanzarbeiten wie das Nachsetzen in Ertragsanlagen.

Ein früher Rebschnitt im Anschluss an den Herbst bietet sich hingegen für Betriebe an, die überwiegend auf Handlese eingestellt sind und die Saisonkräfte im Anschluss der Lese noch mit Rebschnittarbeiten beschäftigen möchten. Dies nutzen vor allem kleinere Betriebe mit Steillagenflächen, für die es sich aufgrund begrenzter Flächenstruktur nicht lohnen würde, für den Rebschnitt im Spätwinter spezielle Saisonkräfte anzuheuern. Teilweise wird in der Praxis im noch belaubten Zustand komplett fertig geschnitten und mitunter einzelne

Weinberge vor dem Wintereintritt schon gebogen. Neben einem höheren Frostschaden, der nicht mehr durch Mehranschnitt ausgeglichen werden kann, sprechen auch einige pflanzenphysiologische Aspekte gegen einen sehr frühen Komplettschnitt (siehe Versuch zur Rebschnitt-Terminierung am Beispiel Regent auf Seite 73).

2.2.2 Risiken bei frühem Schnitt kleinhalten

Soll bzw. muss aus arbeitswirtschaftlichen Gründen früh geschnitten werden, so sollte das Risiko Winterfrostschaden so gut es eben geht, verringert werden. Studiert man alte Literatur, so steht darin oft geschrieben, dass ein früher Rebschnitt vor Februar oder gar noch im alten Jahr tabu war. Eine treffende „Winzerregel" lautete wörtlich:

„Lichtmess, Spinnes vergess, Krummes zur Hand, in den Wingert gerannt."

Was in etwa bedeutet, dass die typischen bäuerlichen Winterarbeiten, wie das Spinnen von Wolle oder Leinen an Maria Lichtmess (2. Februar) eingestellt wurden und die Feldarbeit, in dem Fall der Rebschnitt, aufgenommen wurde. Als „Krummes" wurde der Vorläufer der Rebschere, das robuste, sichelförmige Krummmesser bezeichnet (siehe Abb. 1). Dieses wurde auch als Sesel oder Hippe bezeichnet und war neben dem zweizinkigen Karst, der für die Bodenbearbeitung verwendet wurde, schon zu Zeiten der alten Römer das wichtigste Handwerkszeug der Winzergilde oder Weinbergshäcker, das häufig auf Wappen von Weinbaugemeinden abgebildet ist.

Vor über 100 Jahren waren die Betriebe in vielerlei Hinsicht Selbstversorger und Gemischtbetriebe, sodass die Weinbaufläche pro Betrieb zwei bis drei Morgen (ein halbes bis ein dreiviertel Hektar) selten übertraf und der Rebschnitt in recht kurzer Zeit gut zu bewältigen war. Die Betriebe waren in der Regel auf Vieh als Zugtiere und Düngemittellieferanten angewiesen und der Rebschnitt war im Vergleich zum damals üblichen mehrfachen Hacken von Hand und der Handlese gewiss nicht die aufwendigste Arbeit im Weinberg. Gerade deswegen wurde er sehr gewissenhaft durchgeführt, denn durch den traditionell späten Schnitt konnten mögliche Augenausfälle durch Winterfrost oftmals kompensiert werden. Sicherlich war diese Vorgehensweise auch den früher weit häufigeren Frostereignissen geschuldet, die klimabedingt glücklicherweise heute seltener auftreten.

Dank Vollerntereinsatz und vollmechanisierter Bodenpflege steht heute der Rebschnitt an erster Stelle, was den Arbeitsaufwand der verschiedenen Arbeiten übers Jahr betrifft. Vielfach ist er bereits der begrenzende Faktor für Betriebe, die in den letzten Jahren stark in der Fläche gewachsen sind. Da der Winterschnitt keine begrenzte Terminarbeit darstellt und quasi von November bis Anfang April durchgeführt werden kann, wurde er in der Praxis mehr und mehr nach vorne gezogen. Der treffend als „Adventschnitt" bezeichnete Rebschnitt ab Mitte November ist heute schon gang und gäbe und für viele flächenstarke Weinbaubetriebe wäre zugegebenermaßen der Rebschnitt selbst mit Fremdpersonal anders auch gar nicht mehr zu bewältigen.

Frühen Schnitt splitten in Teilvorschnitt, Anschnitt und Fertigschnitt

Wer gezwungen ist, sehr früh mit dem Schnitt zu beginnen, sollte die betroffenen Anlagen nicht auf eine oder zwei Ruten fertig schneiden, sondern zunächst nur die alten Bögen herausnehmen. Am Kopfbereich sollten mindestens 3 bis 5 geeignete Anschnittruten verbleiben. Die Auswahlruten

Abb. 58 Teilvorschnitt, es wurden nur die alten Bögen entfernt.

werden noch nicht abgelängt oder gar geputzt, denn dies wäre womöglich nicht nur doppelte Arbeit, sondern auch pflanzenbaulich nachteilig. Denn ein zu frühes Entfernen von Ruten, die noch belaubt sind, garantiert nicht mehr die vollständige Rückverlagerung der Nährstoffe aus den Blättern in die Triebe, das stammnahe Holz, den Stamm und die Wurzel. Dies gilt insbesondere für Assimilate und Stickstoffverbindungen. Eine gute Einlagerung von Assimilaten (Zucker, Stärke) in das alte Holz erhöht wiederum langfristig dessen Frostfestigkeit. Unabhängig von eventuell auftretenden Frostschäden werden durch eine ausgiebige Bevorratung von Reservestoffen der nächstjährige Austrieb und die anfängliche Triebentwicklung gefördert. Falls Winterfrostschäden auftreten sollten, so besteht noch genügend Auswahlholz, um gegebenenfalls auch eine höhere Augenzahl zu belassen.

Recht gut lässt sich das Ausschneiden alter Bögen (Halbbogen, Pendelbogen sind hier von Vorteil) durch Aushilfskräfte (zumeist Lesehelfer gegen Ende der Leseperiode) bewerkstelligen, da keine speziellen Fachkenntnisse erforderlich sind und die endgültige Rutenauswahl von einer Fachkraft zum späteren Zeitpunkt getroffen wird. Nachteilig bei dieser Vorgehensweise ist die teils schlechte Übersicht des Stockes, besonders wenn noch einiges an Restlaub an den Reben hängt. So gestaltet sich das Ausheben des abgeschnitten Schnittholzes problematisch: Es kommt leicht vor, dass wertvolle Anschnittruten unbeabsichtigt durchschnitten werden. Dagegen werden durchtrennte Triebe, vor allem Geiztriebe in der oberen Laubwandzone, leicht übersehen und müssen bei der Nacharbeit mit entfernt werden. Wird zunächst nur die Bogrebe (Fachkraft) durchtrennt und zwei bis

Abb. 59 Schwarzholzkranke Reben, hier bei Lemberger, fallen im Herbst durch intensive Blattfärbung besonders auf. Diese Stöcke sollten für den vorgesehenen Stammrückschnitt markiert werden.

drei Tage gewartet, so zeigt welk gewordenes Laub an, was abgeschnitten ist und was nicht. Damit erkennt die Aushilfskraft sehr leicht, welches Holz entfernt werden soll und welches belassen werden muss.

Vom Vollernter gelesene Anlagen sind bei frühem Schnitt von Vorteil, weil die Traubenzone gut vom Laub befreit ist. Frühsorten wie etwa Ortega erfahren eine frühere Seneszenz (Herbstfärbung, Blattfall, die Reben gehen physiologisch in den Winter) und können demnach auch früher bei besserer Übersicht geschnitten werden. Grundsätzlich sollte ein früher Rebschnitt, inklusive einem Teilvorschnitt, nur in gut ausgereiften Anlagen erfolgen. Junganlagen sollten ganz davon ausgenommen werden, besonders wenn die Reben noch nicht komplett aufgebaut sind. Die Anlagen sollten einen mittleren bis kräftigen Wuchs aufweisen. Schwachwüchsige oder überlastete Reben benötigen all ihre Reservestoffe, um gut über den Winter zu kommen und beim Austrieb nicht noch mehr zu kümmern, daher bleiben sie beim frühen Schnitt außen vor.

Das Rebenlaub sollte in Weinbergen, die für frühen Schnitt vorgesehen sind, bereits mehr oder minder vergilbt sein. Vorteilhafter wäre es zu warten, bis der erste Herbstfrost die Reben komplett von ihrem sommerlichen Kleide befreit. Grundsätzlich sollte nicht immer in der gleichen Anlage mit dem Schnitt begonnen werden, um zu vermeiden, dass sich Langzeiteffekte kumulieren können. Frostempfindliche Sorten und gefährdete Senkenlagen sollten prinzipiell erst spät geschnitten werden, also im Nachwinter, um Augenausfälle kompensieren zu können.

Ungünstig beim Rebschnittsplitting in Teilvorschnitt, Anschneiden, Fertigschneiden ist, dass mindestens zwei, mitunter oft

Beispiel: Langzeitversuch zur Rebschnitt-Terminierung bei Regent

Ein Dauerversuch bei der frühen Rebsorte Regent, der 2002 am DLR Rheinpfalz angelegt wurde und bis 2011 fortgeführt wurde, konnte aufzeigen, dass die physiologischen Einflüsse sehr früh geschnittener Reben nicht aus der Luft gegriffen sind. Auch wenn den Reben äußerlich keine direkt erkennbaren Defizite am Wuchs anzumerken sind, so lassen sich doch Langzeiteffekte feststellen.

Wohlgemerkt handelt es sich bei diesem Versuchsaufbau zum frühen und späten Schnitt um Extremvarianten, wie sie in aller Regel nicht in der Praxis üblich sind. Der Rebstock wurde bei der Frühschnittvariante (Variante früher Rebschnitt) jeweils unmittelbar nach der Lese komplett fertig geschnitten, die Bogrebe geputzt und abgelängt.

Regent wird im Allgemeinen zumeist recht früh gelesen; so fand der Rebschnitt im sehr frühen Jahr 2003 bei dieser Variante bereits zur Monatswende August/September statt. In der Regel war der Termin aber Mitte bis Ende September. Die Holzreife erreicht Regent relativ früh, was ebenfalls bei einem frühen Rebschnitt von Vorteil ist.

Der Schnitt der Kontrollreihen lag im Januar/Februar und ist somit praxisüblich, die Variante später Schnitt lag unmittelbar kurz vor Austrieb, also Schnitt beim Schwellen der Augen zwischen Ende März und Anfang April.

Zwischen den Versuchsvarianten gab es keine signifikanten Unterschiede, was Mostgewicht, Säure und Ertrag betrifft. Tendenziell wurden durch den frühen Rebschnitt die niedrigsten Erträge im Schnitt der Jahre 2002 bis 2011 festgestellt, wobei das Mostgewicht mit 86 °Oe in etwa dem Mostgewicht des späten Schnittzeitpunktes entsprach. Die Säure variierte nur unwesentlich zwischen den verschiedenen Terminen (siehe Abb. 60).

Auffälligkeiten gibt es hingegen bei der Betrachtung der Stickstoffgehalte im Most. Die frühe Schnittvariante zeigte mit 130,3 mg/l (Mittelwert aus 2004–2009) den niedrigsten NOPA-Wert und liegt damit in einem kritischen Bereich im Hinblick auf die Hefeversorgung. In 2009 lag dieser Wert bei nur 73,3 mg/l! Die beiden anderen Schnittvarianten zeigten Werte zwischen 163,3 (praxisübliche Variante) und 162,9 mg/l (Mittelwerte aus 2004–2008).

Dies bestätigt umso mehr die oben aufgeführten Empfehlungen, zumindest den beginnenden Blattfall vor dem Rebschnitt abzuwarten, damit genügend Mineralstoffe rückverlagert werden können. Über etwaige Gärstörungen von früh geschnittenen Reben, die von der verminderten Stickstoffeinlagerung im Most herrühren, lagen keine Ergebnisse vor. Rotwein ist dabei nicht so kritisch. Vorsicht ist eher bei Weißweinsorten geboten, eine prophylaktische Gärsalzzugabe zum Most ist dabei ratsam.

drei Durchgänge eingeplant werden müssen. Dabei kann das auf dem Boden liegende Rebholz stören, wenn es nicht zwischenzeitlich einmal gehäckselt oder vermulcht wird. Nachteilig ist zudem, dass von der Fachkraft die Wuchskraft der einzelnen Reben nicht mehr treffsicher beurteilt werden kann, an welcher das Anschnittniveau zu bemessen ist. Zwar kann dies annähernd anhand der Rutenstärke und Internodienlänge beurteilt werden, die vorhandene Triebzahl am Stock, die dazu ebenfalls maßgeblichen Aufschluss gibt, ist aber nicht mehr erkennbar. So werden mastig wirkende Reben, die sich aufgrund eines sehr kurzen Anschnitts im Vorjahr kräftigen konnten, gerne und leicht überschnitten. Daher ist die Gefahr höher, dass unbeabsichtigt Reben zu stark oder zu schwach belastet werden.

Ein früher Schnitt hat aber auch Vorteile: Außer den rein arbeitswirtschaftlichen Vor-

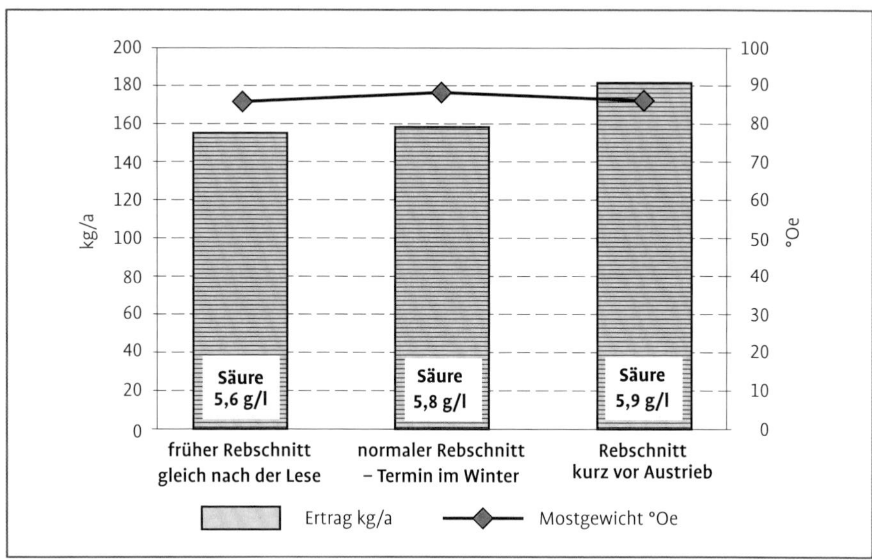

Abb. 60 Einfluss eines unterschiedlichen Rebschnittzeitpunktes auf Ertrag (kg/a), Mostgewicht (°Oe) und Säure (g/l) bei der Rebsorte Regent (Mußbacher Hundertmorgen, von 2002–2011).

zügen machen die eher milden Temperaturen im Spätherbst oder Vorwinter die Arbeit leichter und angenehmer als an frostigen Wintertagen mit oft beißendem Wind. Zweifelsohne hat der frühe Schnitt – ebenso wie ein später Schnitt im zeitigen Frühjahr – hinsichtlich der Arbeitseffektivität und Wohlfühlatmosphäre den nicht zu unterschätzenden Vorteil, dass mit dünnerer Kleidung und meist ohne Schneeauflage auf Boden und Reben gearbeitet werden kann. Die Bewegungsfreiheit ist nicht durch dicke Stiefel, Jacken, klammen Fingern und kalten Zehen eingeschränkt. Aus phytosanitären Gründen sollte zudem bedacht werden, dass durch die Schwarzholzkrankheit infizierte oder an Esca erkrankte Reben im Spätherbst besser erkannt werden können als nach dem Blattfall und den ersten Frösten. Ein Kennzeichen der Schwarzholzkrankheit ist der verzögerte Blattfall an den unausgereiften Trieben. Die Reben stechen dann besonders markant heraus, selbst wenn sie insgesamt eher schwache Symptome zeigen. So kann ein separater Durchgang für gezielte Rückschnittmaßnahmen vor dem Blattfall sehr sinnvoll sein, da kranke Reben nicht so leicht übersehen werden. Bei der Esca hat es sich hingegen bewährt, die Reben schon im August zu sichten und zu diesem Zeitpunkt auch ein besonderes Augenmerk auf die Trauben (Symptom: black measles = schwarze Masern) zu richten. Schadhafte Trauben können so gezielt auf den Boden geschnitten werden und die Stämme werden zwecks Stammneuaufbaus am besten mit auffälligen Bändern markiert.

2.2.3 Kriterium Rebsorte und Lage

Die Hauptschnittperiode liegt heute etwa zwischen Anfang Dezember, nach dem Blattfall, und Mitte März, um mit den Biegearbeiten nicht in zeitliche Bedrängnis zu geraten. Wird vor oder während der Hauptfrostperiode der Rebstock fertig geschnitten, so sollte an der Basis der Anschnittrute ein Überstand von etwa einem halben Zentimeter belassen werden (siehe Abb. 62). Dieser Altholzhöcker aus einem kurzen Abschnitt der alten Bogrebe schützt die Anschnittrute vor dem Eintrocknen (Frosttrocknis) an der Schnittstelle. Liegt der Schnitt stattdessen zu nah an den Leitungsbahnen der Rute, so kann die Frosttrocknis, welche einige Millimeter in die Wunde eindringt, die Leitungsbahnen teilweise oder komplett zerstören, sodass die Rute von der Versorgung abgeschnürt wird und die Augen erst gar nicht austreiben oder später verkümmern. Grundsätzlich ist dieser Überstand auch sinnvoll, damit die Ruten nicht so leicht ausbrechen, wenn sie beim Biegevorgang von der Schnittstelle weg gebogen werden. Auch beim Putzen der Ruten sollten die verholzten Ansätze der Geiztriebe nicht zu nahe am Winterauge entfernt werden, um diese nicht zu verwunden. Jedoch liegt das basale Auge des Geiztriebes, das beim Putzen unbedingt entfernt werden sollte, meist sehr nah am Hauptauge der Rute. Hier ist also eine präzise Schnittführung wichtig (siehe Abb. 61).

Fertig geschnittene Reben sind demnach frostempfindlicher als noch ungeschnittene Reben. Falls Augenschäden auftreten sollten, so sind bei geschnittenen Reben nicht nur die Augenausfälle oft höher, es kann auch nicht mehr durch Mehranschnitt von Augen auf die Schäden reagiert werden.

Der bestmögliche Schnittzeitpunkt eines Weinbergs hängt von der potenziellen Frostfestigkeit der Sorte, die genetisch veranlagt ist, und dem Lageeinfluss ab. Je frosthärter eine Sorte und je frostsicherer eine Lage ist, umso risikoärmer ist ein Frühschnitt.

Die frostempfindliche Sortengruppe sollte jeweils zuletzt, also nach der Hauptfrostperiode ab Ende Februar geschnitten werden. Sicherlich muss die betriebliche Sortenstruktur ebenfalls in der Arbeitswirtschaft berücksichtigt werden. Soll bei hohem Anteil empfindlicher Sorten früher geschnitten werden, so kann eventuell eine zusätzliche Frostrute als Sicherheit belassen werden.

Abb. 61 Durch unsaubere Putzschnitte können Augen unabsichtlich geschädigt (geblendet) werden oder es bleiben Geiztriebaugen stehen, die dann austreiben und für Verdichtungen sorgen. Daher ist eine präzise Schnittführung zwischen dem Hauptauge und dem ersten (häufig unfruchtbarem) Geiztriebauge notwendig (siehe auch Kapitel 3.5, Seite 129).

Als frostsicher gelten hängige Lagen, von denen die Kaltluft ins Tal abfließen kann. Hochebenen und vor allem Senkenlagen oder Talgründe sind dagegen gefährdeter. Aus diesem Grund sind die traditionellen Weinbaulagen eher im Hangbereich zu finden. Eine Lagenausweitung in die Ebene hat ein höheres Frostrisiko zur Folge. Bei Winterfrost ist eine Südausrichtung der Lage nicht von Vorteil. Sogar das Gegenteil kann der Fall sein, wenn starke Fröste im ausklingenden Winter in sternenklaren Nächten auftreten. War in den milden Vortagen bereits der Saftfluss zugange und sind die Stämmchen auf der Rückseite gefroren und auf der Sonnenseite aufgewärmt, können Spannungsrisse im Holz auftreten. So

Tab. 2 Beispiele für Winterfrosthärte

Sorten mit hohe Winterfrosthärte	Riesling, Ortega, Siegerrebe, Ehrenfelser, Perle und Rieslaner. Auch neuere pilzfeste Sorten (Regent, Pinotin, Solaris, Cabernet blanc, Bronner, Johanniter u. a.) gelten allgemein als sehr frosthart, bedingt duch robuste, resistente Kreuzungspartner.
Sorten mit mittlere Frosthärte	Alle Burgundersorten, Chardonnay, Schwarzriesling, Morio Muskat, Kerner, Bacchus, Muskateller, Traminer, Dornfelder, Lemberger, Acolon, St. Laurent, Dunkelfelder und Cabernet Sauvignon. Cabernet Sauvignon hat zwar sehr hartes Holz, trotzdem erweisen sich die Augen als nicht so frosthart wie es zu erwarten wäre.
Geringe Frosthärte (insbesondere wenn im Vorjahr durch hohe Erträge, Chlorose oder verminderte Nährstoffaufnahme, vor allem bei Kalium, die Frostfestigkeit sowieso vermindert wurde)	Müller Thurgau, Silvaner, Huxelrebe, Kanzler, Würzer, Merlot, Portugieser, Scheurebe, Faberrebe, Trollinger und Sauvignon blanc.

Abb. 62 Ein Überstand zur Rute schützt die Wunde vor Frosttrocknis. Auf der Abbildung ist auch noch der Überstand des Vorjahres erkennbar. Die untere alte Schnittwunde am Stamm zeigt jedoch keinen Überstand. Dort ist die Wunde bis in tiefere Schichten eingetrocknet (siehe auch Kapitel 3.4, Seite 128).

können im Extremfall ganze Stämme aufplatzen. Nordhänge sind davon weniger betroffen, da die Tag-Nacht-Temperaturunterschiede dort nicht so ausgeprägt sind. Der Schnee taut mittags nicht weg und eine höher liegende Schneedecke schützt zumindest die Veredlung vor Totalschäden.

Solche Extremereignisse sind aber sehr selten, der Eiswinter 1956 wäre so ein Beispiel, als viele Stämme aufgeplatzt sind. Zudem spielt das Großklima noch eine entscheidende Rolle. Je flussferner und kontinentaler, nördlicher und höher gelegen eine Weinbauregion ist, umso höher sind im Durchschnitt der Jahre die Frostausfälle. So sind die östlichen, kontinentalen Anbauregionen Franken, Sachsen und Saale-Unstrut mehr gefährdet, als die Weinberge entlang des Rheins und der Mosel.

Wetterbestimmend für tiefe Temperaturen sind Kaltluftströmungen aus Nord oder Nordost und die geringe Strahlungsintensität der Sonne in den Wintermonaten. Weströmungen bringen mildere und feuchtere Atlantikluft. Daher sind die westlichen Weinbaugebiete auch frostsicherer als die östlichen, eher kontinental geprägten Anbauregionen. Ein wolkenloser Himmel, Windstille und eine geschlossene Schneedecke lassen die Temperatur direkt über dem Schnee enorm absinken. Die tiefsten Temperaturen werden meist kurz vor Sonnenaufgang gemessen. Eine aktive Frostbekämpfung ist bei Winterfrost in windstillen Nächten, wenn eine klassische Temperaturschichtung stattfindet, nur durch Luftverwirbelung mittels Windmaschinen möglich. Anderen Verfahren wie Heizen oder Frostberegnung greifen nur bei Spätfrost und sind zudem aufwendig.

Neben der Lage und Sorte spielt auch der ungehinderte Abzug der Kaltluft eine Rolle. Staut sich an Senken die Kaltluft etwa durch Strauch- und Baumbewuchs, Straßenböschungen oder Dämme, so bildet sich ein Kaltluftsee. Die Kaltluft, die sich anschaulich wie zäher Brei verhält, kann nicht abfließen. Oft sind nur die Bereiche geschädigt, die sich unterhalb einer Böschungskante befinden, über die die Kaltluft nicht abgleiten kann, sich also staut. Daher sollte ungezügelter Bewuchs am Hangfuß regelmäßig zurückgeschnitten werden. Auf öffentlichen Flächen sollten die Gemeinde- oder Stadtverwaltungen auf die Problematik hingewiesen werden, die dann in Abstimmung mit Naturschutzzielen eine regelmäßige Schnittpflege anordnen oder zulassen sollten. Ein für alle Seiten befriedigender Kompromiss kann sein, dass abschnittsweise der Stauchwuchs auf den Stock gesetzt wird. Gleiches gilt für geplante Baumaßnahmen oder Erdauffüllungen, die zu einer Lagenverschlechterung führen können und gegebenenfalls im Sinne der Frostentschärfung umgestaltet werden sollten.

2.2.4 Rebschnitt bei Dauerfrost aussetzen

Liegt die Temperatur im Winter auch tagsüber im Dauerfrostbereich, ist das Rebholz spröde oder sogar oberflächlich vereist. Durch eine mechanische Beanspruchung der Anschnittrute, die fast unvermeidlich ist, können die Augen geschädigt werden. Dies passiert bei Putzschnitten, durch Druck mit dem Handschuh auf die Augen oder es entstehen Reibeschäden, wenn Rutenholz herausgezogen wird. Beim Ausheben des spröden Holzes kann die Anschnittrute leichter abbrechen; gefrorenes Holz sollte möglichst wenig bewegt werden. Eine allgemein gültige Empfehlung ist daher, bei Temperaturen unter −5 °C möglichst mit dem Rebschnitt oder gar mit Biegearbeiten auszusetzen.

Falls aus arbeitswirtschaftlichen Gründen doch geschnitten werden muss, so sollte möglichst nur angeschnitten werden. Wichtig ist der bereits erwähnte Überstand an der Schnittwunde, damit der Frost nicht so tief in die frische Wunde eindringen kann. Für das Häckseln oder Einmulchen des Rebholzes sind gefrorene Böden und hart gefrorenes Häckselgut hingegen günstig. Es entsteht kein Bodendruck beim Befahren und Schlepper und Gerät bleiben weitgehend frei von anhaftender Erde. Die Fahrgassen sollten aber möglichst eben sein, um für einen ruhigen Lauf der Maschine auf dem harten Boden zu sorgen.

Oftmals ist nur der Vormittag sehr kalt, sodass nachmittags die Schnittarbeit wieder fortgesetzt werden kann. Nicht zuletzt ist es auch körperlich beschwerlich, bei beißend kalten Temperaturen im Weinberg zu stehen. Bei „Skiwetter“ mit Sonnenschein und Temperaturen knapp unter 0 °C kann dagegen die Arbeit leicht von der Hand gehen. Ungemütlicher, zumindest für den Rebenschneider, ist dagegen nasskaltes Schauerwetter mit Temperaturen um den Gefrierpunkt. Dies gilt jedoch nicht für das Wohlbefinden der Rebe, denn ihr schadet das für Menschen unangenehme Wetter nicht weiter. Trockene Kälte mit Tiefstwerten unter −15 °C ist hingegen sehr kritisch für den Rebstock.

Abb. 63 Vereiste Reben sollten nicht geschnitten werden. Nach einem Eisregen bilden sich regelrechte Eispanzer auf dem Holz.

Abb. 64 Bei leichten Minusgraden ist der Rebschnitt auch bei Schneeauflage angenehm. Unter −5 °C sollte aber mit dem Schnitt ausgesetzt werden. Wichtig ist eine angepasste Arbeitskleidung.

Die passende Arbeitskleidung schützt und hält warm

- Gerade beim Rebschnitt ist eine wärmende, wasserdichte und trotzdem bequeme Kleidung wichtig, um bei Kälte, Wind oder Nieselregen nicht auszukühlen. Oft wird auch bei widriger Witterung den ganzen Tag im Freien gearbeitet. Der Rebschnitt und das Biegen sind körperlich nicht so bewegungsintensiv, dass man sich dabei „warm arbeiten kann".
- Schuhe oder Stiefel sollten wasserdicht und gefüttert sein, sodass die Kälte nicht von den Füßen hochziehen kann. Kniélange Strümpfe oder Überzieher schützen den Bereich zwischen Schuhwerk und Hose. Schnee oder Regen sollte nicht in oben offene Stiefel fallen können. Auch der Bereich zwischen Hand und Unterarm sollte nicht offen sein.
- Die Arbeitskleidung sollte warm halten, aber dem Träger genügend Bewegungsfreiheit lassen. Mehrere dünne Kleidungsstücke schützen meist besser vor Wärmeverlust als dicke Parkas, die oft offene Stellen aufweisen, die Kältebrücken darstellen.
- Darüber sollte eine wasserdichte leichte Regenjacke (mit Kapuze) gezogen werden.
- Schal, Mütze, Ohrenschützer oder Stirnbänder schützen den Kopf vor Kälte und sollten immer mitgenommen werden.
- Eine Schutzbrille schützt vor Augenverletzungen durch vorschnellende Ruten besonders beim Ausheben.
- Handschuhe schützen nicht nur vor Kälte oder Nässe, sie bieten auch einen gewissen Schutz vor Schnittverletzungen. Bei trockener, kalter Witterung haben sich Ziegenlederhandschuhe gut bewährt. Bei nasser Witterung sollten kunststoffbeschichtete Arbeitshandschuhe getragen werden.
- Ein heißes, möglichst alkoholfreies Getränk wie Früchtetee, Kaffee oder Punsch aus der Thermoskanne kann in Arbeitspausen von innen aufwärmen. Bei Unterkühlung sollte mit der Arbeit ausgesetzt werden und ein warmer Ort aufgesucht werden. Früher wurde in der Hütte ein Ofen angemacht. Heute ist es meist das Auto, das in Arbeitspausen aufgesucht wird.
- Was für den Winzer selbst gilt, gilt natürlich auch für Aushilfen. Nur wer sich wohl fühlt, kann auch eine gute Arbeit leisten.

2.2.5 Später Schnitt

Ein später Rebschnitt kurz vor Austrieb mindert zwar das Risiko von Frostschäden, bringt aber auch arbeitswirtschaftliche Engpässe mit sich, da der Zeitpunkt des Knospenschwellens witterungsabhängig ist und bereits Anfang April stattfinden kann. Bei der Leitsorte Riesling am Standort Neustadt-Mußbach (Pfalz) wurde das früheste Schwellen der Augen am 17. März 1997 beobachtet. Ein Kaltlufteinbruch verzögerte den Austrieb (erstes Blatt entfaltet) aber um fast einen Monat. Der späteste Termin des Entwicklungsstadiums „Knospenschwellen" wurde am 28. April 1986 taxiert, der Rebaustrieb war 9 Tage später. Im Schnitt der Jahre schwellen die Augen in dieser klimatisch bevorzugten Referenzanlage am 8. April, je nach Region und kleinklimatischer Lage kann dieser Termin aber um einige Tage abweichen, in weniger begünstigten Lagen ist er einige Tage später. **Daher sollte der Rebschnitt bis zum 10. April grundsätzlich beendet sein.**

Eine exakte Vorhersage des Austriebszeitpunktes ist aber selbst im Februar oder Anfang März noch reine Spekulation. Zudem drängen sich im Frühjahr die stärker termingebundenen Folgearbeiten im Außenbetrieb. Neben der Drahtanlageninstandsetzung und dem Biegen sind dies Frühjahrsbodenbearbeitung, Düngung sowie anstehende Pflanzungen. Sind die Augen bereits im Schwellen, so werden sie beim Ausheben des Schnittholzes oder durch Putzschnitte sehr leicht abgedrückt.

Als recht ungünstig hat sich erwiesen, wenn die Anlage zur Knospenruhe komplett vorgeschnitten worden ist und das trocken gewordene Schnittholz erst zum Augenschwellen ausgehoben wurde. Wird hierbei das Schnittholz kraftvoll von den Drähten gerissen, so kann es mitunter vorkommen, dass viele der dick geschwollenen Augen ausgeschlagen werden. Zwar treiben meistens genügend Beiaugen nach, die Ertragsminderung kann jedoch erheblich sein. Nur durch möglichst viele kleine Abschnitte, besonders an den Ranken, lässt sich das Holz ohne Augenschäden ausheben. Dies kostet wiederum Zeit und belastet die Arbeitszufriedenheit. Daher sollte bei spätem Schnitt der Stock möglichst gleich komplett fertig geschnitten werden.

Grundsätzlich ist es für den Rebstock aber nicht abträglich, wenn der Schnitt erst beim Schwellen der Augen durchgeführt wird. Auch bei Obstbäumen ist ein Schnitt zum Austrieb oder gar zur Blüte gängige Praxis, etwa um Frostschäden oder ein schwacher Blüteansatz ausgleichen zu können, dies lässt sich jedoch bei Reben außer in Minimalschnittsystemen nicht umsetzen, da die Blüte deutlich nach dem Austrieb erfolgt. In diesem Zusammenhang soll nochmals an die späte Schnittvariante im vorgenannten Beispiel bei der Rebsorte Regent verwiesen werden, die im Vergleich zum Schnitt im Winter keine Auffälligkeiten zeigte. Im Weinbau gilt daher: In Junganlagen mit schlechter Holzreife oder in Weinbergen mit Augenausfällen z. B. durch Winterfröste oder Krankheitsbefall hat sich ein später Schnitt bewährt. So können die Ruten vorrangig nach dem Anteil der geschwollenen Augen ausgewählt werden.

Es ist von Vorteil, spät zu schneidende Anlagen in der Winterruhe möglichst maschinell zu entranken oder den alten Bogen grob auszuschneiden. Damit bleiben für den eigentlichen Schnitt in erster Linie noch das Ablängen der Rute und die Rutenauswahl. Nicht außer Acht gelassen werden sollte dabei die Überlegung, dass der Austrieb nach Schwellung der Augen innerhalb weniger Tage erfolgen kann. Der Winzer sitzt quasi „auf heißen Kohlen" und muss sich sputen.

Der Austrieb (erstes Blatt entfaltet, BBCH-Entwicklungsstadium 09) findet im langjährigen Mittel am Standort Neustadt/Mußbach in Referenzanlage der Leitsorte Riesling am 21. April statt, kann aber in Extremfällen bereits am 4. April (2014) oder erst am 7. Mai (1986) stattfinden. Auch die Zeit zwischen Knospenschwellen und Austrieb ist extrem variabel und von der Witterung abhängig. Spannen von 4 Tagen (1981) sind ebenso möglich wie 29 Tage (1997). Im Durchschnitt der Jahre sind es 2 Wochen. Je später das Knospenschwellen erfolgt, umso rascher findet meist bei dann stabiler Wärme der Austrieb statt. Die Fläche, die in dieser Zeit sicher komplett geschnitten werden kann, liegt bei unter 0,5 Hektar je Person, wenn der niedrigste Wert von 4 Tagen angenommen wird, bei durchschnittlich 15 Tagen wäre circa 1 Hektar von einer Person gut zu bewältigen. Demnach beschränkt sich diese Vorgehensweise in der Regel auf stärker frostgeschädigte Anlagen oder Junganlagen mit schwachem Wuchs.

Eine Alternative bei Zeitnot wäre ein maschineller Vorschnitt auf Kordon (vorrangig Wechselkordon), um wertvolle Zeit zu ge-

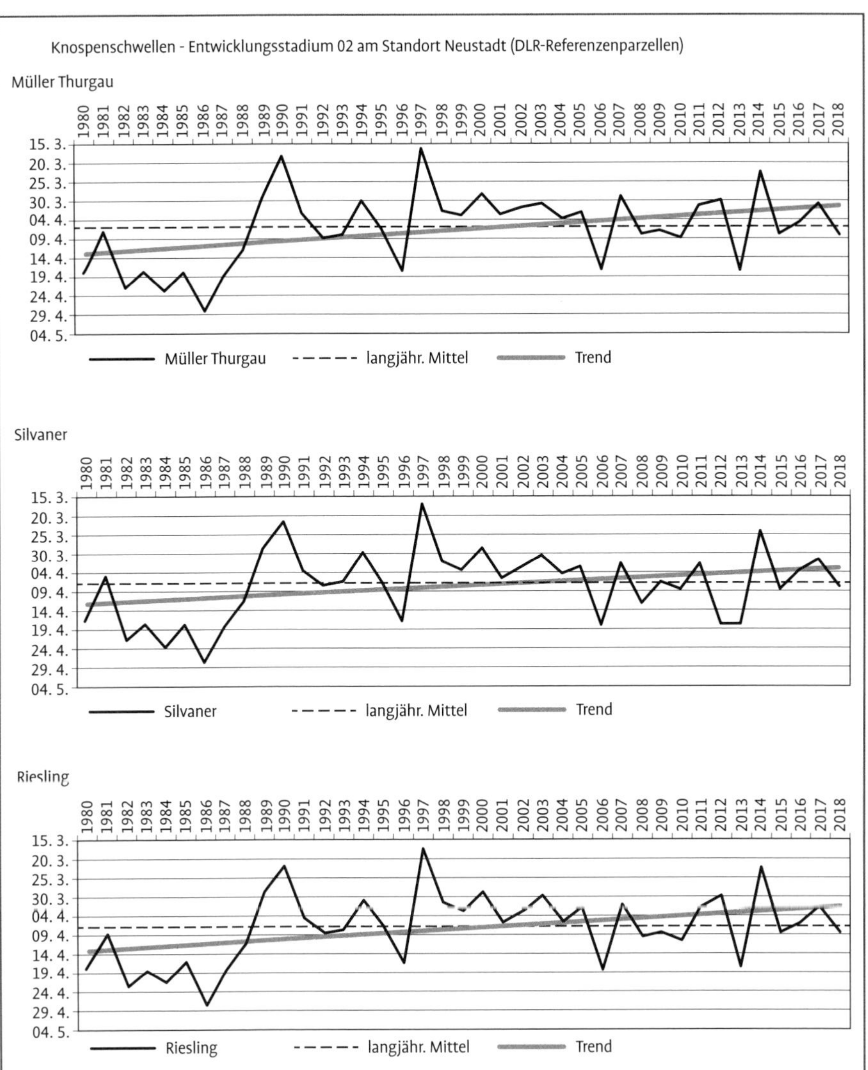

Abb. 65 Termin des Augenschwellens bei den Referenzsorten und Riesling, Müller-Thurgau und Silvaner von 1980 bis 2018.

winnen. Der Nachschnitt der Zapfen sollte aber auch hier bis zum Sichtbarwerden des ersten Grüns beendet sein. Auch wenn die Schnittstellen stark bluten, ist ein „Verbluten" der Augen beim späten Schnitt in der Regel nicht zu befürchten. Häufig treiben die durch den Blutungssaft verklebten Augen trotzdem durch, Augenausfälle durch Verpilzung oder „Ertrinken" beschränken sich auf einzelne Augen.

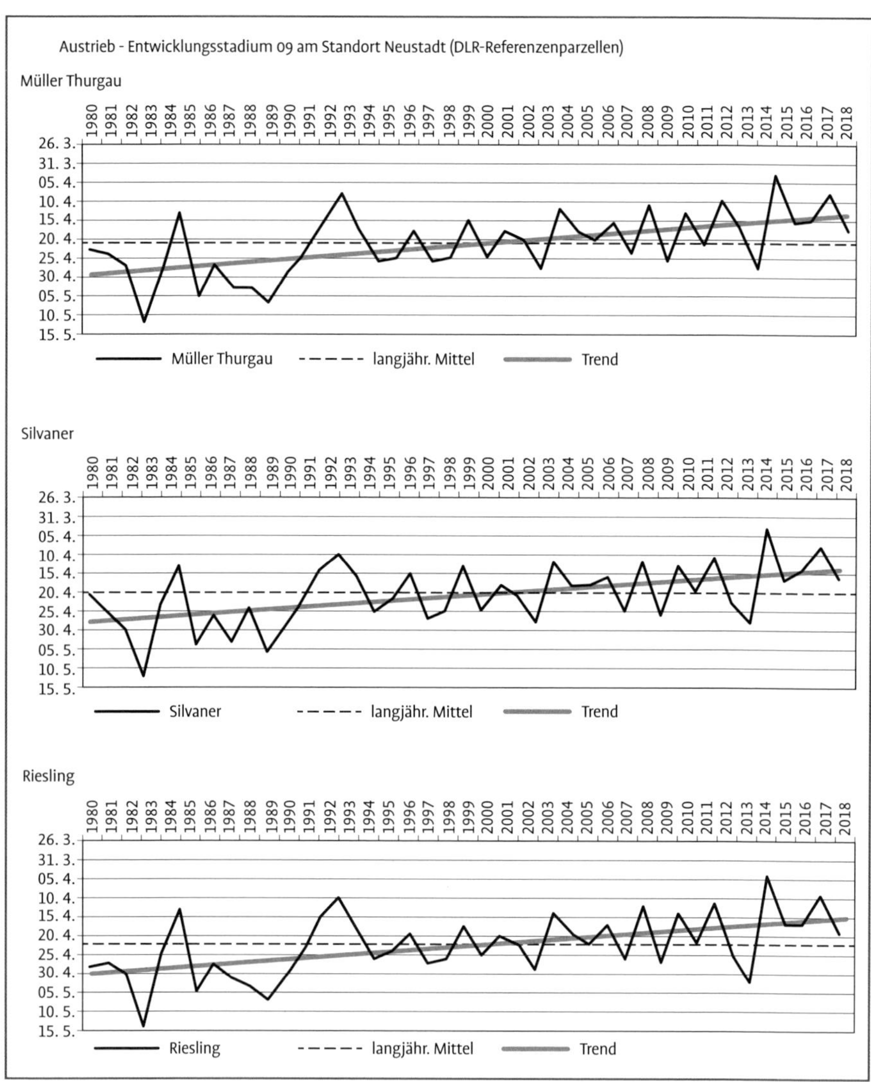

Abb. 66 Der Austriebszeitpunkt der Referenzsorten schwankt stark von Jahr zu Jahr. Ein Trend zu früherem Austrieb ist jedoch klar erkennbar.

Gerade einjährige Junganlagen, die auf Stammhöhe oder Halbstammhöhe angeschnitten werden, können ohne negative Beeinträchtigung zum Schwellen der Augen abgelängt werden. So lässt sich anhand der treibenden Augen am zukünftigen Stämmchen leicht abschätzen, bis wohin das Holz gut ausgereift ist. Das oberste noch schwellende Auge sollte aus Sicherheitsgründen noch entfernt werden, da hier die Holzreife

Tab. 3 Die Zeitspanne zwischen Augenschwellen und Austrieb hängt von den Tagestemperaturen ab. Sie kann daher stark variieren. Die Sorte spielt weniger eine Rolle (Standorte: Referenzparzellen Neustadt, DLR).

Tage zwischen Knospenschwelle bis Austrieb seit 1980

Jahr	Riesling	Müller-Thurgau	Silvaner	Jahr	Riesling	Müller-Thurgau	Silvaner
1980	7	11	6	2001	23	25	22
1981	4	5	6	2002	11	11	9
1982	14	14	12	2003	20	18	18
1983	7	7	7	2004	16	16	13
1984	9	10	9	2005	15	14	13
1985	17	15	11	2006	7	6	6
1986	9	9	8	2007	11	13	10
1987	12	10	10	2008	17	18	13
1988	12	11	10	2009	5	6	6
1989	17	17	16	2010	11	12	11
1990	19	21	19	2011	9	10	9
1991	13	15	12	2012	26	25	24
1992	17	17	17	2013	13	10	10
1993	16	17	15	2014	13	12	10
1994	19	19	16	2015	8	8	8
1995	20	19	20	2016	11	10	10
1996	9	7	7	2017	7	8	7
1997	29	30	27	2018	10	10	8
1998	24	23	23	**Mittelwerte 1980–2018**	**15**	**15**	**13**
1999	17	15	14				
2000	24	23	21				

unzureichend sein kann. Auch das Biegen sollte bis zum Schwellen der Augen möglichst abgeschlossen sein. Zwar ist hier die Gefahr, dass sich im Wollestadium befindlichen Auge ablösen bei vorsichtigem Biegen eher untergeordnet, merkliche Zeitverluste durch vorsichtiges Arbeiten sind aber einzuplanen.

Eine Ausnahme stellen speziell belassene Frostruten dar, die oft noch nach den Eisheiligen Mitte Mai gebogen werden müssen. Sie werden zu den bereits vorhandenen frostgeschädigten Bogreben dazugebunden. Falls der Austrieb bereits weit vorangeschritten ist, sollte die Frostrute recht lose um den Draht geschlagen werden, damit

Abb. 67 Bei spätem Schnitt bluten die Reben oft stark, die Auswirkungen auf die Augen bzw. Nährstoffverluste sind jedoch gering. Manchmal können jedoch Pilze die Augen schädigen und zu Ausfall führen.

möglichst kein weiterer Triebbruch entsteht und die Triebe ungeschädigt in die Höhe wachsen können. Genügend Stabilität gewinnen die Triebe später beim Heften und Verranken.

2.3 Winterfrostschäden

Die tiefsten Wintertemperaturen werden normalerweise zwischen Ende Dezember und Anfang Februar erreicht, in dieser Zeit hat auch die Rebe ihre größte Frosthärte. Temperaturen unter −15 °C sind für Reben kritisch, Augenschäden sind möglich. Unter −18 bis −22 °C muss meist mit deutlichen Schäden gerechnet werden und bei Temperaturen um −25 °C kann in der Regel von einem Totalausfall des Ertrags bis hin zu kompletten Stockausfällen durch Schäden am mehrjährigen Holz ausgegangen werden.

Ob letztlich tatsächlich ein Schaden eintritt, hängt aber nicht allein von der Abso-

Abb. 68 Frostruten bleiben als Sicherheit gegen Rutenbruch, Winter- und Spätfröste stehen. Sie werden spätestens nach den Eisheiligen entfernt, sofern sie nicht benötigt werden.

Abb. 69 Erleiden junge Reben durch Winterfrost lediglich Stammschäden und keine Augenschäden, so treiben sie weitgehend normal aus, kümmern aber im Laufe des Sommers und sterben schließlich ab.

luttemperatur ab, weitere Faktoren spielen hier ebenfalls eine Rolle:

- Holzreife,
- Sorteneinfluss,
- Dauer der Frosteinwirkung,
- Geschwindigkeit, mit der die Temperatur fällt (Temperatursturz) und
- Feuchtigkeit des Holzes
- Zeitpunkt (Frost im Februar ist kritischer als im Dezember)

sind ebenfalls von erheblichem Belang. Durch Nässe aufgeweichtes Holz erleidet schneller Schaden, als Ruten, die trocken in eine Kältephase gelangen.

Bei Kälte wird im Rebholz Stärke in Zucker umgewandelt und dies erhöht die Frosthärte. Erfolgt die Absenkung der Temperatur langsam und bei trockenen Verhältnissen, kann die Widerstandskraft deutlich höher sein als bei einem abrupten Temperatursturz. Beim Gefrieren selbst werden die Rute und die Reborgane (Augen) zunehmend unelastisch, da Wasser in den Zellzwischenräumen ausfriert (Bildung von Eiskristallen). Dieses Wasser wird den Zellen entzogen. Dadurch kommt es zunächst zu einer Erhöhung der Zellsaftkonzentration und einer Zunahme der Frosthärte. Wird zu viel Wasser entzogen, kommt es zum Vertrocknen der Zellen und damit zu Schäden. Die eigentliche Wirkung ist somit eine Vertrocknung des Gewebes als Folge tiefer Temperaturen.

Kritisch ist auch, wenn der Schutzmechanismus der Rebe durch eine längere Warmphase gegen Ende des Winters nachlässt und spät ein Kaltlufteinbruch eintritt. Obwohl sich die Augen noch in der Winterruhe befinden, kann ein Schaden im März

Abb. 70 Der junge Stamm weist frostbedingte Gewebewucherungen und tote Bereiche auf. Meistens an der ehemaligen Schnee-Luft-Grenze, wo es am kältesten war. Falls kein Austrieb aus der Veredlung mehr erfolgt, ist die Rebe zu ersetzen.

bei gleich tiefer Temperatur deutlich höher ausfallen als etwa im Januar. Die Frosthärte der Rebe verringert sich laufend: Je später der Frost eintritt, umso höher die Schäden.

Schnee wirkt isolierend, daher ist bei Schnee kein schützender Wärmenachschub aus dem Boden möglich. Oft ist der Boden unter der dicken Schneedecke kaum gefroren, die Wärme wird quasi im Boden festgehalten. So wird zwar meist die im Schnee liegende Veredlungsstelle geschützt, die Stammbereiche direkt an der Schnee-Luft-Grenze sind dagegen der tiefsten Kälte ausgesetzt. Starke Frostschäden, besonders am Stamm, treten im Winter in der Regel bei geschlossener Schneedecke auf.

Obwohl das Leitungsgewebe am Stamm widerstandsfähiger ist als die Winteraugen, kann es bei großen Temperaturunterschieden am Boden vorkommen, dass die Augen den Frost unbeschadet überstehen, die Stämme aber Schäden davon tragen. Besonders bei Burgundersorten ist dies häufiger der Fall. In der Folge „kippen" die Reben erst im Laufe des Sommers um, da die abgestorbenen Stammbereiche (Kambium- und Phloemzellen) dann vollständig kollabieren und der Stamm sich einschnürt. Oft treten im Laufe der Vegetation maukeartige, knollige Wuchsanomalien an den geschädigten Stammbereichen auf. Die Pflanze versucht durch unkontrollierte Gewebewucherungen zwar die Schadstelle zu überbrücken, was ihr aber auf Dauer nicht gelingt. Junge Stämmchen oder sehr mastig gewachsene Reben sind stärker betroffen als ältere oder im Wuchs gezügelte Reben. Gerade bei jungen Reben macht daher das Anpflügen oder Anhäufeln der Stämme als Vorbeugemaßnahme gegen Winterfrostschäden daher Sinn.

2.3.1 Kontrolle an Augen auf Winterfrostschäden

Sind Frostschäden zu befürchten, so sollte in Anlagen, die noch nicht geschnitten sind, eine Augenkontrolle durchgeführt werden, um das Ausmaß der Schäden feststellen zu können. Dazu sind pro Weinberg mindestens 8 Ruten zu entnehmen. Bei hangigen Lagen sollten insbesondere die tiefer gelegenen Bereiche beprobt werden. Hier sind dann abhängig vom Geländerelief getrennte Probennahmen sinnvoll.

Die Kontrollruten sind am besten gleich bei der Entnahme zu bündeln und zu beschriften. Es ist anzuraten, die Ruten erst zu entnehmen, sobald wieder Plusgrade herrschen. Gefrorenes Holz kann nämlich durch

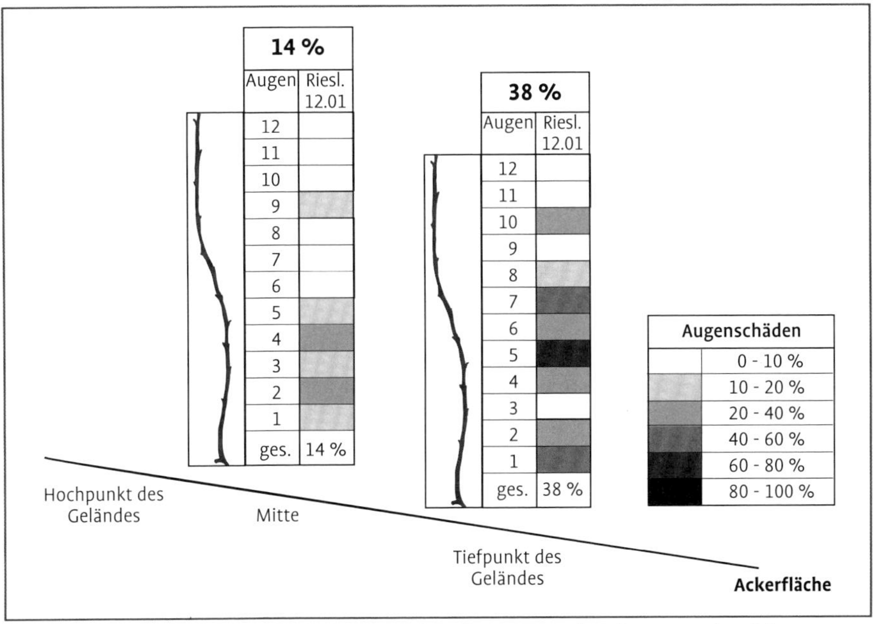

Abb. 71 In Senken sind Frostschäden in der Regel häufiger und stärker als am Hangbereich.

einen zu raschen Auftauvorgang bei Raumtemperatur zusätzlich Schaden erleiden. So würde bei den Proben ein höherer Anteil der geschädigten Augen bonitiert werden als tatsächlich in den Anlagen vorherrscht. Alternativ können die Ruten über Nacht in einen kühlen Raum (unter +10 °C; z. B. Keller, Scheune) gelegt werden, sodass sie langsam auftauen können. Augenschnitte bei noch gefrorenem Gewebe machen keinen Sinn, denn hier kann lediglich anhand unterschiedlicher Grüntöne im Auge auf einen eventuellen Schaden geschlossen werden. Erfrorenes Gewebe ist dann dunkelgrün, intakte Zellschichten erscheinen hellgrün. Erst wenn das erfrorene Gewebe wieder aufgetaut ist, kollabieren die Zellen und das Gewebe wird braunschwärzlich, sodass mit bloßem Auge der Schaden recht gut beurteilt werden kann.

Die Schwimm-Methode-Klosterneuburg

Aufwendiger und langwieriger, aber dafür aussagekräftiger ist die Austriebskontrolle mittels Einaugenstecklingen. Die Augenabschnitte (unter dem Auge verbleibt ein etwa 5 cm langer Rutenabschnitt) werden bei gleichmäßig warmer Zimmertemperatur in eine Schaumstoffplatte (Styropor) gesteckt, sodass die Enden im Wasser und die Augen über der Platte liegen. Die Platte wird auf ein Wasserbad gesetzt. Nach etwa 14 Tagen schwellen die Augen, bei geschädigten Augen verdickt sich entweder ein Nebenauge oder das Auge bleibt aus. Wartet man länger ab, lässt sich in etwa auch die Gescheinszahl in den Augen bestimmen. Das letzte Geschein am Trieb ist aber nicht immer klar erkennbar, da die Stecklinge bald nach dem Austrieb kollabieren oder kümmern.

Abb. 72 Augenkontrolle nach Winterfrost dient der Schadensprognose, ob und wie viele Augen zusätzlich belassen werden müssen.

Die Augen werden mit einem scharfen Messer (Veredlungsmesser, Rasierklinge mit Korkgriff, Teppichschneider etc.) der Rutenlänge nach mittig aufgeschnitten. So werden die oben und unten liegenden Beiaugen ebenfalls erfasst. Dann wird eine Knospenhälfte beiseite gedrückt oder mit einem Querschnitt am Knospenboden abgetrennt. Der Knospenboden ist am widerstandsfähigsten, er erfriert erst bei extremen Frösten, wenn auch das Kambiumgewebe der Rute erfriert. Ist er braun, so wird kein Auge mehr austreiben. In der Regel ist bei mäßigen Frostschäden nur ein Teil der Triebanlagen verbräunt. Besonders die Nebenaugen sind geschützter und überleben tiefere Temperaturen besser als die Hauptaugen.

Nicht immer ist bei den Nebenaugen sicher erkennbar, ob sie den Frost überlebt haben. Häufig treiben bei Teilschädigungen mehr Augen durch, als es nach der Bonitur zu erwarten wäre. Kleine Beiaugen, die noch intakt sind, werden oft bei der Kontrolle übersehen (Lupe zur Hand nehmen). Durch ein Protokoll sollte aufgezeichnet werden, welche Augen an der Rute intakt sind, welche eventuell noch intakte Beiaugen haben und welche ganz geschädigt sind. Dies kann nach folgendem Schema erfolgen:

- O – Ein Kreis steht z. B. für intakt,
- X – ein Kreuz für Nebenauge intakt und
- — – ein Querstrich für ein abgestorbenes Auge.

So kann entschieden werden, ob beim Schnitt eher basale Augen (z. B. Zapfenschnitt) oder besser mehr apikale Augen (längere Ruten) belassen werden.

Eine Grobkontrolle kann auch im Weinberg bei Plusgraden erfolgen. So kann an einigen Augen festgestellt werden, ob überhaupt Schäden aufgetreten und wo noch Proben zu holen sind.

2.3.2 Rebschnitt nach stärkeren Augenausfällen

Liegt der Augenausfall unter 20 %, so ist keine besondere Behandlung erforderlich. Erst höhere Augenausfälle sollten durch Mehranschnitt entsprechend berücksichtigt werden. Dies kann durch längere Ruten (falls die oberen Augen überwiegend intakt sind)

Abb. 73 Sind Hauptauge und beide Nebenaugen erfroren, so ist die gesamte Triebanlage braun-schwärzlich. So geschädigte Augen fallen aus.

oder eine/mehrere zusätzliche Ruten erfolgen (falls sich der Schaden gleichmäßig auf alle Augen verteilt). Beim Biegen sollte zunächst nur ein Teil der Ruten gebogen werden, die überzähligen bleiben hingegen als Frostruten aufrecht stehen. Zeichnet sich ein schwacher Austrieb ab, so werden die belassenen Ruten hinzu gebogen. Ist der Austrieb zufrieden stellend bis gut, sollten sie auf einen Zapfen/Strecker eingekürzt werden, oder werden stammnah entfernt. Wie sich belassene Frostruten auf den Wuchs der Rebe auswirken können, ist im Kapitel zur Apikaldominanz (Seite 41) näher erläutert.

Sind vorrangig die basalen Augen intakt, so bietet sich ein Zapfenschnitt auf längere Zapfen (3 bis 5 Augen) an, wobei aber nicht jeder Trieb als Zapfen angeschnitten werden sollte, um später unnötige Verdichtungen zu vermeiden. Durch einen maschinellen Vorschnitt können zunächst die Ruten auf etwa ein Drittel eingekürzt werden. Erst beim Schwellen der Augen findet der Nachschnitt und das Auslichten der Zapfen statt, sodass gezielt drückende Augen belassen werden können. Falls der Austrieb der Augen wider Erwarten gut ist, muss die Au-

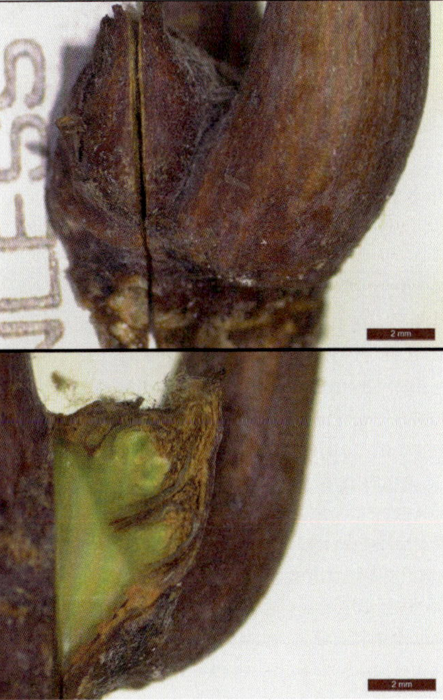

Abb. 74 Querschnitt durch intaktes Winterauge.

Abb. 75 Massiver Augenausfall nach Winterfrost. Viele Reben treiben nur noch am Boden aus, hier sind Stammschäden wahrscheinlich. Auch an normal treibenden Reben sollte ein Bodentrieb sicherheitshalber als Stammersatz belassen werden.

genzahl weiter entsprechend reduziert werden. Augenausfälle von 20 bis 80 % lassen sich so leicht kompensieren. Ein überschaubarer Mehraufwand bei Schnitt und Biegen kann günstigenfalls die Ertragsausfälle nahezu auf null reduzieren.

Auch eine Kombination aus Ruten- und Zapfenschnitt ist denkbar. Dabei wird der Vorjahresbogen auf Zapfen eingekürzt, zusätzlich werden noch ein bis zwei Bogreben stehen gelassen. Zum Schwellen der Augen werden die Bogreben bei Bedarf zusätzlich angebunden. Falls ein zu starker Austrieb der Zapfenaugen Verdichtungen in der Laubwand bewirken würde, kann stattdessen auch der Altbogen entfernt werden.

Sind Augenausfälle von 80 % und mehr zu erkennen, so ist ein Ausgleich durch Ruten arbeitswirtschaftlich wenig sinnvoll, da oft nur noch ein bis zwei Augen pro Rute intakt sind. Zudem müssen gravierende Schäden im Leitgewebe befürchtet werden, sodass die grünen Triebe noch im Laufe der Vegetation absterben können. In solchen Fällen sollte vorrangig ein maschineller Vorschnitt der oberen zwei Drittel der Laubwandhälfte erfolgen; ein Handnachschnitt erfolgt je nach Austriebsstärke zum Schwellen der Augen oder unterbleibt bei geringem Austrieb ganz. Dieser Schnitt wird auch als „Stoppelschnitt“ bezeichnet. Möglicherweise kann so noch ein Teilertrag erzielt werden, falls die Stämme schadlos geblieben sind. Der Rebschnitt im Folgejahr ist zwar aufwendiger, da das teils abgestorbene Holz zusätzlich entfernt werden muss, ein Teilertrag rechtfertigt diesen Mehraufwand aber fast immer. Im Folgejahr gestaltet sich der Rückschnitt jedoch schwieriger, da oftmals keine stammnahen Ruten angeschnitten werden können. Meist kann der erwünschte Stockaufbau erst im übernächsten Jahr wieder hergestellt werden. Trotzdem rechtfertigt sich der Aufwand, da der Ertragsrückgang geringer ausfällt, als bei einem sofortigen Totalrückschnitt und die Rebe zudem in ihrer Wuchskraft ausgeglichen bleibt.

Treiben die Reben überwiegend nur noch aus der schneegeschützten Veredlungsstelle aus, da auch die Stämme stark geschädigt waren, so kann im Laufe des Frühjahres die Stockkrone komplett auf den alten Stamm zurückgeschnitten werden. So können stark treibende Bodentriebe ungehindert in die Drähte wachsen und der Rückschnitt im Winter gestaltet sich einfacher (siehe Abb. 75).

2.3.3 Stammkontrolle

Im frostfreien Zustand ist besonders bei jungen Anlagen neben der Augenkontrolle auch die Durchführung einer Stammkontrolle sinnvoll. Sie liefert aber eine weniger sichere Prognose auf mögliche Schäden als die Augenkontrolle. Sind Augen massiv geschädigt, so muss in der Regel ebenfalls mit Stammschäden gerechnet werden. Hierbei wird die Stammseite mit einem Messer flach angeschnitten (etwa ein Millimeter unter der Borke), sodass ein etwa 0,5 cm breiter Rindenstreifen offen gelegt wird. Mehrere Stämmchen sollten von verschiedenen Seiten entsprechend begutachtet werden. Die zugefügten Wunden der Stammkontrolle verheilen bei intakten Stämmchen wieder weitgehend. Trotzdem sollte darauf geachtet werden, dass die Wunde nicht zu tief liegt und die Rebe nicht mehr als notwendig verletzt wird.

Abb. 76 Starke Verbräunungen unter der Borke lassen auf Kambiumschäden schließen. Eine exakte Diagnose im Winter ist schwierig, es sollten aber beim Ausbrechen sicherheitshalber zwei Bodentriebe belassen werden.

Intaktes Stammgewebe ist leuchtend hellgrün, geschädigte Stämmchen weisen nach einigen Tagen im aufgetauten Zustand unregelmäßige Verbräunungen nahe unter der Rinde auf (Zellschichten des Phloems und Kambiums). Erscheinen die schmutzig braunen Stellen massiv und um den ganzen Stamm herum, so muss mit einem bleibenden Schaden oder Totalausfall des darüber liegenden Stammabschnittes gerechnet werden. Setzt der Saftfluss ein (Blutung), so tritt vermehrt Blutungssaft an der Stammbasis geschädigter Reben durch Frostrisse auf, ohne dass äußerliche Schnittwunden vorhanden sind. Dies ist vor dem Austrieb ein sicheres Zeichen, dass Schäden sehr wahrscheinlich sind und Stammtriebe für den Neuaufbau belassen werden sollten. Der Stamm wird dann aus Bodentrieben neu aufgebaut. Leichte Schäden (schwache

Abb. 77 Reben mit Stammschäden werden aus Bodentrieben komplett neu aufgebaut. Wichtig ist, einen möglichst geraden Stamm zu ziehen, um für die Mechanisierung kein Hindernis darzustellen.

Bräunungen unter der Rinde) können durch intakte Kambiumzellen des gesunden Gewebes wieder ausheilen. Oft ist aber zumindest eine Stammseite irreparabel geschädigt, sodass im Zweifel stets ein Stammneuaufbau erfolgen sollte. Teilgeschädigte Stämme zeigen noch nach Jahren Kümmerwuchs am Kopf- und Rutenbereich und einen kräftigen Austrieb an der Basis. Teilweise treten im unteren Stammdrittel maukeartige (krebsige) Geschwulste auf. Schneidet man den Stamm durch, sind die Schäden im Stammquerschnitt sicher erkennbar.

Unmittelbar über der Schneeauflage, wo die Temperatur bei windstillen Frostnächten in der Regel am tiefsten absinkt, können junge Stämmchen geschädigt werden, ohne dass die Winteraugen beeinträchtigt sind, wo der Frost weniger streng war.

Insbesondere Pflanzreben sind im ersten Winter besonders stark gefährdet. Daher sollte hier die Veredlungsstelle zusätzlich durch Zupflügen geschützt werden, um vollständige Ausfälle zu verhindern. Auch eine dicke Schneeauflage kann Schutz bieten, am Südhang kann jedoch tagsüber der Schnee wegtauen – die Reben wären dann in der Frostnacht ungeschützt. Mitunter kann es auch ohne Schneeauflage am Boden so kalt werden, dass die Reben Schäden erleiden.

Junganlagen im ersten Winter sollten bei Stammschäden immer auf die Basis (zwei Augen über der Veredlung) zurückgeschnitten werden. Es werden dann mindestens zwei Triebe aufgebunden, bei stark wüchsigen Reben durchaus noch mehr Triebe. Würde man nur einen Trieb belassen, würde dieser enorm mastig wachsen, was wiederum die Frosthärte im Folgewinter deutlich herabsetzen würde. Bei starkem Hagelschlag oder anderen Stammschäden wird analog vorgegangen.

Bei Teilschäden des Stammes in mehrjährigen Anlagen sollte zusätzlich ein Bodentrieb aufgezogen werden, der dann im nächsten Jahr auf Stammhöhe angeschnitten werden kann. Auf den geschädigten Altstamm wird nochmals eine kleine Rute oder ein kurzer Strecker angeschnitten, um die Triebkraft stärker in den neuen Stamm zu lenken und gleichzeitig einen Teilertrag auf dem Altstamm zu erzielen. Würde nur der neue Stammtrieb belassen, wäre die Triebkraft in ihm zu stark, wenn er noch nicht zur vollwertige Rute verlängert werden kann. Nach zwei Jahren wird der alte Stamm mit etwas Überstand entfernt und die Rebe steht nun auf dem neuen Stamm.

Auch bei vollständigem Stammausfall kann der Altstamm zunächst noch als Stütze zum Anbinden der Neuausschläge belassen werden, insbesondere wenn kein Pflanzpfählchen mehr vorhanden ist. So lassen sich die neuen Stämmchen recht gerade aufbauen. Hilfreich beim Stammaufbau sind zudem Pflanzröhren. Aufgrund der Beeinträchtigung bei der Bewirtschaftung (Vollernter, Stammbürste, Unterstockgeräte) und der Escaproblematik sollten die Altstämme aber nach zwei Jahren komplett bodennah abgesägt und aus der Anlage geschafft werden. Eine Versiegelung der Stammwunde mit Wundwachs kann gegebenenfalls erfolgen. Es hat sich beim Aufbinden von Bodentrieben bewährt, die Blätter und Seitentriebe bis Stammhöhe an diesen Trieben zu entfernen. Der Trieb lässt sich dadurch leichter und gerader aufbinden und bleibt stabiler. Zudem ist die Gefahr einer Herbizidschädigung geringer. Die Holzreife wird dadurch nicht negativ beeinträchtigt.

2.4 Bemessung der Augenzahl

Das Anschnittniveau beeinflusst Ertrag und Qualität – aber nur in gewissen Grenzen.

In der Regel werden Anschnittempfehlungen in Augen pro m^2 ausgedrückt, um sie unabhängig von Gassenbreite und Stockabstand zu bemessen. In Normalanlagen mit Gassenbreiten von 1,80 bis 2,50 m ist dies ohne Weiteres umsetzbar, bei Weitraumanlagen sollte grundsätzlich das Anschnittniveau pro m^2 Standraum geringer sein, da es sonst zu massiven Triebverdichtungen kommt. Hier ist eine Angabe in Augen bzw. Triebe je Meter Zeilenlänge sinnvoller. In der Regel sollten nicht viel mehr als 15 Augen bzw. Triebe je Meter Zeilenlänge bei herkömmlicher Spaliererziehung belassen werden.

Tab. 4 Umrechnung der Anschnittniveaus verschiedener Standweiten auf die jeweilige Augenzahl/Stock

Stockabstand x Gassenbreite	Standraum je Stock	Stöcke je Hektar	4 Augen m^2	6 Augen m^2	8 Augen m^2
1,0 x 1,8 m	1,8 m^2	5555	7 Augen	11 Augen	14 Augen
1,2 x 1,8 m	2,2 m^2	4629	9 Augen	13 Augen	18 Augen
1,2 x 2,0 m	2,4 m^2	4166	10 Augen	14 Augen	19 Augen
1,3 x 2,0 m	2,6 m^2	3846	11 Augen	16 Augen	21 Augen

In **Weitraumanlagen ab 2,5 m Zeilenbreite** sollte der Anschnitt je Stock nicht weiter ansteigen, um Triebverdichtungen vorzubeugen und die Qualität zu sichern. Bei gleichbleibender Qualität ist somit der Flächenertrag in Weitraumanlagen somit geringer.

Allgemein bekannt ist der Einfluss des Anschnittniveaus auf den Ertrag und damit nach der Menge-Güte-Regel auch auf die Qualität. So wird zur Begrenzung des Ertrags und zur Steigerung der Weinqualität eine Reduzierung des Anschnittniveaus empfohlen. Durch den Anschnitt einer geringeren Augenzahl ist automatisch die Anzahl der Gescheine, die ja bereits im Vorjahr festgelegt wird, reduziert. Weniger Gescheine bedeutet demnach eine geringere Anzahl an Trauben. Die Rebe ist jedoch in der Lage, bei guter Wasser- und Nährstoffversorgung und vor allem einem guten Blüteverlauf für einen Ausgleich durch Erhöhung der Traubengewichte zu sorgen. Demnach hat die Jahreswitterung einen mindestens gleichrangigen, wenn nicht wichtigeren Einfluss auf den Ertrag.

Keinesfalls führt eine Reduzierung der Augenzahl um einen gewissen Prozentsatz zu einer Ertragsreduzierung um den gleichen Wert. Falls dies einmal so wäre, ist es mehr dem Zufall geschuldet. In der Regel ist die Ertragsreduktion geringer, da der Rebstock in der Lage ist, die geringere Zahl der Trauben entsprechend besser mit Assimilaten zu versorgen und so einen Ausgleich zu schaffen. Wird das Mostgewicht isoliert betrachtet, so wird bei reduziertem Anschnitt oftmals nur eine leichte Steigerung um wenige Grad Oechsle erreicht, die sich mit der schwächeren Ertragsreduktion nach der Menge-Güte-Relation deckt.

Langjährige Anschnittversuche zeigen, dass in einem fruchtbaren Jahr (frühe und optimale Blüte, hohe Wärmesumme und ausreichende Wasserversorgung) auch ein sehr knapp bemessener Anschnitt einen deutlich höheren Ertrag bringen kann als ein verhältnismäßig langer Anschnitt in einem kühlen Jahr mit ungünstiger Blüte (Verrieselung).

Im Hinblick auf die Qualität spielen weitere Aspekte als nur ein hoher Reifegrad eine Rolle. So kann ein zu knapp bemessener Anschnitt zu kompakten Traubenstrukturen und vorzeitiger Fäulnis durch kompakte Traubenstrukturen bei früher Traubenreife führen. Unter diesen Umständen wäre ein höheres Anschnittniveau der Qualität zuträglicher, vor allem bei dann verwirklichten längeren Hängezeiten. Durch längere Ausreife wird die Aromenbildung gefördert, soweit alle Trauben ausreichend mit Assimilaten versorgt werden.

Das Anschnittniveau kann daher lediglich eine grob bemessene Regulierung des Stockertrages bewirken, sofern es sich in normalen Grenzen bewegt. Klar dürfte sein, dass beim Bruch der Bogrebe der Ertrag in dem Jahr stark absinkt. Umgekehrt steigt der Ertrag bei langem Schnitt, wie bei Minimalschnittsystemen ersichtlich, nicht ins Unermessliche. Hier sind der Rebe schon natürliche Grenzen gesetzt.

Letztlich bedeutet ein sehr kurzer Anschnitt aber auch ein höheres Produktionsrisiko, da sich witterungsbedingte Ausfälle durch Spätfröste, Windbruch, schlechte Blüte oder Hagelschlag bei schon reduzierter Gescheins- oder Traubenzahl viel gravierender auswirken können. Hat die Rebe dagegen trotz Schädigung z. B. durch frühen Hagel noch ausreichend Fruchtstände, so können Ertragseinbußen besser kompensiert werden. Umgekehrt kann ein begrenzter Anschnitt Übererträge vermeiden und die notwendigen Ausdünnungsmaßnahmen deutlich reduzieren. So kann bei manuellen Qualitätsmaßnahmen wie Handausdünnung und Laubarbeiten im Sommer deutlich Arbeitszeit eingespart werden. In der Praxis muss daher z. B. abgewogen werden, ob der Anschnitt einer Rute oder zweier betrieblich sinnvoller ist. Beim Zwei-Ruten-Schnitt wird die Ertragssicherheit durch einen erheblichen Mehraufwand erkauft, falls umfangreiche manuelle Ausdünnmaßnahmen zur Einstellung eines gewünschten Zielertrages erfolgen sollen.

Es kann sicherlich anerkennend festgestellt werden, dass das heute übliche Anschnittniveau deutlich unter dem vor Einführung der Hektarhöchstertragsregulierung (in den 1970er- und 1980er-Jahren) in der weinbaulichen Praxis verbreiteten liegt. Waren damals noch Empfehlungen von 10 bis 12 Augen/m^2 gang und gäbe, so hat sich das Anschnittniveau mittlerweile auf etwa die Hälfte dessen eingependelt. Eine Rebe, die ständig bis an der Grenze zur Überlastung gefordert wird, reagiert demnach mit deutlich positiveren Qualitätseffekten auf einen verkürzten Anschnitt als ein Stock mit einer ohnehin schon harmonischen Stockbelastung, die noch weiter reduziert wird.

Die Winteraugen setzen in überlasteten Anlagen weniger und kleinere, in unterlasteten Anlagen bei entsprechender Luxusversorgung größere und reichlichere Gescheinanlagen an. Auch die allgemein wärmeren und sonnigeren Jahre tragen zur höheren Augenfruchtbarkeit bei, ebenso sind witterungsbedingte Verrieselungen aufgrund einer höheren Reservestoffeinlagerung im Holz und leistungsfähigerem Pflanzgut deutlich verringert. Konsequent wäre daher, zukünftig ein noch weiter verringertes Anschnittniveau zu realisieren, um die gewünschten Zielerträge nicht zu überschreiten. Das ist aber aus pflanzenbaulicher Sicht nicht zu empfehlen. Die Einzeltriebe würden zu kräftig wachsen, mit der Folge zu kompakter Trauben und Fäulnis, also letztlich zu einer Qualitätsminderung. Daher sollte ein Mindestanschnittniveau, abhängig von Sorte, Stockabstand, Unterlage, Boden und Wuchskraft, keinesfalls weiter unterschritten werden, um einen harmonischen Wuchsverlauf zu bewahren.

Statt eines reduzierten Anschnitts müssen zur Qualitätsoptimierung bewusst weitere Maßnahmen eingeleitet werden. Etwa bei der Laubwandgestaltung und Auflockerung durch Ausbrechen und Entblätterung. Die Bodenpflege sollte auf einer ausgeglichene Nährstoff- und Wasserversorgung basieren. Bei geringeren Zielerträgen wird die Nährstoffzufuhr entsprechend reduziert. Ertragsreduktionen sollten insbesondere durch traubenauflockernde Maßnahmen (Traubenteilung, Bioregulatoren) ergriffen werden. Auch sehr rationelle Verfahren wie die maschinelle Ausdünnung mit dem Vollernter spielen hierbei zukünftig unter arbeitswirtschaftlichen Gesichtspunkten eine zunehmende Rolle.

2.4.1 Ergebnisse langjähriger Anschnittversuche

Die vermehrt in den 1990er-Jahren durchgeführten Anschnittversuche erbrachten aufschlussreiche Ergebnisse, wie die Rebe auf unterschiedliche Anschnittniveaus reagiert. Sie belegen im Einzelnen die bereits zuvor geschilderten Zusammenhänge an Sortenbeispielen. Es erfolgte bei den Varianten keine Ertragsreduktion etwa durch Ausdünnen. Heute hat sich das allgemeine Anschnittniveau auf 4 bis 6 Augen/m^2 beim Bogenschnitt eingependelt. Dies ist in etwa die untere Augenzahl der Anschnittvarianten aus den Versuchen.

Riesling. Riesling ist eine recht qualitätsstabile Sorte, sie reagiert auf einen stärkeren Anschnitt in der Regel nicht so extrem mit Mehrertrag. Daher wirkt sich ein längerer Anschnitt auch auf die Qualität weniger negativ aus. In älteren Anlagen, die leicht zur Verrieselung neigen (nicht klonenrein vermehrtes Pflanzgut, schleichender Virusbefall in traditionellen Lagen) kann ein vergleichsweise hoher Anschnitt

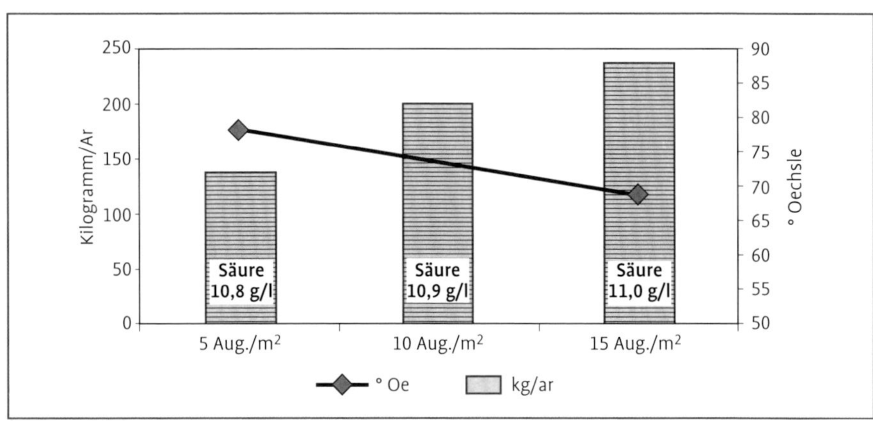

Abb. 78 Ergebnisse des Anschnittversuchs bei Riesling (Mittelwerte 1987–90).

eine Ertragssicherung und Ertragsauslastung der Reben sein. Letzteres bewirkt gleichzeitig eine Wuchsbremse in wüchsigen Beständen.

Eine Ausnahme stellen kühle und späte Jahre dar, die bei hohem Anschnittniveau eine unzureichende Aromenreife und überhöhte bzw. grasige Säurestrukturen mit sich bringen. In Junganlagen mit reich tragenden und verrieselungsfesten Klonen sind die Rieslingtrauben insbesondere bei Trockenstress gefährdet, unzureichend auszureifen. Somit sind die vor Jahren noch propagierten hohen Anschnittwerte von 10 Augen/m^2 und mehr zumindest bei wüchsigen jungen Anlagen nicht mehr zeitgemäß.

Im dargestellten Beispiel wurde im vierjährigen Schnitt in einer etwa 10 Jahre alten Anlage ein deutlicher Einfluss des Anschnitts auf Ertrag und Qualität festgestellt. Die relativ hohen Säurewerte bei unterdurchschnittlichen Mostgewichten aller Varianten sind auf die eher kühlen Herbstverläufe der Versuchsjahre zurückzuführen. Ein Anschnitt von 5 bis 8 Augen/m^2 ist heute bei der Sorte Riesling praxisüblich. Junganlagen (3. bis 4. Jahr) sollten dagegen eher bei 4 bis 5 Augen/m^2 liegen, umÜbererträge und Stocküberlastungen zu vermeiden.

Müller-Thurgau. Diese Sorte ist im Regelfall fruchtbarer als Riesling und qualitätslabil, d. h. die höher positionierten Augen an der Rute sind besonders fruchtbar. Werden diese bei der Pendelbogenerziehung angeschnitten und die Triebe später eingekürzt, wird das Blatt-Frucht-Verhältnis erheblich verschlechtert. Die Erträge steigen stark an, die Qualität sinkt damit entsprechend. Trotzdem ist die Sorte in der Lage, dauerhaft höhere Erträge zu erzielen, ohne dass die Wuchsleistung nachlassen muss. Voraussetzung ist, dass die Lage und die Tiefgründigkeit des Bodens das hergeben. In guten Lagen und unter günstigen Witterungsbedingungen ist das Leistungsvermögen der Sorte enorm. Selbst hohe Erträge können dann noch befriedigend ausreifen, zumal die Säure moderater ist als bei Riesling. Diese relative Ertragssicherheit – die Verrieselungsneigung ist gering – macht diese Sorte für die Erzeugung von Basisqualitäten und die Fassvermarktung attraktiv. Zur Absicherung der Qualität und um Übererträge (Übermengen) zu vermeiden, sollte sich das Anschnittniveau zwischen 4 und

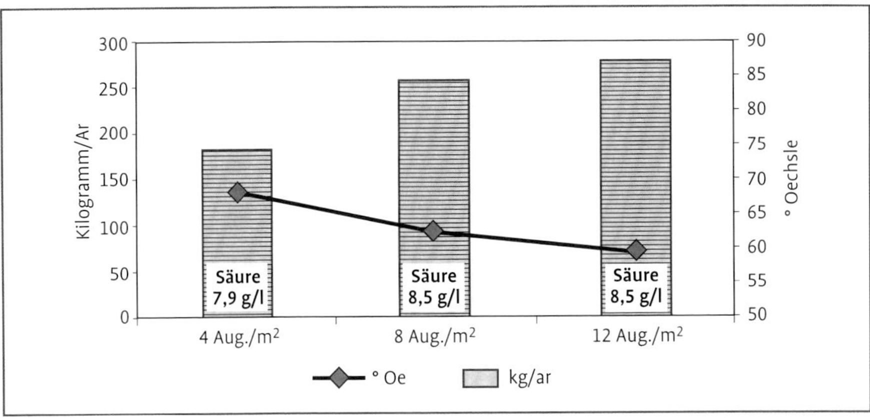

Abb. 79 Ergebnisse des Anschnittversuchs bei Müller-Thurgau (Mittelwerte 1987–89).

6 Augen/m² bewegen. Als Frühsorte steht Müller-Thurgau eher in klimatischen Grenzlagen, was in ungünstigen Jahren die Ausreife verzögert. Auch dies spricht für einen verhaltenen Anschnitt. Ähnlich einzuschätzen sind die Sorte **Kerner** und andere ertragssichere frühe und mittelfrühe Weißweinsorten. Insbesondere **Huxelrebe** neigt in den Anfangsjahren zu massivem Ertragsansatz und sollte daher sehr knapp angeschnitten werden. Junge Anlagen lassen sonst im Wuchs bald nach. Schwächechlorose und mangelnde Winterfrosthärte sind die bekannten Folgen. Auf Dauer sind Stockausfälle vorprogrammiert.

Portugieser. Diese reichtragende und ertragssichere Sorte ist ähnlich einzuschätzen wie Müller-Thurgau. Ebenfalls qualitätslabil, wüchsig, verrieselungsfest und als Frühsorte moderat in der Säure. Ein überhöhter Anschnitt führt ohne Regulierung schnell zu ausufernden Erträgen. Selbst einen knappen Anschnitt gleicht Portugieser gut über höhere Trauben- und Beerengewichte aus. Da die Trauben dann sehr kompakt werden können und zu Fäulnis, insbesondere Essigfäule neigen, ist eine Regulierung des Ertrages und der Qualität über den Anschnitt allein nicht praktikabel. Auch die hohe Windbruchgefahr bei wüchsigen Beständen spricht gegen einen zu kurzen Schnitt. Das Anschnittniveau sollte demnach 5 bis 7 Augen/m² betragen und muss sich vor allem an der Wuchskraft der Anlage orientieren. Unabhängig davon ist Portugieser beim Rebschnitt problematisch, da sich die Stämme leicht hochbauen und an der Basis kaum geeignete Wasserschosse als mögliches Ersatzholz ausbilden.

Gerade für die Erzeugung von Rotweinen sind Ausdünnungsmaßnahmen meist unumgänglich, um die Ausfärbung der Beeren zu verbessern und die Weinqualität zu sichern. Die Beeren sollten nicht zu groß werden bzw. zu eng gepackt sein. Ein moderater Anschnitt in Verbindung mit einer Begrünung als Wuchsbremse und einer Ertragseinstellung durch Ausdünnen (auch maschinell) hat sich bei Portugieser gut bewährt. Für traditionell mild ausgebaute Weißherbstweine kann das Ertragsniveau durchaus etwas höher liegen, um eine frische Säure zu erhalten. Ähnlich einzuschätzen sind die Sorten **Dornfelder**, **Trollinger** und **Lemberger**. Wobei die aufgelockerte Traubenstruktur insbesondere bei Dornfelder, **Cabernet Sauvignon** und **Merlot** einen betont kurzen Schnitt (oder alternativ der Kordonschnitt) zur Ertragsbeschränkung am ehesten zulässt. Jedoch ist auch da Vorsicht durch Windbruchschäden und zu mastigen Ruten geboten. **Eine frühe Heftung schützt vor solchen Schäden!**

Traminer. Insbesondere die blumigen Gewürztraminerklone neigen bei schlecht verlaufender Blüte zu starker Verrieselung. Dies wurde etwa in den Jahren 2010 und 2013 nach verregneter, nasskalter Blüte besonders deutlich, als Erntemengen von 30 Kilogramm je Ar eher die Regel als die Ausnahme waren. Selbst eine langjährige Klonenauslese konnte dieses Manko der Sorte nicht beheben. Die im Aroma weniger blumigen roten Traminerklone sind deutlich blütefester. Daher ist (Gewürz-)Traminer eine Sorte, die zur Ertragssicherung und Risikominderung länger angeschnitten werden sollte. Die Empfehlungen lauten daher, 6 bis 9 Augen/m^2 anzuschneiden. Kurze Internodienabstände sind zu berücksichtigen, gegebenenfalls sollten nach dem Austrieb Triebe reduziert werden. Eine Ertragsregulierung ist aber bei guter Blührate erforderlich, um vermarktbare Qualitäten erzielen zu können, denn bei Übererträgen ist ein deutlicher Mostgewichtsabfall festzustellen. Sehr entscheidend für den langjährigen Anbauerfolg ist bei Traminer die Lagenwahl. Diese sollte nicht zu wuchskräftig sein, vor allem aber nicht windoffen und kühl.

Gelber Muskateller. Diese mittelspät reifende Sorte ist ähnlich dem Müller-Thurgau sehr qualitätslabil. Bei ungünstiger Witterung neigt sie merklich zur Verrieselung, ansonsten ist der Fruchtansatz hoch. Hohe Stockerträge wirken sich durch die späte Ausreife negativ auf die Qualität aus. Somit ist zur Güteabsicherung ein eher knapper Anschnitt in Verbindung mit Ausdünnungsmaßnahmen vor allem in Junganlagen unumgänglich. Augenzahlen von 4 bis 6 Augen/m^2 sollten nicht überschritten werden. Ebenso erforderlich ist eine warme, aber nicht zu wüchsige Lage. **Silvaner** und **Sauvignon blanc** sind in etwa vom empfohlenen Anschnittniveau her vergleichbar. Sauvignon blanc kann klonbedingt oft stärker verrieseln und verlangt dann einen längeren Anschnitt, um sichere Erträge zu erzielen und die Reben vom Wuchs her im Zaume zu halten. Die Sorte gilt allgemein als stark wüchsig.

Spätburgunder. Beispielhaft für alle Burgundersorten einschließlich **Chardonnay** und **Schwarzriesling** sei hier der Spätburgunder dargestellt. Alle diese Burgundersorten nehmen eine Mittelstellung ein, was den Reifeverlauf in Bezug auf die Höhe des Anschnitts angeht. Grundsätzlich sollte hinsichtlich der Säurestruktur zwischen Weißweinen bzw. weiß gekelterten Rotweinsorten (Weißherbst, Blanc de Noirs) und Rotweinen unterschieden werden, was Anschnitt, Ausdünnung und Lesetermin betrifft. Bei überhöhtem Anschnitt ist insbesondere bei Burgunder-Rotweintrauben mit einem deutlichen Qualitätsabfall zu rechnen. Bei kühlen Herbsttemperaturen bleibt die Säure auf einem für ausgewogenen Rotwein zu hohen Niveau stehen. Meist sind die Mostgewichte trotz höherem Ertrag zwar stabil, die Güte von (Rot-)Weintrauben hängt aber nicht allein vom Mostgewicht ab. Ein sehr knapp bemessener Anschnitt führt je nach Klonentyp, insbesondere bei Zapfenschnitt, zu sehr kompakten Trauben und Fäulnisproblemen. Als Empfehlung gelten allgemein 4 bis 6 Augen/m^2. Lockerbeerige, ertragsstarke Spätburgunderklone (Mariafeld-Typen und Gm-1-Klone) können hingegen knapper angeschnitten werden. Überhöhte Stockerträge führen da leicht zu verminderter Holzreife und Kümmerwuchs; besonders junge Anlagen

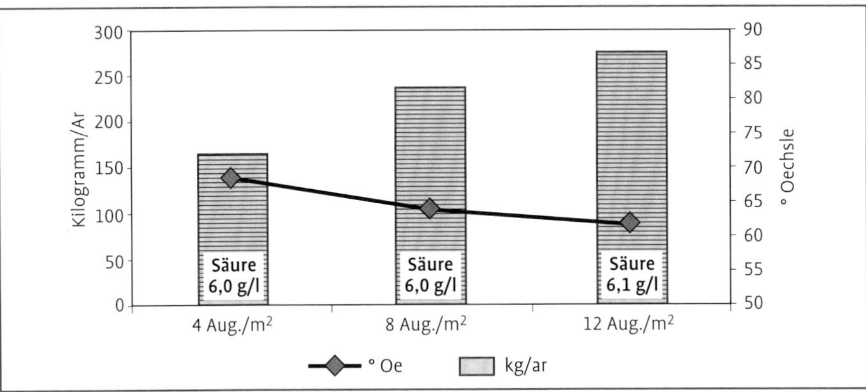

Abb. 80 Ergebnisse des Anschnittversuchs bei Portugieser (Mittelwerte 1996–98).

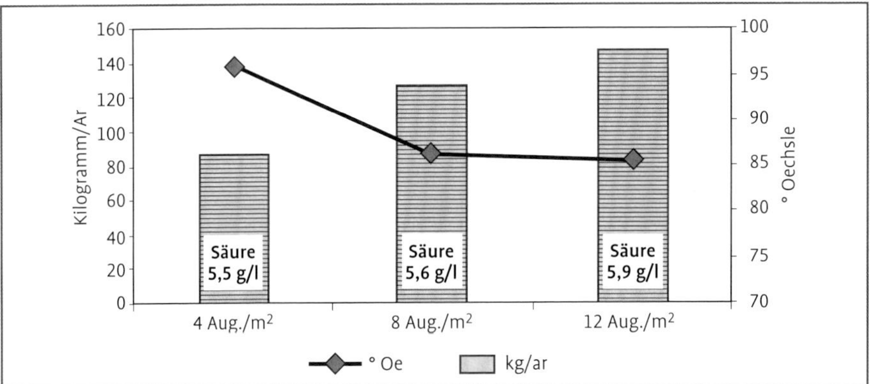

Abb. 81 Ergebnisse des Anschnittversuchs bei Traminer (Mittelwerte 1996–98).

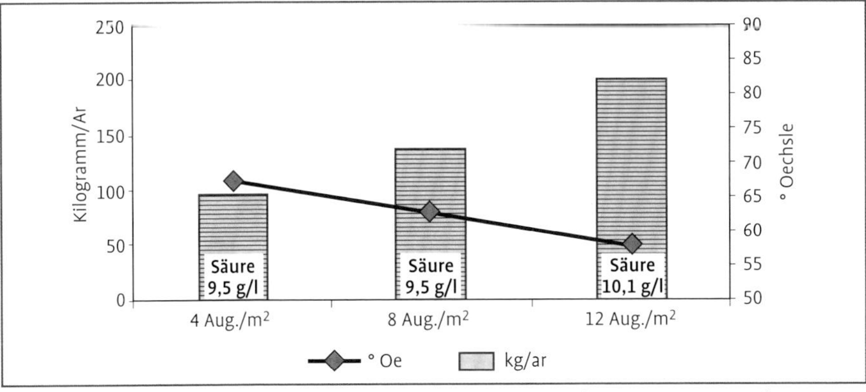

Abb. 82 Ergebnisse des Anschnittversuchs beim Gelber Muskateller (Mittelwerte 1996–98).

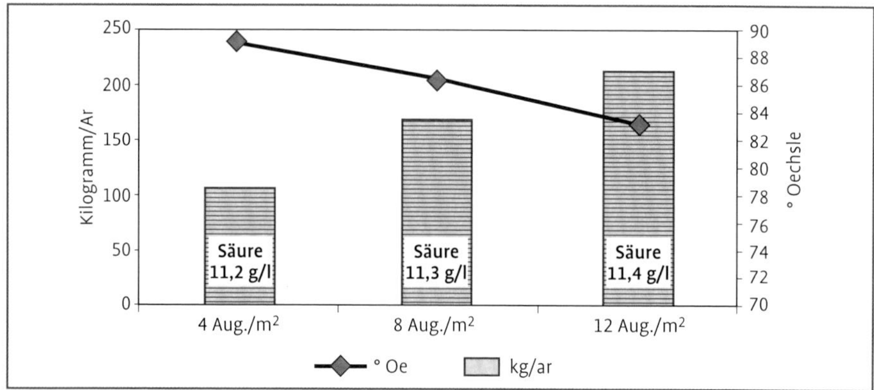

Abb. 83 Ergebnisse des Anschnittversuchs bei Spätburgunder (Mittelwerte 1993–98 ohne 94).

sind gefährdet. Daher sollten Jungreben kurz (Flachbogen, Strecker) geschnitten werden. In Verbindung mit auflockernden Maßnahmen (frühe Entblätterung, Einsatz von Bioregulatoren, Traubenhalbierung) sind hohe Traubenqualitäten mit vertretbarem Aufwand erzielbar.

St. Laurent ist vom Anschnittniveau her ähnlich einzuschätzen, die Fruchtbarkeit der basalen Augen ist jedoch sehr gering, sodass bei dieser Sorte ein Zapfenschnitt nicht infrage kommt. Vorsicht ist besonders nach Hagelschäden geboten, möglichst keinen Kordonschnitt anwenden.

2.4.2 Anschnittempfehlungen

Aus den Anschnittversuchen lassen sich somit sortenabhängige Anschnittempfehlungen ableiten. Sie sind als grobe Richtschnur zu sehen und gelten für durchschnittliche Erträge in Normaljahren (etwa 130 Kilogramm pro Ar bzw. 100 Hektoliter je Hektar) bei Bogenerziehung. Tatsächlich können die Erträge je nach Witterung in manchen Jahren aber stark davon abweichen. 2018 war ein Jahr, bei dem selbst ein sehr knapper Anschnitt durchweg hohe und sichere Erträge einbrachte.

Die Unterschiede rühren im Wesentlichen aus den Sortendifferenzen hinsichtlich der Augenfruchtbarkeit und den sortentypischen Traubengewichten. In jungen Anlagen und bei reich tragenden Klonen ist grundsätzlich der untere Wert maßgebend, bei älteren Weinbergen mit geringerem natürlichem Ertragspotenzial oder verrieselungsgefährdeten Anlagen hingegen die höhere Augenzahl. Wird eine Triebreduktion bei kurzen Internodienlängen durchgeführt, sollten die Augenzahl beim Rebschnitt entsprechend länger belassen werden.

In dieser beispielhaften Modellrechnung in Tab. 6 für die Sorte Dornfelder ist berücksichtigt, dass die Einzeltraubengewichte mit zunehmender Anschnittstärke bzw. Traubenzahl absinken. Dieser Effekt ist einer geringeren Beerenanzahl und Beerengröße geschuldet. Hängen weniger Trauben am Stock, blühen diese in der Regel besser ab und werden zur Zellteilung mit mehr Assimilaten versorgt. Traubengewichte und Beerengrößen nehmen zu. Im Fallbeispiel Kordonschnitt sind die Gescheine der basalen Augen deutlich kleiner angelegt, die Beerenanzahl je Traube ist verringert. Über eine Volumenzunahme der Beeren kann aber eine weitgehende Kompensation der

Abb. 84 Trotz geringem Anschnitt ist der Ertrag dieser jungen Weißburgunderreben sehr hoch. Eine Ausdünnung wäre erforderlich gewesen.

Tab. 5 Anschnittempfehlungen ausgewählter Sorten

Rebsorte	Augen/m²
Weißweinsorten	
Huxelrebe	3–5
Silvaner	3–5
Müller-Thurgau	3–5
Kerner	3–5
Weißburgunder, Chardonnay	4–6
Ruländer	4–6
Riesling	5–7
Sauvignon blanc	5–7
Scheurebe	5–7
Ehrenfelser	5–7
Traminer	6–8

Rebsorte	Augen/m²
Rotweinsorten	
Portugieser	3–5
Dornfelder	3–5
Merlot, Cabernet Sauvignon	3–5
Spätburgunder, St. Laurent	4–6
Schwarzriesling	4–6
Dunkelfelder	4–6

Tab. 6 Modellrechnung zu Anschnitt und Ertrag bei der Sorte Dornfelder (angenommener Standraum: 2,30 m²/Stock = 4 348 Stöcke/ha)

1. Beispiel:				
3 Augen/m²	7 Triebe/Stock	2 Trauben/Trieb	0,300 kg/Traube	x 0,8
	30 436 Triebe/ha	60 872 Trauben/ha	**18 262 kg/ha**	**14 609 l/ha**
2. Beispiel:				
4-5 Augen/m²	10 Triebe/Stock	2 Trauben/Trieb	0,280 kg/Traube	x 0,8
	43 480 Triebe/ha	86 960 Trauben/ha	**24 349 kg/ha**	**19 479 l/ha**
3. Beispiel:				
6 Augen/m²	14 Triebe/Stock	2 Trauben/Trieb	0,240 kg/Traube	x 0,8
	60 872 Triebe/ha	121 744 Trauben/ha	**29 219 kg/ha**	**23 375 l/ha**
4. Beispiel Kordonschnitt:				
4–5 Augen/m²	10 Triebe/Stock	1 Traube/Trieb	0,280 kg/Traube	x 0,8
	43 480 Triebe/ha	43 480 Trauben/ha	**12 174 kg/ha**	**9 740 l/ha**

Traubengewichte zum Bogenschnitt erfolgen. Die Werte sind beispielhaft dargestellt und können in der Praxis bzw. je nach Jahreswitterung deutlich davon abweichen.

2.4.3 Wuchskraftregulierung durch den Anschnitt vornehmen

Die modellhaft dargestellten Augenzahlen/m² und der davon abgeleitete sortenspezifische Ertrag gelten nur in einem gewissen Rahmen und für den Fall, dass die Wuchskraft durch den Anschnitt nicht wesentlich abnimmt oder ansteigt. Dies ist jedoch oft der Fall und darf nicht ausgeblendet werden. Neben der dargestellten Menge-Güte-Relation spielt demnach die Wuchskraft der Anlage oder, genauer gesagt die des einzelnen Stockes, eine ganz wesentliche Rolle bei der Bemessung des Anschnitts.

Bei sehr schwachwüchsigen Beständen wird sich auch mit einer hohen Anschnittstärke (langfristig) kein hoher Ertrag einstellen lassen. Umgekehrt führt eine knapp bemessene Augenzahl in einer wuchskräftigen Anlage eher zu Fäulnis der dann sehr kompakten Trauben als zu einer deutlichen Ertragsabsenkung. Die Witterung hat zudem einen erheblichen Einfluss auf den Ertrag und die Qualität der Trauben im jeweiligen Jahr.

Ziel des Rebschnitts ist es daher auch, den Anschnitt entsprechend der Wuchskraft des Stockes zu gestalten und positiv im Sinne einer Wuchsharmonie zu beeinflussen.

Die beiden Grundregeln zur Bemessung des Anschnittniveaus hinsichtlich Wuchsharmonie lauten daher:

1. **Schwachwüchsige Reben kurz anschneiden, um die Wuchskraft zukünftig zu steigern, dies sichert kräftigere Einzeltriebe.**

Finden sich auf der vorjährigen Bogrebe mehrere Kümmertriebe (nicht zu verwechseln mit eingekürzten Trieben, die im Wuchs durchaus kräftig sein konnten), so

Abb. 85 Schwachwüchsiger Regent, hier ist ein kurzer Anschnitt die logische Konsequenz.

wird die Augenzahl um diese Anzahl reduziert. Zu berücksichtigen ist zudem, ob eine Triebreduktion (Ausbrechen) auf der Bogrebe verwirklicht wird. In diesem Fall kann die Augenzahl entsprechend höher bemessen werden. War keine Bogrebe vorhanden, weil die Rebe noch im Aufbau ist oder die Bogrebe beim Biegen im Vorjahr abbrach, so sollte der Wuchs anhand der Triebstärke der Ruten abgeschätzt werden. Gerade jüngere Reben, vornehmlich nachgepflanzte Stöcke in Altanlagen, sollten eher verhalten angeschnitten werden. Ziel soll sein, dass sich alle Triebe gleichmäßig mit mittlerer Wuchsstärke entwickeln. Der ursprüngliche Durchmesser der alten Bogrebe lässt sich am Endstück nach dem letzten Trieb erkennen, welches kein Dickenwachstum erfuhr. Falls die neuen Ruten auf gleicher Höhe dieselbe Stärke aufweisen, war der Wuchs gleichbleibend.

2. **Starkwüchsige Reben stärker anschneiden, um durch die höhere Triebzahl (vegetative Belastung) und Traubenerträge (generative Belastung) die Wuchskraft abzusenken.**

Sind vornehmlich oder ausschließlich Starktriebe auf der alten Bogrebe, so sollten zukünftig mehr Augen belassen werden, um den Triebwuchs zu zügeln, also die Triebkraft auf mehr Triebe zu verteilen. Vorrangig sind dann Ruten anzuschneiden, die kürzere Internodien aufweisen, damit die höhere Augenzahl auch gleichmäßig im

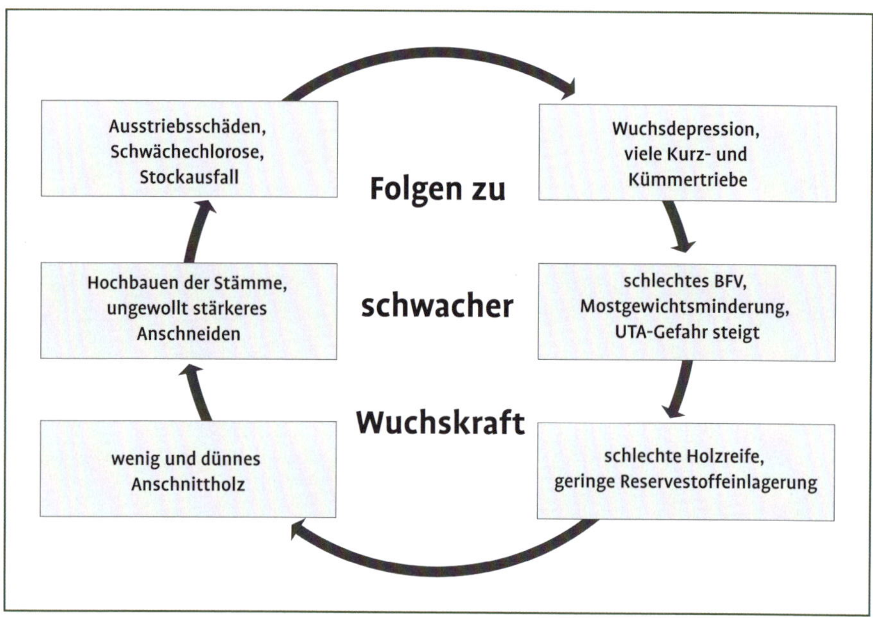

Abb. 86 Folgen zu schwacher Wuchskraft.

Abb. 87 Regent mit sehr mastigem Wuchs. Die Wuchskraft ist hier nicht mehr allein über den Anschnitt zu zügeln. Auch die Bodenpflege muss wuchsdämpfend sein. Daher sollte mehr begrünt werden.

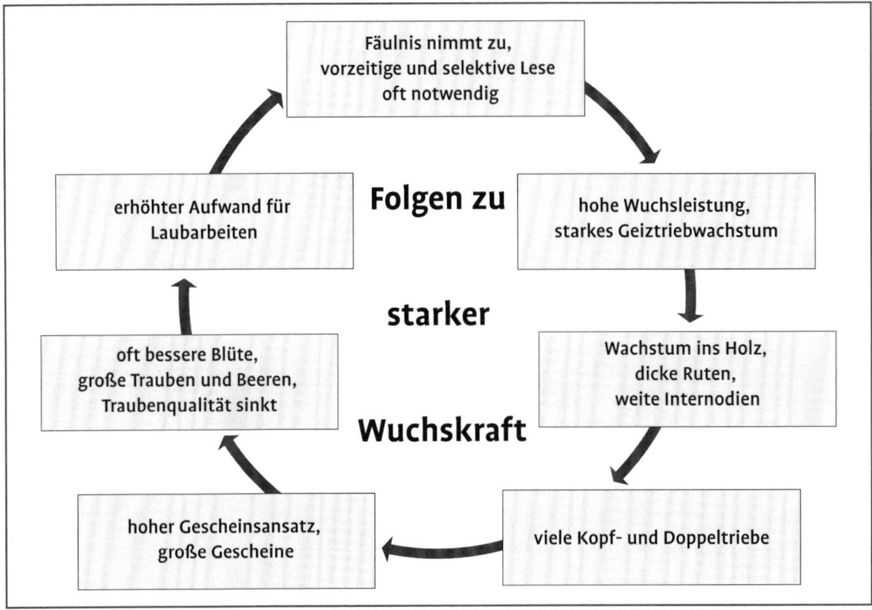

Abb. 88 Folgen zu starker Wuchskraft.

Drahtrahmen untergebracht werden kann. Eine Alternative bei zu starkem Anschnittholz ist die Ableitung auf einen mittelstarken Geiztrieb mit kürzeren Internodien. Sind keine zusätzlichen Augen mehr vernünftig im vorgesehenen Standraum unterzubringen, so sind unbedingt weitere Maßnahmen zur Wuchsreduzierung erforderlich, etwa die Zügelung der Wasser- und Nährstoffverfügbarkeit mittels Begrünungen.

Durch diese Vorgehensweise lassen sich die Reben innerhalb eines Bestandes angleichen. Schwachwüchsige Reben nehmen in ihrer Wuchsstärke zu, starkwüchsige Reben moderat ab. Bei gleichmäßigem Triebwuchs aller Triebe wird im kommenden Jahr wieder dieselbe Augenzahl angeschnitten, wie Ruten auf der Bogrebe standen.

Wichtig ist ebenfalls, dass sichtlich schwächere Stöcke wie Nachpflanzreben schon im Frühjahr/Frühsommer im Wuchs gefördert werden – zum Beispiel durch eine frühe Trieb- und Traubenreduktion. Sie sollten zudem nicht von kräftig wachsenden Nachbarstöcken im Wuchs behindert werden. Für eine freie und belichtete Triebentwicklung der Stöcke bei der Laubarbeit ist zu sorgen. Eventuell sollte der Wuchs durch gezielte Bearbeitung (hacken) um die schwachen Reben unterstützt werden.

Eine **Wuchsdisharmonie** wird vor allem bei schwächeren Reben durch Ertragsüberlastung in Verbindung mit Trockenheit verursacht, die Wuchskraft fällt unter Umständen extrem ab. Durch Bruch der Bogreben an kräftig gewachsenen Reben steigt hingegen die Wuchskraft enorm an, weil keine Trauben zum Ausgleich gebildet werden können. Diese beiden Extreme sollten in jeder Hinsicht vermieden werden.

Abb. 89 Durch zu großzügigen Anschnitt in Verbindung mit Sommertrockenheit kann die Wuchskraft in Junganlagen massiv absinken. Hier sollten rechtzeitig Gegenmaßnahmen getroffen werden wie eine Traubenreduktion oder Bewässerung.

Abb. 90 Mastiger Wuchs führt zu dichtem, buschigen Wuchs und langen Internodien. Die Geiztriebbilung wird gefördert und der allgemeine Krankheitsdruck steigt.

Kennzeichen hoher Wuchskraft abhängig vom Jahresverlauf

Im Frühling: Starke Triebentwicklung, kräftige Einzeltriebe, vermehrt Kopf- und Doppeltriebe (sortenabhängig), in der Regel hoher Gescheinsansatz.

Im Sommer: Starkes Trieb- und Geiztriebwachstum, in der Vegetation waren mehr als 3 Laubschnitte erforderlich, dunkelgrünes Laub, hohe Chlorophyllgehalte, große Blätter, dichte Laubwandstruktur, Entblätterung ist immer zwingend notwendig.

Im Herbst: Meist auch große kompakte Trauben und Beeren, hohe Traubengewichte (Trauben können bei schlechter Blüte auch verrieseln, daher unsicheres Kennzeichen), Geiztriebwuchs bis in den September, viele Geiztrauben (sortenspezifisch), späte Seneszenz (Laubfärbung), später natürlicher Laubfall.

Im Winter: Überdurchschnittlich starkes Anschnittholz, lange Internodien, hoher Marktanteil am Holzquerschnitt, hohe Schnittholzgewichte, Laubwand ist dicht vom einjährigem Holz ausgefüllt, lange und verholzte Geiztriebe.

Kennzeichen mittlerer, harmonischer Wuchskraft → angestrebtes Ziel

Im Frühling: Gleichmäßiger Austrieb und Triebwuchs, einzelne Triebe können vorübergehend etwas schwächer sein, Triebe aus dem Ersatzzapfen (zukünftiges Zielholz) zeigen eine mittlere Wuchsstärke.

Im Sommer: Etwa zwei Laubschnitte pro Vegetation erforderlich, je nach Witterung dürfen dies auch drei oder nur einer sein, geschlossene, aber dennoch lichte Laubwand, moderater Geiztriebwuchs, keine oder allenfalls schwache Geiztraubenbildung.

Im Herbst: Natürlicher Triebabschluss mit Beginn der Reife, natürliche Laubfärbung (Seneszenz), zur Lesereife, aber noch kein deutlicher Laubfall eingetreten, mittlere Trauben- und Beerengrößen.

Im Winter: Mittlere Holz- und Internodienstärke, gute Holzreife, günstiges Holz-Mark-Verhältnis, mittlere Schnittholzmengen (2 bis 4 t/ha Frischholz) und ausgeglichenes Verhältnis zwischen Trauben- und Schnittholzertrag von 4:1 bis 8:1, Apikaldominanz tritt weniger hervor.

Kennzeichen schwacher Wuchskraft

Im Frühling: Schwache, verhaltene Triebentwicklung, vermehrt Kurz- und Kümmertriebe ohne Triebspitzen, aufgehellter (leicht chlorotischer) Austrieb/Spitzen, vermehrter Augenausfall ohne ersichtlichen Grund, nur schwacher Trieb aus Adventivaugen am Stamm und Kopf, insgesamt schwacher Gescheinsansatz pro Trieb.

Im Sommer: Schwaches Triebwachstum, kein oder nur ein Laubschnitt erforderlich, viele Triebe wachsen nur bis zur halben Höhe, deutliche Apikaldominanz, helles vergilbtes Laub, geringe Chlorophyllgehalte, kleine Blätter, lichte, durchscheinende Laubwand, vorzeitiger Triebabschluss, kaum Geiztriebwuchs, keine Geiztrauben.

Im Herbst. Kleine Trauben, kleine Beeren, geringe Traubengewichte, frühe Seneszenz (Laubfärbung), beginnender Laubfall schon zur Reife, durch Trockenheit beschleunigt.

Im Winter: Schwaches Anschnittholz, besonders beim zahmen Holz, kurze Internodien, geringe Schnittholzgewichte, Laubwand ist besonders in der oberen Hälfte nicht ausgefüllt und Ruten sind teilweise taub (nicht ausgereift), keine bzw. nicht verholzte Geiztriebe, viele Kurztriebe vor allem am abfallenden Bogenteil, Stämmchen bauen sich leicht hoch, da Holz zur Verjüngung fehlt →starke Anzeichen der Apikaldominanz.

2.4.4 Zusammenhang zwischen Schnittholzmenge und Traubenertrag

- An einem ungeschnittenen Stock ist der Zusammenhang zwischen Schnittholzmenge und Traubenertrag anhand der anfallenden Schnittholzmenge messbar. Das Gewicht des frischen Holzes beträgt in einer normalwüchsigen Anlage zirka 2 bis 4 t/ha. Geht man von einem Wasseranteil von 50 % aus, so wären dies 1 bis 2 t/ha organische Trockenmasse, die jährlich durch Rückschnitt den Reben entfernt werden (Fischer, A. 1982).
- In der Regel bleibt das Schnittholz gehäckselt im Weinberg. Als Humus- und Nährstoffdepot steht es den Reben zeitverzögert wieder zur Verfügung, sodass die tatsächlichen Entzüge über die Jahre in Wirklichkeit nur einen Bruchteil der jeweils im Schnittholz enthaltenen Nährstoffe ausmachen.
- Je nach Wuchs der Anlage kann der Schnittholzertrag stärker schwanken. Folgende Faktoren sind dafür verantwortlich: Die N-Düngung der Anlagen, das Bodenpflegesystem und die Intensität der Bodenpflege, weitere natürliche Standort- und bodenspezifische Parameter (Wasserhaltefähigkeit, Belichtung), die Jahreswitterung (Niederschläge, Wärmesumme und Vegetationsdauer), das Alter der Reben, der Traubenertrag, Qualitätsmaßnahmen wie Ausdünnung und Entblätterung, das Erziehungssystem (insbesondere des Trieblängenwachstums) sowie die Rebsorte, Unterlage und der Standraum. Sondereinflüsse wie Spätfrost oder Hagel können starke Auswirkungen haben.
- Da viele der genannten Faktoren im Weinbau stark variieren können, sagt der Absolutwert der Schnittholzmenge relativ wenig über die Wuchskraft aus. Auch sollten Stockausfälle in Altanlagen berücksichtigt werden. Aussagekräftiger für die Wuchskraft ist, ob sich die Schnittholzmenge über die Jahre kontinuierlich ändert, die Wuchskraft also stetig zunimmt oder abnimmt. Dies ließe sich zwar durch Wiegen feststellen, ist aber in der Praxis schwierig umsetzbar. Rein optisch lassen sich hohe oder niedrige Schnittholzmengen recht gut anhand des Holzanfalls in Schnittablagegassen abschätzen.
- Ein ertragreicher Standort bringt regelmäßig hohe Trauben- und Schnittholzer-

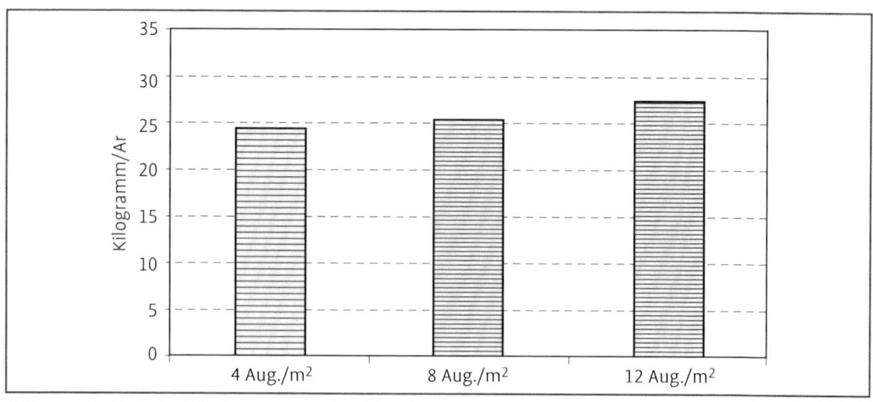

Abb. 91 Muskateller Schnittholzgewichte (1999).

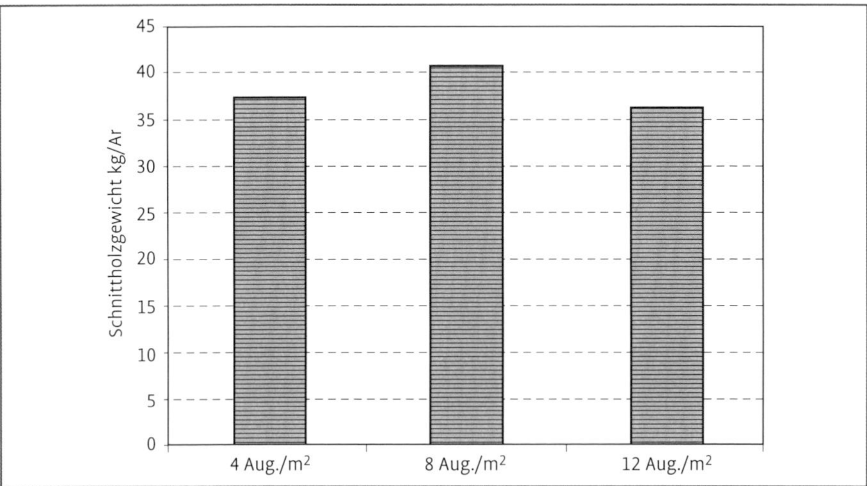

Abb. 92 Spätburgunder Schnittholzgewichte (1996–1998).

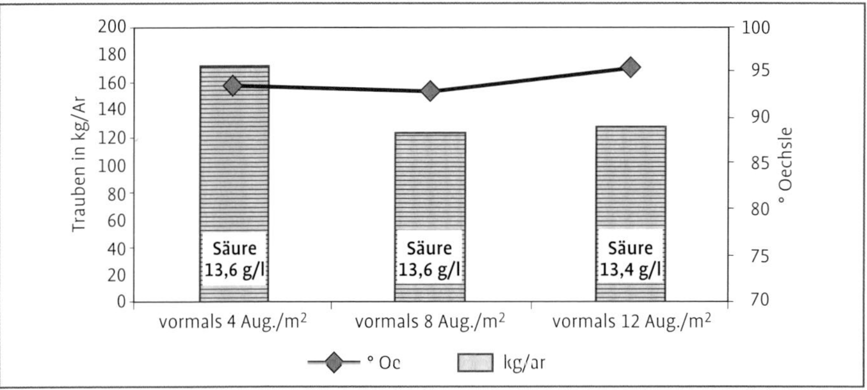

Abb. 93 Spätburgunder Nachwirkungen bei nachfolgendem gleichen Anschnitt (8 Augen/m²).

träge. Ein flachgründiger Trockenstandort erwirtschaftet dagegen entsprechend geringere Mengen. Trotzdem stehen beide Anlagen langfristig im Gleichgewicht, wenn das Verhältnis zwischen Schnittholzertrag und Traubenertrag etwa bei etwa 8:1 bis 4:1 liegt, d. h. auf 8 bis 4 Teile Traubenertrag sollte ein Gewichtsteil Schnittholz kommen. Daraus lässt sich ein optimiertes Blatt-Frucht-Verhältnis ableiten, die Reben stehen in einem Gleichgewicht zwischen vegetativem und generativem Wuchs. Neigt sich das Verhältnis stärker zu Lasten des Traubenertrags, kommen beispielsweise auf einen Teil Schnittholz über 10 Teile Trauben, so war das Blatt-Frucht-Verhältnis nicht ausreichend, um die Trauben optimal zu ernähren.

- Oft ist der Holzertrag infolge eines zu hohen Traubenertrages, etwa durch überzogenen Anschnitt, guter Blüte oder Tro-

Abnehmende Schnittholzmengen bergen die Gefahr von

- mangelnder Vitalität der Anlage, Stressanfälligkeit vor allem bei Trockenheit,
- zu geringer Reservestoffeinlagerung ins Altholz,
- langfristig nachlassenden Erträgen,
- ungünstigem Blatt-Frucht-Verhältnis, mangelnder Traubenreife, Notreife,
- zu frühem Triebabschluss (vorzeitige Seneszenz), schwachem, am apikalen Bereich nicht ausgereiften Anschnittholz,
- untypischem Alterston bei Weißweinen durch physiologisch unreife Trauben, phenolischen Noten (Petroltöne), eher säurearmen, ausgezogenen Weinen.

Zunehmende Schnittholzerträge weisen hin auf

- hohe Traubenerträge, große schwere Trauben,
- kompakte Traubenstruktur, dadurch hoher Fäulnisdruck,
- große Beeren mit ungünstigem Verhältnis von Schale zu Fruchtfleisch (Rotweinbereitung),
- dichte Laubwand, unzureichende Belichtung der Trauben, mangelnden Säureabbau bei Reife, geringeren Aroma-, Farb- und Phenolgehalten besonders bei Rotweinen,
- geringe Holzreife, höhere Winterfrostanfälligkeit, verspäteten Reifebeginn der Trauben, späte Seneszenz,
- erhöhten Aufwand für Rebschnitt und Laubarbeiten, mehrfachen Laubschnitt, dickes Anschnittholz.

ckenheit eingebrochen. Schwachwüchsige gestresste Weinberge erweisen sich hier als anfälliger, in wüchsigen Beständen kann die Rebe teilweise den Mehrertrag abpuffern. Ein wüchsiger Standort führt nicht nur zu stärkeren Einzeltrieben, sondern auch zu schwereren Einzeltrauben. Weiterhin kann stärkerer Anschnitt innerhalb eines gewissen Korridors sowohl den Schnittholzertrag als auch den Traubenertrag steigern.

Beispiele:

Muskateller. Bei dem aufgezeigten Anschnittsversuch (siehe Abb. 82) in der wuchsstarken Muskatelleranlage ergeben sich beim höchsten Anschnittniveau gleichzeitig die höchsten Schnittholzerträge. Diese zum Zeitpunkt der Versuchsauswertung bereits 16-jährige Anlage ist in der Lage, durch ihr tiefes Wurzelsystem und den hohen Altholzanteil eine höhere Stockbelastung ohne bleibende Schäden zu tragen.

Spätburgunder. Neben einer verminderten Traubenreife infolge eines unzureichenden Blatt-Frucht-Verhältnisses führte dagegen ein überbetonter Anschnitt beim Anschnittversuch des Spätburgunders (siehe Abb. 83) zu sinkenden Schnittholzgewichten.

Die Ausreife des Mehrertrages erfolgte zulasten der Rückverlagerung der Reservestoffe ins Holz. Die Auswirkungen zeigten sich deutlich anhand der „Nachwirkungen". Nach Beendigung eines zweijährigen Anschnittversuchs wurden im 3. Versuchsjahr wieder alle Schnittvarianten auf dieselbe Augenzahl/m^2 angeschnitten. Dabei war augenfällig, dass die mehrjährig kürzer angeschnittene Variante (4 Augen/m^2) den höchsten Traubenertrag lieferte. Dies spricht für eine höhere Reservestoffeinlagerung im Holzkörper und eine bessere Augenfruchtbarkeit. Die Reben waren gestärkt aus den Vorjahren herausgegangen. Die höher angeschnittenen Vergleichsvarianten zeigten hingegen deutliche Anzeichen von Alternanz. Der Ertrag war entsprechend schwächer, die Mostgewichte nach der Menge-Güte-Relation höher (siehe Abb. 93).

Abb. 94 Die Menge des Schnittholzanfalls ist ein guter Indikator für die Wuchskraft des Weinbergs.

2.5 Anschnitt und Qualität

2.5.1 Beispiel Dornfelder

Eine Untersuchung der Kombination verschiedener Anschnitt und Ausdünnvarianten bei der Sorte Dornfelder in einer fünfjährigen Anlage zeigten auf, dass in einem sehr fruchtbaren Jahr eine Mengenlimitierung und Qualitätsabsicherung über die Anschnittlänge alleine nicht ausreichend war. Die durchschnittlichen Erträge lagen trotz geringen Anschnitts von 4 Augen/m^2 in der jungen und wuchskräftigen Anlage außerordentlich hoch. So konnten in der Kontrollvariante (verhaltener Ein-Bogen-Schnitt mit 4 Augen/m^2) ohne ertragsbegrenzende Maßnahmen unter den günstigen Jahresverhältnissen von 2004 Erträge von knapp 30 000 kg/ha erzeugt werden. Bei den Ausdünnvarianten (gleiches Anschnittniveau) lagen lediglich die Varianten „Handausdünnung auf eine Traube/Trieb zum Reifeumschlag“ und „Kordonschnitt“ unter 20 000 kg/ha. Diese zeigten entsprechend deutliche Mostgewichtsunterschiede.

Wie die Menge-Güte-Relation verdeutlicht, ist das pflanzenphysiologische Ertrags- und Qualitätslimit schnell ausgeschöpft, wenn nur der Anschnitt variiert wird. So zeigt die Zwei-Bogen-Variante mit 8 Augen pro m^2, also der doppelten Augenanzahl zur Kontrolle, kaum noch einen Unterschied im Ertragsverhalten. Diese „überschnittene“ Variante hatte nur geringfügig mehr Ertrag, jedoch mehr und kleinere Trauben. Die Angleichung im Ertragsverhalten rührt daher, dass viele Augen beim

Zweibogenschnitt ganz ausgeblieben sind. Statt Langtrieben entwickelten sich besonders an den abfallenden Bogenteilen viele Kümmertriebe mit geringerem Traubenansatz. Gescheine wurden z. T. zur Blüte ganz abgestoßen oder es entwickelten sich daraus nur rudimentäre Trauben mit wenigen Beeren. Diese Lockerbeerigkeit und Kleinbeerigkeit bei Verrieselung durch Stocküberlastung korreliert leider nicht mit einem Anstieg wertgebender Inhaltsstoffe in der Beere, wie die Phenol- und Anthocyanwerte veranschaulichen. Somit zeigt die außerordentlich fruchtbare Sorte Dornfelder selbst bei verhaltenem Anschnitt ein Ertragsverhalten, das rasch bis an die pflanzenbauliche Belastungsgrenze (Selbstauszehrung) reichen kann.

Ein höherer Anschnitt hatte also in dieser jungen Anlage keinen weiteren Ertragszuwachs zur Folge, weiterhin konnte auch kein weiterer Mostgewichtsabfall festgestellt werden, denn die Rebe reguliert sich auf diesem unbefriedigenden Qualitätsniveau in gewissen Grenzen selbst. Trotzdem zeigen die Schnittholzmengen (das entfernte einjährige Holz beim Rebschnitt) bei der Zwei-Bogen-Variante nochmals eine Minderung im Vergleich zur Ein-Bogen-Variante, somit einen geringeren vegetativen Wuchs.

Reichtragende Sorten neigen besonders zu Ertragsüberlastung. Eine Zusatzdüngung über das Blatt bzw. die Bewässerung lindern zwar die Symptome, können aber notwendige Stockentlastungen nicht ersetzen. Dieser Zusammenhang zeigt auf, dass ertragsbegrenzende Maßnahmen über den Anschnitt hinaus hier dringend notwendig sind und nicht nur die Weinqualität beeinflussen, sondern die Vitalität der Reben insgesamt und damit die mögliche Standzeit und die Ertragsfähigkeit einer Rebanlage.

Zusätzliche Ausdünnmaßnahmen werden erforderlich

Als frühe Ausdünnmöglichkeiten stehen dem Winzer die Triebreduktion und das Entfernen von Gescheinen zur Verfügung. Beide Varianten lieferten 2004 aber nur zum Teil ein befriedigendes Ergebnis und hatten pflanzenbauliche Risiken. Da Dornfelder ohnehin schon lange Internodien besitzt, ergibt das Ausbrechen eines jeden zweiten Triebes wenig Sinn. Die Laubwand wird lückenhaft und die Sommertriebe sehr mastig. Zudem ist das Windbruchrisiko stark erhöht, da die wüchsigen Triebe eine große Windangriffsfläche bieten. Trotzdem wurde diese Methode im Versuch angewandt. Auffällig ist das Kompensationsvermögen der Reben hinsichtlich des Traubenertrags. Bei diesen frühen Ausdünnmaßnahmen wurde der Ausdünneffekt stark kompensiert.

Die Gescheinsreduktion im Vorblütebereich hatte die schwersten Einzeltrauben zur Folge. Sowohl die Beerenzahl pro Traube als auch das Beerengewicht nahmen enorm zu, sodass Traubengewichte von weit über einem Kilogramm gewogen wurden. Da das Blüteverhalten sehr eng mit der Blütewitterung zusammenhängt, ist das Ergebnis der Maßnahme nur schwer abzuschätzen. Der Arbeitsaufwand früherer Maßnahmen ist zwar deutlich geringer als die Entfernung voll ausgebildeter Trauben, das Risiko aber ungleich höher.

Als sehr differenzierte Methode hat sich die arbeitsaufwendige Traubenhalbierung vielfach qualitativ bewährt. In einer wüchsigen Anlage bei guter Wasserversorgung sollte die Traubenteilung so spät wie möglich erfolgen. Gerade lockerbeerige Sorten wie Dornfelder können bis zur Färbung weitgehend verletzungsfrei halbiert werden. Im aufgeführten Versuch wurde die Halbie-

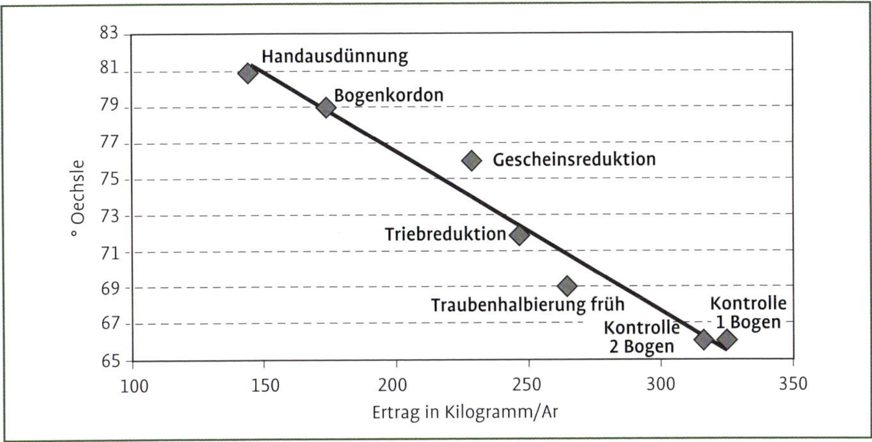

Abb. 95 Dornfelder – Anschnitt und Qualität: Ernteergebnisse, dargestellt in Form der Menge-Güte-Relation (2004).

Abb. 96 Bereits ein moderater Anschnitt mit 4 Augen/m^2 kann bei jungen Dornfelderreben ohne Ausdünnung zu deutlichen Übererträgen führen.

Abb. 97 Ein doppelter Anschnitt erbrachte keine weitere Ertragssteigerung mehr. Die Reben waren stark überlastet.

rung zurückhaltend und wohl zu früh ausgeführt. Statt nur der Hälfte des Beerenansatzes hätten circa zwei Drittel der Traube abgetrennt werden müssen, um eine vergleichbare Ertragsreduktion wie bei der Ausdünnung zu bewirken. Trotzdem zeigte diese Variante deutliche Verbesserungen hinsichtlich der Stiellähme.

Die klassische Methode der Ausdünnung auf eine Traube/Trieb zu Reifebeginn zeigte die besten Resultate hinsichtlich der Mostgewichtssteigerung sowie der Phenol- und Gerbstoffstruktur. Auch bei einer Vorverkostung der Weine fiel diese Variante klar positiv heraus, obwohl die Moste durch Anreicherung auf den gleichen Gesamtalkoholgehalt eingestellt wurden.

Die Beerengröße ist durch diese späte Maßnahme im Vergleich zur Traubenhalbierung nicht mehr angestiegen. Besonders au-

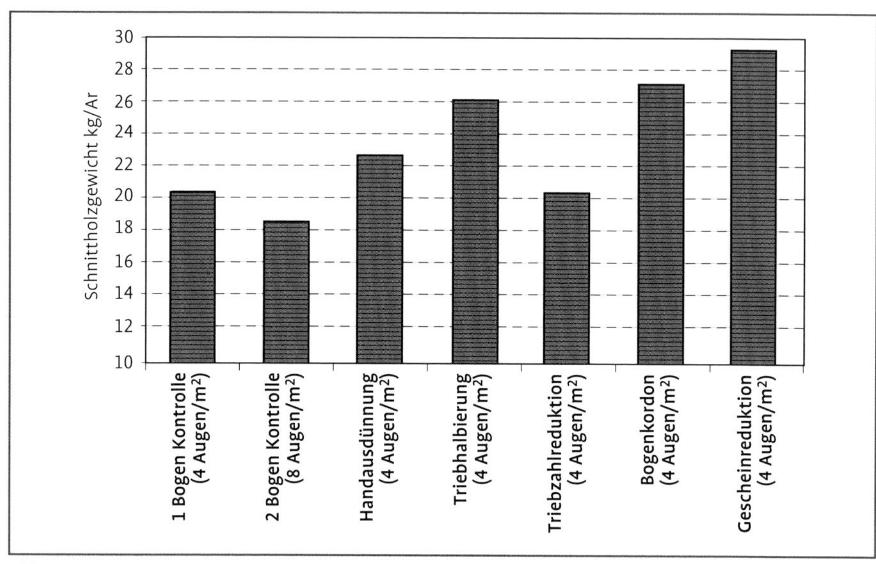

Abb. 98 Dornfelder – Anschnitt und Qualität: Schnittholzgewichte (2004).

genfällig war die starke Mostgewichtszunahme der Handausdünnung im Verlauf der Reife.

Gerade in ertragsreichen Jahren wie 2004 – die Reben waren nach den Hitzesommer in 2003 mit hohem Fruchtansatz versehen – ist eine Nacharbeit durch gezieltes Ausdünnen für befriedigende Traubenqualitäten unumgänglich.

Ergebnis der Schnittholzgewichte im Dornfelder 2004

Bei frühen Eingriffen ins Ertragsverhalten der Rebe beispielsweise durch Gescheinsreduktion wird die Wuchskraft gefördert. Dies zeigt sich durch eine Erhöhung des Holzertrags bzw. Schnittholzgewichts. Bekanntlich sollte der Schnittholzertrag etwa zwischen 2 und 4 t/ha liegen und grob ein Fünftel des erzielten Traubenertrags ausmachen. Demnach wäre die Schnittholzmenge von 1,8 t/ha bei einem Verhältnis von 1:15 Holzertrag zu Traubenertrag des hohen Anschnittes (Augen/m^2) in dieser Anlage deutlich zu gering. Auch der Anschnitt mit 4 Augen je m^2 zeigte mit 2 t/ha bei einem Verhältnis von 1:14 vergleichbare Werte. Die Varianten Gescheinsreduktion, Kordonschnitt und Ausdünnung erbrachten mit Absolutmengen zwischen 2,6 und 2,9 t/ha bei Verhältnissen von 1:5 bis 1:8 in etwa Normalwerte. Es ist zu erwarten, dass bei Fortführung der Varianten in den gleichen Versuchsreihen die Schnittholzerträge noch stärker auseinander klaffen würden bzw. die Rutenlängen bei der überlasteten Anschnittvariante bald nicht mehr für den Zielanschnitt ausreichen würde, die Reben „fielen" regelrecht vom Holz. Eine Erholung der Reben ist zwar möglich, jedoch mit starker Alternanz verbunden.

In der Variante Triebreduktion hatte sich zwar die Schnittholzmenge (20 dt/ha) im Vergleich zur Kontrolle nicht erhöht. Da diese Minderung aber durch die geringere

Triebzahl und nicht durch eine geringere Triebstärke begründet ist, ist diese Methode ebenfalls als wuchsfördernd einzustufen. Das relative Verhältnis Holz zu Trauben lag hier bei 1:10.

2.5.2 Wuchskraftsenkende Maßnahmen bei stark unterlasteten Reben

Im anderen Extrem zeigen Anlagen, die im Vorjahr nur eine geringe Ertragsbelastung hatten (zum Beispiel nach Frostschäden, frühem Hagelschlag, starker Verrieselung) einen außerordentlich hohen Gescheinsansatz im Folgejahr. Daher hat eine Ertragsreduzierung grundsätzlich einen „Vitalisierungseffekt“ auf die Rebe, der zunächst positiv ist:

Hohe Schnittholzerträge im Verhältnis zu den Traubenerträgen sprechen für eine Unterlastung der Anlage. Durch starke Eingriffe in die Ertragsstruktur wie Ausdünnungsmaßnahmen bzw. witterungsbedingt durch Verrieselung oder Spätfrost, kann der Holzertrag im Verhältnis zum Traubenertrag stark ansteigen. Liegt dieses Missverhältnis nur kurzzeitig vor, etwa in einem Alternanzjahr mit geringerer Ernte, so ist das in der Regel vorteilhaft für die Rebe. Sie schöpft neue Energie aufgrund der geringeren Ertragsbelastung. Die Frosthärte des Holzes wird gesteigert, ebenso das potenzielle Ertragsniveau (Augenfruchtbarkeit). Der Austrieb ist gleichmäßiger, die Reben sichtlich frohwüchsiger.

Liegen die Verhältnisse zwischen Traubenertrag und Schnittholzgewicht aber langjährig erheblich unter 4:1, so führt dies auf Dauer zu einem physiologischen Ungleichgewicht. Die Reben sind mit dem vorhandenen Ertrag nicht mehr ausgelastet, die Wuchskraft nimmt immer weiter zu. Negative Tendenzen überwiegen:

- Der Ausdünnaufwand erhöht sich durch höhere Augenfruchtbarkeit.
- Die Anschnittruten werden zu dick, folglich steigt die Bruchgefahr beim Biegen, mehr Windbruchschäden bei mastigem Austrieb und weiten Internodien.
- Das hohe vegetative Wachstum verstärkt den Geiztriebwuchs, infolge dessen sind mehr Laubarbeiten notwendig (wie Entblätterung).
- Deutlich höherer Arbeitszeitbedarf beim Rebschnitt, mehr und stärkeres Holz ist zu entfernen.
- Fäulnis- und Platzanfälligkeit der Beeren steigen an.

Somit ist es sinnvoll, bei bewusst reduzierten Erträgen in der Premiumproduktion auch die Wuchskraft den neuen Zielerträgen anzugleichen.

Als Maßnahmen zur Wuchsdämpfung sollten eine stärker zehrende Begrünung der Anlage und das vorübergehende Aussetzen der Stickstoffdüngung erfolgen, um den Reben auf diese Weise überschüssige Triebkraft zu nehmen.

3 Bogrebenschnitt

Der Bogrebenschnitt macht gewiss weit über 90 % aller Erziehungsformen in Deutschland aus. Er dominiert ähnlich stark auch in Österreich und der Schweiz. Der Rutenschnitt ist Grundlage für die Erziehungsformen als Halbbogen-, Pendelbogen, Schrägbogen, Flachbogen, Wellenbogen oder Rundbogen (Moselpfahlerziehung). Obwohl die Mechanisierungsmöglichkeiten im Vergleich zum Kordonschnitt geringer sind – zumindest der Anschnitt der Ruten und das Biegen erfolgt nach wie vor komplett manuell – hält die Praxis an diesem bewährten System fest.

Das Ausheben des Schnittholzes wird standardmäßig meistens noch manuell durchgeführt, auch wenn hier verschiedene Mechanisierungsansätze mittlerweile eine gute Praxisreife erlangt haben. Wo liegen also die Vorzüge der Bogenerziehung ?

3.1 Drahtrahmenaufbau und Stockabstand

Lässt man die Pfahlerziehungen außer Acht, die nur noch regional im Steillagenweinbau eine gewisse Rolle spielen, so unterscheiden sich die einzelnen Bogenerziehungen im Spalierdrahtrahmen nur durch die Rutenanzahl pro Stock, den Biegedrahtabstand zum Boden und den Abstand der Biegedrähte relativ zueinander sowie durch die Bogenformierung und -länge voneinander.

Der Drahtrahmenaufbau ist entscheidend für die Stammhöhe und die Höhe des Anschnittbereichs, welche gleichzeitig die Höhe und Breite der Traubenzone definiert. In der Regel liegen die Standardgassenbreiten in modern gestalteten Anlagen bei etwa 2,00 m; abhängig vom jeweiligen Mechanisierungssystem und der Arbeitsbreite

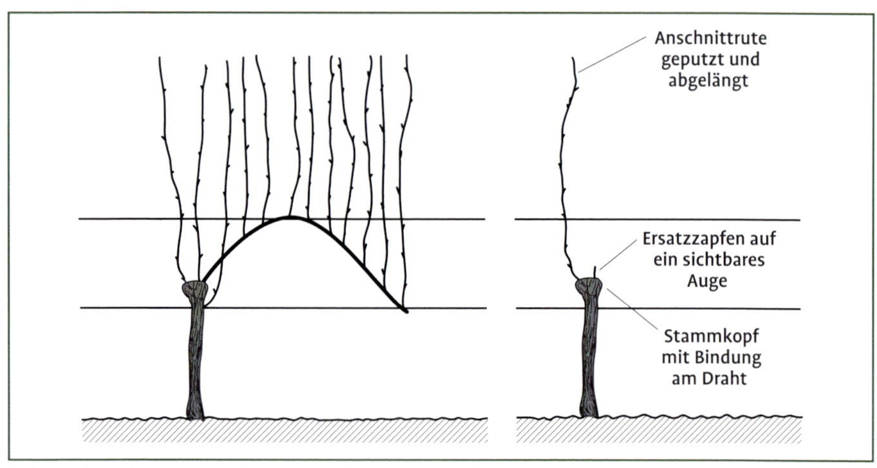

Abb. 99 Bogrebenschnitt mit Ersatzzapfen schematisch.

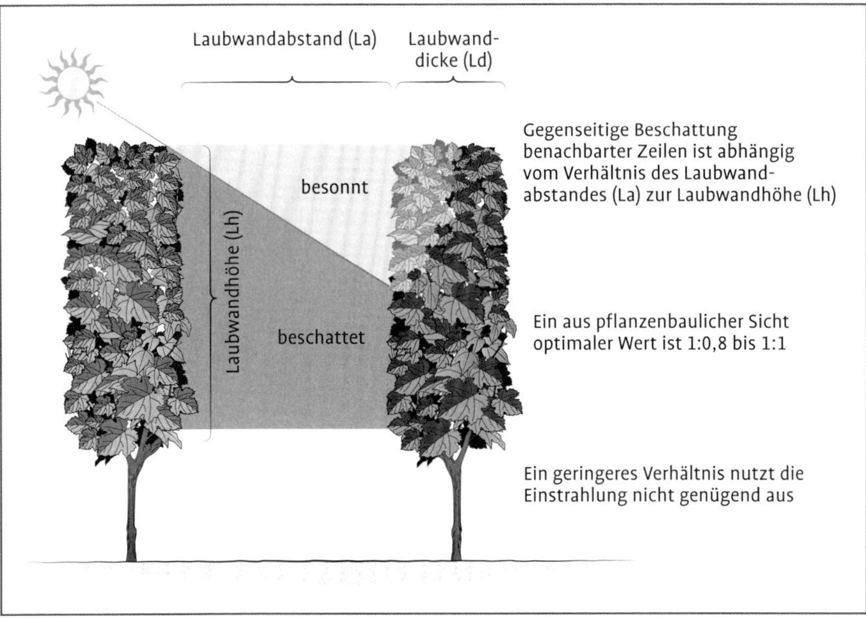

Abb. 100 Laubwandabstand zu Laubwandhöhe sollten für optimale Belichtung der Reben im Verhältnis bei 1:0,8 bis 1:1 liegen.

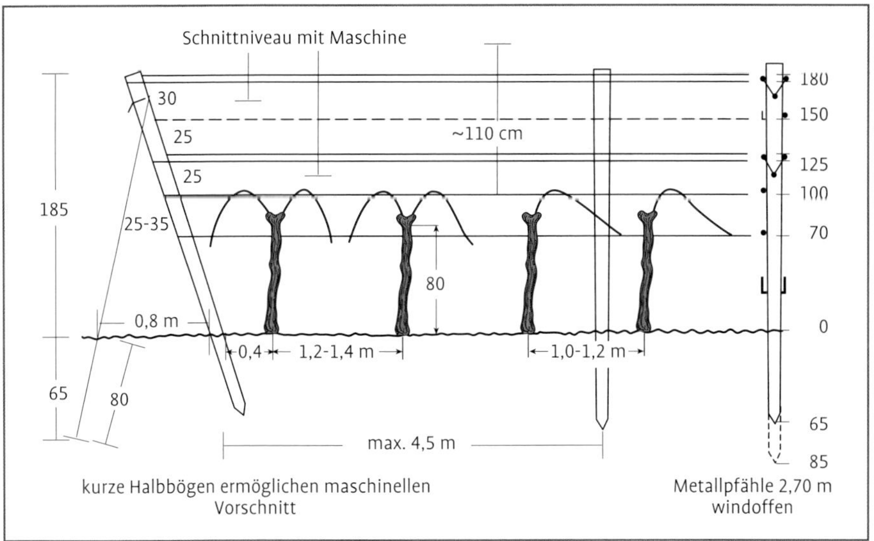

Abb. 101 Beispielhafter Drahtrahmenaufbau einer modernen Halbbogen- oder Schrägbogenerziehung (nach Fox).

der Geräte. Laubwandmindesthöhen von 1,30 m sollten zur Erzielung eines optimalen Blatt-Frucht-Verhältnisses angestrebt werden. Das Verhältnis zwischen Laubwandabstand (lichte Gassenbreite bzw. Reihenabstand abzüglich der Laubwanddicke) und Laubwandhöhe (tatsächliche Laubwand ohne die Stammzone) sollte zwischen 1:0,8 und 1:1 liegen, um eine optimale Belichtung zu garantieren. Eine höher gelegene Traubenzone durch höhere Stämme verbessert zum einen die Ergonomie bei Stockarbeiten, insbesondere bei der Handlese und beim Biegen. Zum anderen kommen die Trauben weniger mit hohem Bodenbewuchs, Schmutzpartikeln oder Herbiziden in Berührung und die Unterstockpflege ist erleichtert. Neben Qualitätsgründen hat aus diesem Grund der klassische Pendelbogen mit seinen tief hängenden, eingekürzten Schnabeltrieben an Bedeutung verloren. Die positive Beeinflussung durch die Bodenwärme spielt unter heutigen Gesichtspunkten keine entscheidende Rolle mehr. Zudem sorgen heute höhere Laubwände für eine ausreichende Assimilationsleistung. Der geringere Fäulnisdruck bodenferner Trauben, eine bessere Belichtung und Durchlüftung der Traubenzone sowie die Erleichterung der maschinellen Lese rechtfertigen einen Mindestabstand von 70 cm zwischen Biegedraht und Boden. Beim Halbbogen sind daher heute Stammhöhen von circa 80 cm gängig. Beim klassischen Flachbogen, der auf den unteren Draht gewickelt wird, sind die Stämmchen entsprechend niedriger zu halten. Sie sollten etwa 10 bis 15 cm niedriger als der Biegedraht sein (siehe Abb. 101, 173 und 175).

Vorteile der Bogrebenerziehung (Rutenschnitt)

- Bewährtes und allgemein bekanntes Erziehungssystem
- Übersichtlicher schematischer Stockaufbau – auch für Neulinge und Aushilfskräfte leicht erlernbar
- Erhalt der Stockform und Ertragsfähigkeit der Reben ohne große Fachkenntnisse möglich, denn Schnittfehler wirken sich nicht so gravierend aus wie z. B. beim Zapfenschnitt
- Über alle Sorten hinweg umsetzbar
- Die gleichmäßige und hohe Augenfruchtbarkeit der apikalen Augen bringt stets regelmäßige und sichere Erträge
- Allgemein bewährt auch zur Produktion hoher Traubenqualitäten, da qualitätsfördernde Maßnahmen einfach umgesetzt werden können und langjährig gute Erfahrungen vorliegen
- Herkömmliche Zeilenbreiten und Mechanisierungssysteme (maschineller Vorschnitt, Laubschnitt, Pflanzenschutzausbringung, Unterstockpflege) sind standardmäßig auf dieses System ausgerichtet (im Gegensatz zu weiträumigen Erziehungssystemen oder Sonderformen)

Niedrige Anlagen haben eine bodennahe Traubenzone und sehr kurze Stämmchen. Vor allem im französischen Burgund sind solche Weinberge nach wie vor das Maß der Dinge. Auch in Deutschland gibt es in frankophil geprägten Betrieben gegenwärtig gewisse Tendenzen, die Stock- und Zeilenabstände sowie die Erziehung insgesamt wieder deutlich schmaler und bodennäher zu gestalten. Solange aber technische und ergonomische Gründe klar dagegen sprechen und ein messbarer Qualitätsvorteil nicht erwiesen ist, bleibt eine Diskussion darüber eher philosophischer Natur.

3.1.1 Kopfhöhe und Kopfausbildung

Kerzengerade und gleichmäßig hohe Stämmchen erleichtern die Stockarbeiten. Beim Halbbogen sollte der Stammkopf in der Mitte zwischen dem Stammhaltedraht (unterer Biegedraht, Anbindedraht) und dem oberen Biegedraht (Überbiegedraht) liegen. Je geringer der Biegedrahtabstand, umso exakter ist die Stammhöhe auszurichten. Heute sind Abstände von 20 bis 30 cm (entspricht in der Regel dem Abstand zwischen zwei bzw. drei Hakenstationen an Metallpfählen) üblich.

Zwischen oberem Biegedraht und Stammende sollte noch ein Freiraum von gut 10 cm liegen, da ein vorübergehendes Hochbauen der Stämmchen kaum ganz vermieden werden kann und so die Anschnittruten beim Biegen weniger stark abgewinkelt werden müssen. Die Bruchgefahr sinkt deutlich, wenn der Stamm nicht knapp am oder gar über dem Überbiegedraht endet. Der Stamm sollte jedoch auch nach einer Verjüngung noch so hoch sein, dass er dauerhaft am unteren Draht befestigt werden kann. Daher werden in aller Regel auch keine Ersatzzapfen unter dem Stammhaltedraht platziert. Endet der Stamm tiefer, so muss die nun neue stammbildende Basis jeweils am Stammhaltedraht befestigt werden, ohne dauerhafte Stammfixierung verliert die Rebe sonst an Halt.

Sehr enge Biegedrahtabstände von lediglich 10 cm haben sich in der Praxis nicht bewährt. Denn hier kann der Stammkopf nicht in optimaler Position zwischen den beiden Drähten gehalten werden. Er bleibt dann bestenfalls unterhalb der Biegedrähte und es bedarf dauerhaft einer festen Stammbindung am stabilen Pflanzstab. Alternativ kann auch ein tiefer liegender separater Stammhaltedraht eingezogen werden, an dem die Stämmchen dauerhaft fixiert werden. Auch beim Flachbogen, der auf den untersten Draht gewickelt wird, stellt sich dasselbe Problem. Daher werden meist verzinkte Pflanzstäbe aus Torstahl verwendet, die über die gesamte Standzeit in der Anlage verbleiben, um die Stämme daran langjährig zu befestigen.

Bei der Pendelbogenerziehung mit 40 cm Biegedrahtabstand, sollte der Stamm im oberen Drittel zwischen den beiden Drähten liegen, sodass die Ruten keinen langen, steil ansteigenden Ast bilden. Dieser hat nämlich negative Auswirkungen auf die Rutenbildung am Kopf (Apikaldominanz fördert bekanntermaßen die höchsten Triebe am stärksten). Zudem werden die Ruten auch zu lang, was einem qualitätskonformen Anschnitt widerspricht.

Durch Belassung eines einäugigen Zapfens zur Generierung neuer Zielruten in optimaler Position kann in der Regel die gewünschte Stämmchenhöhe dauerhaft gehalten werden. Mittelfristig bildet sich im langjährigen Anschnittbereich der so bezeichnete Stammkopf aus, aus dem die zukünftigen Anschnittruten austreiben. Bei Sorten mit guter Austriebsbereitschaft am Kopf kann statt eines Ersatzzapfens nur ein Astring angeschnitten werden. Besonders die Burgundersorten, Silvaner, Morio-Muskat, Riesling u. a. zeigen eine starke Austriebsbereitschaft aus dem Altholz am Kopf. Die sehr stammnahen Ruten aus dem Astringauge erweisen sich in aller Regel als gleichwertig fruchtbar wie Ruten, die aus dem ersten Zapfenauge stammen und bedeuten weniger Ausbrechaufwand.

Mit zunehmender Standdauer der Rebe verdickt sich das Köpfchen immer mehr. Es müssen dann meist viele überzählige Triebe im Kopfbereich ausgebrochen werden, um Triebverdichtungen zu vermeiden. Nur gut positionierte und belichtete Triebe bleiben stehen. Sie stellen optimales

Abb. 102 Ein Astring (Zapfenstummel ohne sichtbares Auge) genügt als Ersatzholz bei Sorten mit starker Triebbildung aus dem Kopf, hier bei Riesling.

Anschnittholz für die kommende Saison dar.

Bei weniger stark aus dem mehrjährigen Holz oder Astringen treibenden Sorten (Müller-Thurgau, Portugieser, Trollinger, Kerner, Dornfelder) sollten hingegen kurze einäugige Zapfen in optimaler Anschnittposition (mittig im oberen Kopfbereich) belassen werden. Es reichen in der Regel ein bis maximal zwei Zapfen auf dem Stamm aus. So kann der Ausbrechaufwand am Kopf gering gehalten werden, denn vielfach treiben mehr Triebe aus als erwartet oder erwünscht. Eine Schnittregel besagt, dass pro angeschnittene Rute ein Ersatzzapfen belassen werden sollte, d. h. beim Zweirutenschnitt demnach nicht mehr als zwei Ersatzzapfen zu je einem Auge. Lediglich bei der Sorte Portugieser, die sehr leicht verkahlt bzw. sich hochbaut und bei der die basalen Zapfenaugen oft auch nicht austreiben, ist es sinnvoll, auch mehr und längere Zapfen zu belassen. Die Ersatzzapfen sollten so positioniert sein, dass sie nicht in die Gasse ragen, dem Stockaufbau möglichst entgegenkommen (gerader Stammaufbau, kein Knick im Stammaufbau; daher krumme Zapfen möglichst auf ein Auge oder auf den Astring zurück nehmen, keine „Kleiderhaken" anschneiden). Der Ersatzzapfen sollte grundsätzlich nicht höher als die Anschnittrute positioniert werden, aber auch nicht unter den ausgebildeten Kopf oder gar unter der Stammbindung stehen. Ausnahmen dieser Regel gelten aber für beabsichtigte Stammverjüngungen oder wenn andere sinnvolle Alternativen fehlen.

3.1.2 Eine oder zwei Ruten?

Unabhängig vom Anschnittniveau stellt sich die Frage, ob die Augenzahl auf einer langen Rute oder besser auf zwei kurzen Ruten untergebracht wird. Bei engen Stockabständen von etwa 1 m ist der Anschnitt einer Rute als Flach- oder Schrägbogen zweckmäßiger als zwei kurze Ruten bzw. Strecker. Bei weiteren Stockabständen und einem Anschnittniveau über 12 Augen/Stock sollte die Augenzahl hingegen besser auf zwei Ruten untergebracht werden. Damit erfolgt der Austrieb gleichmäßiger, es bilden sich weniger Kümmertriebe auf der Bogrebe und der Wuchs ist insgesamt ausgeglichener. Es steht beim Bruch einer Bogrebe immer noch die zweite zur Verfügung, sodass Stockform und Wuchskraft in der Regel nicht übermäßig beeinflusst werden und allenfalls mit mäßigen Ertragseinbußen dieser Reben zu rechnen ist. Gezielte Maßnahmen auf die Quantität und Qualität der Trauben sind möglich, unabhängig ob bei gleichem Anschnittniveau eine oder zwei Ruten angeschnitten werden.

Abb. 103 Der Biegedrahtabstand bestimmt die optimale gleichmäßige Stammhöhe. Sie ist ein wesentliches Kriterium bereits beim Stockaufbau in der Junganlage.

Abb. 104 Werden zwei Ruten angeschnitten, sollte der mehrjährige Kopf etwas gegabelt sein.

Abb. 105 Stammwunden sollten einen leichten Überstand aufweisen und nicht größer als unbedingt nötig sein. Das Gewebe der Wunde trocknet partiell aus.

Beim langen Einbogenschnitt bringen vor allem die endständigen Schnabeltriebe große und schwere Trauben. Besonders bei qualitätslabilen Sorten wie Kerner, Portugieser, Dornfelder oder Trollinger steigt der Ertrag an und die Ausreife dieser Trauben verzögert sich. Wird die Augenzahl hingegen auf zwei kurze Ruten verteilt, so ist der Ertrag eher geringer, da die stammnahen basalen Augen weniger und kleinere Trauben ausbilden. Oft weist die lange Bogrebe mehr Kümmertriebe und natürliche Augenausfälle auf, die diesen Aspekt wieder etwas relativieren können. Nachteilig bei der Zweibogenerziehung ist der erhöhte Aufwand bei den Stockarbeiten, insbesondere beim Biegen (einschließlich mehr Biegematerial). Auch sind Verdichtungen im Kopfbereich höher, vor allem wenn beide Ruten eng bei einander stehen oder sich gar über dem Kopf kreuzen. Intensiveres Ausbrechen im Kopfbereich ist die Folge. Beim Rebschnitt sollte darauf geachtet werden, dass am Kopf eine leichte Gabelung (zweigeteilter Kopf) entsteht (siehe Abb. 104).

Aus jedem dieser „Höcker“ sollte eine Anschnittrute stammen, die jeweils nach außen gebogen wird. Überflüssige Wasserschosse am Kopf werden am besten schon beim Ausbrechen und nicht erst beim Rebschnitt entfernt.

3.2 Schnittwunden am Stamm

Im Optimalfall sollten die Schnittwunden am Kopf möglichst klein gehalten werden. Dies gelingt, wenn nur ein- oder zweijähriges Holz (die alte Bogrebe) am Kopf entfernt werden muss. Durch hochgebaute Stämmchen werden in der Praxis jedoch mehr oder weniger umfangreiche Verjüngungsschnitte am mehrjährigen Holz notwendig, insbesondere wenn ein Teil des Stammüberstandes oberhalb einer Rute abgenommen werden muss. Vor allem bei größeren Schnitt- und Sägewunden ins mehrjährige Holz kann der Kopfbereich mehr und mehr verkahlen. Unvermeidliche Sägeschnitte sollten immer im rechten Winkel zum Stamm erfolgen, sodass die Schnittfläche möglichst klein bleibt. Dies gilt ebenso für tiefe Schnitte beim Einsatz von Elektro- oder Pneumatikscheren, die problemlos ohne manuellen Kraftaufwand auch mehrjähriges Holz leicht durchtrennen.

Das Scherenblatt sollte möglichst nicht schlagend ins Holz treiben, sondern sanft und gleitend. Hierbei erweisen sich Elektroscheren als günstiger, vor allem bei Minusgraden, wenn das Holz spröder ist und an den Schnitträndern leicht aufreißt. Bei Handsägen oder -scheren schreckt oft schon der erhöhte Kraftbedarf ab, das Schnittwerkzeug so anzusetzen, dass größere Schnittwunden entstehen – man arbeitet quasi automatisch richtig. Hebelscheren (siehe Abb. 243) sind zwar aus ergonomischer Sicht günstig vom Kraftaufwand, bewirken aber einen eher quetschenden

Schnitt durch Gegendruck vom Amboss. Im Zweifel sollte bei dickerem Holz besser zur Handsäge gegriffen werden, als dass mehrere Keilschnitte mit der Elektroschere gesetzt werden oder gar Quetschschnitte (Hebelscheren) erfolgen.

Zum Teil werden zur Stammverjüngung auch Kettensägen eingesetzt, die eine recht raue, geriffelte Schnittwunde hinterlassen. Ein genügender Überstand zum intakten Stammstück ist hier zu belassen. Schon aufgrund des Gewichts und der eingeschränkten Handlichkeit sind gewöhnliche Motorsägen für Stammschnitte nicht optimal geeignet. Mittlerweile gibt es auch handliche, akkubetriebene Einhandkettensägen auf dem Markt, die ein glattes Schnittbild zeigen und die Handsäge durchaus ersetzen können (siehe Abb. 137). Eine Anschaffung allein für den Rebschnitt erweist sich aber vielfach als nicht rentabel. Wenn jedoch gesundheitliche Einschränkungen vorliegen und damit der Einsatz von Handsägen sehr belastend ist, sollte eine Anschaffung in Erwägung gezogen werden. Auch für Baum- und Strauchschnittarbeiten können diese Sägen eine große Hilfe sein.

Beim Schneiden oder Sägen am Stamm sollte der abzusägende Kopfbereich nicht mit der Hand weggezerrt oder stark gegengedrückt werden, da der Stamm ansonsten tief einreißen kann. Einzig durch einen leichten Gegendruck kann das Sägen unterstützt werden. Die Sägeblätter klappbarer Taschensägen sind auf der zahnbesetzten Seite breiter als auf der Gegenseite (siehe Abb. 244). Sie schneiden nur auf Zug, werden damit leichtgängig und klemmen sich bei geradem Schnitt nicht ein, wie es bei Bügelsägen trotz des schmalen Sägeblatts oft der Fall ist.

Mit jedem Eingriff im Holz der Rebe werden Leitungsbahnen durchtrennt, die vom Rand her eintrocknen und bis in tiefere

Abb. 106 Schnittwunden führen im Inneren des Stammes zu Eintrocknungskegeln und Leitbahnverschluss. Neben Versorgungsengpässen können sich dort auch holzzerstörende Pilze ansiedeln.

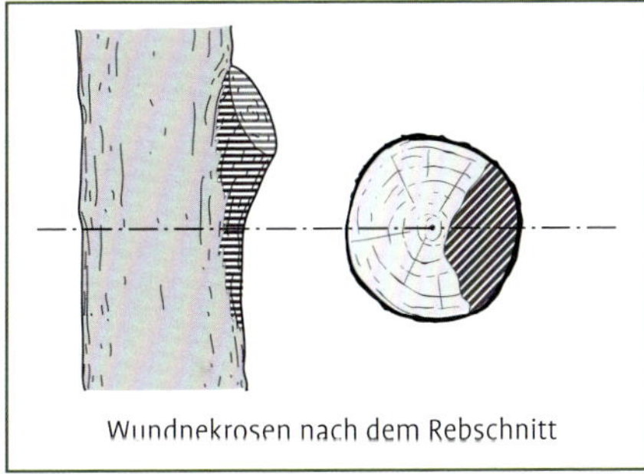

Wundnekrosen nach dem Rebschnitt

Abb. 107 Auswirkung einer großen Wunde am Stamm auf das Leitgewebe. Es bildet sich eine Austrocknungszone um die Wunde.

Bereiche absterben können, man spricht hier von Eintrocknungskegeln. Auch holzzerstörende Pilze dringen leicht über Wunden ein und führen früher oder später zu vermorschten, abgestorbenen Bereichen.

Ein gesunder Kopf (und Stamm) sollte nach Möglichkeit über die gesamte Standdauer der Rebe erhalten werden. Das Absetzen des Stammhauptes auf einen tieferen Trieb, in der Regel einen Wasserschoss aus dem Altholz, erfolgt nur bei schadhaften oder zu hoch gebauten Köpfen. Es ist dann besser, einen teilweise abgestorbenen oder

Abb. 108 Wasserschosse, die nicht für den Aufbau benötigt werden, sind stammnah zu entfernen.

zu hoch gebauten Kopf bis ins gesunde Stammholz komplett abzunehmen und neu aufzubauen als langwierige „Sägeoperationen“ im Kopfbereich durchzuführen, die weitaus größere Schnittflächen zur Folge haben.

In diesem Fall bleibt ein im Sommer tiefer am Stamm positionierter Wasserschoss stehen, auf den im Winter verjüngt wird. Die Stammschnittoperation erfolgt senkrecht zum Stamm mit etwa ein bis zwei Zentimeter Überstand zum Wasserschoss, da die Schnittwunde einige Millimeter tief eintrocknet (siehe Abb. 105). Ohne diesen Überstand am Stamm würden die Leitbahnen des Neuaufbaus möglicherweise beeinträchtigt werden. Damit die Wasserschossrute nicht mit der durchschießenden Säge verletzt wird, sollte der Sägeschnitt nicht vollständig erfolgen. Etwa ein halber Zentimeter Stammgewebe bleibt zunächst stehen. Das Altholzstück wird dann durch vorsichtiges Drehen, Umbiegen oder einen Schnitt von der Gegenseite mit der Rebschere abgenommen. Auch Sägeverletzungen am Körper lassen sich so verhindern.

Grundsätzlich werden alle Ausschläge, die unterhalb des Stammkopfes austreiben und für den Stammaufbau oder dessen Erneuerung nicht infrage kommen, beim Ausbrechen vollständig entfernt, um im Stammbereich im Winter keine unnötigen Schnittwunden zu verursachen. Müssen trotzdem noch „vergessene“ Stammtriebe im Winter entfernt werden, so sollten diese möglichst stammnah abgeschnitten werden. Wildes Holz am Stamm lässt sich auch leicht (mitsamt dem Astring) ausreißen oder mit dem Schuh abtreten, sodass zwar einmalig eine tiefere Wunde entsteht, die Astringaugen aber nicht mehr austreiben können. Das gilt vor allem bei Hochstammreben mit Unterlagenausschlägen am Stamm. Bei Grashorsten im Stammbereich sollte besonders auf verborgene Bodenausschläge geachtet werden, die ebenfalls stammnah zu entfernen sind, dies gilt umso mehr für Unterlagsausschläge, die für den Wuchs der Rebe abträglich sind, wenn sie ständig neu austreiben. Bei höherer Schneeauflage zum Rebschnitt erfolgt dies entweder beim Biegen oder spätestens beim Ausbrechen. Besonders bei der Sorte Silvaner bilden sich auf Dauer regelrechte Holzgeschwülste am Boden, wenn die Stammtriebe immer nur grob abgeschnitten werden. Hierbei kann auch ein angeschärfter Spaten oder ein Ausbrecheisen helfen, diese knolligen Auswüchse stammnah zu entfernen. Insbesondere wenn sich an mehrjährigen Auswüchsen bereits Edelreiswurzeln gebildet haben, steigt die Gefahr, dass sich dort Wurzelrebläuse etablieren können. Unterlagsausschläge fördern zudem die Blattreblaus.

Abb. 109 Die Ausschläge von wilden Gehölzen sollten beim Rebschnitt immer mit entfernt werden. Sonst können sich daraus innerhalb weniger Jahre stattliche Büsche bilden. Das gilt besonders bei herbizidfreier Bewirtschaftung.

Auch Gehölze, die sich bei dauerhaft herbizidfreier Bewirtschaftung direkt um die Reben oder Stickeln etablieren können, sollten im Zuge des Rebschnitts entfernt werden. Vor allem Efeu erweist sich als sehr hartnäckig und rankt an den Stämmen hoch. Mit der Klappsäge lassen sich die hochwachsenden Triebe der Schlingpflanze gut durchtrennen, wenn diese im Winkel sehr schräg (fast parallel zum Stamm) angesetzt wird. Das Efeu wird quasi abgeschabt, ohne die Rinde des Stammes nennenswert zu verletzen.

Abb. 110 Stark mit Efeu überwucherte Stämme sollten freigeschabt werden.

3.3 Anschnittstrategien und Auswahl der Ruten

Anfänger tun sich meistens schwer, wenn sie vor einer ungeschnittenen Rebe stehen und überlegen, welche Rute jetzt stehen bleiben soll und welche Hölzer entfernt werden müssen. Vielfach stehen am Rebstock unterschiedliche Anschnittmöglichkeiten zur Auswahl, die mehr oder weniger gleichwertig zu sehen sind. Mit zunehmender Schnitterfahrung sollte beim effizienten Arbeiten möglichst rasch erkannt und entschieden werden können, welche Anschnittrute infrage kommt und wo Ersatzholz belassen werden muss. Dies gilt vor allem, wenn die Fachkraft nur noch anschneidet und Aushilfskräfte das Ausheben erledigen.

Wer noch unerfahren ist, sollte die Reben vorerst immer komplett fertig schneiden. Hierzu können zunächst alle Teile abgeschnitten und aus dem Drahtrahmen entfernt werden, die als Fruchtholz (oder Zapfen) nicht infrage kommen. Neben den alten Bogreben sind das alle Hölzer, die zu kurz oder nicht stammnah genug gewachsen sind.

Nachdem so der überwiegende Teil des einjährigen Holzes entfernt wurde, besteht eine gute Übersicht über Position, Länge, Ausreife und Stärke der infrage kommenden Ruten. Nun lassen sich daraus leichter eine oder zwei geeignete Zielruten auswählen, die dann als Anschnittruten stehen bleiben. Ruten, die nicht benötigt werden, werden komplett entfernt oder kommen als Ersatzzapfen infrage. Auch eine Frostrute kann noch sicherheitshalber belassen werden. Zur Unterscheidung kann sie unabgelängt und ungeputzt, also einschließlich der verholzten Geiztriebe stehen bleiben. Die pflanzenbaulichen Vorteile dieser Vorgehensweise werden im Kapitel 1.4 (Apikaldominanz) näher erläutert.

Eine optimale Anschnittrute treibt aus einem im Vorjahr gut positionierten Zapfen- oder Astringauge. Auch eine basisnahe Rute an der vorjährigen Bogrebe erweist sich oftmals als günstig. Nach Möglichkeit sollte die Basis der ausgewählten Anschnittrute bereits in die spätere Biegerichtung zeigen. Dies gilt insbesondere für Ruten an höher gebauten Köpfen, die besonders bruchgefährdet sind. Beim Anschnitt einer Rute sollte ein Wechsel der Biegerichtung nach Möglichkeit vermieden werden, denn überkreuzte Bögen und Rutenlücken wirken sich negativ auf die Laubwandstruktur aus. Auch bei Verletzungen wie Hagel ist auf eine gute Biegefähigkeit zu achten.

Steht die Rute am Ansatz bauchartig in die Gasse, ist sie für den Anschnitt eher ungeeignet. Gegebenenfalls kann sie jedoch auf Astring geschnitten werden, wenn der Astring als mögliche Anschnittposition prinzipiell infrage käme.

Vielfach erweist sich eine höher stehende Rute an der alten Bogrebe als biegefreundlicher, da sie basal bereits in die beabsichtigte Biegerichtung zeigt. Um langfristig keine zu hohen Stämme aufzubauen, sollte in diesen Fällen unbedingt ein tiefer stehender Ersatzzapfen oder Astring belassen werden. Ist an dieser Stelle keiner vorhanden, so wird beim Ausbrechen darauf geachtet, dass ein geeigneter Wasserschoss stehen bleibt.

Dass günstig stehende Wasserschosse ebenfalls direkt als Anschnittruten verwendet werden können, wenn die Holzreife und -stärke ausreichend ist, wurde bereits im Kapitel 1.2.5 (Augenfruchtbarkeit) näher erläutert. Wird ein Wasserschoss als Zielrute angeschnitten, so sollte vorher überprüft werden, ob dieser auch fest am Stamm verwachsen ist. Durch eine gefühlvolle Zug- oder Drehprobe lässt sich dies gut feststellen. Des Öfteren sind diese wilden Triebe durch Windeinfluss, zu rasches Dickenwachstum oder unsanftes Ausbrechen an der Verwachsung zwar kaum sichtbar beschädigt und dennoch einseitig am Holz angewachsen. Sie eignen sich dann weder als Tragholz noch als Zapfen, reißen beim Biegen vielfach komplett aus oder kümmern beim Austrieb. Sind Wasserschosse dagegen fest am Holz angewachsen, können sie in aller Regel hervorragend gebogen werden (siehe Abb. 112).

Abb. 111 Ein wilder Trieb aus dem alten Holz (Wasserschoss) kommt als Rute in Frage, wenn er am Stamm gut positioniert ist. Dies gilt z. B. für die beiden rechten Triebe, der linke Schoss wächst hingegen sehr ungünstig abwärts aus dem Stamm.

Abb. 112 Vor einem geplanten Anschnitt sollte ein Wasserschoss auf eine gute Verwachsung am Stamm durch leichten Druck oder Zug geprüft werden. Sind sie nur teilweise angewachsen, so sind sie als Rute oder Zapfen nicht geeignet, ähnlich den rechten Trieben auf dem Bild.

Im Zweifel sollte die Erhaltung der Stockform in allen jüngeren Anlagen wichtiger sein als ein vorübergehender Mehrertrag. In Altanlagen, die kurz vor der Rodung stehen, ist die Wahrung einer mechanisierungsfreundlichen und übersichtlichen Stockform nicht mehr das vordergründige Kriterium beim Schnitt, vor allem wenn diese Reben bereits „verschnitten“ oder hochgebaut sind, wäre ein starker Rückschnitt nicht mehr lohnend. Hier wird es bis zur anstehenden Rodung sinnvoller sein, ertragsbetont und nicht formoptimiert zu schneiden. Zahmes Holz ist meistens besser verwachsen, hier sind es eher Schäden durch den Vollernter, der die Ruten an- oder abknicken lassen, die dann ebenfalls als Anschnittholz nicht mehr infrage kommen.

Abb. 113 Hier wurde kein Überstand an der Schnittwunde der Rutenbasis belassen. Das Leitgewebe zur Rute wird teilweise oder sogar ganz austrocknen. Daneben besteht eine erhöhte Bruchgefahr durch Ausriss der Wunde beim Biegen.

Werden Triebe aus dem Zapfen nicht als Anschnittruten benötigt, weil sie z. B. zu schwach ausgetrieben haben oder nicht günstig stehen, so sollten sie komplett mit dem Altzapfen stammnah entfernt werden. Es sollte demnach kein Ersatzzapfen auf einen schon bestehenden Zapfen geschnitten werden. Eine Ausnahme bildet das Schnittsystem des Sanften Rebschnitt, auf das ausführlich im Kapitel 3.9 eingegangen wird.

3.4 Überstände an der Basis der Rute und zum obersten Auge

Gerade bei frühem Schnitt ist es wichtig, einen kleinen Überstand bzw. Höcker als Wundschutz an der Rutenbasis zu belassen. Es bleibt somit ein kleiner Stummel der Altrute stehen. Steht die Rute hingegen auf einem einäugigen Zapfen oder Astring, liegt der Zapfenüberstand in der Regel schon vor, da das Ersatzholz des Vorjahres ja etwas über dem Auge abgelängt worden ist. Dieser Überstand von etwa einem halben Zentimeter dient dem Schutz der Leitbahnen und schützt vor eindringenden Frösten und Holzkrankheiten. Auf keinen Fall sollte die Holzbrücke des Auges, aus dem die Rute gewachsen ist, verletzt werden. Des Weiteren ist dieser Überstand auch von Vorteil, damit die Ruten beim Biegen nicht an der Basis einreißen. Insbesondere dann, wenn von der Schnittstelle weg gebogen wird und an der Schnittwunde eine Spannung entsteht (siehe Abb. 62 und 114).

Auch zum obersten Auge (Schnabelauge) sollte zum Schutz vor Eintrocknung etwa einen Zentimeter Überstand belassen werden. Wird hingegen das Schnabelauge bewusst geblendet oder ausgebrochen, so ist diese Schnittregel nicht relevant. Das letzte Nodium (Verdickung) dient dazu, dass die Rute nicht aus der Rutenbindung rutscht. Früher wurde vielfach empfohlen, die Rute schräg über dem Auge abzulängen, damit kein Blutungssaft über das Auge rinnt und das oberste Auge so Schaden nehmen kann. Derartige Ausfälle dadurch sind aber nach Einführung der gesetzlichen Hektarhöchstertragsregelung tolerierbar, wenn nicht gar erwünscht. Der sonst gebildete Schnabeltrieb treibt gar nicht aus.

Abb. 114 Die Austrocknung am Leitgewebe des frischen Querschnitts rechts (ohne Überstand im Vorjahr) lassen deutlich erkennen, wie sich ein Überstand auf die Leitbahnen positiv auswirkt.

Abb. 115 Bei der Schnitttechnik des Sanften Rebschnitt (Kapitel 3.9) werden bewusst längere Überstände belassen, die erst im Folgejahr soweit eingekürzt werden sollten, wenn die Eintrocknung erfolgt ist. Dies verhindert, dass einwachsende Holzpilze die Leitbahnen im Stamm rasch besiedeln.

3.5 Ablängen und Putzschnitte

Sind die Ruten ausgewählt, so werden sie nach Bemessung der Augenanzahl abgelängt. Bei einigermaßen einheitlicher Internodienlänge und Position am Stamm kann vielfach der Abstand des Rutenendes zum oberen Draht als Zielmaß der Rutenlänge herhalten. Eine Zählung der Augen erfolgt nur noch sporadisch an Einzelstöcken zur Überprüfung des Anschnittniveaus. Oft erfolgt ein endgültiges Ablängen erst nach

Abb. 116 Das oberste Auge (Schnabelauge) kann bereits beim Rebschnitt geblendet werden; das Nodium dient lediglich als Halt. Das spart das Einschlaufen der Schnabelrute beim Heften.

dem Biegen, wobei die überstehenden Augen unter dem Draht bis auf eines entfernt werden.

Dies ist grundsätzlich vorteilhaft, da die Ruten dann nicht zu kurz geschnitten werden. Zu kurze Ruten können nur noch als Flachstrecker angebunden werden. Vor allem bei weiten Biegedrahtabständen (traditioneller Pendelbogen) sollten die Ruten lang genug bemessen sein, sodass sie auch problemlos an den unteren Draht angebunden werden können.

Überzählige Augen werden nach dem Biegen entfernt. Alternativ kann auch das letzte Auge beim Putzen geblendet werden, das später den Schnabeltrieb ausbildet und somit nicht austreibt. Generell zu lang bemessene Ruten erweisen sich beim Biegen als unvorteilhaft, wenn die Rute zwischen die Biegedrähte hindurch geschlauft werden

Abb. 117 Das Ablängen überzähliger Augen kann auch noch nach dem Biegen bis zum Austrieb geschehen. Es sollte nicht mehr als ein Auge unter dem Draht belassen werden.

muss. Bei optimal bemessenen Ruten werden zudem unnötige Putzschnitte eingespart.

Ranken und Geiztriebe werden beim Putzen der Rute hinreichend entfernt, die Winteraugen dürfen dabei nicht beschädigt werden. Wichtig ist, basale Geiztriebaugen, die oft nahe am Winterauge der Rute stehen, mit zu entfernen, da diese sonst austreiben würden. Oft lässt sich der schwach verholzte Geiztrieb auch leicht mit dem (Handschuh-)Daumen von der Rute abknicken, ohne dass die Schere angesetzt wird. Besonders bei der Sorte Kerner mit starken Geiztriebansätzen lassen sich diese so einfacher entfernen als mit der Schere. Gleiches gilt für noch anhaftende Blattstiele an der Anschnittrute (siehe Abb. 119).

Rappen, die von der Vollernterlese stammen, sollten möglichst entfernt werden, da sie einen Nährboden für *Botrytis cinerea* darstellen. Bei Feuchtigkeit entwickelt sich der Pilz, der dann später auf junge Triebe, blühende Gescheine oder sich entwickelnde Beeren überspringen kann. Hin und wieder sieht man aber nach dem Biegen die alten Rappen noch an der Rute hängen, das sollte vermieden werden.

Kleinere weiche Ranken müssen nicht unbedingt von der Rute entfernt werden. Größere verholzte und starre Ranken können beim Biegen stören, weil sich die Ruten beim Biegevorgang gerne am Draht verhaken. Diese sollten möglichst abgeschnitten werden. Außerdem kann der Austrieb des gegenüberliegenden Auges beeinträchtigt werden, wenn sich die Ranke um den Trieb klammert. Weiterhin ist das Ausbrechen von Doppeltrieben an der Bogrebe erschwert, wenn die Ruten schlecht geputzt wurden. Wie exakt und sauber die Putzschnitte durchgeführt werden, ist nicht zuletzt auch

Abb. 118 Vor allem bei Kerner bleiben oft Blattstiele bis über den Winter hängen. Zur Vermeidung von Grauschimmel- oder *Phomopsis*-Infektionen sollten sie beim Rebschnitt entfernt werden. Das gilt auch für die Rappen.

eine Frage der Arbeitswirtschaft und Ästhetik. Ein gesunder Mittelweg sollte hier das richtige Maß und Ziel sein.

Putzschnitte sind körperlich weniger belastend und dienen als willkommener Ausgleich, wenn manuell komplett fertig geschnitten wird. Mit etwas Übung lassen sie sich auch gut mit der Gegenhand ausführen, also bei Rechtshändern mit links und umgekehrt. Die Schere sollte beim Schneidevorgang stets so angewinkelt oder seitlich gedreht werden, dass die Auswüchse sauber im rechten Winkel entfernt werden können, ohne dass die Augen dabei verletzt werden oder sich die Schere im Holz verklemmen kann.

Abb. 119 Unsauberes Putzen sorgt später beim Ausbrechen für Mehrarbeit. Hier bei Schwarzriesling, der gerne zu Mehrfachaustrieben an belassenen Geiztriebaugen neigt.

Abb. 120 Auch kleinere verholzte Triebe, die beim Rebschnitt gerne übersehen werden, treiben aus und sorgen für Mehrarbeit beim Ausbrechen.

Sauber schneiden bedeutet, Putzschnitte auch am Kopf und Stamm durchzuführen!

Nicht nur an der Rute sind Putzschnitte notwendig, auch am Kopf sollten diese durchgeführt werden. So werden abgestorbene Zapfen komplett entfernt. Auch schwache, verholzte Triebe (z. B. Wasserschosse) sollten möglichst sauber abgeschnitten werden, da sie sonst austreiben und für unnötige Verdichtungen sorgen. Besonders an Stellen, wo man mit der Schere schlecht hinkommt, etwa direkt am Pflanzstab oder Stickel, an Stammgabelungen sowie auf der Rückseite des Stammes, bleiben notgedrungen Stummel zurück, die immer wieder austreiben. Diese Stummel stellen somit ungeplante Zapfen dar, sie erhöhen den Ausbrechaufwand und sorgen beim Austrieb für Triebverdichtungen und unübersichtliche Köpfe. *Phomopsis* kann dort gut überdauern und breitet sich unter günstigen Bedingungen weiter aus.

Totholz im Kopfbereich stellt kein Altholz im Sinne einer Reservestoffspeicherung dar. Daher sollten abgestorbene abstehende Stammteile (z. B. durch Stammpilze oder Fröste verursacht) entfernt werden. Baut sich auf Dauer durch unsauberen Rückschnitt viel Totholz am Kopf auf, können austriebsfähige Augen am mehrjährigen Holz behindert oder ganz unterdrückt werden. Aus Gründen der Wundvermeidung deshalb gar nicht mehr zur Säge greifen zu wollen, wäre sicherlich ebenso kontrapro-

Abb. 121 Aufgebautes Totholz sollte entfernt werden. Es behindert sonst den Austrieb am Stamm und stört beim Ausbrechen und Stammanbinden. Auch wenn wie hier, die Stammbindung dann erneuert werden muss.

Abb. 122 Bevor Metallstäbe in Stamm und Wurzelzone einwachsen, sollten sie entfernt werden. Der Stamm kann dann dauerhaft am Draht mit dehnbarem Bindematerial befestigt werden.

duktiv wie übermäßig viele und tiefe Schnittwunden zu verursachen, die als Eintrittspforte für stammschädigende Pilze dienen.

Als Barriere gegen eindringende Stammpilze reicht beim Rückschnitt mehrjährigen Holzes ein Überstand aus. Zapfen/Astringe werden je nach Bedarf (Sortenabhängigkeit, Notwendigkeit der Stockverjüngung) belassen. Dort wo sich ein Wasserschoss nicht als Zapfen eignet, wird er stammnah entfernt. Zudem sollte beim Ausbrechen stets eine Schere mitgeführt werden, um übersehenes Holz oder überzählige Zapfen noch entfernen zu können. So wird einem unnötigen Totholzaufbau und starkem Triebausschlag im Stammbereich wirksam und nachhaltig vorgebeugt.

Es hat sich bei der Halbbogenerziehung bewährt, wenn ab etwa dem 5. Standjahr die Pflanzstäbe entfernt werden, sodass sie beim Rebschnitt nicht mehr in die Quere kommen können. Metallene Stäbe lassen sich wieder verwenden, außerdem wachsen sie bei frühzeitiger Entfernung nicht in den Kopf- und Wurzelbereich ein. Auch Holz- und Bambusstäbe sollten entfernt werden. Letztere werden im Normalfall nicht wieder verwendet und können mit dem Rebholz kleingehäckselt werden. Nachdem der Stab entfernt wurde, wird der Stamm mit dehnbarem Bindematerial dauerhaft am Stammhaltedraht befestigt.

Abb. 123 Hier wurde in frühen Jahren der junge Stamm mehrfach um den Pflanzstab gewickelt. Folge war, dass der Stamm sich komplett mit dem Stab verwachsen hat und eine Trennung später unmöglich ist.

3.6 Rebholz manuell ausheben und ablegen

In der Regel wird heute das Schnittholz noch manuell, vielfach von Aushilfskräften, aus dem Drahtrahmen gezogen. Bei dieser körperlich recht anstrengenden Arbeit kann die richtige Schnitttechnik Kraft und Zeit sparen helfen. Das Ablegen des unteren Heftdrahtpaars und das Entranken oder Freischneiden der oberen Drähte erleichtert diese Arbeit ganz erheblich, da sowohl Anrankungen an den Drähten als auch die Drähte selbst nicht mehr stören. Das verbleibende Holz kann dann einfach und in ganzer Länge herausgezogen werden. Bei Sorten mit starken Ranken (Riesling) und

Abb. 124 Fest am Draht verwachsene Ranken müssen mit der Schere durchgetrennt werden. Dies ist vor allem bei einzelnen Rankdrähten der Fall. Variable Doppeldrähte verranken weniger. Werden diese im Laufe der Vegetation höher gesetzt, so reißen junge grüne Ranken dabei ab. Zudem lässt können die Ranken maschinell durch den Entranker vom Draht gelöst werden.

Einzeldrähten (Rankdrähten), wie sie regional in älteren Anlagen noch häufiger verbreitet sind, ist es vielfach einfacher, das Rebholz an den Ranken abzuschneiden als zu reißen. Gerade bei älteren Holzpfählen mit locker gewordenen Krampen/Drahthaften und verrosteten Drähten werden durch diese Vorgehensweise Schäden an der Drahtanlage minimiert.

Es sollten nach Möglichkeit mehrere zu entfernende Ruten zuerst mit der Hand zusammengerafft und das Holz und die Ranken gleichzeitig mit der Schere durchtrennt werden. So lässt sich das Schnittholz büschelweise aus dem Drahtrahmen heben und Schnitte werden eingespart (siehe Abb. 126).

Meist wird das Schnittholz zweier Rebzeilen in eine Gasse gelegt. Bei alternierendem Bodenpflegesystem mit Wintereinsaaten wird das Holz in die dauerbegrünte Gasse abgelegt, um eingesäte Winterbegrünungen zu schonen. Das Häckseln mit dem Schlegelmulcher kann im Winter gleich nach dem Rebschnitt oder im Frühjahr mit

Abb. 125 Stark rankende Sorten erfordern mehr Schnitte und Kraftaufwand beim Ausheben des Rebholzes, was sich letztlich auf die Arbeitszeit auswirkt. Ein Entranker löst zwar die Ranken am Draht, an der Zielrute müssen diese aber noch durch Putzschnitte entfernt werden.

Abb. 126 Eine rationelle, überlegte Schnitttechnik spart Zeit und Kraft. Mehrere Ruten können beim Ausheben zusammengerafft und mit einem Schnitt durchtrennt werden, das gilt auch beim Durchtrennen von Ranken.

dem ersten Mulchdurchgang zusammen erfolgen. Seltener als früher wird heute das Schnittholz in die offenen Gänge eingefräst. Die freigehaltenen Gassen ermöglichen Reparaturen im Drahtrahmen, das Biegen und das Abhängen mit Pheromon-Ampullen, wenn erst später gehäckselt wird. Je nach Breite des Mulchgerätes muss das Schnittholz entsprechend schmal abgelegt werden. Dickes Holz und abgetrennte Stämme werden, soweit sie nicht gehäckselt werden können, separat aus der Anlage geschafft. Abhängig von der Bodenpflege des Unterstockstreifens muss darauf geachtet werden, dass dort möglichst kein Schnittholz zu liegen kommt. Vor allem beim Einsatz von Flachscharen stört liegen gebliebenes Rebholz. Werden Herbizide oder Scheiben eingesetzt, ist das weniger der Fall.

Abb. 127 Sauber abgelegtes Schnittgut schafft optimale Arbeitsbedingungen beim Häckseln.

3.7 Rebschnitt bei zu hohem Stamm, was tun?

In älteren Weinbergen der Sorten Portugieser, Dornfelder, Müller-Thurgau und Kerner, die sich schlecht über Wasserschosse regenerieren können, zeigen sich häufig hochgebaute Reben. Überhohe Stämme bereiten sowohl beim Biegen als auch bei den nachfolgenden Stockarbeiten erhebliche Schwierig-

Abb. 128 Einzelne hochgebaute Stöcke stören nicht nur optisch in der Zeile, sie sind ein Hindernis im Arbeitsablauf. Besonders Portugieser neigt zum Hochbauen.

Abb. 129 Oftmals sind Stammschäden die Ursache, dass sich keine Wasserschosse auf günstiger Höhe mehr ausbilden. Sie können von früheren Frostschäden herrühren. Auch mechanische Verletzungen oder holzzerstörende Pilze im Stamm können der Grund sein.

keiten. Aus Vorsicht vor erhöhter Bruchgefahr werden die Bogreben teilweise weit über den Biegedraht hinaus angebunden oder gar an die Heftdrähte befestigt (siehe Abb. 176). Dies führt wiederum bei Ausbrech- und Heftarbeiten zu Schwierigkeiten, so ist z. B. kein Ablegen der Heftdrähte mehr möglich. In bald zur Rodung anstehenden Anlagen kann man durch unkonventionelles Biegen kurzfristig darüber hinwegsehen. In rationell zu bewirtschaftenden Weinbergen hat eine regelmäßige Stockform jedoch langfristig große Auswirkungen auf den Zeitaufwand, die Arbeitsqualität, die Ergonomie und nicht zuletzt auch auf die Traubenqualität.

Gerade nach Hagelereignissen, starkem Windbruch, Frostschäden oder massivem *Phomopsis*befall ist die Gefahr des Hochbauens gegeben. Falls die Schnittform vorübergehend gewechselt werden muss (z. B. Zapfenschnitt bei Hagel), sollte im Folgejahr sehr darauf geachtet werden, dass sich der Stamm nicht übermäßig hochbaut und die Stockform erhalten bleibt oder wiederhergestellt wird.

Des Weiteren kann auch ein zu schwacher Wuchs, oft in Verbindung mit Trockenschäden oder Ertragsüberlastung in den Vorjahren, die Ursache dafür sein, dass sich kaum noch geeignetes Anschnittholz an der Basis bildet.

Nicht nur in den deutschen Anbaugebieten werden Holzpilzerkrankungen zunehmend zum Problem. Die Thematik hat im gesamten europäischen Ausland an Bedeutung gewonnen und führt zu hohen wirtschaftlichen Schäden. Als mechanische Sanierungsmethode hat sich insbesondere im deutschen Weinbau die Stammerneuerung durchgesetzt, die mit unterschiedlichem Erfolg praktiziert wird (siehe Kapitel 1.6.1). Da auf junge und gesunde Stammtriebe aufgebaut wird, muss die erkrankte Rebe an der Stammbasis jedoch noch austriebsfähig sein. Die Triebe sollten möglichst vital und kräftig wachsen, sodass daraus ein neuer gesunder Stamm aufgebaut werden kann. Falls die Vermorschung aber schon zu weit vorangeschritten ist, kommt es später wieder zum Kollaps der Reben. Erfahrungen und Untersuchungen zeigen, dass die Austriebsbereitschaft mit zunehmendem Alter der Stämme zurückgeht. Das gilt auch für Sorten, die allgemein eine hohe Austriebsrate an wilden Trieben (Wasserschosse) besitzen. Bekannt für viele Stammausschläge in jungen Jahren sind die Sorten Silvaner, Burgundersorten, Morio-Muskat, Muskateller, Schwarzriesling und Chardonnay.

Ab dem 15. bis 20. Standjahr geht die Wasserschossbildung allgemein zunehmend zurück, was aus Sicht der Ausbrecharbeiten durchaus zu begrüßen ist, denn wo weniger treibt, ist auch weniger zu entfernen. Aus Sicht der Stammerneuerung ist aber ein zuverlässiger und kräftiger Austrieb am Altholz notwendig. Bleibt er aus oder ist er schwachwüchsig, so funktioniert diese Methode nicht und die erkrankten, auf Stammbasis abgesetzten Stöcke sterben ganz ab. Rebsorten wie zum Beispiel Portugieser, Kerner oder Müller-Thurgau, die bereits in jungen Jahren genetisch wenige Stammtriebe ausbilden, zeigen im Alter, in dem Stammpilzerkrankungen zum Problem werden, oft gar keine Austriebsbereitschaft mehr. Das gilt für bereits geschwächte Reben in besonderem Maße. Spezielle Maßnahmen, um den Austrieb der „schlafenden Augen“ durch Schnitte oder aufgetragene Mittel von außen anzuregen, zeigen leider keinen Erfolg. Lediglich eine Steigerung der Wuchskraft durch sehr kurzen Anschnitt (Unterlastung der Rebe) und/oder bessere Nährstoffversorgung durch entsprechende Bodenpflegemaßnahmen können hier hilfreich sein. Neben wassersparenden Bodenpflegemaßnahmen (Begrünung stören oder sie zeitweise umbrechen) bietet ein stark reduzierter Anschnitt solcher Stöcke eine Möglichkeit, dass die Triebbildung wieder angeregt wird.

Abb. 130 Vielfach lassen sich geschädigte Stämme durch basale Stammtriebe wieder neu und dauerhaft aufbauen. Ein stabiles Pflanzrohr ist eine wertvolle Hilfe. Es ersetzt das Aufbinden und bietet dem Trieb Schutz und Halt.

Daher ist eine ausgeglichene Wuchskraft auch für die Formerhaltung der Rebe von hohem Belang. Zumindest besteht eine Wirkung, dass sich die austreibenden Schosse deutlich kräftigen. Ein früheres und regelmäßiges Absetzen des Stammes und das regelmäßige Belassen eines Ersatzstammes, wie es früher bei mehrstämmigen (Pfahl)Erziehungen häufiger gemacht wurde, hält die Reben länger vital und sorgt für mehr Neuaustriebe, da gleichfalls junges Holz an der Basis belassen wird. So wurde auch, um Winterfrostschäden abzumildern, bei manchen Sorten regelmäßig „Frostzapfen“ an der Stammbasis belassen. Der Effekt ist in etwa vergleichbar, wenn über Jahre unsauber ausgebrochen wird und vorhandene Stammtriebe stets auf Stummel abgeschnit-

Abb. 131 Vor der Mechanisierung war es im Weinbau üblich, dass regelmäßig neue Stammtriebe zum bestehenden Stamm aufgezogen wurden. Vielfach wurden die Stöcke dann mehrstämmig erzogen. Diese Vorgehensweise ist heute nicht mehr wirtschaftlich.

ten werden. Aus diesen Ansätzen können regelmäßig junge Triebe austreiben.

Vom Standpunkt der Mechanisierung und Stockpflege ist diese Vorgehensweise aber heute nicht mehr praktikabel. Im Unterstockbereich wuchernde Triebe stellen nicht nur ein Störpotenzial bei der Bearbeitung dar, sie bergen auch ein hohes Infektionsrisiko für Krankheiten oder Schädlinge, da sie nicht geschützt werden.

3.7.1 Hochgebaute Stämme fachgerecht verjüngen

Vielfach stellt sich die Frage, wie man vorgeht, wenn einzelne Stämme in der Anlage bereits weit in den Heftdrahtbereich hineinragen und sich überhaupt keine Wasserschosse auf geeigneter Höhe mehr ausbilden.

Solche Stämme haben oft Schädigungen an Leitungsbahnen, die z. B. von früheren Frostschäden oder mechanischen Verletzungen herrühren. Daher ist die Ausbildung von Wasserschossen häufig nicht mehr gegeben. In diesen Fällen wäre ein Stammneuaufbau über Bodentriebe eine Möglichkeit, den Stamm zu sanieren.

Dies hat meist auch einen Vitalisierungseffekt zur Folge, weil die neuen Leitbahnen voll funktionsfähig sind. Zur besseren Ausbildung der Bodentriebe kann statt einer normallangen Anschnittrute ein kurzer Strecker angeschnitten werden. So werden die Triebkraft und die Austriebsbereitschaft an der Stammbasis erhöht. Zur weiteren Unterstützung der Wasserschossbildung kann auch der alte Stamm auf Höhe des Biegedrahtes zu etwa zwei Drittel durchgesägt werden. Durch die Trennung von Leitungsbahnen ist die Austriebswahrscheinlichkeit unterhalb des Einschnittes erhöht, sodass sich auf geeigneter Höhe möglicherweise doch ein Trieb bildet. Nur ein oberflächliches Aufritzen der Rinde an dieser Stelle bewirkt hingegen keinen Neutrieb, wie Versuche aufgezeigt haben. Im Gegenteil, es werden die vorhandenen schlafenden Augen eher noch mechanisch geschädigt.

Junge Bodentriebe sollten mittels Pflanzrohr vor Herbiziden oder mechanischer Beschädigung geschützt werden. Wird auf einen Schutz verzichtet, so ist es ratsam, die basalen Blätter an den Stammtrieben, die zum Aufbau belassen werden, komplett zu entfernen. Treiben mehrere Basistriebe, so sollten zunächst 3 bis 4 belassen werden, um das Dickenwachstum der Triebe zu bremsen. Bereits im nachfolgenden Jahr können die Triebe als vollwertiger Stamm mit verlängerter Rute angeschnitten werden. Beim Rebschnitt werden zwei verholzte und vollständige Triebe als neue Stämme aufgezogen, später kann der Stock wieder auf einen Stamm zurück genommen werden oder man belässt den Stock zweistämmig. Dies bietet sich bei älteren Reben an, um sie vital zu halten. Der alte Stamm wird erst ein Jahr nach dem Neuaufbau mit etwas Überstand abgesägt, er dient zuvor noch der Stabilisierung des nachgezogenen Stammes, ohne nochmals auszutreiben (Austriebe daher ausbrechen). Der Stock ist somit schrittweise neu aufgebaut.

Eine ziemlich radikale Möglichkeit der Stammverjüngung stellt die Methode dar, den hochgebauten Stamm auf Höhe des Biegedrahtes abzusägen, ohne dass einjähriges Tragholz belassen wird. So ist die Rebe gezwungen, sich aus dem Altholz über Adventivaugen zu regenerieren, um nach diesem Rückschnitt zu überleben. Der Austrieb geschieht in der Regel in Bodennähe direkt aus der Veredlung, seltener auf halber Höhe am Stamm. Meist treiben sehr mastige Triebe an der Basis aus, die extrem bruchgefährdet sind und unbedingt vor Bruch geschützt werden müssen (Pflanzrohr, Stütze durch Pflanzstab).

Oftmals kann diese radikale Rückschnittmaßnahme auch dazu führen, dass sich überhaupt keine Triebe mehr bilden, der Stock stirbt gänzlich ab. Dies geschieht häufiger auch nach Stammrücknahmen bei Stammpilzerkrankungen (Esca, Eutypa) oder bei der Schwarzholzkrankheit (eine Erkrankung durch zellwandlose Bakterien, (siehe Kapitel 1.6.1). Treiben diese Stöcke nicht mehr aus, bleibt nur noch eine Nachpflanzung, um die Lücke zu schließen. Auch der einjährige komplette Ertragsverlust dieser „radikalen Verjüngungsmaßnahme“ sollte einkalkuliert werden. Daher ist sie nur als „Notoperation“ zu verstehen, wenn andere Maßnahmen nicht mehr helfen und die Reben doch verjüngt werden sollen.

Bei Reben mit zwar hochgebauten, aber gesunden Stämmen ist ein vollständiger Neuaufbau in der Regel nicht notwendig. Es ist vielmehr dafür Sorge zu tragen, dass Triebe an geeigneter Stelle austreiben. So sollten gesunde Wasserschosse beim Ausbrechen geschont werden. Bei Bedarf können auch etwas zu tief stehende Triebe verwendet werden. Sehr markige und windbruchempfindliche grüne Triebe, die zur Verjüngung geeignet sind, aber voraussichtlich nicht ohne Schaden aufgebunden werden können, sollten unmittelbar nach dem Austrieb zunächst auf zwei bis drei Blätter entspitzt werden. Dieser gekappte Trieb wird sich dann mehrfach verzweigen. Einer dieser neuen Geiztriebe dient als zukünftige Stammverjüngung und stellt gleichzeitig eine gut biegbare Bogrebe auf günstiger Höhe dar. Wird so konsequent an der Formerhaltung gearbeitet, können auch stark „verschnittene“ Reben nach zwei bis drei Jahren wieder optimal in Form gebracht werden und hochgebaute Reben sollten langfristig kein Problem mehr darstellen (siehe auch Kapitel 3.7.4 Curettage-Verfahren).

3.7.2 Ersatzzapfen in der Praxis: Länge, Anzahl und Position

Vielfach werden wegen der drohenden Gefahr des Hochbauens schon bei sehr jungen Reben, meist aus „Übervorsichtigkeit“, zu viele Zapfen im Kopfbereich belassen. Diese Vorgehensweise hat aber negative Folgen für den Stockaufbau, da die sich bildenden Triebbüschel rasch zu Verdichtungszonen führen. Wird nicht oder zu spät am Kopf ausgebrochen, verkümmern in der Praxis viele Triebe. Zu dicht stehende Triebe leiden unter schlechter Belichtung und mangelnder Abtrocknung. Als Folge führen Pilzkrankheiten, besonders *Phomopsis*, zu Au-

Abb. 132 Zu viele (und unnötige) Zapfen bedeuten keineswegs, dass sich günstige und starke Ruten bilden. Verdichtungen und *Phomopsis* bedingen eher das Gegenteil. Wird nicht ausgebrochen, so muss spätestens beim nächsten Rebschnitt nachgearbeitet werden (siehe auch Kapitel 3.10).

Abb. 133 Zu lange Zapfen sind ungünstig zur Gewinnung stammnaher Anschnittruten.

gen- und Triebschäden, was wiederum die Verkahlung an der Basis fördert bzw. zum verstärkten Rutenbruch beim Biegen dieser vorgeschädigten Bereiche führt.

Daher sollten auch bei Problemsorten wie Portugieser oder Müller-Thurgau keinesfalls zu viele oder zu lange Ersatzzapfen angeschnitten werden. Gerade bei zwei- und dreiäugigen Zapfen entwickelt sich meist das obere Auge zu einer kräftigen Rute, die Basisaugen ergeben aber nur kümmerliche Triebe. Die für den Stockaufbau

Abb. 134 Dieser Dornfelderstock zeigt sehr typisch Befall durch *Phomopsis* („dead-arm desease"). Am Altholz zeigt sich kein Austrieb. Die Bogrebe wurde dadurch schrittweise verlängert angeschnitten.

Abb. 135 *Phomopsis*-krankes Holz sollte möglichst ganz entfernt werden; es ist als Zapfen ungeeignet.

wertvolleren Ruten sind jedoch stets die stammnahen Triebe, also Triebe aus dem Achselauge oder dem ersten sichtbaren Auge.

Werden generell nur einäugige Ersatzzapfen angeschnitten, besteht zwar die Gefahr, dass das Auge manchmal ausbleibt oder der Trieb ausbricht, jedoch sind die sich bildenden Triebe stets optimal als Anschnittruten zu gebrauchen. Daher empfiehlt es sich, nur maximal zweiäugige Ersatzzapfen anzuschneiden, die gut positioniert sind und deren Triebe genügend Platz zur Entwicklung haben. Lediglich wenn auf halber Höhe des alten Stammes mittels eines kurzen Wasserschosses ein neuer Stammabschnitt gezogen werden soll, sollte zur Sicherstellung des Austriebs und Vermeidung von Windbruch anstelle eines kurzen Zapfens besser ein kleiner Strecker mit 4 bis 5 Augen angeschnitten werden. Dieser kann bereits mit elastischem Band am alten Stamm fixiert werden.

Auf die Besonderheiten der Ersatzzapfen bei der Methodik des Sanften Rebschnitts wird ausführlich in Kapitel 3.9. eingegangen.

Abb. 136 Müller-Thurgau ist sehr empfindlich gegen *Phomopsis*. Bei starkem Befall scheidet ein Zapfenschnitt vollkommen aus. In diesem Fall wäre eine Bekämpfung dringend ratsam.

3.7.3 Aufgebaute Stämme und *Phomopsis*-Befall

Wie die englischsprachige Bezeichnung „dead-arm disease“, zu Deutsch „abgestorbene lange Rebarme“, der Pilzkrankheit *Phomopsis* schon aussagt, ist *Phomopsis*-Befall am Holz vielfach die chronische Ursache einer Verkahlung (siehe Abb. 134).

Geschädigte Ersatzzapfen treiben entweder gar nicht aus oder die Triebe verkümmern und sind dann als Anschnittholz ungeeignet. Geschädigtes Holz ist leicht an den schwärzlichen, schiffchenförmigen Aufreißungen und an der Weißrutigkeit zu erkennen. Besonders die anfällige Sorte Müller-Thurgau ist manchmal so stark befallen, dass die Weißrutigkeit schon von Weitem sichtbar ist.

Wird beim Rebschnitt befallenes Holz im Kopfbereich belassen, so kann sich *Phomopsis* jahrelang an dieser Stelle etablieren und immer wieder junge Blätter und Triebe infizieren. Ein sauberer Schnitt bedeutet in diesem Fall, dass am Kopf auch Totholz (ausgebliebene Zapfen, vertrocknete Rappen etc.) und Kümmerholz (feine Verästelungen) sauber entfernt werden. Eventuell bilden sich dann wieder Wasserschosse aus den schlafenden Augen. Diese sollten an der Basis gesund gehalten werden, damit sie als Ersatzzapfen oder Fruchtruten zur Formerhaltung des Stockes beitragen können.

Ist ein *Phomopsis*-Befall (Weißrutigkeit, schiffchenförmige Aufreißungen) vorhanden, sind bei drohenden Befallsbedingungen (vor angekündigten Niederschlägen, in Nässephasen beim Austrieb, bei verzögerter Triebentwicklung durch kühle Temperaturen) vorbeugende Austriebsspritzungen vorzunehmen. Gründliches und rechtzeitiges Ausbrechen fördert die Abtrocknung und sorgt für frühes und kräftiges Wachstum der Zielruten. In Problemanlagen und bei Problemsorten sollte bei anstehenden Spritzungen im Vorblütebereich gegen *Peronospora* auch auf eine (Neben-)Wirkung gegen *Phomopsis* geachtet werden.

3.7.4 Stammsanierung durch Ausschaben und Aussägen mit der Motorsäge

Während in Deutschland die Umtriebszeit der Weinberge allgemein eher kurz ist, auch wenn sie in den letzten Jahren von 25 Jahren auf 35 und mehr Standjahren angestiegen ist, werden in den südlicheren Weinbauländern die Weinberge bis zur Neubestockung in der Regel deutlich länger bewirtschaftet. Aufgrund von leichten und steinigen Böden und geringen Niederschlägen und fehlender Bewässerungsmöglichkeiten ist Sommertrockenheit ein bestimmender Ertragsfaktor.

Besonders junge Reben leiden darunter stark, sodass es oft mehrere Jahre dauert, bis die nachgepflanzten Reben im Ertrag stehen. Da älteren Reben und kräftigen Stämmen ein hohes Qualitätspotenzial beigemessen wird, wird versucht, einen etablierten Stamm möglichst lange vital zu halten. Hier hat sich seit mehreren Jahren deshalb eine Methode entwickelt, die in Deutschland bisher nahezu unbekannt ist und vielleicht von dem einen oder anderen Leser belächelt wird: Das sorgfältige Aushöhlen oder Aussägen der erkrankten Bereiche im Holz. Ob Arbeitsaufwand und Erfolg und Kosten die Methodik rechtfertigen, sei einmal dahin gestellt.

Kranke Stämme mit der Akku-Motorsäge aushöhlen: Die Methode nennt sich dort **Curettage** (Ausschabung oder Auskratzung), der deutsche Fachbegriff hierzu lautet übersetzt „Kürettage“ und stammt aus

Abb. 137 Vorsichtiges Aussägen eines Stammes mit der Akku-Motorkettensäge.

der Zahlheilkunde. Ähnlich einem bösartigen Geschwür werden die pilzbefallenen Stammbereiche mechanisch abgetragen und dabei die kranken Rebstämme innerlich ausgehöhlt. Dafür müssen zuerst seitliche Schnitte gesetzt werden, und zwar an Bereichen, die bereits abgestorben sind oder die nur noch wenig lebendes Rindengewebe aus Phloem und Kambium aufweisen. Unversehrtes Rindengewebe hält die Reben am Leben. Wichtig ist daher, die noch gesunden Rindenbereiche zu schonen, denn dort läuft die Zellteilung ab und dort liegen die Leitbahnen für die Nährstoffversorgung. Wird zu viel intaktes Rindengewebe verletzt, ist die lebensnotwendige Versorgung der Reben nicht mehr gewährleistet und der Stock stirbt ab. Der innere Stammbereich ist meist bereits vermorscht und hat allenfalls noch Stützfunktion.

Ähnlich einem Entzündungsherd werden nun vorsichtig die pilzbehafteten Zonen durch Fräßschnitte mit der (Akku-)Motorsäge entfernt. Ziel ist es, den Stamm mög-

Abb. 138 Die Methode der Stammsanierung durch Aussägen, „Curettage“, wird seit einigen Jahren vor allem im Ausland erfolgreich praktiziert – wie hier an der Loire.

lichst frei von aktivem Pilzbefall (vergleichbar mit einem Entzündungsherd) zu bekommen. Neben der direkten Bekämpfung der Schaderreger werden die Lebensbedingungen des Pilzes verschlechtert, indem die ausgeschabten Stellen zukünftig gut austrocknen. Somit wird die Wunde in der Regel auch nicht versiegelt. Entscheidend ist aber, dass der Pilz ganz aus dem Stammgewebe entfernt wird und kein „Entzündungsherd“ mehr darstellt. Bereits bei Befall existiert ein Abgrenzungsgewebe zwischen dem Befallsbereich und den noch intakten Leitbahnen im Holz.

Regenwasser darf sich nicht in neu geschaffenen Hohlräumen ansammeln, es muss ablaufen können, darauf wird bei der Bearbeitung geachtet. Zwar wird die Stabilität und Standfestigkeit des Stammes durch diese Maßnahme gemindert und es entstehen große Wunden. Trotzdem überwiegen offenbar die Vorteile für die Rebe und gegen den Pilz. Wie aus mehreren Jahre alten Behandlungen zu erkennen ist, trocknen die Wunden trotz der enormen Wundfläche (besonders wenn man die innere Oberfläche nach der Bearbeitung im Vergleich zu einer üblichen Säge-Schnittwunde betrachtet) aus und die Reben gesunden zu einem großen Teil, zumindest über einige Jahre. Dies zeigt sich durch neues Dickenwachstum und Leitbahnen an den intakten Stammbereichen. Der ausgeschaltete Erreger kann sich nicht weiter ausbreiten.

Das Schadbild der akuten Erkrankung äußert sich im Tigerstreifenmuster, den „Black Measles“ (Schwarzen Masern) auf den Beeren, und in teilweise trockenen, abgestorbenen Trieben. Erfolgreich behandelte Reben zeigen dieses Befallsmuster nicht mehr (siehe Kapitel 1.6.1). Professionelle Anwender berichten, dass pro Tag etwa 100 Reben von einer Person so saniert werden können. Geschick beim sorgsamen Umgang mit der Motorsäge muss die ausführende Person aber haben. Es ist durchaus vorstellbar, dass diese Methodik zum Schutz alter Rebstämme in Verbindung mit besonders wertvollem Rebsatz eine wirtschaftliche Bedeutung erlangen kann.

In vitalen Anlagen mit Stockausfall ist eine regelmäßige Nachpflanzung aber die wohl langfristig wirkungsvollste Möglichkeit.

3.8 Bilder und Beschreibungen zu häufig gemachten Fehlern und zu positiven Beispielen beim Anschnitt und Stockaufbau

Abb. 139 Ein neuer Stamm sollte möglichst nicht in mehreren Abschnitten aufgebaut bzw. abgesetzt werden. Erfolgt dies in Etappen, so hat dies unnötige Schnittwunden zur Folge.

Abb. 140 Durch Neuaufbau eines Stamms mithilfe eines gesunden Bodentriebs kann der Rebstock wieder seine ursprünglichen Vitalität erlangen. Dies kann bei noch intakten Reben parallel zum Altstamm auch vorbeugend geschehen.

Abb. 141 Zapfen unterhalb des Drahtes sind ein Hindernis bei Mechanisierung und Stockaufbau. Nur in Ausnahmefällen dienen sie der Verjüngung oder Erneuerung. Zudem sollten nicht mehr benötigte Pflanzpfähle entfernt werden.

Abb. 142 Eine dauerhafte Stammbindung sollte nicht durch ständige Verjüngungsschnitte unterhalb des Drahts unbrauchbar werden. Dieser Rebenaufbau ist sehr arbeitsintensiv.

Abb. 143 Möglichst keine seitlich abstehenden und krummen „Kleiderhaken“ als Zapfen anschneiden, diese können auf Astring gekürzt werden. Eine Ausnahme der Regel gilt beim Sanften Rebschnitt.

Abb. 144 Dieser *Phomopsis*-kranke Zapfen ist außerdem zu lang und hat keinen Wundüberstand. Er ist zum Anschnitt daher sehr ungeeignet.

Abb. 145 Tiefe ausgerissene Wunden sind an jungen Stämmen zu vermeiden. Oft ist stumpfes Schnittwerkzeug oder schlechte Schnittführung die Ursache.

Abb. 146 Dort wo kein Austrieb stattfinden soll, ist das einjährige Holz stammnah abzuschneiden. Die rötlichen Pocken rühren von Blattgallmilben (Pockenmilbe), siehe auch Kapitel 1.6.2.

Abb. 147 Zapfen und Rute sollten sich nicht kreuzen.

Abb. 148 Alte Köpfe sterben durch langjährige Schnittwunden oft von oben her ab. Dann wird eine Verjüngung oder ein Neuaufbau des Stammes erforderlich (Fahrstuhlprinzip). Bei der Methodik des Sanften Rebschnitts werden solche Wundenmassaker vermieden.

Abb. 149 Werden Wasserschosse bereits im grünen Zustand ausgebrochen, so können viele Schnitte im Winter eingespart werden.

3.9 Sanfter Rebschnitt – eine innovative Schnittmethode

Seit einiger Zeit wird in der Weinbaupraxis über eine neue Rebschnittmethode aus Italien berichtet. Die Methode „Simonit & Sirch- Preparatori d´uva" wird von der Weinbaupraxis mit großem Interesse verfolgt. In Deutschland hat sich eine Methode etabliert, die an die hiesigen Bedingungen angepasst wurde und die unter dem Namen „Sanfter Rebschnitt" bekannt geworden ist. Wurde im bisherigen Verlauf die Rebschnitt-Methodik unter dem maßgeblichen Gesichtspunkt der Stockform einer möglichst uniformen, rationellen und maschinenfreundlich angepassten Art und Weise verstanden, so beschäftigt sich die Methode des Sanften Rebschnitts mit der bestmöglichen Gesunderhaltung des Leitbahnsystems der Rebe. Zapfen bleiben daher dauerhaft an derselben Position am Stock, Triebe aus dem Altholz werden im grünen Zustand konsequent ausgebrochen. Die Bereiche, wo Ruten oder Zapfen stehen, werden deshalb auch als (dauerhaft etablierte) „Ausgänge" bezeichnet.

Einige Aspekte werden sich an die vorgenannten Grundsätze stark anlehnen oder sich decken, andere werden sich zumindest teilweise widersprechen. Das gilt beispielsweise für die Länge und Position der Zapfen. Dies ist damit begründet, dass beim Sanften Rebschnitt der Rebschnitt aus einem anderen Blickwinkel betrachtet, „das Pferd quasi von vorne aufgezäumt" wird. Man versucht, nicht den Rebstock exakt so zu beschneiden, dass am Ende die vom Winzer erwünschte Stockform herauskommt. Vielmehr werden bewährte und althergebrachte Schnittgrundsätze aus der Gobelet-Erziehung auf die moderne Spaliererziehung so übertragen, wie es die moderne Stockformierung (noch) gut zulässt. Der Rebstock am Kopfbereich erhält damit mehr „natürlichen Freiraum", sich in die Breite zu entwickeln, ohne gleichzeitig hochzubauen.

Im folgenden Kapitel soll diese Schnittmethode näher vorgestellt werden. Aus rechtlichen Gründen wird darauf hingewiesen, dass die Ausführungen zum „Sanften Rebschnitt" lediglich an die Methode „Simonit & Sirch" angelehnt sind.

3.9.1 Die Anfänge der neuen Schnittmethode – aus der Not geboren

Hinter den Namen Simonit & Sirch stehen die Ideengeber der Firma, Marco Simonit und Pierpaolo Sirch, zwei Agronomen aus dem Friaul. Nach einem großflächigen Rebstocksterben im Friaul in den 1980er-Jahren haben beide die neue Methode aus bestehenden Schnitttechniken entwickelt und über einen Zeitraum von mehr als 20 Jahren so modifiziert, dass die Methode auch in der Spaliererziehung angewendet werden kann (Simonit & Sirch, 2009 a, 2009 b).

Die Idee haben sich die beiden Firmeninhaber bei sehr alten Rebbeständen abgeschaut, die nach dem Bock- oder Kopfschnitt, auch Gobelet-Erziehung genannt, über mehrere Jahrzehnte kultiviert wurden. Dabei wurde stets auf junges Holz geschnitten, wodurch die Entwicklung durch Verzweigung des Hauptstammes gefördert wird, ohne alte, vitale Teile des Stockes zu entfernen. Diese alten Rebstöcke zeigten keine erkennbaren Anzeichen von Holzerkrankungen und man konnte sie als wahre „Methusalems" unter den Reben bezeichnen.

Heutzutage sind die Winzer durch die Zunahme von Holzerkrankungen wie Esca oder Eutypiose oftmals gezwungen, die Umtriebsplanung ihrer Flächen zu verkürzen, wenngleich schon lange bekannt ist, dass gerade ältere Rebbestände aus oenologischer Sicht sehr wertvoll sind.

Die Esca-Erkrankung an der Rebe tritt in allen deutschen Anbaugebieten auf und führt aufgrund von Stockausfällen in der Weinwirtschaft zu einem großen wirtschaftlichen Schaden. Da verschiedene Schaderreger hinter der Esca stehen spricht man mittlerweile vom sogenannten Esca-Komplex (auch als Grapevine Trunk Diseases, GTD, bezeichnet). Bisher gibt es wenige direkte Bekämpfungsmöglichkeiten (Stammsanierung durch Rückschnitt, Behandlung mit einem zugelassenen Präparat mit dem Wirkstoff *Trichoderma*, einem antagonistischen Pilz; aktuelle Zulassungssituation beachten).

Allgemein werden bei der Entstehung von Esca oder Eutypiose die Schnitthäufigkeit bzw. große Schnitte im mehrjährigen intakten Holz als Eintrittspforte der bodenbürtigen Pilze als Hauptursache betrachtet. Wird mehrjähriges Holz, bei dem regelmäßig ins alte Holz geschnitten wurde, der Länge nach geteilt, sieht man im Stamminneren große Teile abgestorbenen Holzes. Je größer die Schnittfläche ist, desto höher ist der Anteil abgestorbenen Holzes. Gleichzeitig zeigen diese Reben äußerlich keine Auffälligkeiten und präsentieren sich zunächst in einer normalen Wüchsigkeit und Vitalität. Es liegt nahe, dass der Saftfluss im Holzkörper und somit die Nährstoffversorgung dieser Reben gestört ist. Dazu erscheint das kurzfristige Absterben befallener Stöcke in den Sommermonaten als logische Konsequenz.

Um ein effizientes saftführendes Leitungsbahnsystem zu erhalten, muss die Rebe im Stamminneren durchgehende Bahnen ausbilden können, die nicht durch abgestorbenes Holz zur Versorgung des oberirdischen Aufwuchses unterbrochen werden. Im Vergleich dazu zeigen Reben, bei denen immer nur ein- bis maximal zweijähriges Holz geschnitten wurde, einen vollkommen gesunden Holzkörper (Simonit 2014). Daraus lässt sich ableiten, dass hier holzzerstörende Pilze kaum Angriffsmöglichkeiten erhalten und somit ausgegrenzt werden könnten.

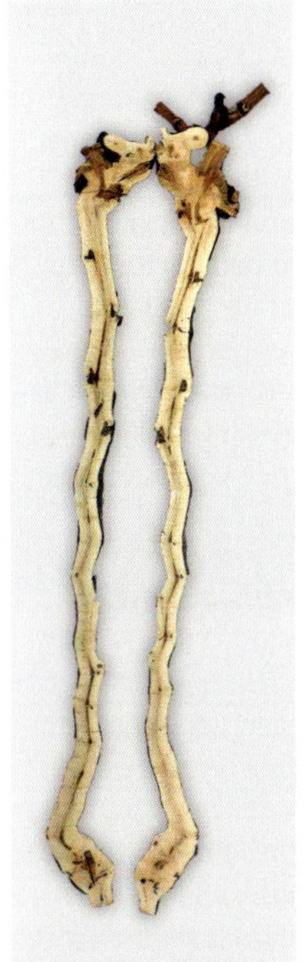

Abb. 150: Der Länge nach aufgeschnittener Riesling-Stamm konventionell geschnitten – große Schnittwunden haben erkennbare Eintrocknungen hinterlassen

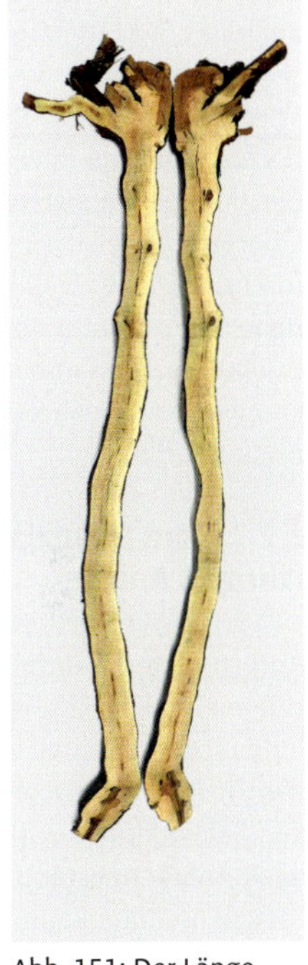

Abb. 151: Der Länge nach aufgeschnittener Riesling-Stamm 2 Jahre nach der neuen Schnittmethode geschnitten – das horizontale Wachstum durch die Zapfen ohne Holzschäden ist bereits deutlich erkennbar.

3.9.2 Die vier Maxime

Das Grundprinzip des Schnittsystems besteht darin, nur **ein- bis maximal zweijähriges** Holz zu schneiden und dabei die angeschnittene Fruchtrute am Zapfen des Vorjahres zu etablieren. Gleichzeitig wird ein neuer zweiäugiger **Zapfen** unter der Fruchtrute positioniert. Zapfen und Anschnittrute haben somit Anschluss an bereits gebildete Leitgefäße und stehen immer am ursprünglichen Vegetationskegel, der über die Jahre mit dem Dickenwachstum eine astförmige Fortführung im „Kopfaufbau" ausbildet. Zum Anschnitt kommt stets zahmes Holz.

Um ein vertikales Hochbauen des Stockes zu vermeiden, erfolgt der Altholzzuwachs seitlich bzw. schräg nach oben. Simonit & Sirch sprechen von der sogenannten

„**Ramifikation**" (= Astwerdung). Durch das horizontale Wachstum in „T-Form" kann auf einen Verjüngungsschnitt nach dem „Fahrstuhlprinzip" verzichtet werden. Die Vermeidung großer Schnittwunden soll holzzerstörende Pilze beim Einwachsen hindern. Grundsätzlich wird beim Schnitt ein **Überstand** belassen, der erst nach Eintrocknung im Folgejahr entfernt wird. Die neue Schnittmethode muss ganzheitlich betrachtet werden und schließt sämtliche Ausbrecharbeiten während der Vegetationsperiode mit ein.

3.9.3 Vom Pflanzjahr bis zur mehrjährigen Anlage

Aufgrund der mehrjährigen Versuchserfahrungen am DLR Rheinpfalz bei der Umstellung einer Altanlage wurde festgestellt, dass die Umstellungsquote von Jahr zu Jahr starken Schwankungen unterlegen ist und je nach Anlagenzustand mehrere Jahre in Anspruch nehmen kann, bis ein kompletter Weinberg an die neue Schnittmethode angepasst ist (vgl. Petgen und Wörthmann, 2017).

Aufgrund des nicht immer optimalen Höhenniveaus der formierten Ausgänge sowie durch Triebbruch an den Zapfen, verursacht durch Windschäden oder maschinellen Einsatz von Laubschneider und Vollernter, müssen teilweise neue Zapfen als Ausgänge angeschnitten werden. Um hier vorzubeugen, sind detaillierte Kenntnisse über die Vorgaben und Umsetzung der Schnittmethode in Junganlagen von Bedeutung.

Bereits bei der Pflanzung wird auf die Stellung des Edelreiszapfens geachtet. Dieser sollte in Zeilenrichtung am Pflanzstab ausgerichtet sein, was allerdings nur durch eine Pflanzung per Hand möglich ist. Da jedoch die meisten Pflanzungen in unseren Weinbaugebieten maschinell erfolgen, kann diese Vorgabe vernachlässigt werden.

Auch eine Pfropfrebe verfügt bereits über kleine Schnittwunden. Es empfiehlt sich, den Trieb für den Stammaufbau zu wählen, dessen Saftfluss von der Wurzel bis zur Triebbasis frei von Schnittwunden ist. Dieser wächst oft nicht kerzengerade, muss nicht zwangsläufig der stärkste sein und ist wahrscheinlich in Anbetracht des hohen Mechanisierungsgrades in den Weinbergen augenscheinlich weniger gut geeignet. Die Pfropfrebe kann aber leicht zum Pflanzstab hin gebogen und mit einem Gummiband oder Weiden fixiert werden. Der entstehende „Bogen" am Trieb kann dann zum späteren Zeitpunkt mit weiteren Bindungen ausgeglichen werden, sodass einem geraden Stämmchen nichts mehr im Wege steht.

Über Sommer wird auf zwei Triebe ausgebrochen, ausgegeizt und aufgeheftet. Zumindest ein Sommertrieb ohne sichtbare Verletzungen sollte sich im Saftfluss befinden.

Im eigenen Versuch brachte diese Vorgabe in einigen Fällen Nachteile mit sich. Neben dem erhöhten Aufwand für Ausgeizen und Aufbinden trat durch die Triebverdichtung verstärkt *Oidium*-Befall auf. Unter wüchsigen Bedingungen sollte diese Vorgabe nicht weiter verfolgt werden. Dafür spricht jedoch die Tatsache, dass auf wuchsstarken Standorten bzw. bei starkwüchsigen Unterlagen Einfluss auf die Internodienlänge genommen wird. Dies wiederum ist von Vorteil bei der Etablierung der beiden Ausgänge bzw. Zapfen, da diese durch kurze Internodienabstände auf einem vergleichbaren Höhenniveau wären.

Je nach Wüchsigkeit der Anlage wird im Winter beim Rebschnitt individuell vorgegangen. Der allem übergeordnete Grundsatz einer individuellen und der Wuchskraft der Rebe angepassten Behandlung ist ein-

Abb. 152: Im Pflanzjahr wird bereits beim Ausbrechen auf die richtige Positionierung der Sommertriebe geachtet.

Abb. 153: Beim Rebschnitt im ersten Winter wird je nach Wüchsigkeit individuell vorgegangen – der Anschnitt des Zapfens steht „im Saftfluss". Aus diesem wird der zukünftige Stamm aufgebaut.

leuchtend und findet sich bereits in der älteren Weinbauliteratur. Bereits 1893 schrieben Babo & Mach in ihrem „Handbuch des Weinbaues und der Kellerwirtschaft", dass sich der Rebschneider vor dem eigentlichen Schnitt zunächst über die Wuchskraft des betreffenden Stockes „informieren" müsse. 43 Jahre später formuliert Georg Scheu in seinem Werk „Mein Winzer Buch" diese Thematik noch präziser und merkt dabei an, dass jeder Stock individuell behandelt werden *muss*.

In schwachwüchsigen Anlagen wird auf einen dreiäugigen Zapfen zurückgeschnitten. Dabei wird darauf geachtet, dass der Zapfen im Saftfluss steht und nicht durch Schnittwunden beeinträchtigt wird, wobei die Positionierung der Winteraugen ausschlaggebend ist. Bei durchschnittlichem Wuchs wird bereits auf Stammhöhe knapp über dem untersten Biegedraht angeschnitten. Beim Ausbrechen im Sommer werden,

Abb. 154 Junger Stock vor dem Schnitt.

ähnlich wie beim herkömmlichen Stockaufbau, die obersten vier Sommertriebe stehen gelassen.

Die Ausbrecharbeiten im Jungfeld sollten in etwa ab einer Trieblänge von 5 bis 8 cm (3 bis 5 abgespreizte Blätter) beginnen. Die entstehenden Wunden lassen sich dann noch möglichst klein halten. Die Übersicht am Stamm und Kopf der Rebe ist in diesem Stadium noch sehr günstig. Das angestrebte Erziehungssystem (Halb, Flach- oder Pendelbogen) bestimmt die zukünftige Kopfhöhe: Für die Flachbogenerziehung sollte sich der Kopf in etwa kurz unter dem Bindedraht befinden. Bei der Halbbogenerziehung ist ein Kopfbereich in etwa auf Höhe des Anbindedrahts oder knapp darüber anzustreben.

Wird ein Stämmchen (ohne Bogen) ausgebrochen, verbleiben neben den wichtigsten Austrieben für die späteren Saftkanäle noch weitere 2 bis 3 Triebe zur Bildung der Laubwand und Verteilung der Wüchsigkeit. Alle übrigen Triebe sowie Doppeltriebe werden entfernt. Sind auch an den Ausgängen Doppeltriebe vorhanden, ist es ratsam, nicht zwangsläufig den stärkeren Trieb zu belassen. Wichtiger ist hier die Orientierung ins Spalier. Schließlich bilden diese Ausgänge die Basis für die weiteren Jahrzehnte. Eine gute Positionierung ist daher von großer Bedeutung.

Abb. 155 Derselbe Stock nach dem Anschnitt – die zwei angeschnittenen Zapfen bilden die Grundlage für die Weiterführung des Sanften Rebschnitts.

Abb. 156 Rebstock der Sorte Sauvignac im dritten Standjahr vor dem Ausbrechen.

Abb. 157 Rebstock der Sorte Sauvignac im dritten Standjahr nach dem Ausbrechen.

Beim Rebschnitt wird der oberste Trieb als Fruchtrute angeschnitten. Zwei darunter inserierte Triebe werden auf der gewünschten Kopfhöhe auf Zapfen zurückgeschnitten. Dies dient der Etablierung zweier „Ausgänge". Im Idealfall sind beide Zapfen auf ähnlicher Höhe positioniert, was wiederum von der Internodienlänge der jeweiligen Rebsorte sowie der Wuchskraft der Anlage beeinflusst wird.

Bei den Ausbrecharbeiten im Frühjahr/Sommer muss darauf geachtet werden, dass die für die Erziehung/Ertrag positionierten Sommertriebe an den Zapfen belassen werden. Nach dem obligatorischen Entfernen der Wasserschosse am Stamm werden an den Zapfen lediglich die beiden von der Schnittfläche aus gesehen endständigen Austriebe belassen. Letzterer muss nach oben positioniert sein (dieser bildet die potenzielle Bogrebe im Folgejahr), der vorletzte Austrieb zeigt im Idealfall nach unten (dieser dient der Fortführung des Saftflusses). Dies ist von wesentlicher Bedeutung, da auf diese Weise dafür gesorgt wir, das der Zuwachs an Holz in die Horizontale gelenkt wird. Ein Zuwachs in die Vertikale führt auf Dauer bekanntlich beim Rebschnitt zum „Fahrstuhlprinzip" (regelmäßige Rücknahme des Kopfes), mit allen negativen Auswirkungen großer Schnittwunden und unterbrochenen Saftleitbahnen. Am Bogen werden weitere Doppeltriebe sowie schlecht positionierte Triebe entfernt.

Bei sehr fruchtbaren Sorten oder kurzen Internodien ist es meist zusätzlich nötig, noch weitere Triebe zu entfernen. Vor allem oberhalb des zukünftigen Kopfes besteht in der Aufbauphase der Anlage das Risiko von Laubwandverdichtungen. Hier ist es ratsam, weitere am „vertikalen" Teil der Bogrebe wachsende Triebe zu entfernen.

3.9.4 Rebschnitt und Ausbrechen bilden eine Einheit

Beim Rebschnitt wird anschließend auf beiden Seiten des Kopfes am jeweils etablierten Zapfen der Fruchttrieb des ersten sichtbaren Auges (Auge muss nach unten positioniert sein) auf Zapfen geschnitten. Der Fruchttrieb des zweiten sichtbaren Auges bildet die Anschnittrute für die Ertragssicherung. Die Fruchtrute steht grundsätzlich immer über dem Zapfen. Die Zapfenlänge wird abhängig gemacht von der Positionshöhe des „Ausgangs" (= etablierter Zapfen) sowie der Stellung der Winteraugen. Dabei kann es durchaus vorkommen, dass mehräugige Zapfen angeschnitten werden. Durch die Weiterführung dieses Systems wird man der einen Maxime des Sanften Rebschnitts, der sogenannten „Ramifikation", nach wenigen Jahren gerecht.

Aufgrund der beidseitigen Ausgänge sollte im Falle des Anschnittes eines Bogens die Zapfenstation variiert werden. Wichtig ist die konsequente Beibehaltung von Zapfen und Fruchtrute auf gleicher horizontaler Höhe. Somit kann es nicht zu einem Hochbauen des Stockes kommen und ein Verjüngungsschnitt mit großen Wunden ist nicht mehr erforderlich. Beim Rebschnitt ist darauf zu achten, dass beide Ausgänge, wenn möglich, auf Höhe des Anbindedrahtes angeordnet werden.

Im Idealfall schneidet man einen zweiäugigen Zapfen, wobei der Schnitt unmittelbar unter dem dritten sichtbaren Auge erfolgt. Fehlt ein anzuschneidender Zapfen, z. B. durch Abbrechen während der Vegetationsperiode wie Laubschnitt oder ähnlichem, wird der zweite Ausgang im kommenden Jahr angeschnitten. Dadurch verzögert sich die Umstellungsquote um ein Jahr. Dies verdeutlicht nochmals die Einheit von Rebschnitt und Ausbrechen, da hier-

Abb. 158 An den im Vorjahr angeschnittenen Zapfen treiben jeweils zwei Sommertriebe aus; die Umstellung hat funktioniert.

Abb. 159 Zapfenstation mit drei Austrieben: Das basale Auge (1) wird ausgebrochen, das erste sichtbare Auge (2) dient der Fortführung des Saftflusses (späterer Zapfen), das zweite sichtbare Auge (3) bildet die potenzielle Bogrebe.

Abb. 160 Durch das Schneiden auf Astring bleiben die entsprechenden Partien vital. Weitere Austriebe schlafender Augen (Adventivknospen) sind garantiert.

durch die Positionierung der Ausgänge vorgegeben wird (Petgen und Hörsch, 2018).

Es ist nicht immer möglich, bereits im dritten Jahr beide Zapfenstationen anzuschneiden. Gründe hierfür können fehlender Austrieb, Windbruch oder schadhaftes Holz sein. Theorie und Praxis unterscheiden sich hier doch sehr voneinander. Durch das Schneiden auf Astring werden die schlafenden Augen, die sogenannten Adventivknospen, erhalten und die Wahrscheinlichkeit eines Austriebes durch den kontinuierlich geförderten Saftfluss weiter erhöht. Es ist auch keine Seltenheit, dass an einem Nodium in einem Jahr kein Austrieb erfolgt, im darauffolgenden Jahr aber doch (Ladach, 2018).

Durch eine ungünstige Positionierung der Zapfen, z. B. zur Gassenmitte hin, kann es erforderlich werden, den jungen Stamm so zu drehen, dass die Augen in die gewünschte Richtung zeigen. Dies musste in der Versuchsanlage vereinzelt umgesetzt werden, indem die Stammbindung gelöst und nach dem Schnitt wieder fixiert wurde. Um eine günstige Ausrichtung der beiden Ausgänge in Zeilenrichtung zu erreichen, kann teilweise ein längerer Anschnitt des Zapfens realisiert werden. Dieser wird im Anschluss am Anbindedraht fixiert. Hierbei

Abb. 161 Da der angeschnittene Zapfen in die Gasse zeigt, muss der Stock seitlich in die korrekte Position gedreht werden. Die Stammbindung wird hierzu aufgeschnitten und danach erneuert.

müssen allerdings die oberen Augen geblendet werden. Die verbliebenen Sommertriebe können somit optimal positioniert in den Drahtrahmen einwachsen.

Ältere Anlagen, die bereits auf diese Methodik umgestellt oder von vornerein so erzogen wurden, werden nach demselben Muster ausgebrochen. Mit zunehmendem Alter der Rebstöcke wird die Ramifikation weiter forciert und die Systematik der Schnitttechnik immer deutlicher. Auch das Ausbrechen gestaltet sich mit der Zeit immer einfacher. Zum einem nimmt die Austriebsbereitschaft an der Oberseite des Rebkopf vermehrt ab. Dies kann daran liegen, dass der Saft der Rebe zunehmend nach außen zu Zapfen und Bogrebe gelenkt wird. Durch die Vermeidung von Schnitten in die Leitbahnen wird dieser Effekt immer mehr verstärkt. Deshalb sollten unterhalb der Zapfen keine weiteren Austriebe belassen werden, es sei denn, dass eine gezielte „Rücknahme" des Ausgangs unter Wahrung des Saftflusses angestrebt wird. Nach einiger Zeit ist es auch angelernten Arbeitskräften möglich, die Besonderheiten und Vorteile dieser Methodik zu erkennen.

Beim Sanften Rebschnitt sollte auch die Biegerichtung Berücksichtigung finden. Es macht keinen Sinn, innerhalb einer Zeile die Biegerichtung zu wechseln. Hierbei müssen gelegentlich Kompromisse gefunden werden. Aufgrund des horizontalen Wachstums des Altholzes durch die beschriebene Ramifikation sollte bei der Planung und Umsetzung in Neuanlagen ein größerer Stockabstand (mind. 1,20 m) gewählt werden. Selbst für die Kordonerziehung, bei der kurze Zapfen am Halb- oder Flachbogen angeschnitten werden, kann die neue Rebschnittmethode verwendet werden.

3.9.5 Umstellung von Altanlagen – verschiedene Ausgangsszenarien individuell betrachten

Je nach Alter, Rebsorte und Wüchsigkeit ergeben sich völlig unterschiedliche Ausgangssituationen an den Rebstöcken, die ein individuelles Vorgehen beim Sanften Rebschnitt erfordern: „Rebstock ohne Ausgang", „einseitiger Ausgang", „zweiseitiger Ausgang". Bei Rebstöcken ohne potenziellen Ausgang muss bei den Ausbrecharbeiten im Sommer darauf geachtet werden, dass beidseitig im Kopfbereich möglichst unterhalb von bestehenden Totholzeintrocknungen zwei Triebe belassen werden, die im Winter als zukünftige Zapfen geschnitten werden können. Damit wird der Grundstein

Abb. 162 Riesling-Stock vor dem Schnitt – die Anlage wurde im Vorjahr erstmalig nach der neuen Methode geschnitten, erkennbar sind die beiden neuen Ausgänge.

Abb. 163 Riesling-Stock nach dem Schnitt – auf der linken Seite wurde ein neuer Ausgang/Zapfen angeschnitten.

für zwei Ausgänge gelegt, die im Saftfluss stehen und nicht durch Eintrocknungskegel im mehrjährigen Holz beeinträchtigt werden.

Die anzuschneidende Fruchtrute wird in diesem Fallbeispiel auf dem zweijährigen Bogen des Vorjahres angeschnitten. Damit baut sich der Stock zwar noch weiter hoch, kann aber nach der Etablierung der beiden neuen Ausgänge in den Folgejahren wieder zurückgeschnitten werden. Liegt im Sommer bereits auf einer Seite ein im Saftfluss stehender und damit richtig positionierter Fruchttrieb vor, kann dieser im Winter auf einen zweiäugigen Zapfen zurückgeschnitten werden. Die Grundlage für einen neuen einseitigen Ausgang ohne Beeinträchtigungen ist damit geschaffen worden. Der Aufbau des Stockes kann nach der oben beschriebenen Methode weiter fortgeführt werden. Bei Stöcken mit beidseitig richtig positionierten Sommertrieben kann nach dem gleichen Schema verfahren werden.

Eine ähnliche Vorgehensweise ergibt sich bei Stöcken, bei denen bereits große Schnittwunden verursacht bzw. ganze Stammteile entfernt wurden (Stockverjüngung). Hierbei wird versucht, einen ein- oder zweiseitigen neuen Ausgang unterhalb der großen Schnittwunde zu etablieren. Deshalb sollte beim Ausbrechen darauf geachtet werden, dass ein Sommertrieb unterhalb der Schnittwunde genutzt wird, der im Winter wieder auf einen Zapfen zurückgeschnitten wird. Damit kann wieder nach gleichem Prinzip vorgegangen werden. Selbst an komplett zurückgeschnittenen Reben nach einer Stammsanierung („Reset-Methode"), z. B. nach einer Esca-Sanierung, kann die neue Rebschnittmethode angewendet werden. Sobald an der Stammbasis ein Sommertrieb gewachsen ist, kann dieser im Winter auf einen Zapfen zurückgeschnitten werden. An dem Zapfen wird der neue Ausgang etabliert, ohne dass der Saftfluss durch Eintrocknungskegel im Altholz beeinflusst ist. Spätestens nach 4 bis

Abb. 164 Riesling-Stock im zweiten Jahr der Umstellung mit zwei Ausgängen mit je einer potenziellen Fruchtrute/Zapfen; die Grundlage für die zukünftige Ramifikation ist erfolgt.

Abb. 165 Nach einigen Jahren wird die Ramifikation (Astwerdung) deutlich sichtbar.

5 Jahren sollte der Rebstock auf die neue Schnittmethode umgestellt sein, sofern keine Sommertriebe am Zapfen abbrechen.

3.9.6 Untersuchungen zur Praxistauglichkeit

In einem mehrjährigen Forschungsvorhaben am DLR Rheinpfalz wurde geprüft, inwieweit die Schnittmethode des Sanften Rebschnitts geeignet ist, die Vitalität sowie die Standzeit älterer Rebbestände zu verbessern. Ein besonderer Fokus lag darin, Esca-Befall im Weinberg langfristig durch die eingesetzte Schnittmethode zu reduzieren bzw. zu eliminieren. Neben der Wirksamkeit sollte auch die Praxistauglichkeit der Schnittmethode im deutschen Weinbau geprüft werden.

Die Untersuchungen, die im Rahmen von verschiedenen Bachelorarbeiten am Weincampus Neustadt durchgeführt wurden (Dienger, P., 2014, Foerster, J., 2015, Schwarzbach, I., 2016, Halicki, M. und Feisthammel, F., 2018) wurden in einer bestehenden mehrjährigen Anlage eingesetzt. Im Folgenden werden die ersten Erfahrungen und Kenntnisse aus der Umstellungsphase von bisher konventionell geschnittenen Weinbergen vorgestellt.

Die Versuchsfläche lag in der Einzellage „Am Bischofsweg“ in Neustadt-Mußbach und hatte eine Größe von 0,84 ha. Die Anlage war mit der Rebsorte Riesling auf der Unterlage 125 AA bestockt und wurde 2006 gepflanzt. Die Pflanzweite lag bei 2,00 x 1,15 m. Die Anlage wies einen sehr homogenen Wuchs auf. Der Versuchsplan sah neben dem betriebsüblichen Rebschnitt, der unter Anleitung des Bewirtschafters durchgeführt wird, die Schnittmethode nach „Simonit & Sirch“ vor. Diese wurde anfänglich durch zwei Mitarbeiter der Fa. Simonit & Sirch umgesetzt. In den folgenden Jahren wurden die Flächen von eigenen Mitarbeitern des DLR Rheinpfalz geschnitten. Deshalb können die Ergebnisse der eigenen Schnittmethode nicht mit der Schnittmethode nach „Simonit & Sirch“ verglichen werden. Wie bereits anfänglich erwähnt, wurde die Schnittmethode an die hiesigen Bedingungen angepasst und im Folgenden als Sanfter Rebschnitt bezeichnet. Die beiden Varianten wurden in vier randomisierten Feldwiederholungen durchgeführt. Jede Wiederholung bezog sich auf eine Rebzeile mit je 135 Stöcken.

Folgende Untersuchungen wurden durchgeführt:

- Arbeitszeiterfassung beim Rebschnitt zwischen konventionell und sanft
- Bonitur der Schnittflächen (Schnittanzahl pro Stock)
- Bestimmung der Austriebsquote
- Bestimmung der Umstellungsquote

3.9.7 Ausgangssituation: homogene Wuchsbedingungen

Vor der Umstellung der Schnittmethode wurde in der Versuchsanlage die Anzahl und Art der Triebe (Haupt- und Schwachtriebe, Austrieb an Zapfen sowie Wasserschosse am Kopf der Rebstöcke) vor Beginn

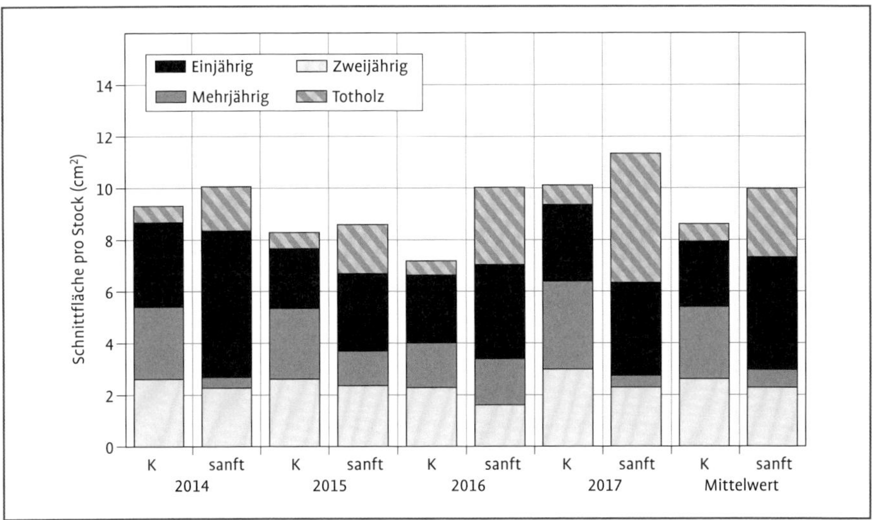

Abb. 166 Einfluss der Schnittmethode (konventionell/sanft) auf die Schnittfläche pro Stock (cm^2), unterschieden nach ein- und zweijährigem Holz, Totholz, mehrjährig intaktem Holz am Kopf in einer Rieslinganlage in den Versuchsjahren 2014–2017.
Mittelwerte und Standardabweichungen (n = 4 mit je 20 Stöcken); Gruppeneinteilung nach paarweisem Vergleichstest nach Tukey (α=0,05).

des Rebschnitts ermittelt. Wie erwartet war der Wuchs sehr homogen und es traten hinsichtlich der Verteilung und Art des Holzes keine Unterschiede auf. Damit war gewährleistet, dass in beiden Schnittvarianten die gleichen Wuchsbedingungen vorlagen.

Bei der Ermittlung der Schnittfläche wurden die Schnitte in folgende Holzfraktionen aufgeteilt: einjähriges Holz (Ablängen der Fruchtrute, Entfernen von Wasserschossen); zweijähriges Holz (Entfernen der alten Fruchtrute); Totholz (bereits eingetrocknetes Holz im Kopfbereich), mehrjähriges intaktes Holz im Kopfbereich. Beim Rebschnitt wurden Querschnitte aller zugeführten Wunden der genannten Holzfraktionen aufgesammelt, farblich markiert und in Plastiktüten ins Labor überstellt. Im Labor wurden diese mit Hilfe eines Planimeters LI 3100 – C (Li-Cor, Lincoln, USA) vermessen.

Innerhalb der ersten drei Versuchsjahre ging es darum, möglichst viele Stöcke auf den Sanften Rebschnitt umzustellen. Im dritten Versuchsjahr wurden folgende Umstellungsmodi festgehalten:

Zweiseitige Umstellung (zwei Zapfen im Saftfluss):

- Zwei Ausgänge mit je einer potenziellen Fruchtrute/Zapfen
- Zwei Ausgänge, wobei eine potenzielle Fruchtrute nicht ausgetrieben ist
- Zwei Ausgänge, wobei ein potenzieller Zapfen nicht ausgetrieben ist
- Zwei Ausgänge, wobei beide potenziellen Fruchtruten nicht ausgetrieben sind
- Zwei Ausgänge, wobei beide potenziellen Zapfen nicht ausgetrieben sind
- Zwei Ausgänge, wobei potenzielle Fruchtrute sowie Zapfen an einem Ausgang nicht ausgetrieben sind

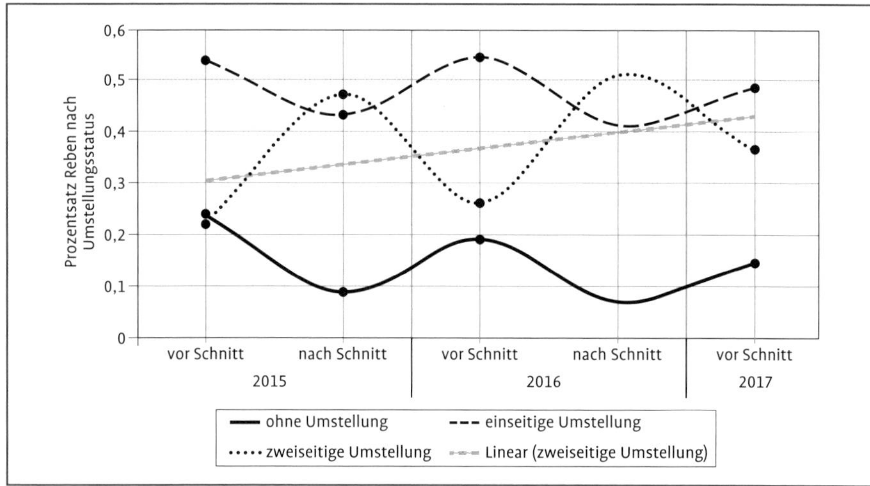

Abb. 167 Anteil der erfolgreich umgestellten Rebstöcke in den Versuchsjahren 2015–2017 (ohne Umstellung: kein Zapfen im Saftfluss; einseitige Umstellung: ein Zapfen im Saftfluss; zweiseitige Umstellung: zwei Zapfen im Saftfluss); gestrichelte Linie zeigt die lineare Trendlinie (Riesling, n = 4 mit je 135 Stöcken).

- Zwei Ausgänge, wobei potenzielle Fruchtrute bzw. Zapfen an einem der beiden Ausgänge nicht ausgetrieben sind
- Zwei Ausgänge, wobei potenzielle Fruchtruten an beiden Ausgängen sowie Zapfen an einem Ausgang nicht ausgetrieben sind
- Zwei Ausgänge, wobei potenzielle Zapfen an beiden Ausgängen sowie potenzielle Fruchtrute an einem Ausgang nicht ausgetrieben sind
- Zwei Ausgänge, wobei potenzielle Fruchtruten sowie Zapfen an beiden Ausgängen nicht ausgetrieben sind

Einseitige Umstellung (ein Zapfen mit Saftfluss):

- Ein Ausgang mit einer potenziellen Fruchtrute/Zapfen
- Ein Ausgang, an dem die potenzielle Fruchtrute nicht ausgetrieben ist
- Ein Ausgang, an dem der potenzielle Zapfen nicht ausgetrieben ist
- Ein Ausgang, an dem kein Austrieb stattgefunden hat (potenzielle Fruchtrute/Zapfen)

Ohne Umstellung (kein Zapfen im Saftfluss):

Bei der Analyse der Daten aus insgesamt vier Versuchsjahren zeigt sich zunächst, dass die Schnittfläche, welche für den groben Anschnitt, das heißt für das Entfernen der letztjährigen Bogreben notwendig ist, bereits im ersten Jahr deutliche Unterschiede aufweist (siehe Abbildung 166). Bei der Methode des Sanften Rebschnitts fiel im Vergleich zur Kontrolle nur sehr wenig Schnittfläche an mehrjährigem Holz an. Dadurch reduzierte sich die Schnittfläche für den „groben Anschnitt", bestehend aus zweijährigem und mehrjährigem Holz, um fast die Hälfte (−8,7 %). Betrachtet man die zugehörige Schnittanzahl, lässt sich die Zuordnung der Schnittfläche nachvollziehen.

In der Summe aus zwei- und mehrjährigem Holz wurden für beide Schnittmethoden im System mit zwei Halbbögen jeweils rund zwei Schnitte benötigt. Dieser Sachverhalt ändert sich auch in den folgenden Versuchsjahren nicht, da die Schnittanzahl durch das Erziehungssystem bedingt ist. Dies gilt auch für Schnitte ins einjährige Holz. Diese Werte sind ebenfalls in beiden Systemen vergleichbar und über die Jahre recht konstant. Lediglich im Jahr 2014 ergeben sich höhere Werte, die aber dadurch erklärt werden können, dass im Vorjahr keine Ausbrecharbeiten im Kopfbereich durchgeführt wurden. Die verringerte Summe an Schnitten in zwei- und mehrjähriges Holz in den Versuchsjahren 2016 und 2017 ergibt sich durch einen reduzierten Anschnitt von nur einer Bogrebe bei schwächeren Rebstöcken.

Damit unterscheiden sich die Systeme in der Schnittanzahl je Rebstock nur in den Bereichen Totholz und mehrjähriges Holz. Die Zunahme der Schnitte in mehrjähriges Holz und der zugehörigen Wundfläche bei der Variante des Sanften Rebschnitts, die nach Beginn der Umstellung auftrat, entfällt dabei auf den „Rückbau" bereits umgestellter Rebstöcke. Hierbei werden die Stöcke nach Etablierung der Schnittmethode schrittweise bis auf die neue Kopfhöhe zurückgenommen. Der Rückschnitt erfolgt zunächst mit sehr großzügigem Überstand in zumeist mehrjähriges Holz (vgl. hierzu die Ausführungen zu den Maximen). Der Überstand wird nach erfolgtem Absterben und Eintrocknen als Totholz im Folgejahr entfernt. Diese Vorgehensweise zeigt sich auch in den erhobenen Daten der Schnittfläche. Nach Anstieg der Schnittfläche an mehrjährigem Holz steigt im Folgejahr auch die Schnittfläche an Totholz an. Durch den zu erzielenden horizontalen Zuwachs („Ramifikation") werden im neuen Schnittsystem große Schnittwunden auch langfristig sehr effektiv vermieden.

3.9.8 Schnelleres Arbeiten oder weniger Nachdenken?

Neben der Reduzierung der Schnittfläche verspricht der Sanfte Rebschnitt auch eine Reduzierung der Arbeitszeit für den Rebschnitt. Dem zugrunde liegt der immer gleiche Stockaufbau nach der Umstellung. Somit würde die Bedenkzeit beim Rebschnitt nahezu entfallen, da bei homogenem Stockaufbau nicht für jeden Stock individuell überlegt werden muss, wo die Schere anzusetzen ist. Im Gegenteil dazu wird jeder Stock, sofern alle Triebe vorhanden sind, gleich geschnitten. Grund dafür ist die Uniformität des Stockaufbaus. Für die Fortsetzung des Systems ergibt sich dadurch für die Schnittführung nur eine Möglichkeit.

Berücksichtigt man den Sachverhalt, dass beim Rebschnitt bis zu 50 % der Gesamtarbeitszeit auf die Bedenkzeit inklusive den Gang von Stock zu Stock entfallen, ergibt sich hier ein erhebliches Einsparpotenzial. Diese Reduktion der Arbeitszeit zeigte sich auch in den ersten drei Versuchsjahren (vgl. Abbildung 168). Die 2014 noch deutlich höhere Arbeitszeit beim Sanften Rebschnitt im Vergleich zur Kontrolle verringerte sich bis zum Jahr 2016 auf das Niveau der Kontrolle.

Bei genauerer Betrachtung der Daten aus diesen beiden Jahren ergeben sich mehrere Gründe für die Abnahme. Die deutlichste Zeiteinsparung beläuft sich dabei auf die Zeit, die auf den Schnitt von einjährigem Holz entfällt. Bezogen auf die Daten der Schnittanzahl und der Ausgangssituation des Versuches lässt sich erkennen, dass diese Einsparung hauptsächlich durch die in 2015 durchgeführten Ausbrecharbeiten im Kopfbereich entstand. Im Jahr 2014 wurden

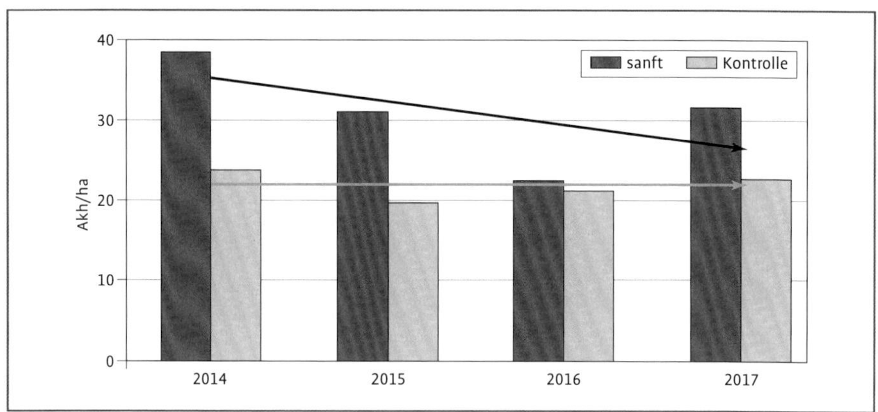

Abb. 168 Vergleich des Arbeitszeitbedarfs für den Rebschnitt (Anschnitt für zwei Bogreben sowie Ablängen, Akh/ha) in den beiden unterschiedlichen Schnittmethoden (konventionell mit Elektroschere / sanft mit Handschere) in den Versuchsjahren 2014–2017.

beim Rebschnitt sehr viele Wasserschosse im Kopfbereich entfernt, was einen hohen Zeitaufwand bedingte. Die Tatsache, dass sich dieser Sachverhalt nur gering auf die Arbeitszeit der Kontrolle auswirkt, erklärt sich dabei durch den oben beschriebenen Umstand des Miterfassens von Trieben bei Schnitten ins mehrjährige Holz.

Die übrige Zeitersparnis verteilt sich auf den Schnitt von zweijährigem Holz sowie die Bedenkzeit. Dabei entfällt ein Teil der Reduzierung auf das aus 2015 stammende geringere Anschnittniveau. Ein Teil der sanft geschnittenen Stöcke wurde 2015 auf lediglich eine anstatt zwei Bogreben geschnitten. Dadurch ergeben sich weniger Schnittereignisse und somit eine Abnahme der auf diese Teilaufgabe anfallenden Arbeitszeit. Zusätzlich wurden die Schnitte in zwei- und mehrjähriges Holz bei den sanft geschnittenen Stöcken im Mittel moderat schneller durchgeführt. Dies ist erwähnenswert, da die Kontrolle mittels Elektroschere, die Vergleichsvariante jedoch mit Handschere geschnitten wurde. Möglicherweise könnte durch den „standardisierten“ Stockaufbau hier ein weiteres Einsparpotenzial liegen.

3.9.9 Umstellungsquote – langsam, aber stetig

Der Trend für die zweiseitige Umstellung der Rebstöcke im Versuch zeigt einen deutlichen Zuwachs im Zeitverlauf (vgl. Abbildung 167). Dennoch zeigen die Daten einen geringeren Erfolg in der Umstellung als ursprünglich erhofft. So waren bereits nach einmaliger Anwendung der neuen Schnittmethode im Frühjahr 2014 über 20 % der Rebstöcke beidseitig umgestellt. Jedoch konnte diese jährliche Umstellungsquote in den Folgejahren nicht beibehalten werden. Die Gründe dafür sind vielfältig.

Zum einen wurden zu Beginn des Versuches an diversen Rebstöcken Ausgänge gesetzt, die in ihrer Position deutlich zu hoch lagen. Diese dienten dabei der Anregung eines neuen Austriebes in den darunter liegenden Bereichen und waren somit nie als dauerhafte Ausgänge gedacht. Diese Anschnittpositionen wurden nach erfolgtem

Neuaustrieb an geeigneter Stelle ersetzt. Dadurch wurde allerdings die Umstellungsquote nicht erhöht. Des Weiteren führte sowohl Windbruch als auch der hohe Mechanisierungsgrad in der Flächenbewirtschaftung (Laubschneider, Entlauber) zu Triebverlusten an den Ausgängen.

Da bei der Bonitur nur Reben als umgestellt gewertet werden können, die am Ausgang auch einen Zapfen für die Fortführung der Methode tragen bzw. an dem ein Zapfen angeschnitten werden kann, wirkt sich der Triebverlust negativ auf die Umstellungsquote aus. Dies wird deutlich, wenn die Daten nach dem jeweiligen Schnitt mit den Werten vor dem folgenden Rebschnitt verglichen werden. Während der Vegetationsperiode sinkt jeweils die Anzahl beidseitig umgestellter Reben. Da jedoch selten beide Ausgänge zugleich ausfallen, steigen gleichzeitig die Werte der einseitig umgestellten Stöcke. Dem entgegen zeigt sich auch ein großer Anstieg in der Umstellungsquote von vor dem Rebschnitt im Vergleich zur Bonitur nach dem Schnitt. Ein Grund dafür ist ein erhöhtes Austriebsvermögen an den Zapfen, die im Saftfluss stehen. Unabhängig davon ist eine Beschleunigung der Umstellung nicht auszuschließen.

Betrachtet man die Daten genauer, erkennt man, dass der Verlust an zweiseitig umgestellten Rebstöcken während der Vegetation 2016 deutlich geringer ausfiel als im Vorjahr. Somit ergibt sich auch ein größerer Zuwachs, insofern die Anzahl neu gesetzter Ausgänge 2017 vergleichbar hoch ausfiel wie in den Vorjahren. Denkbar ist dabei, dass durch wiederholten Triebverlust an ungünstig positionierten Ausgängen ein Neuaustrieb an einer besseren Position auftrat und somit ein geringeres Risiko an Triebbruch besteht. Erhöht sich die jährliche Umstellungsquote in den Folgejahren nicht, würde dies bedeuten, dass die Umstellung

Abb. 169 Ein Austrieb an den Leitbahnen kann gut zur Rücknahme des Schenkels genutzt werden.

einer bestehenden Anlage mit hohem Mechanisierungsgrad deutlich länger dauert als zu Anfang des Versuches erwartet.

3.9.10 Ausblick und offene Fragen

Der Sanfte Rebschnitt wirft noch einige offene Fragen auf. Die Schnitttechnik ist anspruchsvoll und muss erlernt werden. Aushilfskräfte, die bisher in den Weinbaubetrieben den konventionellen Rebschnitt umgesetzt haben, müssten intensiv geschult werden. Die beschriebene Ramifikation („Astwerdung") darf über die Jahre nur bedächtig verlaufen. Über weitere Stockabstände müsste in der Folge bei Neuanpflanzungen nachgedacht werden.

Entscheidend für eine erfolgreiche Umstellung sind die sorgfältig durchgeführten Ausbrecharbeiten am Kopfbereich der Reben. Werden diese Arbeiten vernachlässigt, entstehen zusätzliche Schnittwunden, die zum einen die Wundfläche unnötigerweise erhöhen und zum anderen den Arbeitsaufwand zusätzlich steigern. Die Austriebsbereitschaft an den Ausgängen bzw. Zapfen ist sortenabhängig bzw. wird durch die Zapfenlänge bestimmt. Bei Sorten mit geringer Austriebsbereitschaft am älteren Holz wird es schwierig werden, passende Ausgänge bzw. Zapfen zu etablieren. Dies gilt es, in den kommenden Jahren näher zu beleuchten.

Zusammenfassend kann gesagt werden, dass die Umstellung auf die neue Schnittmethode in einer bisher konventionell geschnittenen Ertragsanlage mehrere Jahre in Anspruch nehmen wird. Erst bei einer erfolgreich umgestellten Anlage können Aussagen über eine mögliche Vitalitätsveränderung der sanft geschnittenen Reben berichtet werden. Aufgrund der langen Inkubationszeit der Esca-Erreger werden Bonituren hierzu frühestens in etwa 10 Jahren nach erfolgter Umstellung erfolgen können.

In der weinbaulichen Praxis hat diese Methodik mittlerweile große Resonanz gefunden. Ob sie sich in Deutschland, Österreich und Schweiz eins zu eins bei den dortigen Rebsorten und Erziehungssystemen umsetzen lässt, wie zum Beispiel in Italien, muss zumindest in Zweifel gezogen werden. Gerade Witterungsunbilden wie Hagel, Spät- oder Winterfröste sowie Krankheiten und Schädlinge, die mit der relativ kühlen und niederschlagsreichen Witterung in den nördlichen Anbauzonen massiver auftreten können, zeigen schnell Grenzen auf. Letztlich können und sollten beim praxisüblichen Rebschnitt viele Elemente des Sanften Rebschnitts Eingang finden, sodass eine Vermengung des bisherigen, in vielfacher Hinsicht bewährten Systems mit dem neuen stattfinden wird. Bestenfalls entsteht damit eine Symbiose, die beide Prinzipen praxisgerecht vereint.

3.10 Biegen und Binden

Nach dem Rebschnitt und der Wartung der Drahtanlage steht als wesentliche Arbeit im Spätwinter oder zeitigen Frühjahr das Biegen auf dem Programm des Winzers. Biegen ist genauso wichtig für Erziehung, Stockform, Ertrag und Qualität wie der eigentliche Schnitt.

Richtiges Biegen ist bereits die halbe Miete

Manches Gewirr im Stockaufbau ist allein durch unsachgemäßes Biegen begründet. Die Fehler wirken sich ungünstig auf nachfolgende Stockarbeiten wie Ausbrechen und Heften aus. Folglich findet sich beim nächstjährigen Anschnitt kaum noch passendes Holz und der Stock gerät so endgültig außer Form. Der Stamm baut sich hoch, die Rute kann nicht mehr eng am Draht angelegt und somit kein gleichmäßiger Bogen ausgeformt werden.

Daher sind folgende Punkte zu beachten:

- Ein zielführender Rebschnitt erleichtert die Biegearbeiten wesentlich und ermöglicht gute solide Arbeit bei geringem Zeitaufwand. Beim Anschnitt sollte bereits darauf geachtet werden, in welche Richtung später gebogen wird. Gerade wenn die anzuschneidende Rute schon sehr hoch steht, sollten die untersten Internodien bereits in die angenommene Biegerichtung zeigen. Ansonsten ist die Bruchgefahr hoch, da die Rutenbasis stark geknickt werden muss. Aus diesem Grunde bergen überhöhte Stämme, die bis knapp an den Biegedrahtbereich reichen, ein deutlich erhöhtes Bruchrisiko. Dies gilt besonders bei der Flachbogenerziehung.
- Bei „schwierigen Fällen“ ist es vorteilhaft, die Rute vorher in sich leicht zu verdrehen. Dies wird als „Krächen“ der Rute bezeichnet. Dabei brechen Ruten innen längsseitig und Holzbrücken in den Knoten auf, ein wahrnehmbares Knacken ist zu hören. Dies schadet den Leitbahnen aber nicht. Vor allem dicke, kräftige Ru-

Abb. 170 Mit Bindezangen ist das Biegen sehr zeitsparend durchzuführen.

ten werden so geschmeidig und lassen sich besser biegen.

- Selbst wenn beim Biegen Ruten halbseitig brechen sollten, reichen die noch intakten Leitbahnen zur Versorgung in der Regel aus. Geschädigte Ruten sollten deshalb belassen werden. Allenfalls wenn eine Ersatzrute vorhanden ist, sollte die geschädigte Bogrebe entfernt werden. Tritt Rutenbruch auf, so kann die Rute des Nachbarstocks zum Überbrücken etwas länger belassen werden.
- Besteht beim Rebschnitt eine Auswahlmöglichkeit, sollten bei „Problemfällen" lieber etwas schwächere Ruten angeschnitten werden, die biegefreundlicher sind. Nützlich kann auch sein, statt eine sehr dicken Rute anzuschneiden, diese auf einen gut ausgebildeten Geiztrieb abzuleiten. Gerade bei mastigen Portugieserruten, aber auch bei Hagelnarben an der Hauptrute, kann so das Bruchrisiko deutlich vermindert und die Arbeitsgeschwindigkeit beim Biegen entsprechend erhöht werden. Auf das Krächen kann somit verzichtet werden.
- Wo Rutenbruch zu befürchten ist, sollte bereits beim Rebschnitt eine Ersatzrute angeschnitten werden. Dies gilt für alle Sorten, die im Allgemeinen bruchempfindlicher sind. Auch bei hochgebauten Stöcken ist eine Ersatzrute günstig, sollen Reben ohne Tragholz und Lücken in der späteren Laubwand vermieden werden.
- Falls in Weinbergen generell nur eine Rute angeschnitten wird, kann an etwa jedem 10. Stock eine 2. Rute als Ersatzrute eventuelle Lücken schließen. Diese

Vor dem Biegen: Drahtabstände anpassen und Drähte straffen

Viele ältere Anlagen haben aus heutiger Sicht „überholte" Biegedrahtabstände von 40 cm und mehr.
Insbesondere bei älteren Pendelbogenanlagen, die mit gut vermarktungsfähigen Sorten bestockt sind und günstige Gassenbreiten aufweisen, kann eine Änderung der Erziehungsart hin zum flachen Halbbogen aus betriebs- und arbeitswirtschaftlichen Gründen sehr ratsam sein. Voraussetzung sollte sein, dass das Draht- und Stickelmaterial noch weitgehend intakt ist und den heutigen Anforderungen, etwa der maschinellen Lese, vollauf genügt. Die Reben selbst sollten außerdem noch ausreichend vital sein, der Bestand also weitgehend frei von holzzerstörenden Pilzen (Esca, Eutypa) oder Rebvirosen und ohne große Fehlstellen sein. Ob ein zusätzlicher Zwischendraht eingezogen oder vorhandene Drähte verändert werden, hängt von den Pfählen und dem Zustand der vorhandenen Drähte ab.
Ein verkürzter Anschnitt, kombiniert mit einer günstigeren Fruchtholzformierung verbessert nicht nur die Traubenqualität, sondern wirkt sich auch positiv auf die Vitalität der Reben aus:

- Schwächliche Reben erholen sich, das Wachstum der Triebe wird begünstigt.
- Kräftigeres und günstiger stehendes Anschnittholz.
- Die verminderte Stockbelastung führt zu geringeren jährlichen Ertragsschwankungen durch Alternanz.

Bei der Flach- und Halbbogenerziehung entfällt das unzweckmäßige Einkürzen der Schnabeltriebe, da alle Triebe im Drahtrahmen untergebracht werden können, ohne dass Laubverdichtungen entstehen. Alternativ zur Änderung des Biegedrahtabstandes können die Triebe am abfallenden Bogenteil ausgebrochen oder schon beim Rebschnitt die oberen Augen geblendet werden.
Notwendig ist, dass die Biegedrähte vor oder beim Biegen gespannt werden. Ein entsprechender Spannschlüssel und einige Flickdrähte sollten immer mitgeführt werden, da bei den Wartungsarbeiten leicht ein abgeschnittener Draht übersehen wird oder alle Drähte reißen. Das erste Heftdrahtpaar wird vor dem Biegen abgelegt, besser noch vor dem Rebschnitt, oder in die zweithöchste Station oben in den Stickel eingehängt.
Stören die alten Pflanzstäbe, können diese in älteren Anlagen herausgezogen und wieder verwendet werden. Bleiben die Stäbe dauerhaft in der Anlage, so sollten sie nicht in die Triebzone einragen, sondern am Stammbindedraht möglichst enden. Sonst stehen sie bei den Stockarbeiten leicht im Weg.
Beim Biegen sollten auch Stammbindungen überprüft und gegebenenfalls ersetzt werden. Eingewachsene Stammbindungen werden gelockert beziehungsweise erneuert. Werden Bewässerungsschläuche neu eingezogen, so sollten diese nicht an bestehende Drähte, sondern an einen zusätzlichen Draht fixiert werden.

Stöcke sollten in ihrer Entwicklung kräftig genug sein. Bricht eine Rute ab, so wird zunächst die des Nachbarstocks zum Schließen der Lücke verwendet und die Biegerichtung solange geändert, bis ein Rebstock mit zwei Ruten folgt. Bei diesem werden beide Ruten angebunden, danach wird wieder in gewohnter Biegerichtung weiter gemacht. Manche flächenstarke Betriebe mit Fremdkräften schneiden nur in sehr gefährdeten Lagen und Sorten Ersatzruten an und entfernen nicht benötigte Ruten unmittelbar nach dem Biegen. Frostruten werden nur in kritischen Lagen bis zu den Eisheiligen belassen. Dies spart erheblich Arbeitszeit.

- Bruchgefährdete Sorten (Lemberger, Kerner, Cabernet Mitos, Acolon und Portu-

Abb. 171 Bei einem miserablen Stockaufbau können nur notdürftig Lücken beim Biegen geschlossen werden. Der Rutenbruch ist enorm.

gieser) sollten bei hoher Luftfeuchtigkeit gebogen werden. Leichter Nieselregen bietet hier optimale Bedingungen, die richtige Regenbekleidung sorgt trotzdem für Wohlfühlatmosphäre. Für eine gute Fingerfertigkeit sollte jedoch nicht zu kalt sein.

- Die Frostgefährdung von gebogenen Reben ist im Vergleich zu nur geschnittenen Reben unwesentlich erhöht. Unter arbeitswirtschaftlichen Zwängen, besonders wenn Personal in dieser Zeit nicht anders beschäftigt werden kann, können frostsichere Sorten durchaus schon in der Winterzeit bei milden Temperaturen gebogen werden. In der Regel erfolgt das Biegen aber von Februar bis April.
- Schwellen die Augen beim späten Biegen bereits an, ist die Gefahr des Abdrückens von Knospen recht hoch. Hier ist es günstig, noch einige Tage zu warten, bis die jungen Triebe etwas länger und stabiler sind. Dann sitzen sie fester auf der Rute. Vorausgesetzt wird aber, dass der Betrieb trotzdem rechtzeitig vor dem Austrieb möglichst fertig wird. Bei Bedarf können stehen gelassene Ersatzruten (Frost, Austriebsschäden) mit bereits weit angetriebenen Augen noch bis etwa Mitte Mai gebunden werden. Jedoch ist der Arbeitsaufwand dann erheblich höher und auch die Arbeitsqualität lässt etwas zu wünschen übrig. Schließlich ist aber jeder nicht erfrorene Trieb wertvoll und diese Arbeitszeit ist gut investiert.

Abb. 172 Wird am Steilhang bergauf gebogen, treiben die basalen Triebe oft schwach oder gar nicht aus. Daher sollte bei Steigungen über 30 % nach Möglichkeit bergab gebogen werden.

- In Steilhängen (über 30 % Hangneigung) wird oftmals bergab gebogen. Dies fördert den Neuaustrieb am Kopf durch Brechung der Apikaldominanz, da das Bogenende tiefer als der Kopfbereich liegt. Die Triebe am Kopf entwickeln sich so günstiger. Wird dagegen bergauf gebogen, werden die endständigen Schnabelruten im Wuchs begünstigt. Sie hangeln sich gerne an den Heftdrähten entlang, statt aufrecht in die Drähte zu wachsen. Bei leichtem Gefälle kann auch nach oben gebogen werden, dabei sind kaum Nachteile zu befürchten.

3.10.1 Halbbogen biegen

In allen mechanisierbaren Anlagen sollte darauf geachtet werden, dass die Ruten gut am Biegedraht anliegen und nicht seitlich in die Gasse ragen. Bei der Halbbogenerziehung sollten daher abstehende Ruten zunächst unter dem oberen Biegedraht auf die Gegenseite hindurch geschlauft werden, damit sie an zwei Stellenfest am oberen Biegedraht anliegen (siehe Abbildung 174). Dann werden sie umgebogen, ohne sie um den Draht zu wickeln. Durch einfaches oder doppeltes Wickeln am oberen Biegedraht entstehen die typischen „rechteckigen“ Pendelbögen mit stark abfallendem Bogenteil. Dies ist heute aber nicht mehr anzustreben.

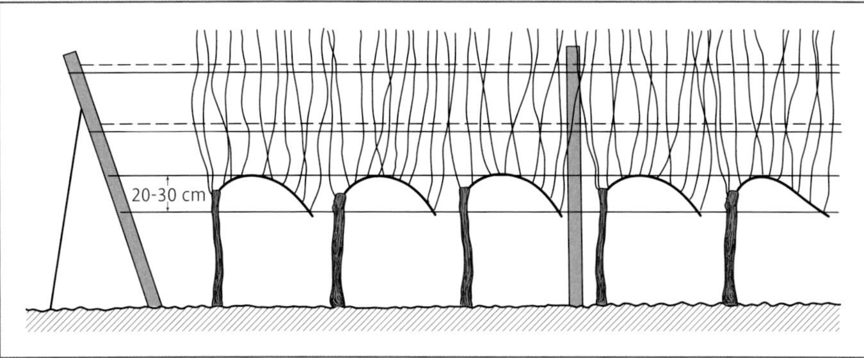

Abb. 173 Halbbogenerziehung schematisch.

„Schwierige Fälle“ werden mit der freien Hand an der beabsichtigen Knickstelle am Draht etwas angedrückt, um das Biegen zu erleichtern und Rutenbruch zu vermeiden. Durch Zug nach unten liegt die Bogrebe fest an, es ist lediglich eine Bindung am unteren Draht vonnöten. Unter der Bindestelle sollte lediglich ein Nodium als Halt belassen werden. Dieses unterste Auge kann auch geblendet sein, um dessen Austrieb zu verhindern. Alle tiefer überstehenden Augen werden am besten bei einem separaten Durchgang abgeschnitten. Abstehende Enden mit Augen können unter Umständen als Frostersatz zunächst belassen werden. Treten Augenausfälle durch Spätfrost ein, so kann der nach unten ragende Überstand wieder nach oben gebogen und ein zweites Mal am Draht fixiert werden, sodass eine kleine Welle entsteht. Beim Rückschnitt der Bogenüberstände sollte auch der Rebschnitt nochmals korrigiert werden. Überflüssige Ersatzzapfen werden entfernt oder eingekürzt.

Überlappende Bogreben sollten möglichst vermieden werden. Sie führen zu vorprogrammierten Triebverdichtungen, die beim Ausbrechen aufwendig bereinigt werden müssen. Bei der Einbogenerziehung sollte der Stickel am besten hinter den Stöcken und mit der offenen Stickelseite (bei Stahlpfählen) nach hinten stehen, sodass immer vom Stickel weg gebogen werden kann und die Triebe nicht so leicht in den Hohlraum des Stickels einwachsen können. Werden allgemein zwei Bögen geschnitten, schlägt man die Stickel mittig zwischen den Reben ein.

Einrisse an der Rutenbasis können weitgehend vermieden werden, wenn beim Schneiden etwas Überstand zur Schnittwunde belassen und bevorzugt über die Schnittwunde gebogen (also nicht von ihr weg) wird (siehe Abb. 113).

Bei der Einbogenerziehung auf ebenen Flächen sollten die Ruten immer in die Laufrichtung nach vorne gebogen werden. Dies kann bis zu 2 Stunden Arbeitszeit je Hektar einsparen. Es wird also immer jede zweite Zeile in die gleiche Richtung gebogen, die anderen jeweils entgegengesetzt. Auch beim Rebschnitt und Holzrausziehen sollte dieses Prinzip beibehalten werden. Es erleichtert die Entfernung der alten Bogreben. Zudem ist die Vollernterlese günstiger, wenn Biege- und Fahrtrichtung jeweils gleich sind.

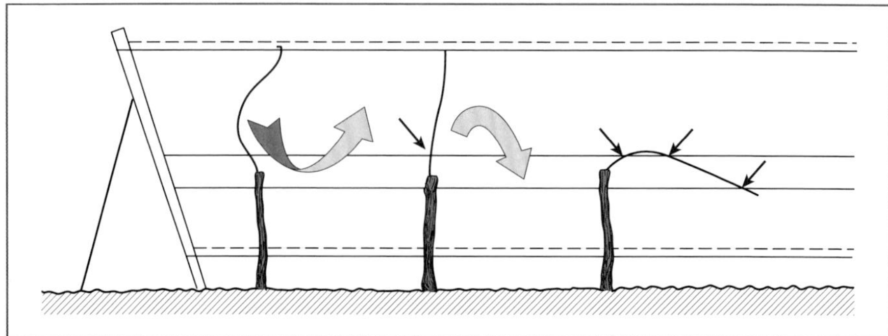

Abb. 174 Steht die Rute weiter vom Draht ab, wird sie zuerst auf die Gegenseite gelegt, sodass sie am Draht anliegt. Erst dann wird sie abwärts gebogen. Die schwarzen Pfeile zeigen die Berührungspunkte am Draht.

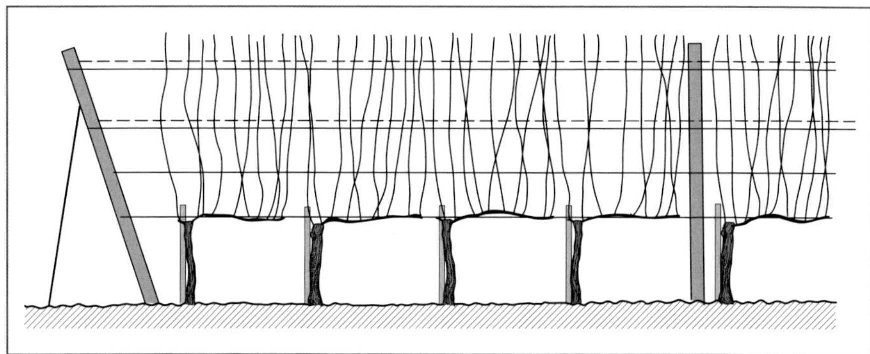

Abb. 175 Flachbogenerziehung schematisch. Der dauerhafte Pflanzstab dient als Stütze für den Stamm, alternativ kann ein zweiter Draht für die Stammbindung eingezogen werden.

3.10.2 Flachbogen

Bei der Flachbogenerziehung endet das Stämmchen etwa eine Handbreit unter dem Biegedraht. Zur Fixierung des Stämmchens wird entweder der Pflanzstab (in dem Fall aus verzinktem Stahl) in der Anlage belassen und dient als dauerhafte Stütze oder es wird ein separater Draht eingezogen, der lediglich zur Fixierung der Stämmchen dient. Der Biegedraht dient somit ausschließlich der Befestigung des Fruchtholzes. Beim Biegen der Flachbögen wird die Fruchtrute durch eine ein- bis zweimalige Wicklung fest am Draht fixiert und das Rutenende mit Bindematerial befestigt (z. B. Bindezange). Mit einer Hand sollte eine abstehende Rute vor der Wicklung zuerst an den Biegedraht gedrückt werden (am besten an der Knickstelle halten, das ist der erste Berührungspunkt der Rute am Draht). Mit der anderen Hand kann dann geschickt die Rute um den Draht gewickelt werden und sie liegt auf ganzer Länge an.

Abstehende Rutenabschnitte entstehen meist aus Sorge, die Rute könne brechen und so liegt oftmals der stammnahe Bogenteil nicht genügend fest am Draht an. Die

Abb. 176 Reichen die Stämmchen bis zur Biegedrahthöhe oder höher, ist das Biegen von Flachbögen ungeeignet, da die Bruchgefahr sehr groß ist.

anbindende Person scheut sich, die Rute an dieser Stelle entsprechend stark zu knicken oder zu drehen und die Wicklung erfolgt erst am Bogrebenende. Folglich steht der stammnahe Rutenteil mehr oder weniger in die Gasse hinein. Da beim Flachbogen alle Triebe senkrecht nach oben wachsen – beim Halbbogen wachsen dagegen die Triebe am abfallenden Bogenstück schräg nach vorne – kann etwas weiter zum nächsten Stock gebogen werden. Trotzdem sollten sich die Flachbögen benachbarter Reben nicht berühren oder gar endig überlappen.

Die Wicklung der Rute um den Draht bringt Stabilität und sorgt für dichtes Anliegen der Rute. Jedoch wird in manchen Fällen auf die Wicklung verzichtet und stattdessen die Rute flach auf den Draht aufgelegt und zweimal oder mehrmals mit der Bindezange befestigt. Dies kann vorteilhaft sein, wenn das Schnittholz maschinell ausgehoben werden soll, falls auf Kordonschnitt umgestellt wird oder um Drahtschäden durch die Elektroschere zu vermindern. Die Rute und die wachsenden Triebe erfahren so aber weniger Halt und es besteht Gefahr, dass sich die Rute vom Draht löst und sich absenkt.

3.10.3 Biegen bei geplantem Kordonschnitt

Sowohl der Flach- als auch der Halbbogen kann zur Wechsel- bzw. Dauerkordonerziehung umgestaltet werden. Soll in den Folgejahren auf Zapfen geschnitten werden, so ist auf die Haltbarkeit des Biegematerials zu achten. Bei Wechselkordon sollte die Haltbarkeit für mindestens 2 bis 3 Jahre gewährleistet sein. Metalldrähtchen der Bindezangen, die nach einem Jahr durchrosten oder aufgehen, sind daher ungeeignet. Papier ummantelte Drähtchen halten etwa 2 Jahre.

Wird der Kordonschnitt mehrere Jahre beibehalten, ist zudem darauf zu achten, dass sich die Bindung nicht einschnürt und der Kordonarm nicht in den Draht einwächst. Daher sollten Flachbögen, die für Flachkordon vorgesehen sind, möglichst oben auf den Draht aufgelegt (nicht umwickelt) und mit elastischem Bindeschlauch mindestens zweimal angebunden werden.

3.10.4 Die freie Welle, eine Alternative zum Halb- bzw. Flachbogen?

Die freie Welle ist eine Bogenerziehung, welche die Vorteile des Halbbogens und des Flachbogens miteinander vereint. Im Prinzip stellt sie einen umgekehrten, sehr flach auslaufenden Halbbogen dar.

Mittels zwei Bindungen wird die Fruchtrute schlangen- oder „s"-förmig am unteren und oberen Biegedraht fixiert. Eine hohe Stabilität der Bindung wird dadurch erreicht, dass zunächst die Fruchtrute am oberen Draht festgemacht wird. Dann wird sie etwa mittig an den unteren Biegedraht angeheftet. Durch die Spannung bleibt die Bindung sehr fest. Der Anteil an Rutenbruch ist etwas höher als bei einer normalen Bogenerziehung, vor allem wenn der Rebschnitt nicht auf die Erziehung ausgerichtet ist. Die Spannung in der Bogrebe verteilt sich gleichmäßig auf die Bogenlänge und wirkt nicht nur punktuell an einer Stelle. Weil gerade an der mittleren Bindung eine hohe Zugspannung anliegt, ist genügend festes Bindematerial erforderlich. Bewährt hat sich hier eine elektronische Bindezange mit stärkerem Bindedraht. Diese Erziehung, vom Entwickler Henry Barbey aus Landau-Godramstein als „freie Welle" bezeichnet, vereint gewisse arbeitswirtschaftliche und pflanzenbauliche Vorteile:

- Keine abstehenden Schnabeltriebe wie beim Halbbogen. Die endständigen Triebe wachsen recht aufrecht und können beim Drähtehochlegen optimal aufgeheftet werden.
- Rascher Bindevorgang, die Rute wird nur mittels zwei Fixierungen an die Drähte „getackert", keine Umschlingen am Draht erforderlich.
- Kein Umkippen der jungen Triebe, wie dies häufig beim Flachbogen der Fall ist. Daher müssen die Heftarbeiten nicht so termingerecht durchgeführt werden (vergleichbar wie bei Halbbogen).
- Eine recht lockere, wellenförmige Traubenzone, die Trauben hängen überwiegend frei herab, es entstehen keine so dichten „Traubenpakete" wie bei der Flachbogenerziehung. Besonders die Trauben der endständigen Triebe hängen freier ab als diejenigen am abfallenden Bogenteil eines Halb- oder Pendelbogens. Dies kommt der Traubengesundheit zugute.
- Weniger Windbruch, da die Triebe im „Wellental" geschützter sind. Besonders bei Dornfelder und Portugieser ist dies ein deutlicher Vorteil.
- Durch den zweimaligen Knick der Bogrebe wird die Apikaldominanz genügend gebrochen, sodass nur bedingt die Befürchtung zutrifft, dass die Reben am Stammkopf verkahlen. Starkwüchsige Reben treiben bei der Wellenerziehung am Stamm dünnere Ruten, was wiederum die Bruchgefahr für die Zukunft mindert.
- Auch nach Hagelschäden lassen sich meist noch kurze Stecker auf die wellenförmige alte Bogrebe anschneiden, die dann gut an den oberen Biegedraht fixiert werden können, ein Ausweichen auf Kordonschnitt bei Hagelnarben ist damit weniger zwingend.
- Problemsorten, die gerne zur Verkahlung neigen, bauen sich eher nach vorne als nach oben auf. Es entsteht weniger das Problem überhöhter Stämmchen als bei klassischer Erziehung, das Biegen und Heften ist nicht beeinträchtigt.
- Die Stammbindung am Kopf erfolgt gleich der Halbbogenerziehung, was für eine gute Stabilität des Stammes sorgt. Stöcke, die sich schlecht als Welle biegen lassen, können auch als Halbbogen gebogen werden.

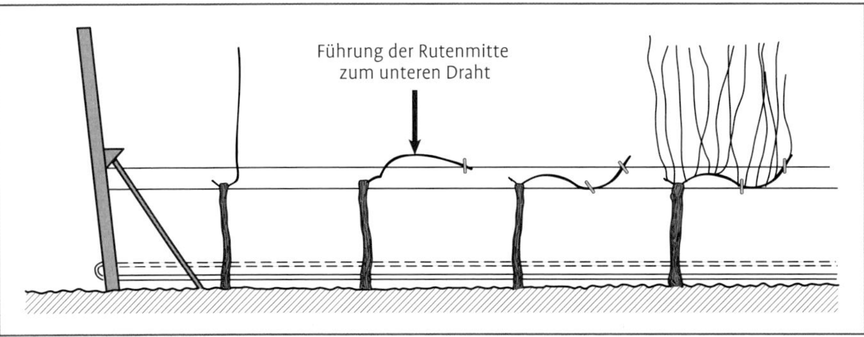

Abb. 177 Freie Welle schematisch.
Die Rute erweist sich als sehr elastisch, wenn zunächst das Ende am oberen Draht befestigt wird. Sie steht zunächst in der Mitte bauchig von den Drähten ab. Durch Herabziehen des Rutenmittelteils entsteht eine überwiegend gleichmäßige Belastung auf der ganzen Rutenlänge, die Bruchgefahr ist nicht höher als beim Flachbogen. Lediglich an der Basis am Stamm kann die Rute stärker abknicken. Diese schärfere Knickstelle schadet der Nährstoffversorgung nicht. In etwa der Mitte der Rute erfolgt nun die zweite Bindung an den unteren Biegedraht. Die Bogrebe steht nun unter Spannung und liegt dabei eng am Drahtrahmen an. Sind gleichzeitig die Stämmchen dauerhaft befestigt, halten drei Bindungen die Rebe fest in Form und Position.

- Die Biegedrähte stören weniger beim Anschnitt der Fruchtruten und beim Ausheben des Altholzes, da im Vergleich zum Flachbogen keine alten Bogreben um den Draht gewickelt sind.
- Die Erziehung kann gezielt eingesetzt werden, um zu mastig gewordene Anlagen im Wuchs zu bremsen, da ein etwas längerer Anschnitt möglich ist und die Wuchskraft vorwiegend in die vorderen Augen schießt. Die Ruten der basalen Augen werden somit schwächer, was für den nächstjährigen Anschnitt vorteilhaft sein kann (dünnere Anschnittruten, weniger Bruch, kürzere Internodien). Auch Lücken und Fehlstellen lassen sich gut mit dem System ausgleichen.

Anschnitt, Holz entfernen und Biegen bei freier Wellenerziehung

Nachfolgend ist die Vorgehensweise des Betriebs Barbey beschrieben. Entwickler Henry Barbey hat die Arbeitsschritte „Rebschnitt, Altholz entfernen und Biegen“ mit dieser Erziehung so gestaltet, dass Arbeitszeit in erheblichem Umfang eingespart werden kann, ohne dass Vorschneider zur Altholzentfernung zum Einsatz kommen. Somit erfolgen effektive Kosten- und Arbeitszeiteinsparungen und keine weitgehende Substitution von eingesparten Arbeitskosten durch höhere Maschinenkosten.

Zunächst werden die beiden Heftdrahtpaare maschinell mittels selbst konstruierter Drahtaushebung ausgehängt und stammnah in den Gassen abgelegt. Durch sogenannte starre Endeisenrohrbügel, je einer pro Heftdrahtpaar, lassen sich auch die Drähte am Endpfahl mit Schrägstrebe auf den Boden ablegen, sodass das einjährig ge-

Abb. 178 Das Rebholz kann bei der freien Welle fast komplett mit einem Zug ausgehoben werden.

wachsene Holz komplett frei steht. Diese Bügel verhindern auch, dass Drähte vertauscht werden können oder dass lose Drahtenden auf dem Boden liegen bleiben, wie dies bei üblichen Kettchen leicht passiert.

Der Anschnitt und das Ausheben erfolgen nun in einem Arbeitsgang von einer oder zwei Personen in der Zeile. Arbeiten zwei Arbeitskräfte gleichzeitig, stehen sie sich in der Rebzeile gegenüber, wobei eine Person mit der Elektrorebschere anschneidet und einen Teil des Holzes auf ihrer Seite aushebt. Die zweite Person zieht parallel das Holz auf die Gegenseite heraus. Die alte Bogrebe kann vielfach komplett mitsamt dem einjährigen Holz als Ganzes herausgezogen werden, da sich zum einen die verwendeten Bindedrähte gut lösen und zum anderen keine störenden und verrankten Heftdrähte mehr vorhanden sind. Das Ausheben gestaltet sich also wesentlich einfacher als bei herkömmlicher Bogenformierung. Lediglich dort, wo sich Triebe kreuzen oder in sich verrankt haben, muss beim Ausheben des Holzes nochmals nachgeschnitten werden.

In der Regel wird eine Rute pro Rebe angeschnitten. Bei sehr bruchempfindlichen Sorten, vorhandenen Hagelnarben oder falls die Rute am Ansatz ungünstig steht, bleibt noch eine zweite Ersatzrute zur Sicherheit stehen. Wichtig ist bei der Auswahl der Zielrute aber, dass diese bereits an der Basis in die beabsichtigte Biegerichtung steht, ansonsten kann sie an dieser Stelle stark abknicken und brechen. Somit sollte statt der stammnahsten eher eine höher positionierte, jedoch bereits in Biegerichtung stehende Rute angeschnitten werden. Da bei dieser Bindetechnik die Rute im Vergleich zu Halbbogen weder um den Biegedraht geschlagen werden muss noch im Vergleich zum Flachbogen um den Draht gewickelt wird, stören längere Enden oder „ungeputzte“ Ruten nicht weiter beim Anbinden. Somit kann das Ablängen der Ruten auch noch in einem separaten Arbeitsgang erfolgen, wie dies in der Regel im Betrieb Barbey von einer Aushilfskraft erledigt wird. Zum Binden wird das akkubetriebene Pellenc Bindegerät AP 25 mit sogenanntem Standardband (brauner kunststoffummantelter Bindedraht) eingesetzt. Das weiße Bioband, das schneller verrottet, hat sich hierzu nicht bewährt, da die Bindungen oft im Laufe der Vegetation wieder aufgehen.

Laut Auskunft von Henry Barbey kann von einer Arbeitszeitverringerung von 30 bis 50 % im Vergleich zur herkömmlichen Bogenerziehung für die Stockarbeiten Rebschnitt, Ausheben und Anbinden ausgegangen werden. Insbesondere das Ausheben des Altholzes ist sehr beschleunigt. Zwar ergibt sich für die zweite Rutenbindung ein

Abb. 179 Die Freie Welle stellt eine interessante Alternative der Bogrebenerziehung dar.

Mehrkostenanteil von etwa 40 € je Hektar an Material und anteiligen Gerätekosten (nach Walg 2005). Ein höherer Zeitaufwand zum Halbbogen ergibt sich nach Aussage von Henry Barbey aber nicht, da sich die Bogrebe dieser Erziehung leichter und schneller an den Draht anlegen lässt als dies bei der Halbbogen- oder Flachbogenformierung der Fall ist. Dies gilt aber nur beim Einsatz von automatischen Bindezangen. Die beiden Bindungen können mit der Zange sehr effizient durchgeführt werden, da eine Hand frei für den Biegevorgang ist. Bindeklammern bzw. Bindedrähtchen sind für die Erziehung ungeeignet, der Bindevorgang wäre zu unhandlich.

Winzer Henry Barbey biegt seine Reben seit einigen Jahren komplett nach diesem System und bestätigt bei gleich bleibendem Ertrag eine höhere Mostgewichtsleistung im Vergleich zur Halbbogenerziehung, die offensichtlich von dem verbesserten Blatt-Frucht-Verhältnis herrührt. Nach seinen Angaben kann auch ein positiver Einfluss auf den Gesundheitszustand der Trauben ausgemacht werden.

Ausblick

Die positiven Praxiserfahrungen, die bisher im Betrieb Barbey mit diesem System gewonnen wurden, sind es wert, die so bezeichnete freie Wellenerziehung umfassender zu erproben. Sie stellt eine Alternative zu den bisher gängigen Bogenformierungen dar. Erste Versuche am DLR-Rheinpfalz bestätigen die pflanzenbaulichen Vorteile. Eine höhere Mostgewichtsleistung ergab sich in einem Versuch bei der Sorte Riesling.

Da eine Umstellung und gegebenenfalls Rückumstellung ohne nennenswerten Aufwand erfolgen kann, ergibt es für den Praktiker Sinn, dieses System zunächst einmal an einigen Zeilen auszutesten und eigene Erfahrungen damit zu sammeln. Eine weitere Frage ist, inwieweit diese Erziehung für das maschinelle Ausheben des Rebholzes geeignet ist. Im Vergleich zur Halbbogenerziehung wachsen keine endständigen Schnabeltriebe gabelförmig am unteren Biegedraht (Stammhaltedraht) ein, was das maschinelle Ausheben erleichtern sollte.

Tab. 7 Vergleich Halbbogen und freie Welle bei Riesling (DLR Rheinpfalz, Gimmeldinger Kieselberg, 2011)

	Ertrag	Mostgewicht	Mostsäure
	kg/a	°Oe	g/l
Halbbogenerziehung	82,5	91	7,7
Freie Wellenerziehung	78,7	95	6,6

3.10.5 Bindematerialen und Geräte

Verbreitet sind sowohl mechanische als auch Elektro-(Akku-)Bindezangen, die mit Drahtspulen als Bindematerial arbeiten. Mit etwas Übung können diese Geräte sehr handlich und zeitsparend genutzt werden. Der Spulenwechsel (Einsetzen der neuen Drahtspule und Einfädeln) ist teils etwas umständlich. Auch wenn „Spulensalat" entsteht, sind Aushilfskräfte damit anfangs oft überfordert. Nachteilig gegenüber Bindekordeln ist, dass immer nur eine Hand frei ist – gerade wenn noch eine Rebschere mitgeführt wird. Damit die Werkzeuge zwischenzeitlich nicht abgelegt oder eingesteckt werden müssen, können diese auch mit einem entsprechend langen Kettchen oder einer Schnur an der Arbeitskleidung oder am Handgelenk befestigt werden.

Tab. 8 Bindezangen am Markt

Modell	Firma
LEA 30.s **Belibinder** **Attalink**	**Seibert Gerätebau**
A3M v2	**INFACO s.a.s.**
FIXION 2	**Pellenc GmbH**
Ligatex	**Vertrieb in Deutschland über** ALBrecht GmbH Baywa
Ligapal	**Vertrieb in Deutschland über** Wurth Pflanzenschutz GmbH
Max Bindezange HT-R	**KME-AGROMAX GmbH**

Angaben ohne Gewähr auf Vollständigkeit, Stand 2018

Betriebe, die überwiegend mit wechselnden Aushilfskräften arbeiten, bevorzugen in der Regel mehrfach verwendbare Draht- oder Kunststoffklammern bzw. Einwegpapierdrähtchen. Hierbei ist die Anlernzeit der Aushilfen kürzer, vor allem müssen nicht mehrere teure und empfindliche Zangen bereitgehalten werden. Biegen familieneigene Kräfte oder Festangestellte, werden eher mechanische oder akkubetriebene Bindezangen bevorzugt.

Traditionelle **Bindeweiden**, die früher häufig auch selber gezogen und verlesen werden, werden hauptsächlich noch von älteren Winzern verwendet. Auch einige Ökobetriebe setzen dieses natürliche Material aus Gründen der Nachhaltigkeit und rückstandsloser Verrottung bevorzugt (wieder) ein. Die Materialkosten sind bei zugekaufter Ware allerdings recht hoch, auch das Gewicht der Weidenbündel ist nicht gerade rückenschonend. Bindeweiden müssen stets feucht gehalten werden, sie dürfen nicht austrocknen. Daher stellt man sie in Wasserbütten oder hält sie regelmäßig unter Plane feucht. Es sollten nicht mehr Weiden angeschafft werden als nötig, denn sie können nicht überlagert werden und treiben bei zu warmer Lagerung aus. Zum Anbinden junger Stämmchen können Weiden ebenfalls verwendet werden. Sie wachsen nicht ein und sind sehr elastisch.

Abb. 180 Die traditionelle Weidenbindung ist vor allem bei älteren Winzern noch beliebt. Im Zuge der Nachhaltigkeitsdiskussion von Plastikmüll im Weinberg stellt sie ein sehr umweltfreundliches Verfahren dar.

Abb. 181 Junge Stämmchen lassen sich mit Weiden gut formieren und gerade ziehen. Die Bindung wächst nicht ein, da die Weiden bald verrotten.

3.10.6 Kosten

Es sind weniger die Materialkosten als vielmehr die Arbeitskosten, die über die Wirtschaftlichkeit der Bindemethode entscheiden. Die Materialkosten liegen zwischen 10 und 60 € je Hektar, je nach Material und Anzahl der Bindungen bzw. Bögen. Dagegen streuen die Arbeitsstunden zwischen 15 und 50 Stunden pro Hektar.

Hier spielen auch individuelle Unterschiede eine große Rolle. Nicht jeder kann sich mit verschiedenen Bindematerialien und Biegeformen gleich gut anfreunden. Auch die Qualität der Bindungen sollte letztlich stimmen; daher ist die billigste Bindung nicht unbedingt die preiswerteste.

Ein weiterer wichtiger Faktor ist das leichte Lösen der Bindung beim Rebschnitt. Als sehr vorteilhaft haben sich Bindungen erwiesen, die einfach mit der alten Bogrebe abgerissen werden können. Muss jeweils geschnitten oder die Klammer manuell gelöst werden (Bindeklammern, Weiden oder Papierdrähtchen), ist das entsprechend aufwendiger. Auch durch hohe Traubengewichte (Dornfelder, Trollinger, Müller-Thurgau) lösen sich schwache Bindungen vor der Lese mit der Konsequenz, dass der vordere Bogenteil mitsamt den Trauben absacken kann (hauptsächlich bei Pendelbögen mit eingekürzten Trieben). Für Bindezangen ist deshalb auch stärkerer Spulendraht erhältlich, um diese Schäden zu vermeiden.

3.11 Ausbrechen

Mit dem Austrieb treiben nicht nur Augen an der Rebe aus, die bewusst angeschnitten wurden, sondern auch Augen, die als Triebe aus Sicht des Stockaufbaus, der Traubenqualität und des Ertrags unerwünscht sind. Dies sind im wesentlichen Triebe aus schlafenden Augen (unfruchtbare Wasserschosse aus den Adventivknospen des Altholzes) und Doppel- bzw. Mehrfachtriebe aus den Augen. Jungreben werden im zweiten Standjahr bis auf Stammhöhe ausgebrochen. Pflanzreben werden frühzeitig nach dem Austrieb auf einen Trieb vereinzelt – dieser bildet später den Stammtrieb.

Als Ausbrechen wird im Allgemeinen das Entfernen (manuell, maschinell oder chemisch) grüner Triebe bezeichnet. Regional spricht man dabei auch vom „Putzen" der Stämme oder Köpfe, auch „Schabigen" oder „Ausschabigen" sind Begriffe für diese Tätigkeit im deutschsprachigen Raum Südtirols. Das Vereinzeln grüner Triebe an der Bogrebe wird allgemein auch als Triebzahlreduktion oder die Entfernung von Doppeltrieben bezeichnet, der Begriff „Ausbrechen" umfasst aber alle Formen der Triebregulierung im grünen Zustand.

Diese geschieht in der Regel, solange die Triebe noch nicht verholzt sind, also einige Tage bis Wochen nach dem Austrieb. Verholzte Triebe werden in der Vegetation nur noch in Ausnahmefällen abgeschnitten, etwa im Rahmen einer Grünlese als traubentragende Kurztriebe oder als bereits verholzte Stammtriebe. Das Ausbrechen bedeutet für den Winzer, dass jährlich ein termingerechter Eingriff in das Wuchsgeschehen der Rebe erfolgen muss. Dies kann bedauert werden, auf der anderen Seite ist das Regenerationsvermögen der Rebe aus Stammtrieben von Vorteil – etwa wenn Reben aus solchen Trieben neu aufgebaut oder verjüngt werden müssen. Bei nicht selektiven Schnittsystemen wie Minimalschnitt ist das Ausbrechen auf den basalen Stamm beschränkt, bei selektiven Schnittsystemen werden zusätzlich die Anschnittruten und Stammköpfe ausgebrochen.

Beim Putzen der Stämme werden sämtliche Stammtriebe, sofern sie nicht der Verjüngung der Rebe dienen sollen, komplett entfernt. Oft sind mehrere Durchgänge nötig, da Triebe übers Jahr nachwachsen können. Es hängt sehr von der Sorte ab, wie stark der Austrieb am Altholz stattfindet. Auch der Energiestatus und das Alter der

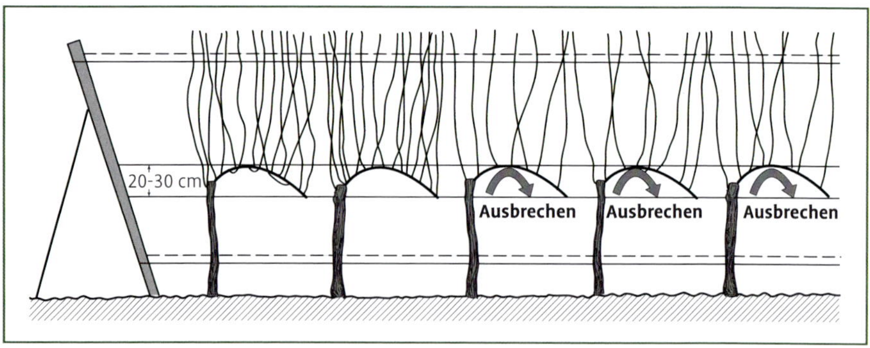

Abb. 182 Durch eine Triebzahlregulierung findet eine Korrektur des Rebschnitts statt. Die Einzeltriebe an Ruten mit engen Internodien erhalten so mehr Licht und Platz.

Rebe spielen eine Rolle, wie triebig die Reben sind.

Das Ausbrechen kann bückend von Hand mit einem stabilen Handschuh erfolgen; auch sogenannte Ausbrecheisen oder langstielige Bürsten werden hierfür eingesetzt und ersparen das Bücken. Maschinell erfolgt das Ausbrechen mit rotierenden Bürstensystemen als Anbaugerät am Mulcher oder am Kultivator. Auch ein chemisches Ausbrechen am Stamm mit Abbrennern ist möglich, aber abhängig von der Zulassungsbeschränkung bestimmter Sorten und dem Rebenalter der jeweiligen Präparate. Hochstammreben, also Reben die im mittleren oder oberen Stammbereich veredelt sind, erweisen sich beim Ausbrechen am Stamm als vorteilhaft.

Durch die Blendung der Unterlagenaugen bei der Hochstammrebenherstellung werden alle Augen komplett entfernt. Damit bilden sich auch zukünftig keine schlafenden Augen mehr aus. Somit bleibt der untere Stammteil in aller Regel dauerhaft ohne Austrieb. Falls sich aber vereinzelt doch wieder Unterlagenausschläge bilden sollten, sind diese so stammnah wie möglich zu entfernen. Dies gilt auch für Ausschläge unterhalb der Veredlung am Boden bei herkömmlichen Pflanzreben. Wird dies versäumt oder unzureichend durchgeführt, so bilden sich dort immer wieder neue Unterlagsausschläge (siehe Abb. 183).

3.11.1 Ausbrechen am Kopf

Hauptaspekt des Ausbrechens am Kopf ist, gut positioniertes Anschnittholz für das Folgejahr zu generieren. Wasserschosse werden erhalten, sofern sie für den Stammaufbau notwendig sind. Die belassenen Triebe sollten beim Ausbrechen nicht verletzt werden. Reißen sie teilweise ab, verwächst der Wasserschoss nicht mehr richtig

Abb. 183 Bei Hochstammreben entfällt das Ausbrechen des unteren Stammbereichs während der Standzeit der Anlage. Lediglich einzelne Unterlagenausschläge können sich manchmal bilden und müssen entfernt werden.

an der Basis. Alle Triebe, die beim Ausbrechen entfernt werden, sind direkt an der Basis abzutrennen. Bleiben grüne Stummel zurück, treiben diese meist mehrfach wieder aus. Schon längere, an der Basis verholzende Triebe, sollten besser abgeschnitten als abgerissen werden.

Der Austrieb aus Zapfen bleibt grundsätzlich stehen. Treiben jedoch mehr Triebe aus dem Zapfenauge als vorgesehen aus, so werden die weniger günstig stehenden entfernt. Wo ein exakter Rebschnitt (sauberer Rückschnitt im Kopfbereich, nur einäugige Ersatzzapfen, keine überbogenen Ruten) erfolgte, ist die Ausbrecharbeit überschaubarer, sofern sie frühzeitig genug gemacht wird. Oft wird gerade dort das Ausbrechen, versäumt, wo es aufgrund eines unsauberen Rebschnitts besonders angebracht wäre. Ge-

Abb. 184 Kopf mit vielen wilden verholzten Trieben (Rebsorte Baron). Der Rebschnitt wäre erleichtert, wenn diese bereits im grünen Zustand ausgebrochen worden wären.

Abb. 185 Wasserschosse am Kopf sollten belassen werden, falls sie zum Stockaufbau dienen können.

gebenenfalls ist es sinnvoll, eine Rebschere mitzuführen, um beim Ausbrechen noch nacharbeiten zu können. Bei den Heftarbeiten sowie beim folgenden Winterschnitt kann ein Teil der Zeit wieder eingespart werden. Vor allem die Übersicht beim Folgerebschitt am Stock wird so begünstigt, die Auswahl der Ruten erheblich erleichtert. Auf die Besonderheiten beim Ausbrechen bei der Methodik des Sanften Rebschnitts wird im Kapitel 3.9 ausführlich eingegangen.

3.11.2 Kümmer- und Doppeltriebe entfernen

Für viele qualitätsorientiert arbeitende Betriebe ist es zu einer Selbstverständlichkeit geworden, zu dicht stehende und vor allem in der Entwicklung gehemmte Kurz- oder Kümmertriebe beim Ausbrechen frühzeitig zu entfernen.

Kümmertriebe, die beim Austrieb schon einen gehemmten Wuchs zeigen, bleiben auch in ihrer weiteren Entwicklung zurück. Sie stammen aus unterentwickelten Triebanlagen und sind schon im 5-Blatt-Stadium recht gut von Normaltrieben zu unterscheiden. Sie haben ein bis zwei gut ausgebildete basale Blätter, tragen meist ein bis zwei Gescheine und zeigen schon sehr früh eine verkümmernde oder absterbende Triebspitze. Mit einem geschulten Auge und etwas Erfahrung können Kümmertriebe leicht erkannt und frühzeitig entfernt werden.

Eine Triebzahlreduktion bei engknotigen Sorten schafft die Voraussetzung für eine leistungsfähige, hohe und schlanke Laubwand und korrigiert zu hohe Augenzahlen beim Anschnitt. Im Einzelnen bedeutet dies: Pro Meter Zeilenlänge nicht mehr als 9 bis 13 Triebe belassen, die etwa gleichmäßig verteilt sein sollten, sodass jeder Trieb optimale Entwicklungsbedingungen (Abtrocknung und Belichtung) erhält. In der Traubenzone sollten keine Verdichtungen entstehen.

Folgearbeiten wie ein moderates Entblättern der Traubenzone, eventuell eine Grünlese sowie eine selektive Handlese werden ebenfalls erleichtert, wenn durch Triebreduktion bereits Vorarbeit geleistet wurde.

Doppeltriebe

Burgundersorten neigen besonders dazu, dass sich aus einer Winterknospe zwei oder gar drei vollwertige Triebanlagen bilden.

Abb. 186 Kümmertriebe, die früh eine verkümmerte Triebspitze zeigen, sollten möglichst bald nach dem Austrieb entfernt werden.

Die Rebe ist durchaus in der Lage, mehrere Triebe aus einer Winterknospe ausreichend mit Wasser und Nährstoffen zu versorgen, sodass sich bis zum Herbst daraus kräftige Ruten mit gut ausgebildeten Trauben entwickeln können. Der knappe Faktor ist aber meist das Lichtangebot. Es muss beim Ausbrechen jedoch nicht jeder Doppeltrieb penibel gefunden und vereinzelt werden, manchmal haben beide Triebe genug Platz zur Entwicklung. Zeitsparender und zielgerichteter ist es, gezielt die Triebe zu entfernen, die bei der späteren Heftarbeit Probleme bereiten können: also Triebe, die zur Gasse hin, nach unten oder in die Bogrebe hinein wachsen. Besonders Triebe in übergerteten Bogrebenbereichen, wo Verdichtungen quasi schon vorprogrammiert sind, sollten entsprechend reguliert werden.

Abb. 187 Doppeltriebe und Mehrfachtriebe sind bei Burgundersorten recht zahlreich.

Abb. 188 Eingekürzte Schnabeltriebe führen bei der Pendelbogenerziehung zu einem völlig unzureichenden Blatt-Frucht-Verhältnis.

Schnabeltriebe: Stehen lassen oder entfernen?

Als Schnabeltrieb oder Schnabelrute werden die endständigen Triebe der Bogrebe bezeichnet. Schnabeltriebe sind in der Regel zum Austrieb gut entwickelt und tragen einen höheren Gescheins- bzw. Traubenansatz als der Triebdurchschnitt. Dies hängt mit der höheren Augenfruchtbarkeit apikaler Knospen zusammen. Die Schnabeltriebe sind deswegen vor allem bei der Pendelbogenerziehung in Verruf geraten, da sie ein äußerst ungünstiges Blatt-Frucht-Verhältnis aufweisen, wenn sie ab der letzten Traube gekappt werden. Im Extremfall kommen so auf fünf Blätter drei Trauben (siehe Abb. 188). Die Folge ist eine stark verzögerte Reifeentwicklung dieser Trauben. Bei der heute üblichen Halbbogenerziehung mit Biegedrahtabständen von 20 bis 30 cm und dem Anschnitt einer mittellangen Bogrebe können hingegen die Schnabeltriebe gut als Langtriebe aufgeheftet werden, ohne dass dabei Laubwandverdichtungen entstehen. Aufgeheftet sind die Schnabeltriebe durchaus wertvolle Triebe mit guter Assimilatversorgung der Trauben. Eine Entwicklungsverzögerung der Trauben ist somit nicht mehr gegeben, selbst wenn an der Basis entblättert wird.

In Fällen, wo ein Aufheften der Schnabeltriebe nicht erfolgen kann, sollten diese schon beim Ausbrechen gänzlich entfernt werden. Dies erleichtert die spätere Heftarbeit und das Ausdünnen erheblich.

3.11.3 Wann ist der optimale Ausbrechtermin?

Um die Wunden klein zu halten und den Reservestoffhaushalt der Rebe zu schonen, sollte das Ausbrechen möglichst frühzeitig erfolgen. Optimal ist das 3- bis 5-Blatt-Stadium. Die Triebe sind noch wundarm zu entfernen und der Stock übersichtlich. Der Arbeitszeitaufwand ist dann am geringsten.

Bei einem späteren Termin leidet die Übersicht, es entstehen größere Wunden, was sich vor allem in Junganlagen im Stammbereich nachteilig auswirkt. Außerdem wird der Reservestoffhaushalt strapaziert, da größere Blattmassen entfernt werden, deren Aufbau der Rebe Kraft kostete. Ein zu früher Termin erfordert hingegen oftmals Nacharbeit, da noch viele Beiaugen austreiben. Teilweise wird auch schon beim Rebschnitt das Blenden einzelner Augen praktiziert. Dies sollte sich aber allenfalls auf das Schnabelauge bei der Halb- oder Pendelbogenerziehung beschränken, sonst könnte die Rute selbst sehr leicht verletzt werden und leichter brechen.

Da nach dem Ausbrechen noch immer ein Triebverlust durch Windbruch oder Spätfrost zu befürchten ist, sollte an windoffenen Standorten und in klassischen Maifrostlagen entsprechend zurückhaltend vorgegangen werden. Falls Heftdrahtausleger als „Windstütze“ vorhanden sind, ist die Problematik des Windbruchs etwas entschärft, auch mit dem Heften kann länger

Abb. 189 Erfolgt das Ausbrechen zu spät, leidet die Übersicht am Stock und die Arbeit gestaltet sich mühselig und aufwendig.

zugewartet werden. Dornfelder, Müller-Thurgau und Portugieser gelten als besonders bruchempfindlich, hier sollten nur sehr moderat, am besten beim ersten Heften, Triebe entfernt werden.

Bei wüchsigen Anlagen und Sorten hat eine stärkere Triebreduzierung ein übermäßiges Dickenwachstum der verbleibenden Triebe zur Folge. Dies kann wiederum zu übergroßen und kompakten Trauben (Fäulnis) führen und für das Folgejahr eine höhere Bruchgefahr beim Biegen bedeuten.

Je engknotiger und schwachwüchsiger eine Rebanlage ist, umso stärker und frühzeitiger sollte ausgebrochen werden. Dies gilt auch für Junganlagen im Stockaufbau sowie für regelmäßig trockengestresste Anlagen, deren Triebwachstum so gefördert und stabilisiert werden kann. Auch bei vorjähriger Ertragsüberlastung und darauf folgender Schwächechlorose ist ein frühes Ausbrechen wuchsfördernd. Die belassenen Triebe entwickeln sich kräftiger.

Die Vorbereitungen zur Heftung (Ausleger aufklappen, Heftklammern lösen sowie Heftdrähte ablegen) können mit dem Ausbrechen erfolgen. Zudem sollten vor dem Ablegen der Drähte die Gassen gemulcht bzw. eben bearbeitet werden, damit die Drähte nicht einwachsen bzw. beim Bearbeiten stören. Es läuft sich so auch leichter als im hohem Bewuchs oder auf Erdschollen.

Das Ausbrechen ist mit einem Arbeitszeitbedarf von etwa 10 bis 20 Stunden pro Hektar eine effektive Methode:

- Um für eine gute Durchlüftung und Abtrocknung der Anlage zu sorgen und damit Pilzkrankheiten anbautechnisch vorzubeugen.
- Zur Qualitätssteigerung und Zuckereinlagerung: Durch bessere Belichtung der Blätter und Trauben und durch Bildung von ausreichend wüchsigen Langtrieben (optimales Blatt-Frucht-Verhältnis).

Zur Erzeugung von Premiumqualität bei gezügeltem Wuchs nicht mehr als 9 bis 13 Triebe pro Meter Zeilenlänge belassen! Eventuell Maßnahmen zur Traubenauflockerung (Bioregulatoren, Abstreifen zur Blüte) unterstützend einsetzen.

4 Schnitt in Junganlagen (1. bis 3. Jahr)

Beim Schnitt junger Reben steht der Stockaufbau im Vordergrund und erfordert entsprechende Fachkenntnis. Mehr noch als bei Vollertragsreben muss jeder Stock individuell behandelt werden. Die häufig anzutreffenden erheblichen Wuchs- und Entwicklungsunterschiede der jungen Reben machen dies erforderlich. Gravierende Fehler, wie ein zu hoher Anschnitt führen zu vorzeitiger Erschöpfung durch Überlastung.

Zur richtigen Einschätzung, wie viele Augen bzw. Triebe einer jungen Rebe problemlos zugemutet werden können, bedarf es einiger Erfahrung. **Im Zweifel gilt – weniger ist mehr.**

Meist werden zweijährige Reben, die nur wenige, jedoch mastige Sommertriebe ausgebildet haben, in ihrer Wuchsleistung überschätzt und im Folgejahr zu stark angeschnitten. Die Konsequenz bei guten Blütebedingungen und längeren Trockenphasen im Folgesommer ist, dass der Wuchs schlagartig einbricht und die Holz- und Traubenreife darunter leidet. Unter extremen Umständen können Stöcke sogar zugrunde gehen. Weniger überlastete Reben zeigen in den Folgejahren Augenausfälle und Kümmerwuchs, häufig in Verbindung mit Überlastungschlorose. Nur eine frühzeitige und starke Stockentlastung durch Ausdünnen sowie ein Rückschnitt auf lediglich einen längeren Zapfen oder Strecker im Jahr darauf, lassen solchermaßen gestresste Reben wieder wuchskräftig werden.

Neben einer Überlastung kann auch ein wohlwollend zu kurzer Anschnitt ab dem dritten Jahr das Wuchsgleichgewicht bei Jungreben nachhaltig stören und eine Unterlastung bewirken, wodurch die Reben besonders in den Anfangsjahren zu starkwüchsig werden. Folge davon ist kräftiges, schwammiges Holz mit sehr weiten Internodien, das besonders bruchempfindlich beim Biegen und ungünstig für den Stamm- und Stockaufbau ist. Die (wenigen) Trauben ertragsunterlasteter Stöcke sind in der Regel schwer und kompakt, sie werden daher leicht Opfer des *Botrytis*-Pilzes oder anderer Sekundärfäulen.

Auf tiefgründigen und gut mit Wasser versorgten Böden kann während der Vege-

Abb. 190 Diese Jungrebe mit überlangem Anschnitt ist sichtlich überfordert.

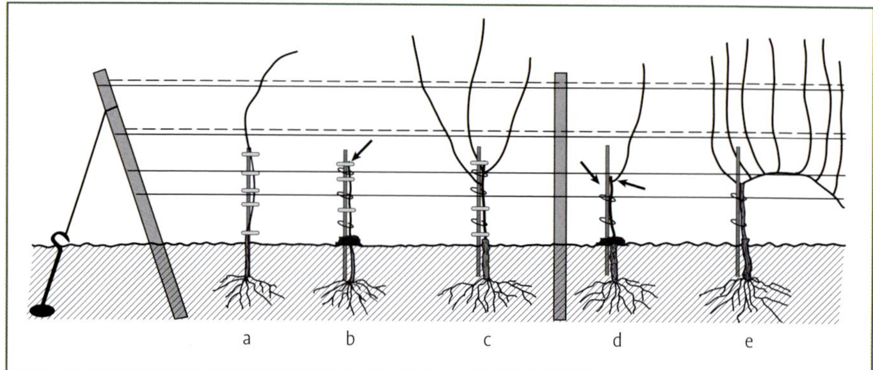

Abb. 191 Schematischer Aufbau einer Jungrebe bei Halbbogenerziehung im ersten und zweiten Jahr. a) erster Winter vor dem Schnitt, b) nach dem Schnitt; c) zweiter Winter vor dem Schnitt, d) nach dem Schnitt; e) dritter Winter vor den Schnitt. Die schwarzen Pfeile zeigen die Schnittstellen an.

tation mit Kurzzeitbegrünungen oder der Einstellung der Bodenbearbeitung im Spätsommer entgegengewirkt werden. Die Stickstoffdüngung und -verfügbarkeit sind neben dem Wasserangebot die entscheidenden Stellschrauben im System; beide müssen gedrosselt werden. Bei jungen Reben ist die Einstellung einer mittleren Wuchskraft oft schwieriger zu bewerkstelligen, denn es fehlt am gut ausgebildeten Wurzelsystem und an altem Stammholz als stressausgleichender Puffer, sodass Witterungsextreme rascher anschlagen.

Auch beim Stockaufbau wirken sich Nachlässigkeit oder unzureichende Fachkenntnisse negativer als bei Altreben aus, Folge sind meist schräg abstehende oder unnötig mit Schnittwunden übersäte Stämme.

4.1 Schnitt im ersten Winter

Im ersten Winter werden gut gewachsene Reben auf die zukünftige Stammhöhe angeschnitten, bei der Halbbogenerziehung also bis knapp an oder über den oberen Biegedraht. Der Schnitt erfolgt möglichst unmittelbar vor dem Austrieb und schräg vom obersten Auge weg, sodass möglichst kein Blutungssaft über das Auge fließt. Bei besonders stark gewachsenen Jungreben können ein bis zwei Augen mehr angeschnitten werden. Diese oberen Internodien werden dann schräg nach vorne auf den oberen Biegedraht als kleiner Flachstrecker gebogen, sodass der Blutungssaft frei abtropfen kann und nicht über die Augen läuft. Bei geplanter Flachbogenerziehung auf den untersten Draht endet hingegen das Stämmchen auf diesem oder wird bei sehr kräftigem Wuchs dort als kleiner Flachstrecker mit wenigen Augen umwickelt.

Wird das Stämmchen zu kurz bemessen, führt dies zu unnötigen Schnittwunden, da in der Regel im Folgejahr der höchste Trieb, der sich aufgrund der Apikaldominanz kräftig entwickeln konnte, als Rute ausgewählt wird. Die tiefer liegenden Ruten, die meist schwächer gewachsen sind, müssen stammnah entfernt werden und verursachen Schnittwunden, die eigentlich unnötig sind.

Das Ausbrechen des Stammes auf 3 bis 6 Triebe, je nach Wuchsstärke der Rebe, erfolgt möglichst schon mit der ersten Blatt-

Abb. 192 Wichtig im ersten Winter ist der Anschnitt auf Stammhöhe. Ein zu tiefer Anschnitt führt zwangsläufig zu mehr Schnittwunden am jungen Stamm.

entfaltung, um Ausbrechwunden zu vermeiden und die Reservestoffe der jungen Rebe zu schonen.

Stöcke, die nicht bis zur späteren Stammhöhe ausgereift sind, können entweder ganz zurück geschnitten werden, wobei nur ein sichtbares Auge an der Veredlung verbleibt, oder sie werden als Halbstamm angeschnitten. Der bodennahe Rückschnitt empfiehlt sich generell bei schwach gewachsenen Reben oder krankem Holz (*Botrytis*, *Oidium*-Figuren am Trieb). Ursachen für schwachen Wuchs können eine sehr späte Pflanzung, schlechte Bodenvorbereitung zur Pflanzung, damit Verdichtung und Vernässung sein. Auch eine mangelnde Jungfeldpflege (Krankheitsdruck, Verunkrautung) oder starke Trockenheit im Vorjahr kommen infrage.

Ist die Holzreife des Triebes gut und bietet er eine gerade Verlängerung der Wurzelstange, so kann er als Halbstamm angeschnitten werden.

Diese Reben sind im zweiten Jahr weniger pflegeintensiv als ganz zurück geschnittene Reben, da sie bereits aus der bodennahen Zone herausgewachsen sind; Fraßschäden durch Hasen und der Unkrautdruck sind vermindert. Bei Reben, die auf Halbstamm oder ganz auf die Veredlung zurückgeschnitten wurden, ist im Frühjahr auf zwei Triebe auszubrechen. Sehr schwachen Reben belässt man nur einen Trieb und behandelt ihn wie im Pflanzjahr. Pflanzröhren sollten allgemein im 2. Jahr bei zurückgeschnittenen Reben zum Einsatz kommen, besonders wenn schon Herbizidmaßnahmen gefahren werden.

Abb. 193 Jungrebe mit hohem Augenausfall beim Austrieb als Folge eines massiven *Oidium*-Befalls im Vorjahr.

Abb. 194 Der Schnitt auf Halbstamm kommt für schwächer gewachsene Reben infrage. Es werden dann je nach Wuchs ein bis zwei Sommertriebe belassen, der untere davon dient der Stammfortsetzung, um eine Stammwunde zu vermeiden.

Aufgrund der Gefahr von Spätfrostschäden durch verfrühte Entwicklung im Rohr darf dieses jedoch erst Ende April übergestülpt werden.

Möglichst noch vor dem Austrieb, spätestens aber beim Ausbrechen, sollte der junge Stamm mit einer haltbaren Bindung am Pfählchen befestigt werden, da sich die instabilen Bindungen aus der Jungfeldpflege mit dem Dickenwachstum des Stammes rasch lösen können. Hierzu eignen sich dehnbares Plastikband oder Bindeschlauch, die nicht einwachsen können. Auch Bindeweiden kommen als temporäres Bindematerial infrage, falls die Pflanzstäbe schon in wenigen Jahren wieder aus der Anlage genommen werden sollen. Auf gerade Stämme ist besonders zu achten; in den ersten beiden Jahren wird der Grundstock dafür gelegt. Die Stämme sind noch formbar, krumme Stämme können also gerade gerichtet werden.

4.2 Schnitt und Aufbau im zweiten und dritten Winter

Bei gutem Wuchs kann im zweiten Jahr bereits eine kurze Rute (maximal halbe Augenzahl wie bei einer Ertragsanlage) angeschnitten werden, die als kleiner Bogen oder Flachstrecker ausgeformt wird. Die endgültige Einstellung der Augenzahl sollte durch Triebreduktion im 3-Blatt-Stadium auf der Bogrebe erfolgen.

Die Anschnittrute sollte auf optimaler Stammhöhe stehen. Wird eine etwas höher stehende Rute ausgewählt, sollte im Nodium darunter ein einäugiger Ersatzzapfen angeschnitten werden. Steht die Rute tiefer, so dient die Rutenbasis als Stammverlängerung. In diesem Fall bedarf es keines Ersatzzapfens und alle tiefer stehenden Ausschläge sind stammnah zu entfernen. Wichtig ist es, auf gerade, wundfreie Stämme zu achten.

Bei der Auswahl der Rute sollte die Position am Stamm ausschlaggebend sein. Weniger entscheidend ist die Stärke der Rute. Es ist daher von Vorteil, eine etwas schwächere Rute zu bevorzugen, die dafür günstig steht und zudem kürzer angeschnitten wird. Dies fördert den Stockaufbau und beugt wirksam Überlastungen in den Jugendjahren der Rebe vor. Schwächliche Reben, die im Vorjahr ganz zurückgeschnitten wurden, werden im zweiten Winter auf Stammhöhe angeschnitten.

Ab dem 3. bis 4. Standjahr ist der Stockaufbau in der Regel soweit abgeschlossen, dass die Reben wie Ertragsanlagen behandelt werden können (siehe Abbildung 191).

Auf die Besonderheiten des Rebschnitts bei Jungreben, die mit der Methodik des Sanften Rebschnitts aufgebaut werden sollen, wird im Kapitel 3.9 ausführlich eingegangen. Hierbei sind einige Abweichungen zur hier beschriebenen konventionellen Methode zu beachten.

5 Sonderformen

Der Bogrebenschnitt ist zweifellos in weiten Teilen Mitteleuropas die verbreitetste Schnittform. Hier werden alle weiteren wichtigen Schnittsysteme besprochen, die vom Bogrebenschnitt abweichen.

5.1 Wechselkordon

Der Kordonschnitt wird weltweit praktiziert. In den Ländern der „neuen Welt" kann man ihn als Standarderziehung bezeichnen. Trotz einiger Vorteile wird er (Hagelschäden ausgeklammert) in Deutschland eher mit Zurückhaltung eingesetzt.

Das Schneiden und Biegen verschlingt über ein Drittel der jährlichen Gesamtarbeitszeit in der Außenwirtschaft. Dafür kann der Kordonschnitt eine arbeitswirtschaftlich interessante Alternative darstellen. Neue Entwicklungen in Technik und Pflanzenschutz sowie die veränderte Rebsortenwahl lassen dieses Thema überdies in einem anderen Licht erscheinen als noch vor wenigen Jahren.

Abb. 195 Kordonschnitt: Einjährige Triebe wurden auf Zapfen geschnitten (Bild entstand nach der Lese).

Abb. 196 Korrekter Nachschnitt von Bedeutung: eine Scherenlänge ohne Anschnitt sollte zwischen zwei Zapfen bleiben.

Das Prinzip des Kordonschnitts beruht generell darauf, dass einjährige Triebe auf der gewünschten Länge auf sogenannte Zapfen geschnitten werden. Erfolgt dies im jährlichen, ggf. auch zwei- oder dreijährigen Wechsel mit dem Bogrebenschnitt, so spricht man vom Wechselkordon.

Das Herunterschneiden des einjährigen Holzes kann von Hand erfolgen oder maschinell durchgeführt werden. Vor allem der maschinelle Weg erlaubt ein rasches Arbeiten und beschleunigt den späteren Exakt-Schnitt auf Zapfen durch gute Übersichtlichkeit.

Für die praktische Durchführung gilt dabei grundsätzlich:

Das Anschnittniveau an sichtbaren Augen beim Kordonschnitt sollte das sonst übliche Anschnittniveau des Bogrebenschnitts nicht wesentlich überschreiten.

5.1.1 Grundregeln des Kordonschnitts

Beim Übergang von Bogrebe auf Kordon hat es sich bewährt, wenn etwa jeder zweite Trieb auf einen zweiäugigen Zapfen eingekürzt wird.

Faustregel: Zwischen zwei Zapfen soll mindestens eine Scherenlänge am Bogen entlang ohne Zapfen bleiben. Ansonsten können störende Kurztriebe aus dem Altholz überhand nehmen und die Laubwand zu sehr verdichten.

- Das restliche einjährige Holz wird gänzlich und mit sauberer Schnittführung entlang des Altholzes entfernt.
- Die verbleibenden Zapfen sollen oben auf dem Kordonarm positioniert sein. Abwärts und seitlich stehendes Holz ist zu entfernen, um im Hinblick auf die kommende Vegetationsperiode Triebe mit aufrechter Wuchsrichtung zu fördern.
- Die Schnittstellen sollten möglichst immer auf einer Seite des Bogens liegen, um bestehende Leitbündel nicht zu unterbrechen.

Checkliste Kordonschnitt

Vorbereitung:

- Sorteneignung beachten: sehr kompakte Trauben möglich (Fäulnisgefahr erhöht).
- Im Vorjahr „festere“ Bindungen anbringen. Vorsicht! Bei Dauerkordon wächst das Bindematerial leicht ein.
- Biegedrahtabstände (bis 20 cm) oder Flachbogen empfohlen (gleichmäßiger Laubwandaufbau).
- Ggf. einzelne Stöcke, bei denen kein Kordonschnitt möglich ist, in einem separaten Arbeitsgang auf Bogrebe schneiden.

Grundregeln:

- Maximal zweiäugige Zapfen schneiden (sortenbedingt verminderte Fruchtbarkeit bei einäugigen Zapfen; bei mehr als zwei Zapfen Bruchgefahr nach dem Austrieb).
- Zwischen den Zapfen sollte etwa eine Scherenlänge am Bogen entlang ohne Zapfen bleiben (weniger Verdichtungen in der Laubwand).
- Restliches einjähriges Holz gänzlich und mit sauberer Schnittführung entlang des Altholzes entfernen.
- Abwärts und seitlich stehendes Holz entfernen (Förderung der aufrechten Wuchsrichtung im Spalier).
- Schnittstellen möglichst auf einer Seite des Bogens anbringen (bestehende Leitbündel werden so nicht unterbrochen).

Sonstiges:

- Bei Bedarf Ergänzungsbindungen an der alten Bogrebe durchführen.
- Wechselkordon: am Stammkopf einen in der Regel einäugigen Zapfen anschneiden, um im Bogrebenjahr auf einen günstig positionierten Trieb zurückgreifen zu können. Auf dem Kordonarm in der Nähe des Stammkopfes eher wenig anschneiden (Verdichtungsgefahr).

Nacharbeit:

- Triebkorrektur und/oder frühe Entblätterung als Arbeitsgang einplanen.
- Einsatz eines zugelassenen/genehmigten Bioregulators kann die Kompaktheit der Trauben und damit das Fäulnisrisiko vermindern.
- Stickstoffangebot nach Möglichkeit verringern (und damit die Fäulnisgefahr mindern).
- Auch bei geeigneten Sorten etwas geringere Erträge erwarten.

- Vor allem beim Wechselkordon sollen sich im Anschnittbereich ein bis zwei Zapfen befinden, um eine fachlich einwandfreie Rückumstellung gewährleisten zu können.
- Ansonsten soll auf dem Kordonarm in der Nähe des Stammkopfes wegen der Verdichtungsgefahr eher wenig angeschnitten werden.

Nicht jeder Stock lässt sich auf Kordon schneiden. Deshalb sind im Einzelfall in einem separaten Arbeitsgang Ruten auszuwählen und nach unten zu ziehen. Auf jeden Fall ist darauf zu achten, dass vor einem Kordonschnitt die Drähte fest gespannt sind.

Triebkorrektur – bei vielen Sorten erforderlich!

Zur praktischen Durchführung des Kordonschnitts gehört es, vorausschauend an die nächste Wachstumsperiode zu denken. Soll

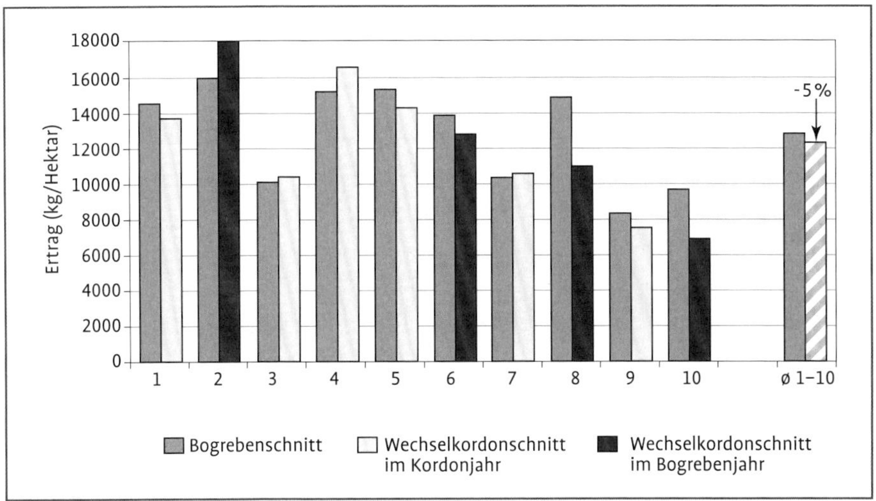

Abb. 197 Bogrebenschnitt und Wechselkordon im Langzeitvergleich: Hektarertrag bei Riesling im zehnjährigen Durchschnitt.

der Rebstock ordentliche Traubenqualitäten liefern, muss eine Triebkorrektur im Frühjahr erfolgen. Diese fällt zwar von Sorte zu Sorte unterschiedlich intensiv aus, Arbeitskapazitäten hierfür müssen jedoch eingeplant werden, um eine Vergleichbarkeit zum Bogrebenschnitt aufrechtzuerhalten (gleiche Triebzahl pro laufendem Meter Zeilenlänge).

5.1.2 Ertrag – Qualität – Physiologie

Beim Kordon tritt oft ein leichter Minderertrag ein, selbst wenn die gleiche Augenzahl pro m^2 beibehalten wird. So ergaben beispielsweise Langzeitversuche am Dienstleistungszentrum ländlicher Raum (DLR) Rheinpfalz bei der Sorte Riesling im Durchschnitt von 10 Jahren einen Minderertrag von 5 % bei Wechselkordon.

Der Grund liegt darin, dass vor allem ein-, aber auch zweiäugige Zapfen einen geringeren Gescheinsansatz mit kleineren Traubenanlagen ermöglichen als die Augen am langen Holz. So wird das Fruchtbarkeitspotenzial reduziert. Diese kleineren Trauben haben erfahrungsgemäß eine gute Durchblührate, besonders bei dichtbeerigen Sorten. Daraus resultiert oft verstärkte Kompaktheit, die zu *Botrytis* führen kann. Damit einher geht meist eine Erhöhung des Mostgewichts, in der eigenen Auswertung um 2 %.

Die besagte Augenzahl sollte aber wegen der Gefahr einer zu dichten Laubwand trotzdem nicht überschritten werden.

5.1.3 Einsparung von Arbeitszeit und Kosten

Nimmt man die Mittelwerte diverser Veröffentlichungen, ergeben sich für den Kordonschnitt mit maschinellem Vorschnitt folgende Einsparungen:

- Einsparung von 45 % des Arbeitszeitbedarfs, das sind 50 Arbeitskraftstunden (Akh) pro ha pro Saison.

Abb. 198 (Wechsel-) Kordonschnitt mit maschinellem Vorschnitt: Kostensenkung in der Rebschnittsaison um etwa 50 % (im Vergleich zur Bogrebenerziehung).

- Einsparung von rund 50 % bei den Kosten, das bedeutet rund € 650,– pro ha pro Saison.

Betreibt man Kordonschnitt zwei oder drei aufeinander folgende Jahre, erhöht sich der Einspareffekt entsprechend. Mit einem erhöhten Aufwand beim Rückschnitt ist dann allerdings zu rechnen.

Wer exakt arbeitet, benötigt weitere 3–7 Akh pro ha für Ergänzungsbindungen. Wichtig ist das erwähnte zusätzliche Ausbrechen nach dem Kordonschnitt, was zwar höhere Qualitäten möglich macht, aber 10–21 Akh pro ha je nach Sorte und Intensität mehr verlangt, als nur den Stammkopf auszubrechen. Bei maschinellem Vorschnitt entfällt in der Regel auch das Häckseln. Wird der Kordonschnitt hingegen manuell durchgeführt, liegen die Einsparungen immer noch bei ca. 10 Akh pro ha.

Der Maschinenschnitt im Lohn kostet derzeit zwischen 165 und 230 €/ha je nach Fläche und Wegezeiten. Eigenmechanisierung ist günstig ab 8 bis 10 ha vorzuschneidender Rebfläche.

5.1.4 Sorteneignung

Insgesamt zeigen sich besonders große Kostenvorteile bei stark wüchsigen Anlagen und bei Rebsorten, die stark zur Rankenbildung neigen. Bei schwächer wüchsigen sind die Einsparungen geringer.

Ob eine Sorte für den Kordonschnitt geeignet ist und ausreichend Ertrag liefert, hängt wesentlich von den folgenden Faktoren ab:

Kriterien zur Sorteneignung

Weniger von Vorteil:

- Buschiger Wuchs (erschwerte Heftarbeiten)
- Erhöhte Bildung von Wasserschossen und Mehrfachtrieben (erschwert die Heftarbeiten, erhöht die Ausbrecharbeiten)
- Wenig fruchtbare basale Augen
- Windbruchgefährdete Sorten
- *Phomopsis*-anfällige Sorten

Situationsabhängig:

- Starke Ertragsminderung durch Kordonschnitt

Eher von Vorteil:

- Wenig triebfreudige Sorten mit aufrechtem Wuchs (erleichtert die Heftarbeiten, vermindert die Ausbrecharbeiten)
- Lockerbeerige Trauben (weniger Abquetschungen)
- Wirksamer Einsatz von Bioregulatoren

5.1.5 Kordonschnitt hat Zukunft

Qualitätsverträgliche Extensivierungsmöglichkeiten gefragt

Die Menge an Preiseinstiegsangeboten im Discountbereich nimmt stetig zu, der Preiskampf auf mittlerweile global ausgerichte-

Abb. 199 Maschinelle (frühe) Teilentblätterung beim Kordonschnitt: die Traubengesundheit wird gefördert, die notwendige Triebkorrektur verringert (im Hintergrund Entblätterungstechnik mit pulsierender Druckluft).

ten Märkten ebenso. Daher ist es für viele Betriebe vordringlich, nach Möglichkeiten zu suchen, den Arbeitsaufwand im Traubenanbau zu senken, jedoch weiterhin ein vertretbares qualitatives Ergebnis zu erzielen.

Nach den bisherigen langjährigen Erfahrungen kann man eines mit gutem Gewissen behaupten: Ein fachlich korrekt ausgeführter Kordonschnitt erlaubt es, mindestens für Basisqualitäten sehr brauchbares Lesegut zu produzieren.

Aber auch im höherqualitativen Bereich ist diese Erziehungsform salonfähig. Ohne Frage ist das der Fall, wenn die Triebkorrektur ordnungsgemäß durchgeführt wird. Bestehende Drahtanlagen müssen dafür nicht geändert werden.

Entblätterungstechnik hilft

Neue Techniken bieten interessante Perspektiven für den Kordonschnitt, wie zum Beispiel das in den letzten Jahren stark verbesserte Verfahren der maschinellen Entblätterung. Viele Praktiker berichten von sehr guten Erfolgen hinsichtlich der Traubenqualität, war die Traubenzone der kordongeschnittenen Anlagen entblättert. Bevorzugter Zeitpunkt für diese Maßnahme sollte, abgeleitet aus den allgemeinen Erfahrungen, etwa der Zeitraum von der Blüte bis zur Erbsengröße der Beeren sein. Dadurch etwas reduzierte Beerendicken gestalten die Trauben weniger kompakt und können helfen, das *Botrytis*-Risiko bei den gefährdeten Sorten zu vermindern. Die Verdickung und Abhärtung der Beerenschale

Abb. 200 Einfluss verschiedener Maßnahmen auf den *Botrytis*-Befall beim Kordonschnitt (Grauburgunder, 13.09.2007)

a) Die frühe Teilentblätterung brachte gute Ergebnisse für die Traubengesundheit.
b) Der Einsatz von Gibb 3 konnte den *Botrytis*-Befall um rund 10 % im Vergleich zur Variante Kordonkontrolle reduzieren.
c) Mit rund 13 % Befallsstärke lag bei der Kontrollvariante (keine Entblätterung, kein Gibb-3-Einsatz) der Fäulnisanteil am höchsten.

nach der frühen Teilentblätterung tragen damit ebenfalls zu gesünderem Lesegut bei.

Arbeitswirtschaftlich ist die mechanische Entblätterung ebenfalls interessant, um die nach dem Kordonschnitt oft notwendige Triebkorrektur zu vermindern.

Veränderte Sortenwahl spricht für Kordonschnitt

Einige Sorten, die ursprünglich in wärmeren Klimazonen beheimatet waren, haben Einzug in deutsche Winzerbetriebe gefunden. Einige davon, wie zum Beispiel Cabernet Sauvignon und Cabernet Franc, aber auch Merlot, verfügen über eine gute bis hervorragende Kordoneignung und werden in vielen Anbauländern bevorzugt über diese Schnitttechnik kultiviert.

Viel versprechende Hilfe durch Bioregulatoren

Aber auch der Einsatz von Bioregulatoren, wie zum Beispiel Gibberellinsäure (z. B. GIBB 3) oder Berelex 40 SG zur Auflockerung des Stielgerüstes (spezifische Sortenzulassung/Genehmigung/Sorteneignung beachten), scheint interessant. Ebenfalls vielversprechend scheint in diesem Zusammenhang auch der Einsatz des Wirkstoffes Prohexadione-Calcium (z. B. Regalis) zur Auflockerung der Traubenstruktur (spezifische Sortenzulassung/Genehmigung/Sorteneignung beachten).

Tab. 9 Kordonschnitt – Sorteneignungsliste

Rebsorte	Eignung	Praktische Hinweise/ Empfehlungen	Anmerkung/ Literaturhinweise
Acolon	geeignet/ bedingt geeignet	Bevorzugt sollten zweiäugigen Zapfen geschnitten werden. Besonders bei einäugigen Zapfen können die Ertragsreduzierung zu stark und der Austrieb verzögert und lückenhaft ausfallen. Die Ertragshöhe bei Kordonschnitt kann sich jedoch von Jahr zu Jahr launisch schwankend verhalten (nach Fox 2010).	Trauben bleiben lockerbeerig.
Cabernet Cubin	gut geeignet, besonders bei beabsichtigter Ertragsreduktion	Basale Augen fruchtbar. Trauben bleiben lockerbeerig.	Fox (2010): Ertragsreduktion um ca. ein Drittel bei Erträgen zwischen 90 und 140 kg/ar. Mostgewichtssteigerung von 3–4 °Oechsle (alles im Vergleich zur Bogrebenerziehung).
Cabernet Dorio	gut geeignet, besonders bei beabsichtigter Ertragsreduktion	Basale Augen fruchtbar.	Siehe Fox (2010).
Cabernet Dorsa	gut geeignet, besonders bei beabsichtigter Ertragsreduktion	Basale Augen fruchtbar. Triebkorrektur erforderlich, wenn das Ertragspotenzial nicht erhöht werden soll. Trauben bleiben lockerbeerig.	Siehe Fox (2010).
Cabernet Franc	gut geeignet	Basale Augen fruchtbar.	Aussagen basieren auf Erfahrungen aus Chile.
Cabernet Mitos	geeignet	Basale Augen fruchtbar.	
Cabernet Sauvignon	gut geeignet	Basale Augen fruchtbar. Einäugige Zapfen genügen.	Wirksames Instrument zur Ertragsregulierung. Trauben bleiben sehr lockerbeerig.
Chardonnay	bedingt geeignet	Anwender berichten von starker Ertragsminderung durch den Zapfenschnitt.	

Tab. 9 Kordonschnitt – Sorteneignungsliste (Fortsetzung)

Dornfelder	geeignet, besonders bei beabsichtigter Ertragsreduktion	Reagiert mit geringeren Erträgen (basales Auge nicht sehr fruchtbar). In einzelnen Jahren kann die Fruchtbarkeit dieser Sorte bei Kordonschnitt sehr stark vermindert sein (Begründungen hierfür sind nicht bekannt). Auch für Dauerkordon geeignet. Je mehrjähriger der Kordonarm, desto höher die Windbruchgefahr.	DLR Rheinpfalz 2004: Durch einjährigen Halbbogenkordon steigerte sich das Mostgewicht von 66 auf 79 °Oechsle und Erträge sanken von 325 auf 174 kg/a im Vergleich zur Bogrebe. Trauben bleiben lockerbeerig.
Dunkelfelder	geeignet/bedingt geeignet	Flachbogen wegen buschigem Wuchs besonders empfohlen.	Trauben können kompakt werden – *Botrytis*-Gefahr.
Elbling	schlecht geeignet	Basal recht unfruchtbar. Reagiert mit geringeren Erträgen und oft mit Fäulnis durch zu kompakte Trauben.	
Gewürztraminer	schlecht geeignet	Basal nahezu unfruchtbar.	
Grauer Burgunder	bedingt geeignet	Ausbrecharbeiten erhöht. Frühe Teilentblätterung besonders empfehlenswert, da viele Wasserschosse und Austrieb von Mehrfachtrieben. Einsatz eines genehmigten/zugelassenen Bioregulators zur Auflockerung der oft kompakten, dadurch fäulnisgefährdeten Trauben sinnvoll. Zeitgewinn ist hier durch vergleichsweise leichtes Ausheben nach Schnitt eher gering.	Ertrag kann sich bei gleichem Anschnittniveau um wenige Prozent erhöhen. Mostgewicht reagiert eher unmerklich (Mehrjahresdurchschnitt).
Gutedel	schlecht geeignet	Basal recht unfruchtbar. Reagiert mit geringeren Erträgen.	Trauben können kompakt werden – *Botrytis*-Gefahr.
Helfensteiner	schlecht geeignet	Basal nahezu unfruchtbar.	
Heroldrebe	schlecht geeignet	Basal nahezu unfruchtbar.	

Tab. 9 Kordonschnitt – Sorteneignungsliste (Fortsetzung)

Huxelrebe	bedingt geeignet/ ungeeignet	Basal recht unfruchtbar. Neigt zu vermindertem Ertrag, zu vorzeitiger Reife und Fäulnis.	
Kerner	geeignet/bedingt geeignet	Eignung nach Anwenderaussagen von Anlage zu Anlage unterschiedlich. Weniger für Dauerkordon als für jährlichen Wechselkordon zu empfehlen (*Phomopsis*-Gefahr). Neigt zu starken Verdichtungen in der Laubwand.	Stärkere Ertragseinbußen durch mindere basale Fruchtbarkeit (Kiefer und Weber stellten in Geisenheim Ertragsminderung von 22 % im Durchschnitt von 4 Jahren fest.)
Lemberger	bedingt geeignet/ungeeignet	Reagiert mit deutlich geringeren Erträgen (basales Auge nicht sehr fruchtbar).	Trauben können kompakt werden – *Botrytis*-Gefahr.
Merlot	geeignet, besonders bei beabsichtigter Ertragsreduktion	Reagiert mit recht geringeren Erträgen (basales Auge nicht sehr fruchtbar).	Aussage basiert auf Erfahrungen aus Chile. Trauben bleiben sehr lockerbeerig.
Morio Muskat	bedingt geeignet/ungeeignet	Viele Quellen berichten von basaler Unfruchtbarkeit, vermindertem Erträgen, vorzeitiger Reife und Fäulnis. Einige Anwender sprechen von guten Erfolgen. Hier lohnt ausprobieren.	
Müller-Thurgau	geeignet	Jährlicher Wechselkordon zu empfehlen. Verkahlungsgefahr bei mehrjährigem Kordon durch *Phomopsis*.	Ertragsminderung durch etwas geringere Fruchtbarkeit der basalen Augen möglich. Mostgewicht reagiert kaum.
Muskateller	schlecht geeignet	Basal nahezu unfruchtbar.	Fruchtbarkeit und Zuckerleistung wesentlich geringer.
Ortega	bedingt geeignet	Viele Quellen berichten von basaler Unfruchtbarkeit, vermindertem Erträgen, vorzeitiger Reife und Fäulnis. Einige Anwender sprechen von guten Erfolgen und Qualitätssteigerung über verminderte Erträge durch kleinere Trauben. Hier lohnt ausprobieren.	

Tab. 9 Kordonschnitt – Sorteneignungsliste (Fortsetzung)

Portugieser	geeignet/bedingt geeignet	Fruchtbarkeit durch Kordonschnitt (bei identischer Augenzahl) nur unwesentlich gemindert. (Auswertungen des DLR in Bad Kreuznach). Verkahlungsgefahr bei mehrjährigem Kordon durch *Phomopsis*. Kordon im jährlichen Wechsel zu empfehlen. Einsatz eines genehmigten/ zugelassenen Bioregulators zur Auflockerung der oft kompakten, dadurch fäulnisgefährdeten Trauben sinnvoll.	Praktiker berichten von keinem Hochbauen der Stöcke, selbst nach 7-jährigem Wechselkordon. Beim Portugieser gehen die Meinungen über Kordonschnitt in der Praxis weit auseinander.
Regent	geeignet	Anwender berichten von guten Ergebnissen hinsichtlich Ertrag und Qualität. In einem Einzelfall wurde von einigen ausbleibenden Augen beim Austrieb berichtet, was jedoch eine Ausnahme darstellen dürfte.	Die Beurteilung beruht auf ersten Erfahrungen.
Riesling	geeignet	Bei fachgerechter Handhabung auch für Dauerkordon geeignet. In Jahren mit hohem *Botrytis*-Druck während der Reifezeit kann die Fäulnis schnell ansteigen.	Mostgewicht reagiert in vielen Fällen leicht positiv. Mehr *Botrytis* durch kompakteres Lesegut möglich. DLR Rheinpfalz 2006: 10-jähriger Wechselkordon brachte eine durchschnittliche Ertragsreduktion um 5 %. 10-jähriger Dauerkordon brachte eine durchschnittliche Ertragsreduktion um 23 %.
Sankt Laurent	schlecht geeignet	Basal recht unfruchtbar.	Trauben können kompakt werden – *Botrytis*-Gefahr.
Sauvignon Blanc	bedingt geeignet	Reagiert mit geringeren Erträgen (basales Auge nicht sehr fruchtbar)*. Triebkorrektur notwendig. Frühe Entblätterung bzw. Einsatz eines genehmigten/zugelassenen Bioregulators zur Auflockerung der oft kompakten, dadurch fäulnisgefährdeten Trauben sinnvoll.	*Aussage basiert nicht auf eigenen, sondern auf Erfahrungen aus Chile. Trauben können kompakt werden – *Botrytis*-Gefahr. Klonenunterschiede vorhanden.

Tab. 9 Kordonschnitt – Sorteneignungsliste (Fortsetzung)

Scheurebe	geeignet	Basale Augen fruchtbar.	Erhöhte Kompaktheit.
Schwarz-riesling	bedingt geeignet	Ausbrecharbeiten erhöht. Frühe Teilentblätterung besonders empfehlenswert, da viele Wasserschosse und Austrieb von Mehrfachtrieben. Einsatz eines genehmigten/zugelassenen Bioregulators zur Auflockerung der oft kompakten, dadurch fäulnisgefährdeten Trauben sinnvoll.	Erhöhte Kompaktheit.
Silvaner	bedingt geeignet	Frühe Teilentblätterung besonders empfehlenswert, da viele Wasserschosse und Austrieb von Mehrfachtrieben. Ausbrecharbeiten ggf. erhöht. Rebschnitt bereits nach einem Jahr aufwendiger.	Ertrag kann sich bei gleichem Anschnittniveau um wenige Prozent erhöhen, Mostgewicht kann tendenziell leicht sinken (Mehrjahresdurchschnitt).
Spätburgunder (dichtbeerig)	bedingt geeignet	Siehe Grauer Burgunder.	Siehe Grauer Burgunder.
Spätburgunder (lockerbeerig) bes. Klon Mariafeld	gut geeignet	Reagiert mit etwas geringeren Erträgen. Wasserschosse sind meist fruchtbar. Gute Eignung auch für Dauerkordon.	Im Gegensatz zu dichtbeerigen Klonen keine erhöhte Fäulnisgefahr. Anwender berichten von etwas verminderter Wuchskraft.
Syrah	bedingt geeignet	Basale Augen wenig fruchtbar.	
Trollinger	schlecht geeignet	Basal recht unfruchtbar. Stark schwankende Stockerträge.	
Veltliner, Grüner	geeignet		
Viognier	bedingt geeignet	Basale Augen wenig fruchtbar (Schwab 2011).	
Weißer Burgunder	bedingt geeignet	Siehe Grauer Burgunder.	Siehe Grauer Burgunder.
Zweigelt	bedingt geeignet	Basale Augen nicht sehr fruchtbar.	Erhöhte Kompaktheit.

Anmerkung:
Diese Tabelle ist durch Versuchsergebnisse, Berichte von Praktikern und durch eigene Erfahrungswerte entstanden.
Aufgrund fehlender langjähriger Messergebnisse ist die Auflistung fortwährend in Bearbeitung. Die Ergebnisse können auf unterschiedlichen Standorten variieren.

5.1.6 Vor- und Nachteile

Vorteile

- Der Kordonschnitt kann eine Menge Zeit und Geld sparen. Durchschnittlich betrifft dies 45 % des Arbeitszeitbedarfs und rund 50 % der Kosten, die in der Rebschnittsaison anfallen.
- Dabei ist es zudem möglich, hochwertige Traubenqualitäten zu erzeugen.
- Der unkomplizierte Nachschnitt auf Kordonzapfen muss nicht von Fachkräften ausgeführt werden, sondern kann von Aushilfskräften erledigt werden.
- Überdies erlauben Methoden wie der Einsatz von Bioregulatoren (sofern zugelassen/genehmigt) und maschinelle Entblätterung interessante Perspektiven in der Unterstützung einer optimalen Traubengesundheit.

Nachteile

- Beim Kordonschnitt kommt es häufig zu Verdichtungen in der Laubwand, die der Ausbreitung von Pilzkrankheiten Vorschub leisten können. Insbesondere in nassen Vegetationsperioden führt dies zu *Botrytis*. Qualitativ hochwertige Weine sind daher bei sorgfältigem Ausbrechen möglich (Triebkorrektur), was freilich in eine arbeitsreiche Periode fällt.
- Es ist möglich, dass die Ertragshöhe in sehr kühlen und sonnenarmen Vorjahren durch die verminderte Fruchtbarkeit basaler Augen leidet. Schneidet man hingegen nach zwei bis drei Jahren Kordon zurück auf Bogrebe, kann sich das Ertragsniveau spürbar erhöhen.
- Von denjenigen, die den Schnitt ausführen, wird die Arbeit oft als monoton empfunden.
- Das Risiko der Schwarzfleckenkrankheit (*Phomopsis*) nimmt zu. Es kann dadurch zu Ausfällen von basalen Augen kommen besonders bei anfälligen Sorten wie z. B. Müller-Thurgau.

5.2 Dauerkordon

Auf Zapfen kann auch über einen Zeitraum von vielen Jahren hinweg geschnitten werden, um damit einen sogenannten Dauerkordon zu praktizieren. Im letzten Bogrebenjahr hiervor hat sich frühzeitiges Aus-

Abb. 201 Spätburgunder: Kordonschnitt kann bei lockerbeerigen Klonen dieser Sorte gezielt genutzt werden, um einen niedrigeren Ertrag über kleinere Trauben hervorzurufen.

Abb. 202 Mehrjähriger Kordonzapfen nach Schnitt, Austrieb und Triebkorrektur.

brechen von überschüssigen Trieben (zum Beispiel jedes zweiten Triebes) als vorteilhaft erwiesen. Von vorne herein ist damit die Verteilung der Triebe auf dem mehrjährigen Kordonarm begünstigt.

Vorteile

- Die zeitsparende Arbeitsweise kann über mehrere Jahre genutzt werden.

Nachteile

Der Rutenschnitt wird schwieriger, falls doch wieder auf Bogrebe rückumgestellt werden soll.

- Außerdem wächst das Bindematerial leicht ein, weshalb von vornherein eine dehnbare Dauerbindung verwendet werden sollte.
- Ein gravierend nachteiliger Punkt ist weiterhin die Triebbruchgefahr, die sich nach mehrjährigem Zapfenschnitt bei einigen Sorten, insbesondere beim Dornfelder erhöht. Zwar können zeitige Heftarbeiten diesen Schaden lindern, jedoch meist nicht verhindern.

Weiterhin nehmen durch andauernden Kordonschnitt die Erträge ab. Das zumindest zeigen immer wieder Auswertungen wie die des DLR Rheinpfalz, bei der im Durchschnitt von zehn Jahren bei der Rebsorte Riesling der Ertrag um 23 % im Vergleich zur Bogrebenerziehung sank (bei vergleichbarem Anschnittniveau).

Die Fäulnis indes nimmt tendenziell zu, vor allem bei engbeerigen Sorten und Klonen, da die Trauben durch den andauernden Kordonschnitt noch etwas mehr zur Kompaktheit neigen.

Wohl auch aus den zuletzt genannten Gründen ist der Wechselkordon mittlerweile in der Praxis am ehesten zu finden ist. Gleichwohl finden Betriebe, die diese Schnittform vor allem bei lockerbeerigen Rebsorten anstreben, im Dauerkordon eine gute Lösung.

Abb. 203 Triebkorrektur vor Dauerkordon: vorteilhaftes Ausbrechen überschüssiger Triebe bereits vor dem ersten Kordonschnitt.

Abb. 204 Besonders beim Dornfelder im Dauerkordon ist die Triebbruchgefahr erhöht: Kordonschnitt (vorne) im Vergleich zur Bogrebenerziehung (Zeilen hinten). Zeitiges Heften kann den Schaden verringern.

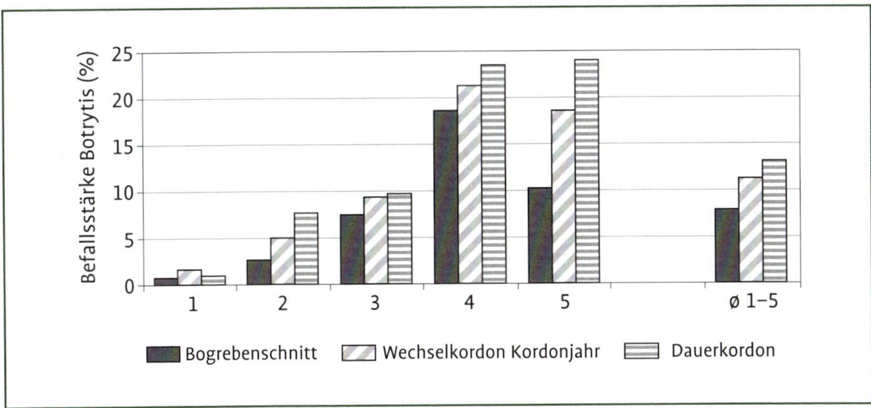

Abb. 205 Bogrebenschnitt, Wechsel- und Dauerkordonschnitt im mehrjährigen Vergleich: Befallsstärke von *Botrytis* beim Riesling kurz vor der Ernte (Quelle Daten: Ziegler, B. DLR Rheinpfalz).

Zusammenfassung

Betriebsleiter, die weiterhin qualitätsverträglich extensivieren wollen, können im Kordonschnitt eine Antwort finden. Das gilt besonders bei lockerbeerigen Sorten. Gut eignen sich beispielsweise Dornfelder oder lockerbeerige Spätburgunder-Klone, die in der Regel sogar mit Ertragsreduzierung und Qualitätssteigerung reagieren.

Es lohnt sich, diese Methode einmal auszuprobieren, da das bestehende System der Spaliererziehung in der Regel nicht geändert werden muss. Nach nur einer Vegetationsperiode kann ohne Weiteres wieder auf Bogrebe zurückgeschnitten werden. Besonders interessant erscheint das auch für Zeiten betrieblicher Engpässe, Arbeitskräftemangel, bei kurzfristiger Zupacht/Zukauf von Weinbergen kurz vor dem Austrieb oder bei im oberen Teil nicht ausgereiftem oder krankem Fruchtholz.

5.3 Extensiver Bogenkordon ohne Heften

Diese extensive Erziehung stellt eine Mischform zwischen der Vertiko- und der Kordonerziehung dar. Der Bogenkordon wird dabei in Pendelbogenform auf einer Stammhöhe von 1,20 m und einem Biegedrahtabstand von 30 bis 40 cm erzogen. Darüber liegen lediglich noch ein bis zwei Rankdrähte im oberen Drahtrahmenbereich. Durch frühes maschinelles Entspitzen auf Trieblängen von etwa 60 cm entfallen die Heftarbeiten gänzlich. Die Triebe stehen frei in die Gasse, schräg oder senkrecht nach oben, wobei sie an den Rankdrähten Halt finden, vergleichbar mit einem horizontal verlegten Vertikoarm.

Nach dem ersten Kappen bleiben die Triebe relativ stabil stehen und können beim zweiten Schnitt ein Stück höher geschnitten werden. Damit werden die Vorteile der Vertikoerziehung (keine Heftarbeiten) mit den Vorteilen der Kordonerziehung (eher senkrechte Trieborientierung, günstige Traubenzone, Möglichkeit des mechanischen Vorschnittes, geringe Apikaldominanz

Abb. 206 Extensiver Bogenkordon ohne Heftung im Sommer.

und damit weniger Verkahlungen) kombiniert. Die Belichtung durch die ausladende Triebentwicklung auf beiden Seiten ist auch ohne Ausbrechen befriedigend. Die Reihen- und Stockabstände sollten bei 2,30 m x 1,50 m liegen, was dem Triebwuchs entgegenkommt und die Investitionskosten verringert.

Im Vergleich zum Minimalschnitt baut sich auf Dauer kein Totholz auf. Lange Standzeiten von ca. 30 Jahren sind realistisch, wenn der Kordonarm regelmäßig erneuert wird. Für Basisqualitäten ist das System bei deutlich verringertem Arbeitsaufwand zum Rutenschnitt durchaus eine Alternative, jedoch nur für Sorten mit guter Eignung für Zapfenschnitt. Eine Vollernterlese ist durch das stabile Drahtgerüst problemlos möglich. Bei nachträglicher Umstellung von Halbbogenanlagen mit entsprechend weiteren Standräumen auf das System kann der Bogen einfach eine Etage höher über den ersten Heftdraht gelegt werden und wird zukünftig als Bogenkordon angeschnitten. Überflüssige Heftdrähte sind zu entfernen.

5.4 Vertikoerziehung

Extensive Sondererziehungsformen wie Vertiko- und Umkehrerziehung haben in der weinbaulichen Praxis erheblich an Bedeutung verloren, da sie in der Arbeitswirtschaft nicht die erhofften Einsparungen erbringen konnten. Des Weiteren sind viele Rebsorten nicht oder nur eingeschränkt dazu geeignet bzw. die Qualität der Trauben genügt nicht immer den Anforderungen

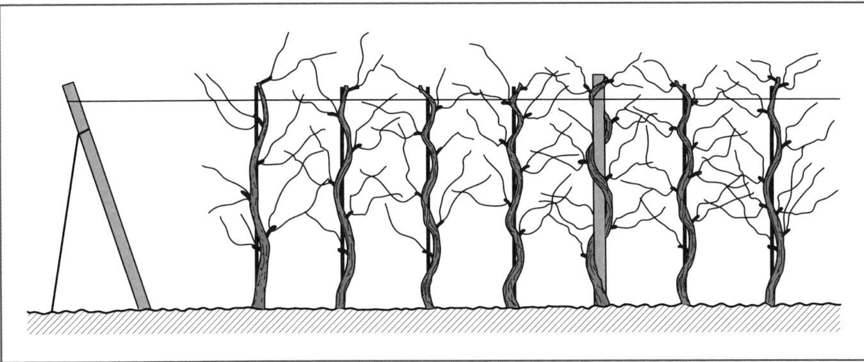

Abb. 207 Schematische Darstellung der Vertikoerziehung des System nach Kraus.

bei der Vermarktung. Negative Auswirkungen können ein unzureichendes Blatt-Frucht-Verhältnis, Verdichtungen oder Verdichtungen in der Traubenzone, höhere Fäulnisneigung sowie abknickende Triebe zu schwerer Trauben sein. Lockerbeerige Sorten mit lichtem Wuchs sind für diese Erziehungssysteme von großem Vorteil. Auch eine Toleranz gegenüber Echtem und Falschem Mehltau erlaubt es, extensiver mit solchen Systemen zu arbeiten. So sind aufgelockerte Sorten wie Regent oder Cabertin mit relativ kleinen Trauben hierzu besser geeignet. Die Sortenfrage soll hier jedoch nicht weiter vertieft werden. Trotzdem gibt es in Deutschland einige Betriebe, die von der Vertikoerziehung nach wie vor überzeugt sind und sehr effektiv dadurch produzieren – besonders im Steillagenweinbau oder auf ungünstig zugeschnittenen Flächen.

Die Vertikoerziehung ist insgesamt anspruchsvoller als der Bogrebenschnitt, da mehr auf die Formerhaltung und langjährige Ertragstreue bei Anschnitt basaler Augen wert gelegt werden muss. Das Ausheben des Schnittholzes ist hingegen erleichtert, da Heftdrähte nicht stören. Häufig wird zur Stabilisierung aber noch ein Rankdraht eingezogen, um die Pfähle zu verbinden und zu verankern. Das Biegen entfällt ganz, es müssen lediglich Bindungen des Kordons an das Gerüst vorgenommen werden.

Aushilfskräfte lassen sich für Schnittarbeiten nur eingeschränkt einsetzen, die Hauptarbeit erledigen Fachkräfte. Es sollten nur gut angelernte Hilfskräfte in etablierten Vertikoanlagen eingesetzt werden, die auch in der Lage sind, den Schnitt vollständig durchzuführen und dabei die Grundprinzipien des Stockaufbaus beachten.

Im Direktzug lassen sich Vertiko- und Umkehrerziehung recht gut maschinell lesen, der Anteil an Triebbruch ist jedoch etwas höher als beim Drahtspalier. Die vertikalen Kordonerziehungssysteme haben vorwiegend am Steilhang ihre Berechtigung, da die manuellen Stockarbeiten zeitlich weniger stark ins Gewicht fallen als beim Drahtspalier oder gar der Einzelpfahlerziehung. Neben einer aufrechten Arbeitshaltung sind auch die Laubarbeiten nicht so termingebunden wie bei der traditionellen Einzelpfahlerziehung. Oft werden Vertikoanlagen im Direktzug mit dem Vollernter gelesen. Am Steilhang ist die Handlese von Vertiko aufwendiger als im Drahtspalier.

Die Rebe wird als vertikaler Kordon (daher Vertiko) an einer Stütze (langer Metallstab, starrer Welldraht, Holzpfahl) erzogen.

Die senkrechten Stützhilfen werden oben am Draht verankert, der aus Stabilitätsgründen häufig als Doppeldraht verdrillt ist. Die Pflanzung erfolgt in etwas weiteren Zeilenabständen von 2,30 bis 2,50 m, um den Trieben genügend Raum zu belassen und eine gute Applikation mit Pflanzenschutzmitteln zu gewährleisten. Die Stockabstände sollten entgegen früherer Empfehlung nicht enger als bei der Normalerziehung gewählt werden, um ein zu starkes Verwachsen der Triebe zwischen den Stöcken zu vermeiden. Wichtig beim Stockaufbau ist die Brechung der Apikaldominanz. Daher sollte der Stock stufenweise in zwei bis drei Abschnitten bis zur endgültigen Höhe aufgebaut werden. Durch das unterschiedliche Alter der einzelnen Abschnitte mit Unterbrechung der Leitungsbahnen wird einer vorzeitigen basalen Verkahlung vorgebeugt. Zudem hat es sich bewährt, wenn der junge Stamm spiralförmig um die Stütze geschlungen wird. So werden mehr Augenansätze (Nodien) bis zur endgültigen Höhe belassen. Gleichzeitig dient es der Stabilität und erspart einen Teil der permanenten Stockbindungen.

Ab einer Stammhöhe von 60 cm wird das Tragholz in Form von Zapfen oder kurzen Streckern angeschnitten. Der Kordonarm endet nicht am Draht, sondern kann ihn etwas überragen. Bei weiteren Stockabständen hat es sich bewährt, den Kordon mit einer Länge von etwa 20 cm auf den Stützdraht flach aufzulegen.

Je nach Anschnittlänge des Tragholzes unterscheidet man die **Erziehung nach Kraus** oder Caragnello. Beim System nach Kraus, das ursprünglich in der ehemaligen Tschechoslowakei entwickelt wurde, werden ähnlich wie bei der Kordonerziehung ein- bis zweiäugige Ertragszapfen angeschnitten und 7 bis 10 Zapfenstationen belassen, die etwa gleichmäßig über den Stamm bis zum Ende des Kordons verteilt sind. Pro Zapfenstation sollten ein bis zwei Zapfen angeschnitten werden. Zur Verjüngung der Zapfenstation sind schwache Zapfen auf Astring zurückzunehmen. Die Ertragszapfen sollten dabei nach außen gerichtet sein und möglichst nicht senkrecht nach oben zeigen, sodass sich die Triebe später eher nach außen orientieren können. Insgesamt sollten nicht mehr Augen als bei der Kordonerziehung angeschnitten werden. Das Anschnittniveau ist von der Sorte, Wuchskraft und dem jeweiligen Standraum abhängig.

Ein kurzer Anschnitt erhöht die Wuchskraft der Triebe und führt zu Windbruch und kompakten Trauben. Zu viele eng stehende Zapfen bewirken massive Verdichtungen im Stockinneren und fördern Pilzbefall an Trieben und Trauben.

Aus arbeitswirtschaftlichen Gründen wird meist nicht oder nur grob ausgebrochen, die Triebzahl wird dann allein mit dem Rebschnitt reguliert. Die vielen Wunden, die unvermeidbar sind, können das Eindringen von holzschädigenden Pilzen fördern. Nach einer Infektion muss der Stock teilweise oder ganz aus einer senkrecht belassenen Rute neu aufgebaut werden. Auch bei zunehmender Verkahlung (durch *Phomopsis*) ist ein Neuaufbau des Kordons meist unumgänglich.

Beim System **Caragnello** werden 3 bis 4 Strecker von etwa 4 bis 5 Augen je Rebstock abgeschnitten. Es sollten kleine „Tannenbäumchen“ entstehen, d. h. unten ragen die Strecker etwas weiter nach außen als oben, um die Belichtung zu fördern. Dies lässt sich durch Altholzabschnitte zwischen Stamm und Fruchtholz verwirklichen. Bei Streckerschnitt sollten ebenfalls kurze einäugige Ersatzzapfen bzw. Astringe zur Fruchtholzerneuerung belassen werden. Dieses System ist zwar anspruchsvoller als

Abb. 208 Vertiko auf Zapfen (System Kraus) am Einzelpfahl.

Vertiko nach Kraus, eignet sich aber für Sorten mit schwächerer basaler Fruchtbarkeit.

Bei überbauten Zapfen sollte ein Rückschnitt auf Astring erfolgen, um einen Neuaustrieb am Stamm zu bewirken. Nachteilig ist das bei Vertiko systembedingt verringerte Blatt-Frucht-Verhältnis des Streckerschnitts. Ein günstigeres Verhältnis wird erzielt, wenn beim ersten Einkürzen der Triebe dies erst ab dem 4. Blatt über dem letzten Geschein erfolgt und beim zweiten Einkürzen die basalen Blätter der Geiztriebe erhalten werden. Hierzu sind weitere Standräume erforderlich.

Von Wichtigkeit der Vertikoerziehung allgemein ist das frühe (händische oder im Direktzug auch maschinelle) Einkürzen zumindest der oberen Triebe in der Zeit kurz vor der Blüte, um so die Apikaldominanz zu brechen und eine bessere Belichtung des

Abb. 209 Vertiko auf Strecker mit Stützdraht (System Caragnello).

Stockinneren zu gewährleisten. Eine spätere Nacharbeit von Hand ist sinnvoll, um innen liegende Triebverdichtungen zu lösen, senkrecht stehende Triebe einzukürzen bzw. in die Horizontale zu richten. Eine *Phomopsis*-Kontrolle und -vermeidung ist hier notwendig, ähnlich wie bei anderen Systemen, die auf basale Augen geschnitten werden.

5.5 Umkehrerziehung

Bei der Umkehrerziehung hängt die gesamte Stocklast an einem Stützdraht, der auf etwa 1,50 bis 1,70 m Höhe gezogen wird. Die Stämme werden auf dieselbe Höhe geleitet. Der Anschnitt des Tragholzes erfolgt am Hochkordon, der am Stützdraht befestigt ist. Die Sommertriebe hängen frei herab, daher die Bezeichnung „Umkehr". Die Triebe stehen somit nicht mehr senkrecht wie im Drahtspalier, sondern sie hängen seitwärts oder abwärts, wodurch die Traubenzone umgekehrt wurde, also über der Triebzone liegt. Diese an sich sehr arbeitssparende Erziehung hat den Nachteil der Laubglockenbildung. Die Fäulnis stellt vielfach ein erhebliches Problem dar. Auch sehr windoffene Lagen sind wegen der Gefahr des Triebbruchs nur bedingt geeignet.

Der Aufbau des Kordons erfolgt ebenfalls abschnittsweise. Je nach Wuchskraft und Standraum wird der Kordon einseitig oder beidseitig erzogen. Der Zeilenabstand sollte mindestens 2,50 m, eher aber 3,00 m betragen. Der Stockabstand ist der Wuchskraft der Sorte und Unterlage anzupassen. Jeder Stamm erhält einen stabilen Stab oder eine Stütze, die bis zum Querdraht reicht und an diesem befestigt ist.

Auch eine Doppelstockpflanzung kommt infrage. Dabei werden die Stämme zweier Reben senkrecht an einer Stütze gezogen und auf den Querdraht einmal nach rechts und einmal nach links geleitet. Der Anschnitt von Tragholz erfolgt nur auf den Hochkordon, Austriebe am Stamm werden komplett ausgebrochen. Als Anschnittholz kommen sowohl Ertragszapfen als auch frei hängende Strecker infrage. Strecker sollten gleichmäßig nach rechts und links verteilt werden und etwa 4 bis 5 Augen umfassen. Die Zapfen dienen der Ergänzung und der Generierung von neuem Tragholz. Die Strecker senken sich später mit dem zunehmenden Trieb- und Traubengewicht nach unten und pendeln dann frei.

Wichtig ist es, die grünen Triebe nicht zu früh zu kappen, um den Geiztriebwuchs nicht zu fördern und so die umgekehrte Triebanordnung überhaupt erst zu ermöglichen. Kritisch sind windoffene Bereiche (erste Zeile, Zeilenanfänge), da sich die Triebe dort vor allem auf eine Seite legen oder pendelnde Strecker sogar abreißen können.

Beim Rebschnitt ist dann besonders darauf zu achten, dass auf beiden Seiten genügend Tragholz belassen wird, eventuell sind die Strecker auf der windabgewandten Seite kürzer anzuschneiden. Auch eine manuelle Laubkorrektur kann erfolgen, indem die Triebe vor dem Absenken auf die jeweilige Seite geleitet werden. Durch die weiten Standräume lässt auf armen und trockenen Böden vielfach die Wuchskraft zu wünschen übrig, entsprechend ist der Schnitt anzupassen, ansonsten ist eine chronische Überlastung die Folge. Gegebenenfalls sind die Kordonarme zu verkürzen oder bei Verkahlung aus einem stammnahen Trieb neu aufzubauen.

Das Ausheben des Holzes entfällt, jeder Stock kann somit komplett fertig geschnitten werden. Die Ranken müssen nur grob entfernt werden, da kein Biegen erfolgt. Der Schnitt erfolgt zudem in aufrechter Körperhaltung.

Der Arbeitszeitbedarf für den Schnitt liegt, je nach Stockabständen und Sorte, bei

Abb. 210 Umkehrerziehung am Steilhang mit Doppelstockpflanzung.

etwa 30 bis 60 Stunden je Hektar. Er bewegt sich damit um etwa 40 % unter dem von Bogenschnitt. Aufgrund der geringeren Stockzahl sind die Erträge im Vergleich entsprechend niedriger. Auch in Frostlagen hat die Umkehrerziehung Vorteile, da sich die jungen Triebe weit vom Boden entfernt befinden. Sie lässt sich auch recht gut zum Minimalschnitt umfunktionieren und stellt hierbei das Aufbaugerüst dar.

Ähnlich der Umkehrerziehung ist die **Eindrahterziehung** aufgebaut. Statt eines Kordonarms werden auf den Hochdraht Flachbögen gewickelt oder mittels zweier Drähte auch Halbbögen formiert. Den Sommertrieben wird im Wuchs freien Lauf gelassen; sie hängen sich ähnlich der Umkehrerziehung nach unten. Hierbei ist die Windbruchgefahr aber höher und der Ertrag niedriger. Ein Mehranschnitt kann in gewissen Grenzen ausgleichend wirken. Die Laubglockenbildung ist schwächer ausgeprägt als bei Streckern, die zu mehr Trieben führen. Auch die Formhaltung der Reben ist einfacher als bei Umkehr mit Kordon.

Die **Trierer-Rad-Erziehung** stellt eine Abwandlung der Umkehrerziehung dar. Hierbei wird auf frei stehende Reben auf einen Stickel eine lenkradähnliche Kunststoffkonstruktion angebracht. Der Stamm wird zentral am Pfahl bis zur Radkonstruktion geleitet. Auf Stammhöhe werden zwei bis vier Strecker angeschnitten, die zuerst senkrecht stehen und sich später quer über die Radkonstruktion legen. In Stammnähe befinden sich zusätzlich jeweils zwei bis vier Ersatzzapfen, um die Strecker stammnah erneuern zu können.

Abb. 211 Die Trierer-Rad-Erziehung stellt eine abgewandelte Umkehrerziehung dar. Zur Brechung der Apikaldominanz wurden die mittleren Augen der Ruten entfernt. Dadurch wird die Triebumkehr erleichtert und die basalen Triebe entwickeln sich besser. Die Ruten senken sich von selbst ab.

Beim Schnitt ist darauf zu achten, dass die Strecker etwa gleichmäßig am Rad verteilt sind und sich von selbst nach außen orientieren. Damit werden Biege- und Bindearbeiten eingespart. Die Handlese dieser speziell für Steillagen konzipierten Erziehung ist jedoch aufwendiger und die Radkonstruktion recht kostenintensiv. Zudem ist der Austausch der Pfähle und Räder erschwert. In letzter Zeit ist diese Erziehung eher für Tafeltrauben im Kleinanbau interessant, nicht zuletzt wegen der auffälligen Radkonstruktion. Im größeren Stil konnte sich die Methode aber nicht durchsetzen. Holzpfähle brechen unter Last oft ab und der Stock kippt so komplett um.

5.6 Minimalschnitt

Der Weinmarkt zeigt seit vielen Jahren einen beständigen Trend: Die immer deutlichere Differenzierung zwischen Basis- und Premiumweinen. Hält dieser Trend weiter an, wird das auch für die Anbautechnik nicht ohne Folgen bleiben.

Wie können also in Zukunft gute Basisqualitäten kostendeckend hergestellt werden? Eine Anbaumethode, die auch von der Weinbauforschung in den letzten Jahren stark unter die Lupe genommen wird, kann hier einen interessanten Ansatz bieten: der **Minimalschnitt** oder auch **Naturwuchs-Erziehung** genannt. Aber nicht nur aus Gründen der „qualitätsverträglichen Extensivierung" sorgt diese Wirtschaftsweise für Aufsehen. Besonders bei den Herausforderungen im Rahmen des Klimawandels zeigt sie positive Ansätze. So werden im folgenden Beitrag deren Vor- und Nachteile beleuchtet. Tipps zur praktischen Durchführung ergänzen die Ausführungen.

5.6.1 Wer hat's erfunden?

Das Beispiel Australien zeigt, dass es auch anders geht. Anfang der 1970er-Jahre fragte man sich aufgrund der dort entstandenen Rahmenbedingungen:

- Wie kann ein Teil des Weinbaus angesichts der ungünstigen wirtschaftlichen Situation vieler Betriebe extensiviert werden?
- Wie können Arbeitsspitzen gebrochen werden?
- Wie können Betriebe möglichst auf Fremdarbeitskräfte verzichten?
- Wie können Betriebsleiter bei gleich bleibender Fläche mehr Zeit in die Vermarktung investieren?

Abb. 212 Minimalschnitt: Die Reben werden nur noch wenig und dann mit maschinellen Systemen geschnitten (eine von mehreren möglichen Vorgehensweisen im Bild). Laufende Versuche über die Intensität des Nachschnitts im Winter werden das Management dieser Erziehungsform sicher noch weiter optimieren.

So fand dort bezüglich des Anbaus ein Umdenken statt. Man begann bestehende Anlagen auf sogenannte **Minimal Pruning Systems** (Anbausysteme mit nur minimalem, also geringfügigem Rebschnitt) umzustellen, in denen der Winterschnitt im herkömmlichen Sinn nur noch eingeschränkt und mit maschinellen Systemen durchgeführt wurde oder gänzlich entfiel. So wurde die traditionelle Auffassung, der Rebschnitt sei als Verjüngungsschnitt die Grundlage zur Kultivierung, infrage gestellt. Selbstredend musste für diese Erziehungsform ein angepasstes Management über viele Jahre hinweg erst gefunden werden, um damit qualitativ makellose Weine zu erzeugen.

In Ergänzung hierzu steht der sogenannte **Minimalschnitt „im Spalier“**, der mit einem jährlich auch im Sommer stattfindenden Rückschnitt kultiviert wird. In diesem Kapitel ist hauptsächlich der klassische Minimalschnitt (nach australischem Vorbild) beschrieben und Erkenntnisse aus Versuchen dargestellt. In Ergänzung dazu steht ein eigenes Kapitel, in dem die Hauptunterschiede zum Minimalschnitt im Spalier näher beschrieben sind.

Anwendung heute

Im kühleren Weinbauklima in den **Oststaaten der USA**, aber auch in Teilen Kanadas, werden vorwiegend Vitis-Labrusca-Sorten unter nur geringfügigem Rebschnitt angebaut. Schätzungen zufolge beläuft sich diese Fläche auf 9 000 bis 11 000 ha (es gibt keine statistische Erfassung der Flächen).

Die Stöcke werden in einer sogenannten Eindrahterziehung mit ein bis zwei Kordonarmen gelenkt. Ein Sägeschnitt mit Kreissägeblättern im Winter begrenzt den Wuchs der heckenähnlichen Laubwand und bringt diese in eine kultivierbare Form. Ggf. wird vereinzelt ein leichter Nachschnitt von Hand angefügt, bei dem wenige Triebe oder Triebstränge aus der Laubwandzone herausgeschnitten werden.

Mit diesem Weinbergs-Management werden Durchschnittserträge von 10 500 bis 13 000 kg pro Hektar erzielt. Manche dortigen Betriebe, die speziell für das Preiseinstiegssortiment produzieren, erzielen annähernd das Doppelte (Kranich 2007; Zink 2007).

In **Australien** werden derzeit mehr als die Hälfte der gesamten Rebfläche minimal bzw. mechanisch geschnitten. Dieser mechanische Schnitt erfolgt im Winter mit maschinellen Schneidesystemen, um die im Sommer entstandene „Rebenhecke" zum einen in einer kultivierbaren Form zu halten, zum anderen im Wuchs zu begrenzen. Etwa 105 000 ha, also etwa die gesamte bundesdeutsche Ertragsrebfläche, fallen unter diese Bewirtschaftungsform. Der Anteil an **Nichtschnitt**, hier werden die Reben gänzlich ohne Winterschnitt belassen, liegt bei weniger als 5 % der rund 175 000 ha australischer Rebfläche.

Anfangs wurde das Konzept eines Nicht- bzw. Minimalschnitts der Reben überwiegend in trocken-heißen und bewässerten Weinbaugebieten Australiens (Riverland, Sunraysia, Murray Valley) bei der Tafeltraubensorte Sultana (Thompson Seedless) angewandt. Das Ziel war es, die Wachstumsleistung der Reben sowie die Ertragshöhe über Bewässerung (ohne zusätzliche Regenfälle während der Vegetationsperiode) zu steuern. Seit etwa 25 Jahren findet diese Technik in Australien jedoch unverändert die oben beschriebene Anwendung mit dem Ziel, qualitativ hochwertige Trauben aus den Rebsorten Chardonnay, Colombard, Chenin blanc, Riesling, Sauvignon Blanc, Semillon, Cabernet Sauvignon, Merlot, Ruby Cabernet und Shiraz zur erzeugen (Weyand 2006; Holzapfel 2007).

Auch wenn man indes festhalten kann, dass sich diese Erziehungsform in warmen Klimaten bewährt hat, mussten in unserer kühleren Klimazone erst Tests mit der neuartigen Anbautechnik durchgeführt werden, um ausreichend Erfahrungen zu sammeln. Wesentliche Erkenntnisse dieser noch fortdauernden Untersuchungen sind im Folgenden dargestellt.

5.6.2 Erscheinungsbild und Morphologie

Hinsichtlich des Erscheinungsbildes und der Morphologie ergeben sich durch die **Umstellung** zum Minimalschnitt nach zuvor erfolgtem Rutenschnitt gravierende Veränderungen. So weisen minimal geschnittene Reben eine wesentlich größere **Anzahl von Trauben** auf. Nach Versuchen von Wohlfahrt (2002) mit der Sorte Ruländer steht deren Quantität pro Stock verglichen mit der Rutenerziehung im Verhältnis 117:32. Die Trauben sind allerdings sehr viel kleiner, leichter und zudem lockerbeeriger und dickhäutiger als Trauben von „konventionellen" Anbaumethoden. **Lange Reifezeiten** und **verminderte *Botrytis*-Anfälligkeit** können dabei einen positiven Einfluss auf die Aromatik der so erzeugten Weine haben.

Ebenso steigen **Trieb- und Knospenzahl** rapide an. Die engknotigen Triebe, die bei Langzeitversuchen eine 3,5-mal höhere Anzahl aufwiesen, sind dagegen wesentlich kürzer und mit vergleichsweise wenigen und kleineren Blättern bestückt (Sommer

1995). Die Knospenzahl steigert sich durchschnittlich um das 6-Fache. Auf extrem wüchsigen Standorten kann diese bis zum 20-Fachen der Bogrebenerziehung betragen (Schwab und Nüßlein 2004).

Minimal geschnittene Reben weisen eine schnellere **Entwicklung der Gesamtblattfläche pro Rebe** auf (Clingeleffer 1983). So haben Downtown und Grant (1992) in ihren Forschungen festgestellt, dass die Blattfläche eines beprobten Rieslings 5 Wochen nach dem Austrieb 4- bis 5-mal höher war als bei der Vergleichsvariante. Im Verlauf des Jahres glich sich die Entwicklung allerdings derart an, dass zur Zeit der Lese die Blattfläche der Kontrollvariante die des Minimalschnitts sogar leicht überschritt.

Nach erfolgter **Umstellung** zum Minimalschnitt, durch den ausbleibenden Winterschnitt, steigt in den ersten Jahren der **Ertrag** stark an. Bereits Clingeleffer, einer der australischen Minimalschnittpioniere, sprach 1983 von einem Ertrag, der im Um-

Abb. 213 Lockerbeerige Trauben als Ergebnis des Minimalschnitts statten viele Sorten mit einem natürlichen *Botrytis*-Schutz aus (hier Riesling).

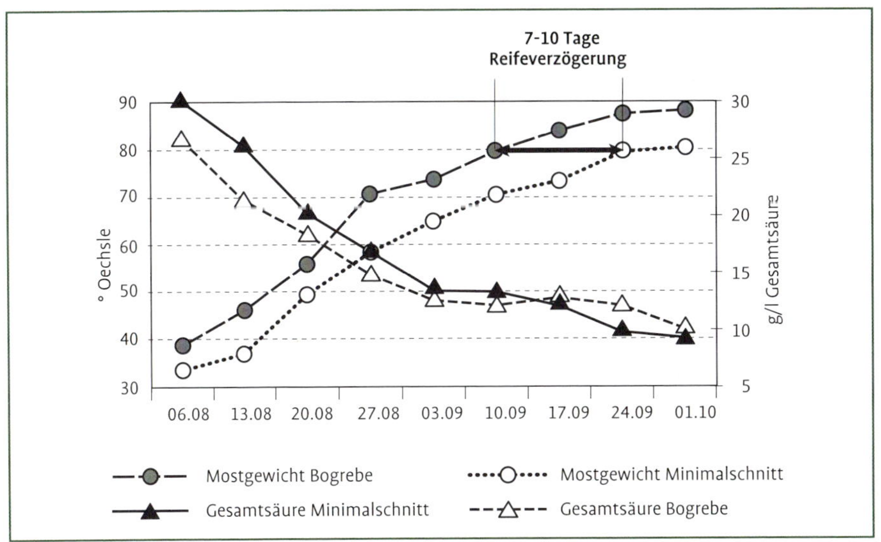

Abb. 214 Reifeverlauf: Vergleich von Minimalschnitt (Riesling, Ruppertsberg) mit den Mittelwerten der amtlichen Reifemessung (Riesling, Bereich Mittelhaardt).

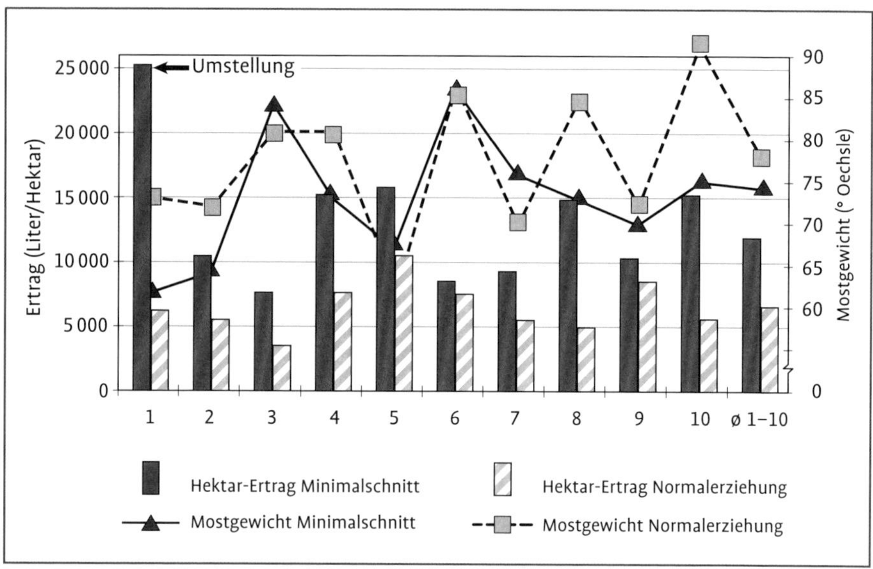

Abb. 215 Minimalschnitt und Normalerziehung im zehnjährigen Vergleich: Hektarertrag und Mostgewicht beim ökologisch bewirtschafteten Müller-Thurgau (Guntersblum) (Quelle: Spies). (*) 3: starke *Peronospora*-Primärinfektion.

stellungsjahr bis zu 60 % über dem des Vorjahres lag. Vielen Praktikern sind sicher noch höhere Werte geläufig. Langfristig jedoch besitzen die Reben die Fähigkeit zur „Selbstregulation" und können so „ihre eigene Fruchtbarkeit steuern", was für die Weinqualität von großer Bedeutung ist. Dieses Phänomen tritt in der Regel spätestens im dritten Jahr nach der Umstellung ein.

Der **Stockertrag** minimal geschnittener Reben bleibt dann in aller Regel zwar deutlich über dem vergleichbarer Stöcke mit Bogrebenschnitt. So zeigen viele Messreihen, dass er sich nach erfolgter Selbstregulierung bei etwa dem doppelten Maß einpendelt.

Da in hiesigen Weinbaugebieten jedoch viele der bestehenden Anlagen dieser Erziehungsform durch Umstellung einer Bogenschnittanlage und die Rodung jeder zweiten Zeile entstanden sind, um einen ausreichend großen Zeilenabstand zu erhalten, bleiben die **Flächenerträge** denen von Bogrebenanlagen vergleichbar.

Als vordringlich zu erforschendes Thema sah man noch vor wenigen Jahren den **Wasserhaushalt** minimal geschnittener Reben an. Er schien und scheint noch vielen Forschern von besonderer Bedeutung, weil er über Wohl und Weh entscheiden kann. Nach Ergebnissen von Schwab und Nüßlein (2004) im Weinbaugebiet Franken konnte allerdings stärkere Bewässerungsbedürftigkeit nicht nachgewiesen werden. Weitere grundlegende Untersuchungen in diesem Bereich sind jedoch erforderlich.

5.6.3 Arbeitsaufwand

Das von allen Befürwortern des Minimalschnitts als entscheidend angeführte Argument ist das des geringen Arbeitsaufwandes und der gesenkten Erzeugungskosten. Ver-

Tab. 10 Arbeitszeitvergleich bei minimaler und normaler Bewirtschaftung (Maschinenlese)

	Minimal	Normal
	Ak/h	Ak/h
Rebschnitt	3	90
Handnachschnitt (Bodenhölzer, ...)	3	
Bodenpflege	26	30
Pflanzenschutz	20	20
Binden		30
Rebholz häckseln		2
Stammtriebe ausbrechen	8	14
Stammkopf ausbrechen		6
Heften		25
Laubschnitt		10
Düngung	1	2
Lese	3	3
Sonstige	6	3
	70	**235**

Fazit Weinqualität

Die generelle Eignung der einzelnen Rebsorten zum (klassischen) Minimalschnitt hat maßgeblichen Einfluss auf den qualitativen Erfolg. Viele Weißweinsorten sind demnach für dieses System in der Weitraumanlage und ohne nennenswerten Sommerrückschnitt gut geeignet, vor allem jene, die mit Lockerbeerigkeit auf den geringfügigen Winterschnitt reagieren (siehe unten: Sorteneignungsliste Klassischer Minimalschnitt). Rotweinsorten sind in diesem System für die Erzeugung dichter, roter Weine weniger geeignet, weil ein Prozentsatz der Trauben beschattet heranreift. Durch die in diesem System verhältnismäßig hohe Blattmasse können nach den ersten Erkenntnissen auch mit höheren Stockerträgen solide Qualitäten erzeugt werden, eine fachlich korrekte Bewirtschaftung vorausgesetzt.

Was den Minimalschnitt im Spalier angeht, so steht und fällt die Weinqualität dort mit der Ertragshöhe, ist also eng an die altbekannte Menge-Güte-Regel gekoppelt.

gleichend mit der Normalerziehung sind die **Arbeitszeiten** in Tabelle 10 aufgeführt.

5.6.4 Weinqualität

Über die Qualität von Weinen aus Minimalschnitterziehung liegt mittlerweile eine Reihe von Erkenntnissen vor:

Nach Hill, Spies und Prior (2000) stechen Weine aus minimal geschnittenen Reben im Geruch als blumig und aromatisch hervor. Vergleichbare Rutenschnitt-Weine sind bei den Tests im Geschmack hingegen „nachhaltiger“ . Im Großen und Ganzen wurden durch den minimalen Schnitt aber keine negativen organoleptischen Auswirkungen festgestellt.

Wohlfahrt (2002) beschreibt bei der Verkostung der Sorte Ruländer den Wein aus (in dem Fall klassischem) Minimalschnitt sogar als den signifikant Besten.

Bei Quantitativen Deskriptiven Analysen (QDA) wurden bei Untersuchungen am DLR-Rheinpfalz Weine der gleichen Anlage, sowohl aus Minimalschnitt als auch aus Bogrebenerziehung, von zehn Verkostern in zwei Wiederholungen bewertet. Die Varianten lagen jeweils bei etwa vergleichbaren Hektarerträgen, jedoch durch die Halbierung der Stockzahl (jede 2. Zeile wurde im Rahmen der Umstellung entfernt) bei etwa doppelten Stockerträgen.

Auf der einen Seite zeigten sich bei diesen Tests Weine mit schwächerer „Nachhaltigkeit“ und Farbintensität sowie minderer

Abb. 216 Riesling-Weinberg in der Umstellungsphase: Hohe Erträge charakterisieren diese ein bis drei Jahre vor der ertraglichen Selbstregulation.

Ausprägung an Aromen durch die extensive Bewirtschaftung. Mit Ausnahme intensiverer Kirscharomen zeigte Dornfelder Minimalschnitt schwächer ausgeprägte Attribute als der Bogrebenschnitt.

Auf der anderen Seite gab es Weine, bei denen durch die extensive Wirtschaftsweise mehr Aromen und auch ein höheres Maß an Mundgefühl im Vergleich zur Bogrebenerziehung vorhanden waren. Ein Silvaner beispielsweise wies deutlich mehr Geruch und Geschmack nach Apfel, Banane und Zitrone auf sowie eine höhere Fruchtigkeit. Er war etwas weniger bitter und sauer als die Weine aus konventioneller Erziehung und zeigte ein dichtes Mundgefühl.

Verkostungsergebnisse

Ähnliche Ergebnisse und Erkenntnisse ließen sich bei einer Blindverkostung weiterer Versuchsweine ermitteln. 38 Prüfer, überwiegend praktizierende Winzer, beteiligten sich daran. Die Weine wurden hierbei nach Schulnoten bewertet, um anschließend per EDV signifikante Unterschiede in den Beurteilungen zu ermitteln. Ferner wurden sie verbal beschrieben.

Die vorliegenden Resultate bescheinigen bei den Sorten Portugieser und Dornfelder eine tendenziell sinkende Weinqualität durch in dem Fall „klassischen“ Minimalschnitt.

Die Sorten Silvaner und Riesling hingegen eignen sich auch nach den bisher vorliegenden Verkostungsergebnissen, bei denen die Weine zwischen den Schulnoten 2,4 und 3,0 eingeordnet wurden, aus qualitativer Sicht gut für diese extensive Wirtschaftsweise.

5.6.5 Ertragsregulierung

Im Zusammenhang mit diesen für den Einsatz des Minimalschnittes weitgehend optimistisch klingenden Aspekten muss ein weiterer Baustein dieses Systems ins Blickfeld genommen werden: die Ertragsregulierung vor allem in den **hochertragreichen Umstellungsjahren.**

Dazu wurden am Dienstleistungszentrum Ländlicher Raum in Bezug auf den klassischen Minimalschnitt mehrjährige Versuche angelegt, in denen auch weitere Parameter abgeklärt werden sollten.

Versuch: Ertragsregulierung über „Bandausdünnung" mit dem Traubenvollernter (2007–2009)

Das Spezielle an diesem Verfahren und der Unterschied zu vorangegangenen Versuchen besteht in der folgenden Vorgehensweise: Bei früheren Tests wurde mit verminderter Schlagzahl (im Vergleich zur Lese) auf die gesamte Traubenzone (ca. 1,0 m) eingewirkt. Daraus resultierte ein eher unkalkulierbarer Erfolg, der abhängig von Sorte, Standort, Wasserversorgung und Wetter in den Tagen nach der Ausdünnung war. Bei dieser Methode werden die oberen Schüttelelemente des Ernters ausgebaut oder je nach technischer Möglichkeit abgeschaltet. Nur drei aktive Schlägerpaare (sechs Schläger) verbleiben. Mit einer Schlagzahl (bzw. Schüttelfrequenz) fast wie bei der Lese wird dabei lediglich auf etwa das untere Drittel der Laubwand eingewirkt, um den entsprechenden Teil der Trauben komplett zu entfernen – unter weitgehender Schonung der Blattmasse.

Fazit Bandausdünnung

Das Bandausdünnungsverfahren ist geeignet, um vor allem in den zwei bis drei ertragsstarken Jahren nach der Umstellung zum Minimalschnitt/Naturwuchs den Ertrag auf ein moderates Maß zu reduzieren. Dabei wird z. B. etwa das untere Drittel der Traubenzone „abgeklopft". Voraussetzung hierfür sind lockerbeerige Rebsorten, um ein Abquetschen der verbleibenden Trauben durch Kompensationseffekte zu verhindern. Das Zeitfenster für diese Arbeit liegt bei ungefähr vier bis zwei Wochen vor Weichwerden (Veraison). Sofern dabei eine Ertragsreduzierung mit größerem Ausmaß interessiert, sollte ein späterer Termin innerhalb des angegebenen Zeitraums gewählt werden.

Versuch: Einsatz des Bioregulators Regalis in der Minimalschnitterziehung (2007–2009)

In drei Versuchsjahren (2007–2009) wurde das Mittel Regalis in der Minimalschnitterziehung im Entwicklungsstadium Vollblüte appliziert. Die Ergebnisse seien an diese Stelle stark verkürzt in Form einer Zusammenfassung dargestellt:

Fazit

Während der Einsatz des Bioregulators Regalis in der Bogrebenerziehung in den meisten Fällen eine Ertragsreduktion mit sich bringt (Petgen 2009), war dies im beschriebenen Versuch bei Minimalschnitt/Naturwuchs nicht der Fall. Im Gegenteil: Der Ertrag des beprobten Riesling-Weinbergs erhöhte sich im Durchschnitt der drei Versuchsjahre um 27 %.

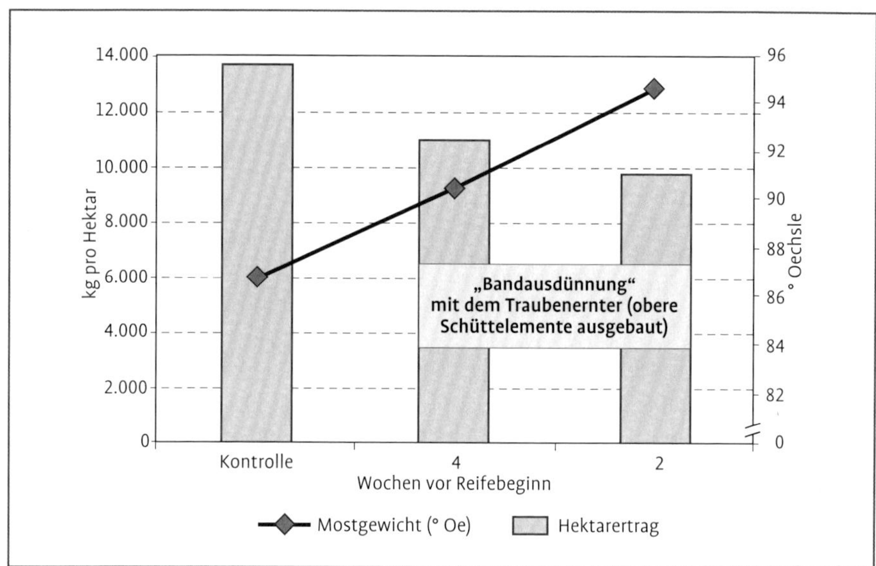

Abb. 217 Ertragsreduzierung mittels Vollernterausdünnung (verschiedene Zeitpunkte) in der Minimalschnitterziehung: Reaktion von Hektarertrag und Mostgewicht (Mittelwerte 2007–2008). Riesling, Ruppertsberg/Pfalz.

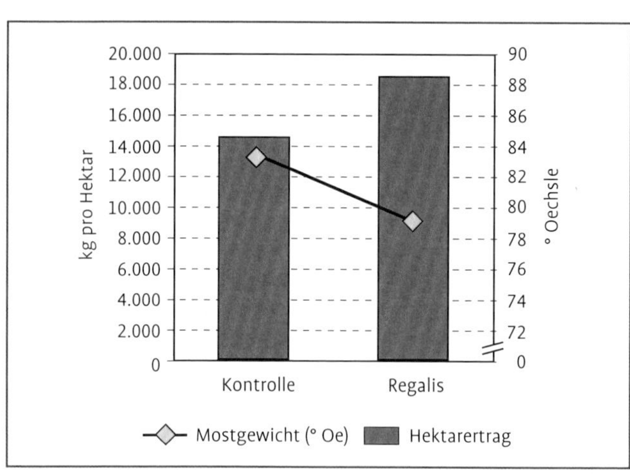

Abb. 218 Einsatz des Bioregulators Regalis in der Minimalschnitterziehung zum Entwicklungsstadium 65 (Vollblüte): Reaktion von Hektarertrag und Mostgewicht (Mittelwerte 2007–2009). Riesling, Ruppertsberg/Pfalz.

Abb. 219 Aufwand bei der Umstellung ist nötig: Wer hier nachlässig arbeitet, schafft sich spätere Probleme. So sind z. B. Fichtenstickel (Bild) nur noch erschwert auszuwechseln.

5.6.6 Vorgehensweise bei der Umstellung zum klassischen Minimalschnitt

Bereits bestehende Ertragsanlagen können grundsätzlich für Minimalschnitt umgestaltet werden. Um im Nachhinein jedoch keine „böse Überraschung" zu erleben, sollten dazu folgende Punkte beachtet werden.

1. Schritt Spalier/Drahtgerüst – Stabilisieren entscheidend

Ein bestehender Weinberg, der für eine Standard-Spaliererziehung ausgelegt wurde, muss in vielen Fällen verstärkt werden, um die Last der neu entstehenden Laubwand zu tragen. Stabilität spielt dabei die entscheidende Rolle und kann beispielsweise wie folgt hergestellt werden:

Verstärkung des Drahtrahmens
Das Ausbessern und Verstärken des Drahtrahmens ist unbedingt erforderlich. Zu schwache oder angerostete Stränge sollten ersetzt werden. In für diese Erziehungsform entscheidenden Bereichen (siehe Punkt 3) haben sich bei Anwendern stärkere Drähte als die üblichen (zum Beispiel aus dem Obstbau) oder ausreichend stark dimensionierte Edelstahldrähte bewährt. Besonders letztere bieten den besonderen Vorteil einer geringen Längenausdehnung. Diese Materialien werden der hohen Belastung gut gerecht.

Stickel intensiv ausbessern
Der übliche Stickelabstand wird halbiert beziehungsweise auf maximal 3 m herabgesetzt, um der Belastung standzuhalten. Idealerweise sollte die Anlage mit Metall-

Tab. 11 Empfehlung zur Umstellung von Ertragsanlagen auf Minimalschnitt (nach australischem Muster).

	Grundvoraussetzung: mindestens 2,70 m Zeilenbreite.
Winter 00/01	Ausbessern von Stickeln/Verstärkung des Drahtrahmens
	Stickelabstand halbieren bzw. auf maximal 3 m herabsetzen.
	Metall- oder Akazienstickel verwenden (Austauschen von Fichtenholzpfählen später nur erschwert möglich).
	Verankerungen verstärken – ggf. Endstickel mit Querverstrebungen absichern.
	Schaffung einer **„Kernzone"** (ein kräftiger Draht oder Drahtpaar in ca. 1,60 bis 1,70 m Höhe, von der ausgehend sich die Laubwand neu strukturiert.
	Dazu ggf. Drähte ergänzen. Alternativ: z. B. 2,0 mm Edelstahldraht (V2A) einziehen
Frühjahr 01	Flachbogen oder zwei kurze Halbbögen (Stabilität)
Winter 01/02	Umstellung zu Minimalschnitt (siehe Abb. 220)
02 bis ca. 04	Mit erhöhten Erträgen rechnen und Maßnahmen zur Ertragsregulierung (z. B. mit Vollernter) einplanen.

Sonderfall Umkehrerziehung: Hier müssen „nur" die Verstärkungsmaßnahmen am Drahtrahmen und an den Verankerungen vorgenommen werden.

stickeln bestückt sein, da das Austauschen von Fichtenholzpfählen ab der Umstellung nur erschwert geschehen kann. Auch hier empfiehlt sich: Wenn schon Eisenstickel in die Anlage eingebracht werden, sollten diese aus Sicherheitsgründen möglichst stark dimensioniert sein, also mit einer Materialstärke von 1,8 mm statt der oft üblichen 1,5 mm.

Verankerungen müssen „stark" sein

Die Endverankerungen sind beim Minimalschnitt von besonderer Bedeutung und müssen den entstehenden hohen Zugkräften einiges entgegensetzen. Anker und Ankerscheiben sollten daher, wie die schon vorher beschriebenen Materialien, stabil ausgelegt sein.

2. Schaffung einer „Kernzone"

Form der Umstellung

In Australien wurden überwiegend Anlagen mit traditionellem „cane-pruning" umgestellt, bei denen mehrere Kordonarme in etwa 1,80 m Höhe um einen groß dimensionierten und gut befestigten Draht gewickelt sind (Clingeleffer 1988). Jene Form der Umstellung in „down under" erwies sich als vorteilhaft für das Gelingen des Minimalschnitts. Von dieser „Kernzone" ausgehend, also dem Draht, um den die Kordonarme gewickelt wurden, bildet sich die neue Laubwandstruktur über mehrere Jahre aus.

> **„Kernzone"**: Ein besonders stark dimensionierter Draht oder ein Drahtpaar in ca. 1,60 bis 1,70 m Höhe. Von ihr ausgehend strukturiert sich die Laubwand neu.

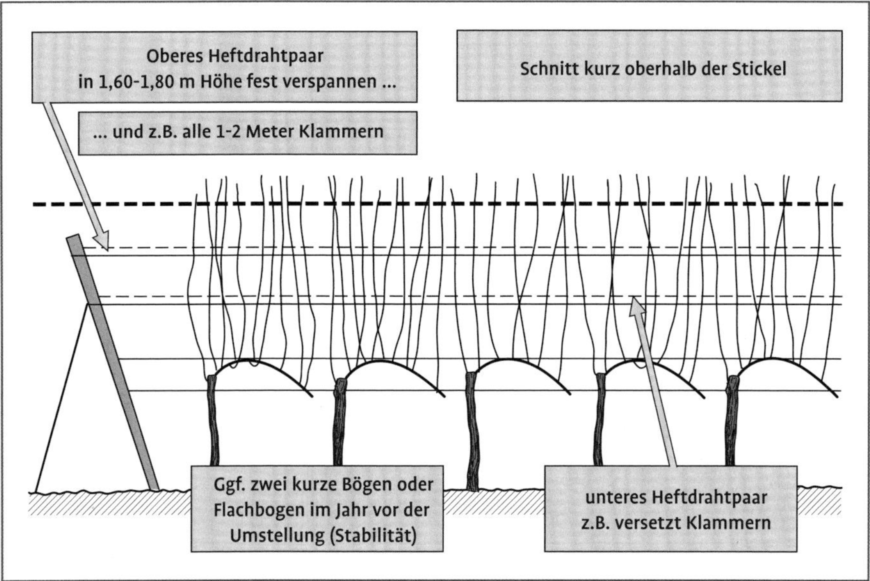

Abb. 220 Beispiel für die Vorgehensweise bei der Umstellung zu Minimalschnitt (Winter, ab ca. 7. Standjahr).

Die Kernzone ist in etwa 1,60 bis 1,70 m Höhe positioniert. Dieses Maß ist so gewählt, damit sich die neu entstehende Laubwand mit den üblichen Arbeitsgeräten gut bewirtschaften lässt, mit den gängigen Erntemaschinen gut zu beernten ist und auch die Triebe ausreichenden Platz zum Wachsen haben, ohne den Boden allzu bald zu berühren.

3. Heftdrahtpaare verbinden

Zumindest das obere ehemalige Heftdrahtpaar soll, da es nach der Umstellung die Kernzone darstellt, fest verbunden werden, zum Beispiel mit im Handel erhältlichen Metallklammern oder Rödeldraht. So sollen die verholzten (einjährigen) Triebe sicher und fest bewahrt werden. Im Winter vor der ersten Minimalschnitternte müssen diese Fruchtruten hierfür ca. 10 bis 20 cm oberhalb dieser Kernzone eingekürzt werden, um ein Überhängen der Laubwand im kommenden Jahr zu vermeiden und eine einheitliche Laubwandstruktur zu ermöglichen.

Sonderfall Umkehrerziehung

Die Umkehrerziehung bietet den Vorteil, dass „nur“ die Verstärkungsmaßnahmen am Drahtrahmen und den Verankerungen vorgenommen werden müssen. Eine manuelle Sonderbearbeitung des Rebholzes entfällt hier.

5.6.7 Gassenbreite und Stockabstand

Grundsätzlich bedeutend ist in diesem Zusammenhang die Zeilenbreite. Prinzipiell sind etwa drei Meter Zeilenabstand nötig, um während des gesamten Jahres ein gutes

Abb. 221 Auch bei klassischen Minimalschnitt hat sich in den Versuchen der letzten Jahre ein deutlicher Rückschnitt im Winter im „Laubschneider-Format“ bewährt. Geringer Altholzanteil und damit besser praktizierbare Lese sowie freier hängende Trauben sind die positiven Folgen.

Abb. 222 Rückumstellung (hier versuchsweise) ist mit maschinellen Vorschneidern (Sägeblätter) möglich, aber nicht empfehlenswert. Ein „beinahe“ Ertragsausfall in der folgenden Ernte ist die Konsequenz.

Befahren der Rebzeilen mit dem Schlepper zu gewährleisten (Schwab und Nüßlein 2005). In Verbindung mit einem Rückschnitt im Winter „in Laubschneiderformat“ ist nach neueren Erkenntnissen jedoch auch ca. 2,70 m Mindestreihenabstand angebracht.

Insgesamt betrachtet birgt die Umstellung viel Arbeit in sich (je nach Anlage von schätzungsweise 90 bis 200 Arbeitsstunden pro Hektar). Wer bei diesem einmaligen Einsatz aber nachlässig arbeitet, schafft sich später Probleme und erhöhten Arbeitsaufwand. Wegen dieser hohen Eingangsinvestition und auch der bekannten Tatsache, dass in den ersten Jahren nach der Umstellung oft zu hohe Erträge entstehen, macht besonders ein dauerhaftes Minimalschnittsystem Sinn.

Für den Stockabstand indes gibt es bisher keine eindeutigen Empfehlungen. Vorsichtig einschätzend kann unter den beschriebenen Voraussetzungen ein Stockabstand von (eher) 0,80 bis 1,00 m angenommen wer-

Tab. 12 Häufige Fehler bei der Umsetzung der Minimalschnitterziehung

Fehler	Konsequenz
Drahtrahmenstärke nicht ausreichend verstärkt	Spalier kann zusammenbrechen
„Kernzone“ zu hoch (niedrig)	erschwert die maschinelle Lese
Grenzgassen zu eng dimensioniert	Ärger mit Nebenliegern
Laubschnitt ohne daran anschließende Ertragsreduktion	Mostgewichtsreduktion, meist Ertragssteigerung
unpassende (veraltete) Lesetechnik	mit Fremdstoffen (Blätter, Stiele, Altholz) durchsetztes Lesegut
keine zusätzlichen Schüttelelemente bei Ernte	Trauben bleiben teilweise hängen/schlechtere Lesequalität

den. Dieses Vorgehen könnte es ermöglichen, die Einzelstockbelastung zu senken. Visuelle Beobachtungen sprechen dafür, dass eine beispielsweise 1 m Zeilenlänge nur mit einer begrenzten Menge an Laubwand ausgefüllt werden kann. Zu diesen Themen wurde 2009 am DLR Rheinpfalz ein Langzeitversuch angelegt, der in einigen Jahren Ergebnisse liefern wird.

5.6.8 Bodenbewirtschaftung und Düngung

Bodenbewirtschaftung und Düngung sind dem Standort angepasst zu betreiben. Langjährige Dauerbegrünung beispielsweise sollte nur bei tiefgründigem Boden mit gutem Wasserspeichervermögen erfolgen. Bei unsachgemäßer Begrünung reagiert der Minimalschnitt nach Schwab und Nüßlein (2004) mit verringerter Wüchsigkeit und reduziertem Traubenertrag und deutlich verzögerter Reife.

Deutliche Aussagen hierzu kommen auch aus der LVWO-Weinsberg: Das üppige Aussehen der Naturwuchs-Erziehung sollte nicht dazu verleiten, mehr Stickstoff auszubringen. Eher weniger ist von Vorteil, da auch aus qualitativer Sicht eher schwächerer als stärkerer Wuchs erstrebenswert ist, was ein harmonischeres Wachstum begünstigt. Probleme mit UTA im Wein traten in den Versuchen der LVWO mit Riesling trotz des in den ersten Jahren sehr verhaltenen Wuchses und offensichtlich gestresster Reben nicht auf. Dies dürfte vor allem durch den in der Regel späteren Lesebeginn bedingt sein (Fox 2009).

5.6.9 Maschinenbesatz

Die Arbeiten können in der Regel mit den bereits vorhandenen Maschinen durchgeführt werden. Interessant ist die jährliche Einsparung von ca. 80 l Kraftstoff pro Hektar (Schwab und Nüßlein 2004).

5.6.10 Pflanzenschutz

Beim Minimalschnitt hat man es von Beginn der Vegetationsperiode an mit einer räumlich voluminösen, dreidimensionalen Laubwand zu tun. Daher sind von Anfang an höhere Brühe- und Wirkstoffmengen erforderlich, um die gesamte Laubwand abzudecken. Beginnend mit der ersten Spritzung muss jede Gasse befahren werden. Nach der Rebblüte unterscheiden sich die Aufwand-

Abb. 223 Die vielen johannisbeerartigen Trauben lassen sich nur mit dem Vollernter wirtschaftlich ernten. Gleichzeitige Entrappung sorgt für sauberes Lesegut.

mengen an Pflanzenschutzmitteln im Vergleich zur Spaliererziehung (pro laufendem Meter Zeilenlänge) nicht mehr. Praktiker empfehlen allerdings die Faustregel „einen Gang langsamer fahren".Bei Weinreben im Allgemeinen formieren sich die Blätter während des Ansprühens beim Pflanzenschutz oftmals dachziegelartig, was die Anlagerung der Spritzbrühe sowie der Wirkstoffe auf der Blattunterseite erschwert. Eine durchdachte Applikationstechnik ist dabei ohnehin, besonders jedoch in Weitraumanlagen, notwendig. Im Minimalschnitt sollten daher Geräte mit höherer Gebläseleistung bzw. großem Luftdurchsatz zum Einsatz kommen. Zwei Gebläsestufen sind hierbei empfehlenswert.

Tunnelgeräte mit Luftunterstützung sind für Minimalschnittanlagen aufgrund der großvolumigen Laubwand nur dann geeignet, wenn ein genügend großer Abstand von den Düsen zur Laubwand sichergestellt werden kann und die Gebläseluft ausreicht, um die Laubwand zu durchdringen.

Schwab und Nüßlein (2004) stellten von 1999 bis 2004 keinen verstärkten Infektionsdruck fest. Bauer (2002) erwähnt, dass gegen Pockenmilbenbefall ggf. eine Austriebsspritzung mit Netzschwefel erfolgen sollte.

Aufgrund der lockerbeerigen Trauben kann angenommen werden, dass Minimalschnittsysteme in der Regel mit stark vermindertem Botrytizideinsatz auskommen.

5.6.11 Maschinelle Lese

Berichten von Praktikern folgend ist es von entscheidender Bedeutung für die Qualität der Weine, einen Traubenvollernter mit integriertem Entrapper einzusetzen. Die maschinelle Ernte ohne Entrapper kann nach Schmitt (2006) durch das Auftreten von Gerbstoffen/Bittertönen negative Folgen haben. Das ist besonders der Fall, wenn Lesegut mit hohem Blatt-, Stiel- und Holzanteil mehr als eine Stunde nach der Lese nicht verarbeitet werden kann.

Grundsätzlich können Hänge bis 30 % Steigung befahren werden. Liegt die Traubenzone hoch über dem Boden, muss die Erntemaschine komplett ausgefahren werden, um diese zu erfassen. Darunter leidet die Steigfähigkeit ein wenig. Ohnehin sollten die Rüttelelemente höher gesetzt oder sogar ergänzt werden.

5.6.12 Sorteneignung

Reaktion der Traubenstruktur

Bei allen Rebsorten sind durch Minimalschnitt die Traubengewichte reduziert, was oft durch eine Art Verrieselungseffekt herbeigeführt wird. Vor allem Sorten, in deren Erbgut der Riesling enthalten ist (zum Beispiel Kerner, Müller-Thurgau, Scheurebe) und natürlich der Riesling selbst, neigen zur Entwicklung dieser sehr lockerbeerigen und kleinen Trauben. Auch bilden sich in vielen Fällen längere Stiele aus. Dies ist eine gute Voraussetzung für einen natürlichen *Botrytis*-Schutz. Zwar werden Trauben wie die des Rieslings vergleichsweise wenig von *Botrytis* befallen, werden aber dennoch „mürbe“, wenn später ein höherer Reifegrad erreicht ist.

Die Trauben anderer Sorten hingegen, wie zum Beispiel die des Weißen Burgunder, werden zwar kleiner, bleiben aber kompakt und neigen wie in der Bogrebenerziehung zu Fäulnis durch Abquetschen.

Bei Messungen des DLR Rheinpfalz an ausgewählten Rebsorten wurden Trauben aus Minimalschnitt und aus vergleichbaren Bogrebenerziehungen verwogen. Dabei zeigte sich, dass die einzelnen Rebsorten sehr unterschiedlich auf den Minimalschnitt reagieren, was die Veränderungen der Traubengewichte angeht. Bei manchen Sorten reduzierte sich das Traubengewicht sogar um 70 %, bei anderen lediglich um 30%.

Reaktion der Laubwand

Ebenso unterschiedliche Reaktionen wie bei den Trauben finden sich in der Entwicklung der Laubwände. Manche Sorten, wie etwa Cabernet Franc, neigen zu starkem Wuchs in die Höhe. Manchmal bleibt die Laubwand luftiger (Kerner und andere), manchmal wird sie dichter. Bei manchen Sorten tendieren Triebe stark zu seitlichem Wuchs Richtung Gassenmitte (zum Beispiel Spätburgunder Klon Mariafeld), bei anderen weniger. Eine Eigenheit der Sorte Merlot ist, dass das Blätterwerk die Trauben bedeckt, ja fast „versteckt“.

Reaktion von Wuchskraft und Ertrag

Es gibt auch für den Minimalschnitt eher ungeeignete Sorten wie die Huxelrebe, bei der die Beeren zum Aufplatzen neigen und die Reben zu einer übersteigerten Wuchskraft. Andere Sorten wie der Gewürztraminer hingegen neigen von vornherein nicht zu überhöhten Erträgen. Schwab und Nüßlein formulieren (2004):

„Je allgemein blütefester eine Sorte ist, desto höher scheint das Ertragspotential zu sein, da hier Selbstregulierungsmechanismen geringer ausgeprägt sind.“

Weinart/-typ

Während sich viele weiße Sorten gut für eine Umstellung eignen, lassen sich Trauben für Rotweine mit einer konstant guten Qualität nur bedingt über mehrere Jahre hinweg im System Klassischer Minimalschnitt erzeugen. Geringere Farbausprägung des Leseguts im Inneren der Laubwand und dadurch bedingt ungleiche Reifezustände lassen die Anwendung von minimalem Schnitt für Rotweinsorten eher außen vor, es sei denn Rosé-Weine oder Blanc de Noirs sollen aus den roten Sorten erzeugt werden.

Eine Ausnahme bildet eventuell der farbintensive Dornfelder, aus dem nach jetzigem Dafürhalten auch über Minimalschnitt Rotwein gekeltert werden kann. Doch bewegen sich die Erträge in moderaten Bereichen.

Die Reifeverzögerung fällt überdies bei einigen, speziell roten Sorten, oft so groß aus, dass ein ausreichendes Mostgewicht in manchen Jahren nicht erreicht werden kann.

Dagegen eignen sich viele Trauben aus dieser Erziehungsform durch den natürlichen *Botrytis*-Schutz durch Lockerbeerigkeit und die Reifeverzögerung gut zur Eisweinbereitung.

Einzelbewertungen zur Sorteneignung bei Minimalschnitt können der Tabelle 12 entnommen werden.

5.6.13 Klassischer Minimalschnitt (MS) und Minimalschnitt im Spalier (MSS): Unterschiede und Gemeinsamkeiten

Der ebenfalls vielversprechende Ansatz des Minimalschnitts im Spalier für die Extensivierung in herkömmlichen Zeilenbreiten von ca. 2 m, der vom jährlichen Einsatz des Traubenvollernters oder zumindest Bedarfseinsatz zum Ausdünnen ausgeht, ist derzeit in langfristiger, detaillierter Erprobung.

Bei der Umstellung auf jenes System sollte zunächst die Eignung der entsprechenden Anlage überprüft werden. Diese sollte mindestens 5 bis 7 Jahre alt sein, sodass sich bereits ein ausreichendes Wurzelwerk etabliert hat. Abgängige Anlagen sind geeignet, um erste Erfahrungen zu sammeln, ohne ein zu großes Risiko einzugehen. Auch sollte der Drahtrahmen noch möglichst intakt sein. Gutes Heften mit Verwendung von dauerhaften Klammern oder stabilen Bindungen und eine Verstärkung des Drahtrahmens (Stickel, Anker und oberster Draht) sind in diesem System ebenfalls nötig. Eine „Kernzone“, von der ausgehend sich eine Art Umkehrerziehung bildet, entsteht hier nicht in der Form wie beim klassischen Minimalschnitt.

Während bei Letzterem Zeilenbreiten von mindestens 2,70 m erforderlich sind, ist beim Minimalschnitt im Spalier eine Zeilenbreite ab 1,80 m ausreichend.

Auch bei den Sorten gibt es Unterschiede hinsichtlich der Eignung. Beim MS eignen sich prinzipiell weiße Sorten gut, besonders aber Riesling und verwandte Sorten (Scheurebe, Kerner, Müller-Thurgau). Auch Dornfelder ist hierfür geeignet. Eher weniger eignen sich hier in unseren Breiten Rotweinsorten. Im MSS lassen sich hingegen tendenziell auch rote Sorten kultivieren, weil die Beschattung geringer ist. Dornfelder reagiert in diesem System jedoch mit einer starken Kompensation von hohen Erträgen. Im Jahr der Umstellung kann so noch ein guter Ertrag erzielt werden. Dies ist aber in den Folgejahren nicht immer möglich.

Auf keinen Fall soll beim klassischen Minimalschnitt im Sommer ein Laubschnitt erfolgen. Dieser würde das Blatt-Frucht-Verhältnis zu sehr verschlechtern und die Qualität negativ beeinflussen. Auch werden die Trauben nach einem Laubschnitt beim Minimalschnitt nahezu generell wieder kompakt.

Da also beim MSS nach der Blüte ein Laubschnitt erfolgen muss, damit die Zeilen noch befahrbar sind, und sich hiermit auch das Blatt-Frucht-Verhältnis verschlechtert, muss als Ausgleich in der Regel eine Ausdünnung des Ertrages mit dem Traubenvollernter erfolgen. Die beste Zeit dafür ist zwischen Traubenschluss und Weichwerden. Diese Angabe ist jedoch nicht sehr präzise und verlangt viel Erfahrung. Besonders Riesling reagiert beim Minimalschnitt im Spalier häufig empfindlich auf die Ausdünnung mit dem Vollernter.

Eine Steuerung des Ertrages ist beim MS in der Regel nicht erforderlich und auch nur in geringem Umfang über den Winterschnitt und gegebenenfalls eine Bandausdünnung möglich.

Beim Pflanzenschutz in beiden Systemen müssen von Beginn der Vegetation an alle

Abb. 224 Minimalschnitt im Spalier: links vor, rechts nach dem Rückschnitt.

Düsen geöffnet sein. Auch hat es sich in der Praxis bewährt, die Fahrgeschwindigkeit bei der Ausbringung etwas zu reduzieren. Weiterhin muss stets jede Gasse befahren werden. Dadurch werden in der Regel beim MSS über die Saison höhere Mengen an Pflanzenschutzmitteln ausgebracht. Beim MS bleibt die Summe der ausgebrachten Menge je Hektar jedoch in etwa gleich, da der Zeilenabstand hier größer ist.

Beim MS sind unter Umständen nicht alle Maschinen einsetzbar, zum Beispiel ist die Nutzung von Überzeilengeräten nur bedingt möglich. MSS-Anlagen sind hingegen in der Regel „normal" mechanisierbar.

Der Spalierminimalschnitt reagiert im der Regel wegen der vergleichsweise geringeren Blattfläche weniger empfindlich auf Trockenstress.

5.6.14 Risikominimierung

Weniger Winterfrostschäden

Die Minimalschnitterziehung wird in einigen Betrieben in frostgefährdeten Lagen eingesetzt. Kämpfte man dort früher mit Kälteschäden, so zeigen Beobachtungen mit den Minimalschnitterziehungen, dass sie ausbleiben oder deutlich gemindert werden.

Ertragserfassungen des Weinguts Schloss Wackerbarth an der Elbe zum Beispiel bestätigen die Frosthärte dieser Schnittweise: In zwei benachbarten Weinbergen (Grauburgunder Bogrebenschnitt und Bacchus Minimalschnitt) fiel die Temperatur im Winter 2009/2010 deutlich unter −20 °C. Generell wurde hierbei im Weinbau an der Elbe auf breiter Ebene Schaden angerichtet. In der kommenden Ernte zeigte der Mini-

Tab. 13 Klassischer Minimalschnitt/Naturwuchs-Sorteneignungsliste

Rebsorte	Eignung	Reaktion der Reben nach Minimalschnitt
Burgundersorten (weiß)	nur bedingt geeignet	Trauben bleiben kompakt und Rebstöcke neigen zu hohen Erträgen. Bes. bei Weißburgunder verdeckt das Blattwerk die Trauben.
Bacchus	gut geeignet	Neigt wenig zu starken Übererträgen.
Cabernet Franc	nur bedingt geeignet	Stock neigt bei minimalem Schnitt stark zum Wuchs in die Höhe. Luftige Laubwand. Behang moderat.
Cabernet Sauvignon	nach Versuchsergebnissen aus Frankreich nur bedingt geeignet. In warmen Klimazonen Australiens geeignet	Neigt zu starkem Behang.
Dornfelder	geeignet	Ertrag 3 bis 4 Jahre lang nach der Umstellung stark erhöht. Stockerträge danach um ca. 0 bis 30 % erhöht. In einzelnen Jahren nach Umstellungsphase wurde die 68 °Oechsle-Marke nur knapp erreicht. Bei gleichem Stockertrag wie Normalerziehung: Mostgewichte leicht erhöht. Triebe tendieren zu seitlichem Wuchs (Richtung Gassenmitte). Blattwerk verdeckt Trauben. Ertragliche Alternanz feststellbar.
Elbling	gut geeignet	Gleichmäßiger Laubwandaufbau.
Faberrebe	gut geeignet	Buschiger Wuchs, Laubwand dicht. Neigt nicht zu überhöhten Erträgen. Dabei gute Mostgewichte erzielbar.
Huxelrebe	nur sehr bedingt geeignet	Neigt vor allem in den ersten Jahren zu stark übersteigerten Erträgen. Durch Ausdünnung konzentriert sich die Wuchskraft im Übermaß auf die verbleibenden Trauben. In warmen Reifephasen kann so über aufgeplatzte Beeren und Wespenfraß schnell Essigfäule entstehen. Eher uneinheitliche Laubwandstruktur. Von Wuchskraft her nur schwer in den Griff zu bekommen. Blatt-Fruchtverhältnis schlecht.
Kerner	gut geeignet	Gleichmäßiger Laubwandaufbau. Eine 4-jährige Messreihe (incl. Umstellungsjahre) erbrachte einen durchschnittlich etwa 60 % erhöhten Ertrag bei halber Reihenzahl. Mostgewichte etwa 10 % geringer (alles im Vergleich zur Borgebenerziehung).

(Becker, A. DLR Rheinpfalz; Gaubatz, B. und Schultz, H.-R. FA Geisenheim)

Beschreibung der Traubenstruktur	% des Traubengewichts von Normalerziehung ** (n = 50)	Praktischer Hinweis
Kompakte Trauben, in manchen Jahren hohe Fäulnisgefahr, tendenziell weniger Essigfäule.	ca. 60 %	Sollte mit starkwüchsiger Unterlage kombiniert werden, um Verrieselung zu induzieren (Erfahrungen Wb-Institut Freiburg) Ausdünnung erforderlich.
Trauben bleiben relativ kompakt.		Hohes Aromapotenzial.
Sehr große, langstielige Trauben mit kleinen Beerchen.	ca. 30 %	Ungleichmäßiger Reifezustand der Trauben (innerer/äußerer Laubwandbereich, geringe Farbstoffausbildung) funktioniert gut in Australien, aber lässt in Deutschland Rotweinbereitung nur sehr bedingt zu.
		Ist qualitativ durch ungleichmäßigen Reifezustand problematisch.
Trauben sehr lockerbeerig. Langes Stielgerüst mit verhältnismäßig wenigen Beeren besetzt. Im Vergleich zu anderen Sorten beim Minimalschnitt weniger Trauben.	ca. 30 %	Teilausdünnung der unteren Traubenzone mit dem Vollernter zur Verbesserung des Blatt-Frucht-Verhältnisses empfohlen. Erhöhte Gassenbreite erforderlich *). Deutlich weniger Triebbruch bei Sturm als bei Normalerziehung.
Kleine, kompakte Trauben. Tendieren teilweise, aber nicht generell zum Abdrücken. Fäulnis im Vergleich zur Normalerziehung gemindert.		
Trauben teils eng-, großenteils jedoch lockerbeerig.		
Trauben sehr groß. Beeren aber kleiner als bei Normalerziehung.		
Trauben reagieren durch Lockerbeerigkeit. Kleinbeerig. Weniger Fäulnis als bei Normalerziehung.	ca. 40 %	

Tab. 13 Klassischer Minimalschnitt/Naturwuchs-Sorteneignungsliste

Rebsorte	Eignung	Reaktion der Reben nach Minimalschnitt
Lemberger	nur sehr bedingt geeignet	
Merlot	nur sehr bedingt geeignet	Blätterwerk bedeckt die Trauben.
Morio Muskat	nur sehr bedingt geeignet	Mostgewichte eher in niedrigeren Bereichen. Erst viele Jahre nach der Umstellung stabilisieren sich die zuvor hohen Erträge. Oft Probleme mit flüchtiger Säure, besonders durch befallene Trauben im Laubwandinneren.
Müller-Thurgau	gut geeignet	Gleichmäßiger Laubwandaufbau. Einzelne lange Triebe.
Ortega	gut geeignet	Einheitliche Laubwandstruktur. In beobachteten Anlagen einzelne, trockenfaule Beeren vorhanden, aber keine Essigfäule. Auch im Extremjahr 2006 Vorteile durch Reifeverzögerung deutlich vorhanden.
Portugieser	nur bedingt geeignet	Ertrag 2 bis 3 Jahre lang nach Umstellung erhöht. Danach zeigen die Stockerträge Alternanz von bis zu +/− 20 % zur Normalerziehung. Mostgewichte tendenziell um wenige Grad Oechsle niedriger als bei der Normalerziehung.
Reichensteiner	gut geeignet	Anfangs hohe Stockerträge pendelten sich im Vergleich zur Bogrebenerziehung bei etwa doppeltem Stockertrag ein. Mostgewichte im 4-jährigen Durchschnitt 76 °Oechsle (von 64 bis 90 °Oechsle). (Spaliererziehung Vergleich: 81 °Oechsle [von 79 bis 84 °Oechsle])
Regner	geeignet	Eher dichte Laubwandstruktur.
Riesling	gut geeignet	Stockerträge im Durchschnitt der Jahre fast auf doppeltem Niveau im Vergleich zur Normalerziehung. Mostgewichtsunterschiede durch längere Reifezeit ausgleichbar. Anlagen, die bereits 1993 umgestellt wurden, präsentieren sich noch heute mit hoher Vitalität.

(Becker, A. DLR Rheinpfalz; Gaubatz, B. und Schultz, H.-R. FA Geisenheim)

;eschreibung der Traubenstruktur	% des Traubengewichts von Normalerziehung ** (n = 50)	Praktischer Hinweis
.eagiert mit Klein- und Lockerbeerigeit. Flächenertrag im 8-jährigen Veruch um ca. 45 % (Durchschnitt) im ergleich zur Bogrebenerziehung eröht (150 kg/a vs. 103 kg/a). Mostgevicht im gleichen Versuch 88 °Oechsle s. 81 °Oechsle) [LVWO Weinsberg]		In kühleren Jahren kann es Probleme mit der Farbausprägung geben. Reifezustand teils „grenzwertig".
angstielig, kleinbeerig. Nicht abdrükend.	ca. 30 %	Reifeverzögerung vermutlich zu groß für Weinbauzonen A und B. Reifeunterschied der Trauben (innere/äußere Laubwand) lässt Rotweinbereitung nur sehr bedingt zu.
rauben dicht gepackt, leichte Auflokerung durch minimalen Schnitt jeoch spürbar.		
lein- und lockerbeerige Trauben, die ohe Reife mit sehr geringem Fäulnisnteil erzielen können.	ca. 50 %	Schwächer wüchsige Standorte wählen.
rauben relativ groß, aber auch lockereerig.		
rauben teilweise kompakt. Teilweise eigung zum Abdrücken mit den entprechenden Folgen (*Botrytis*, ggf. Esgfäule).	ca. 50 %	Wegen fehlender Auslesemöglichkeit: Bereitung von Rotwein nur sehr bedingt möglich.
rauben sehr langstielig und lockerberig. Kleine Beeren, die sich fast nicht erühren. Gesundes Lesegut. Fäulnis im -jährigen Durchschnitt ca. 4 % (von 0 is ca. 10 %). (Spaliererziehung Vereich: ca. 20 % [von ca. 2 bis ca. 50 %])		*Peronospora*-Befall war in der bekannten Messreihe in einzelnen Jahren beim Minimalschnitt erhöht.
rauben bleiben eher engbeerig. Durch lativ späte Reife bleibt *Botrytis*-Befall n Rahmen.		
rauben sehr lockerbeerig. Beerenhaut obust. Nur in Einzelfällen wird von Probmen mit aufgeplatzten Beeren berichet (2006 keine Probleme mit Essigfäule).	ca. 50 %	Vor allem mit wirksamer Ertragsregulierung können höherwertige Weine erzeugt werden. Späte Lese unbedingt erforderlich (am besten geeignet für Standorte mit mittlerem Wuchspotenzial).

Tab. 13 Klassischer Minimalschnitt/Naturwuchs-Sorteneignungsliste

Rebsorte	Eignung	Reaktion der Reben nach Minimalschnitt
Scheurebe	gut geeignet	Neigt zu Überertrag. I. d. R. sehr gesundes Lesegut. Vitale Stöcke. Stockaufbau gleichmäßig. Treibt gleichmäßig aus.
Schwarzriesling	nur sehr bedingt geeignet	Gleichmäßiger Laubwandaufbau. Erträge stark alternierend und allgemein sehr hoch. Blatt-Frucht-Verhältnis kann sich hin zum negativen entwickeln.
Siegerrebe	gut geeignet	Erste Erfahrungen gut. Auch im ersten Umstellungsjahr Qualitätswein-Mostgewichte problemlos erreicht.
Silvaner	geeignet	Extrem gesteigerter Ertrag im Jahr der Umstellung bei lediglich Tafelwein-Mostgewichten. Danach Oechslegrade durchweg im Qualitätsweinbereich. Versuche in Franken zeigten über 7 Jahre ca. den doppelten Ertrag.
Spätburgunder (lockerbeerig)	nur bedingt geeignet	Triebe tendieren zu seitlichem Wuchs (Richtung Gassenmitte).
Spätburgunder (kompakt)	nur sehr bedingt geeignet	Lockere, luftige Laubwandstruktur auch bei Minimalschnitt.
Traminer	nur auf trockenen Standorten zu empfehlen	Neigt nur bedingt zu starken Übererträgen.
Veltliner (Grüner)	Geeignet	Eine Messreihe brachte Ertragsschwankungen von 0,87 bis 4,1 kg/m² in den Jahren zwischen 1998 und 2002. Von hohen Erträgen waren dabei besonders die ersten beiden Jahre (Umstellungsjahre) betroffen. Niedrigstes Mostgewicht (Umstellungsjahr): ca. 62 °Oechlse. Nach 3 Jahren lag das Mostgewicht etwa bei ca. 80 °Oechsle im Durchschnitt.
Zweigelt	bedingt geeignet	Neigt zu starken Übererträgen.

* Die Mindestgassenbreite für einwandfreie Bewirtschaftung liegt bei 3,00 m.

** Alle Traubengewichte vom Minimalschnitt wurden nach mindestens 3 Umstellungsjahren ermittelt.

Anmerkungen:

Diese Tabelle ist durch Versuchsergebnisse, Berichten von Praktikern und durch eigene Erfahrungswerte entstanden. Ferner flossen Informationen und Ergebnisse ein aus: Bauer (2002); Fox und Steinbrenner (2007); Fox (2009); Molitor (2003); Schwab und Nüßlein(2005).

Aufgrund fehlender langjähriger Messergebnisse ist die Auflistung fortwährend in Bearbeitung. Die Ergebnisse können auf unterschiedlichen Standorte variieren. Die Ausführungen gehen vom Unterlassen eines Laubschnitts im Sommer aus, was bei dieser Erziehungsform ohnehin unterbleiben sollte!

(Becker, A. DLR Rheinpfalz; Gaubatz, B. und Schultz, H.-R. FA Geisenheim)

eschreibung der Traubenstruktur	% des Traubengewichts von Normalerziehung ** (n = 50)	Praktischer Hinweis
rauben teils eng-, teils lockerbeerig, ennoch keine Abdrückerscheinungen.	ca. 25 %	Gute Eignung zur Eisweinbereitung.
war kleinbeeriger als Normalerzie-ung, aber sehr engbeerig. Neigt zum bdrücken. *Botrytis* und teilweise Essig-iule oft schon früh vorhanden.	ca. 50 %	Ungleichmäßiger Reifezustand der Trauben (innerer/äußerer Laubwandbereich) lässt Rotweinbereitung nur sehr bedingt zu.
leine, kompakte Trauben. Tendieren ilweise, aber nicht generell zum Ab-rücken. Fäulnis im Vergleich zur Nor-alerziehung gemindert.	ca. 35 %	
erhältnismäßig großbeerig. Locker-eerig.	ca. 50 %	Ungleichmäßiger Reifezustand der Trauben (innere/äußere Laubwand) lässt Rotweinbereitung nur bedingt zu. Erhöhte Gassenbreite erforderlich *.
war kleinbeeriger als Normalerzie-ung, aber sehr engbeerig. Neigt zum bdrücken. Essigfäule in 2007 schon üh vorhanden.	ca. 70 %	Ungleichmäßiger Reifezustand der Trauben (innere/äußere Laubwand) lässt Rotweinbereitung nur sehr bedingt zu. Über Jahre hinweg sehr schwache Farbausbildung trotz moderaten Ertrags.
ehr großtraubig, sowohl im Inneren als uch im Äußeren des Stocks. Großbeeri-e Trauben. Neigen zum Abdrücken.	ca. 55 %	In trockenen Jahren und auf trockenen Standorten sehr gute Aromaausprägung.
auben sind lockerbeerig und besitzen eine Beeren. Weniger *Botrytis* als Bog-benerziehung. Beerendurchmesser m 20 % reduziert.	ca. 55 %	
ehr unterschiedlich groß. Langstielig, T. kleinbeerig. Ungleiche Reife. Extre-er Größenunterschied der Beeren. ehr dichte Laubwand.	ca. 40 %	Ungleichmäßiger Reifezustand der Trauben (innere/äußere Laubwand). Lässt Rotweinbereitung nur sehr bedingt zu. Müsste ausgedünnt werden.

malschnitt jedoch nur rund 20 % Ertragsrückgang im Vergleich zum Mittelwert der fünf vorausgegangenen Ernten. Die Bogrebenerziehung hingegen hatte einen Ertragsrückgang von rund 50 % im Vergleichszeitraum.

Hierbei liegen aufgrund der unterschiedlichen Rebsorten zwar keine exakt vergleichbaren Bedingungen vor, aber Bacchus und die Burgundersorten weisen eine ähnliche Frosthärte auf und werden gleichermaßen bei Temperaturen ab −18 ° C geschädigt, was unter anderem abhängig vom Alter der Anlage, von Ertrag und Holzreife ist. Die vergleichsweise hohe Augenzahl sowie eine erhöhte Reservestoffeinlagerung durch den hohen Altholzanteil sorgen bei wenig geschnittenen Reben für diesen positiven Effekt. Genaueres ist in Zukunft noch zu untersuchen.

Weniger Spätfrostschäden

Auch die Spätfrostschäden nach den starken Maifrösten in deutschen Weinbaugebieten vom 4.5.2011 traten in den Minimalschnittanlagen vergleichsweise geringer auf. Dabei wurden Blattgrün und Trauben in vielen Fällen durch die höher und damit aus den gefrierenden Bereichen herausragende Zone verschont. Der positiv ausfallende Vergleich zur Bogrebenerziehung ist vor allem an Randbereichen einer Frostsenke sichtbar. Wenn die Minimalschnitthecke doch stärker von Frost betroffen war, musste dennoch weniger Zeit für die Folgearbeiten angewendet werden als in der Normalerziehung.

Weniger Esca

Esca wird zunehmend zu einer zentralen Ursache für erhöhte Pflegeaufwendungen und Ertragsausfälle. Zumeist dringen dabei die Erreger über Schnittwunden in den Stamm ein und führen später zum Ausbruch dieser Krankheit.

Seit 2013 findet am DLR in Oppenheim ein Vergleich der Erziehungsformen Klassischer Minimalschnitt, Minimalschnitt im Spalier und Bogrebenerziehung statt. Bei identischem Ausgangsmaterial (Rebsorte, Klon, Pflanzjahr) werden hier diese drei Schnittformen verglichen. Die Rebstöcke werden jährlich kurz vor der Lese visuell bewertet und getrennt nach chronischer (latent vorhandener Esca), apoplexer Esca und gesunden Stöcken differenziert.

Ergebnisse: Der höchste Bestand an gesunden Rebstöcken (bezogen auf den Anfangsbestand im Jahr 2012 = 100 %) ist im klassischen Minimalschnitt zu finden. Die wenigsten gesunden Stöcke aus der ursprünglichen Pflanzung von 1989 enthält die Bogrebenerziehung.

Verminderte Hagelschäden

Hagelschäden nehmen zu und erreichen häufiger für die Betriebe existenzbedrohende Ausmaße (Vereinigte Hagelversicherung 2010). Doch damit nicht genug. Zusätzlich treten derlei Unwetter immer früher im Jahresverlauf auf, was obendrein die Gefahr von Triebbruch als zusätzliche Schadensursache erhöht. Die Unwetter werden zukünftig nicht nur häufiger, sondern auch mit größeren Hagelkörnern niedergehen (Die Rheinpfalz 2010). Praxiserfahrungen sprechen dafür, dass auch hier die Minimalschnitt-Erziehung das Ausmaß der Schäden reduzieren kann, wie Abbildung 225 deutlich belegt.

Umfassende Erfahrungen im Hinblick auf den Ertrag konnten 2010 in der Pfalz gesammelt werden. Ein Winzer aus der geschädigten Kernregion stellte drei Jahre zuvor einen Müller-Thurgau-Weinberg auf Naturwuchs um. Trotz der Lage im Epizentrum der Hagelschäden erbrachte diese An-

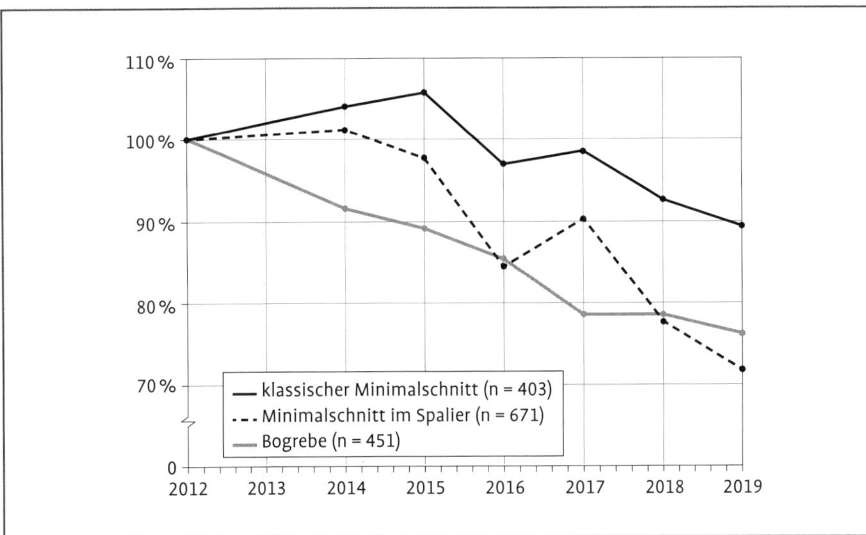

Abb. 225 „Gesunde“ (Esca-symptomfreie) Stöcke: Vergleich verschiedener Erziehungssysteme (Silvaner, Oppenheim, Pflanzjahr 1989, Umstellung zum Minimalschnitt: Winter 2012/2013).

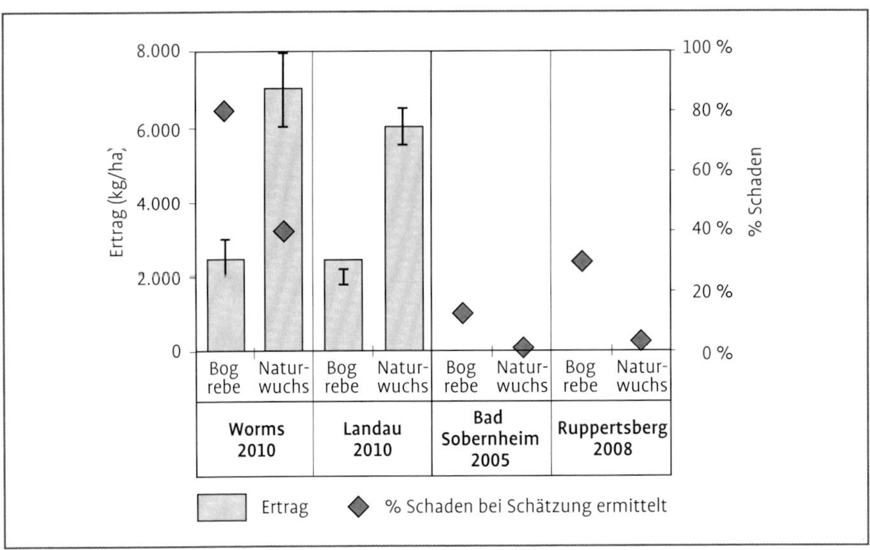

Abb. 226 Praxisberichte nach Hagelschäden: Vergleich von Bogreben- und Naturwuchserziehung hinsichtlich Ertrag und Schadensgrad.

lage eine Erntemenge von ca. 6000 kg/ha, während eine vergleichbare Parzelle mit Normalerziehung in derselben Lage ca. 2000 kg/ha Lesegut brachte.

Hagelschäden bis zur Blüte: Während die dem Unwetter zugewandte Laubwandhälfte die stärksten Schäden erfährt, wird dort offensichtlich zugunsten der anderen Seite ein Großteil der zerstörerischen Wucht abgefangen. Die dichte Laubwand mit den vielen Trieben, Trauben und dem hohen Altholzanteil lässt überdies die Menge von Einschlägen (Hageltreffern) prozentual geringer ausfallen. Je dichter diese „Hecke" (z. B. bei Silvaner), desto geringer die Schäden. Somit wird im Gegensatz zur Bogrebenerziehung ein relativ hoher Prozentsatz an Trieben und Trauben verschont. Die im Naturwuchs nach dem Hagel noch hängenden Früchte werden überdies durch Kompensationseffekte dicker. Die Lockerbeerigkeit derselben vermindert das Auftreten gravierender Abquetscherscheinungen und den *Botrytis*-Befall.

Auch bei **Hagel nach der Blüte** werden Trauben aus Minimalschnittanlagen stets in unreiferem Zustand getroffen als solche aus Bogrebenanlagen, da die Extensiverziehung in der Reife 7 bis 10 Tage zurückliegt. Ferner beginnt das Weichwerden des Leseguts beim Minimalschnitt nicht im Spätsommer, sondern in der Frühherbstzeit, in der das Hagelrisiko natürlicherweise zurückgeht. Somit gelangen die Tauben weniger anfällig über die kritische Unwetterphase hinweg.

Gleichzeitig entfallen Folgearbeiten wie sonst bei der Bogrebenerziehung üblich nach Hagelschäden komplett. Ein eventueller Grün-Rückschnitt auf Zapfen entfällt bei der Extensiverziehung ohnehin. Somit ist, nicht zuletzt durch den ohnehin hohen Altholzanteil, von einem positiveren Reservestoffhaushalt auszugehen.

Auch dann, wenn der Ertragsverlust durch Hagel eher gering ausfällt, bietet der Naturwuchs Vorteile.

Weniger Triebbruch

Nicht nur die Hagelgefahr wird durch Minimalschnitt verringert. Auch die Windbruchgefahr durch starke Böen oder Frühjahrsstürme sinkt. Vor allem bei der Sorte Dornfelder können diese zu starken Ertragseinbußen führen. Praxisbeobachtungen, wie die nach den Stürmen vom 7. Mai 2007 in der Pfalz, attestieren dem Minimalschnitt ein besonders robustes Verhalten im Hinblick auf Triebbruch. Womöglich ist das auf die im Vergleich zur Bogrebenerziehung kurzen Sprosse zurückzuführen, die dem Wind relativ wenig Angriffsfläche bieten. Aber auch ihre dünne Beschaffenheit und ihre feste Verankerung am mehrjährigen Holz leisten einen Beitrag zur Minimierung des Windbruchschadens.

> **Fazit Risikominimierung**
>
> Minimalschnitt ist eine Möglichkeit, um viele wetterbedingte Risiken zu mindern. Vor allem im Rahmen eines Klimawandels scheint diese Erziehungsform für den Weinbau interessant. Er bietet auf natürliche Art und Weise Vorteile hinsichtlich Ertrags- und Qualitätssicherung. Im Sinne eines risikomindernden Betriebsmanagements ist es daher sinnvoll, diese „Naturwuchs-Erziehung" in Teilen zu verwenden – mit Sachverstand betrieben und geeignete Sorten vorausgesetzt.

5.6.15 Neuanlage eines Minimalschnittweinbergs

Schon ab Jungfeld/Neuanlage kann die extensive Schnittform Minimalschnitt praktiziert werden. Eigens dafür erstellte Weitraumanlagen im Raum Mainz liefern hierfür seit 15 Jahren gute Ergebnisse.

Nach bisher geltenden Grundsätzen sollte eine Umstellung zur Extensiverziehung aus einer bestehenden Anlage heraus erst nach 3 bis 4 Jahren mit Rebschnitt erfolgen. Das Wurzelwerk sei erst dann ausreichend ausgebildet, um die höhere vegetative und generative Entwicklung des Rebstocks zu verkraften – so die gängige Lehrmeinung.

Auf diese Weise geht aber dem Minimalschittsystem ein anderes Schnittsystem voraus, was wiederum eine Umgewöhnung des Rebstocks erfordert, und das ist nicht unbedingt von Vorteil. Daher soll im Folgenden der reine Minimalschnitt ab Jungfeld mit der eigens dafür angelegten Unterstützungsvorrichtung vorgestellt werden.

Vorgehensweise

Anlagengestaltung

Als Grundvoraussetzungen stehen

- die Gassenbreite: ab 2,7 m,
- der Stickelabstand von ca. 3,0 bis 3,5 m und
- eine Kernzone/Umkehrzone/Eindrahtzone in etwa 1,60 bis 1,70 m Höhe.

Sobald ausreichend lange, gut entwickelte und ausgereifte Triebe vorhanden sind, kann die „Umstellung" vonstattengehen. Als Vorarbeit hierfür erfolgt in der Vegetationsperiode vor dem Übergang demnach kein Gipfeln der Triebe, sondern zum Beispiel ein Einwickeln in die vorhandenen oberen Drähte.

Ausreichend lange und ausgereifte Triebe dürften spätestens nach der 2. Vegetationsperiode, also vom 2. auf das 3. Standjahr vorhanden sein. Hierbei werden etwa 3 m langen „Ruten" angeschnitten und ausgeputzt. Deren oberer Teil wird als „Hochflachbogen" auf die sogenannte Kernzone/Umkehrzone/Eindrahtzone eingewickelt. Ziel ist es, diese lückenlos mit Knospen zu belegen. Sowohl auf diesem Draht als auch am Pflanzstab fixieren Dauerbindungen den Trieb für die Zukunft.

Einzelne Stöcke, die es bis dahin vom Wuchs her nicht auf die entsprechende Länge geschafft haben, können im Folgejahr nachgebunden werden.

Nach diesem Jahr mit „Hochflachbogen" wird das einjährige Holz im Winter maschinell, zum Beispiel mit einem Laubschneider mit rotierenden Messern, eingekürzt. Hier gilt es, das rechte Maß zu finden. Und genau dafür sind die Voraussetzungen in der beschriebenen Erziehungsform gut, da durch die recht schmale (Dauer-)Knospenzone gut auf die Knospenanzahl eingewirkt werden kann.

Materialauswahl

Die Materialien sollen von der Belastbarkeit großzügig dimensioniert sein bzw. den besonderen Anforderungen gerecht werden. Dazu gehören:

- Möglichst groß dimensionierte Endstickel und Anker.
- Drehanker werden einige Wochen vor der Belastung eingebracht, damit sich der Boden um die Ankerscheibe setzen kann und die Anken den hohen Zugkräften standhalten können.
- Zeilenstickel eventuell in Materialstärke von 1,8 mm.
- Geschlossene Hakenformen, die die Drähte gut einbehalten, sind hier grundsätzlich empfehlenswert, vor allem dann wenn eine konvexe Geländeform bepflanzt ist.
- 2,0 m lange Pflanzstäbe aus witterungsbeständigem Material, an denen die Rebe geradlinig über Dauerbindungen hinauf in die Kernzone gelenkt werden kann und sich auch nach vielen Jahren nicht verbiegt.

- Mindestens 70 cm sollten dabei die Stickel im Boden versenkt werden, woraus eine Stickellänge ab ca. 2,30 m resultiert (mind. 70 cm plus ca. 1,65 m).

Für die Kernzone/Umkehrzone bieten Edelstahldrähte (etwa solche mit 2,4 mm Durchmesser) besondere Vorteile. Durch seine geringe Längenausdehnung und hohe Belastbarkeit wird dieses Material der hohen Belastung gut gerecht.

Der Draht sollte in die oberste Drahteinlage im Stickel eingelegt und wegen Korrosionsgefahr (mechanische Belastung durch Wind etc.) nicht durch das bei einigen Fabrikaten vorhandene Loch am Stickelkopf gefädelt werden.

Materialkosten

Die Erstellung einer Minimalschnittanlage nach dem vorgestellten Prinzip bewegt sich seitens der Material- und Pflanzkosten etwa auf dem gleichen Niveau wie in einer „Normalanlage" ((siehe Tabelle)). Trotz stark dimensionierter und damit teurer Materialien steigern sich die Kosten pro Hektar wegen knapp eines Drittels weniger an Zeilen nicht.

Arbeitswirtschaft

Übergangsarbeiten

Nach dem ersten Standjahr wird wenn möglich ein etwa 1 m hoher und ausreichend verholzter Stamm angeschnitten.

Nach eigenen Auswertungen verlangt der Übergang zum Minimalschnitt, der in der Regel vom 2. auf das 3. Standjahr stattfindet, für den Anschnitt der (ab Boden) etwa 3 m langen Fruchtruten, das Ausputzen, Legen bzw. Spannen der Drähte sowie Befestigen von Stamm und Flachbogen mit Dauerbindungen (Fixbinder oder Bindeschlauch) im Durchschnitt etwa 3,5 min pro Stock. Dabei wird der Bogen flach auf den oberen Draht gelegt und eher nicht gewickelt.

Das bedeutet bei dieser gründlichen Ausführung bei 4500 Stock pro ha etwa 260 h – und zwar einmalig für die gesamte Standzeit der Anlage.

Laufende Arbeiten

Weiter folgen jährlich für Rebschnitt 1,5 Akh/ha, ggf. Nacharbeit Rebschnitt (1 bis 5 Akh/ha) und das Stämmeputzen per Hand 5,5 Akh/ha. Heftarbeiten, herkömmlicher Rebschnitt und Anbinden entfallen fortan.

Später Laubschnitt: Qualitätserfolg

Ein wichtigen Baustein für das optimale Gelingen dieser Erziehungsmethode hinsichtlich Weinqualität und Traubengesundheit stellt der **späte Laubschnitt** dar. Während des Triebwachstums konkurriert die (bevorzugt versorgte) Triebspitze mit den jungen Trauben um die gebildeten Assimilate. Werden nun die Spitzen entfernt, erhöhen sich automatisch der Import in die Gescheine bzw. Trauben und damit auch der Ertrag. Je länger also der Laubschnitt hinausgezögert werden kann, desto lockerbeeriger und hochwertiger die Trauben. Und genau dieses Konzept macht sich die beschriebene Erziehungsmethode zunutze, in dem ein später Laubschnitttermin durch die „hohe Aufhängung" der Triebe auch realisiert werden kann. Er wird aus Qualitätsgründen erst nach dem Weichwerden der Beeren (Reifebeginn) durchgeführt. Dabei wird die Laubwand in geringem Umfang seitlich und von unten gestutzt, um die optimale Erntequalität durch die Lesemaschine sicherzustellen.

Tab. 14 Beispielrechnung: Vergleich der Investitionskosten für 1 ha Neuanlage
100 m x 100 m, flach, Grenzabstände berücksichtigt, Material- und Pflanzkosten (Netto-Preise)

		Normalerziehung			Minimalschnitt-Neuanlage		
Zeilenbreite in m		**2,0**			**2,7**		
Grundstückslänge in m		100			100		
Zeilenzahl		50			37		
Pflanzabstand in m		**1,00**			**0,80**		
Stickelabstand in m		5			3,2		
Drähtezahl		6			3		
		Anzahl/Meter	**Stück-/Meterpreis**	**Gesamt**	**Anzahl/Meter**	**Stück-/Meterpreis**	**Gesamt**
Pflanzen		4900	1,50 €	7350 €	4533	1,50 €	6800 €
Pflanzmaschine		4900	0,18 €	882 €	4533	0,18 €	816 €
Pflanzstäbe	6 x 1200/7 x 2000	4900	0,30 €	1470 €	3638	0,67 €	2437 €
Halteklammern		4900	0,046 €	225 €	7276	0,046 €	335 €
Zeilenstickel	1,5 x 2500	900	5,00 €	4500 €	850	5,00 €	4250 €
Endstickel	normal/stark	100	9,00 €	900 €	74	12,00 €	888 €
Biegedraht	Zinkalu 2,2	10000	0,042 €	420 €			
Heftdraht	Zinkalu 2,0	20000	0,035 €	700 €	7400	0,035 €	259 €
Spezialdraht	V2A-Draht 2,4				3700	0,175 €	648 €
(Dreh)anker	850/120/12/ 1000/150/14	100	2,90 €	290 €	74	3,80 €	281 €
Drahtspanner		100	0,66 €	66 €	74	0,66 €	49 €
Kleinteile etc.				300 €			300 €
				16803 €			16762 €

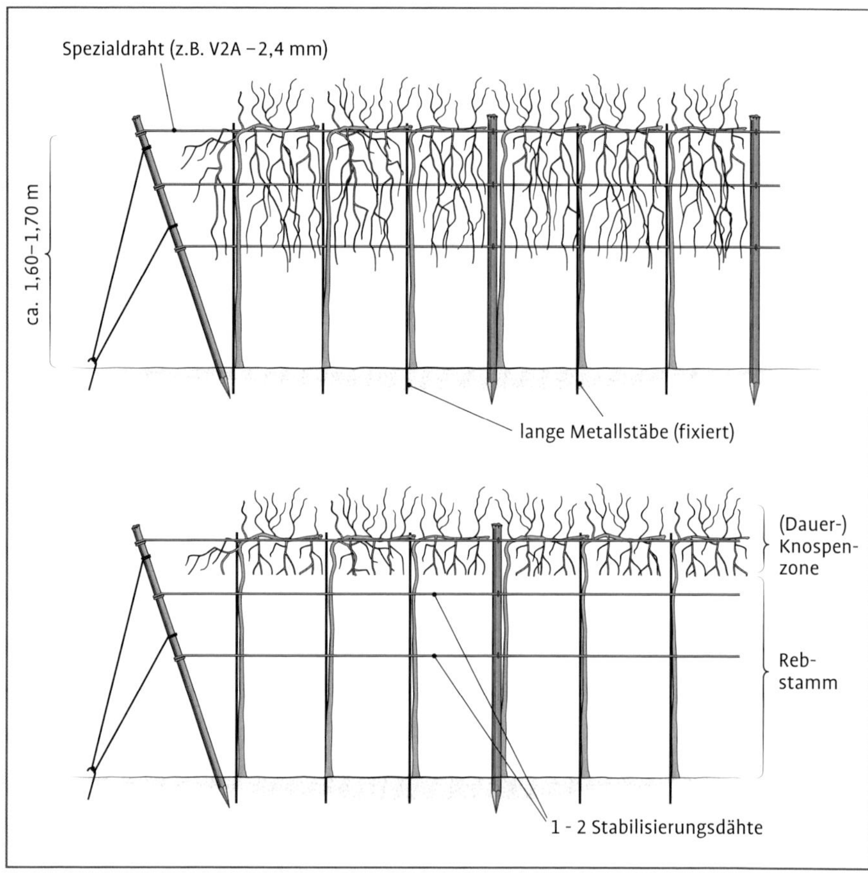

Abb. 227 Minimalschnitt ab Neuanlage: schematische Darstellung einer Anlage vor (oben) und nach (unten) dem maschinellen Winterschnitt.

Vorteile

Dieses System zeichnet sich durch folgende Punkte aus:

- Es ist **ab Jungfeld einsetzbar**, da auf die Knospenanzahl individuell eingewirkt werden kann. Im Zweifelsfall könnte, bis stärkeres Wurzelwerk gebildet ist, noch einmal auf Kordon oder kurze Strecker geschnitten werden.
- Da vor dem Übergang zum Minimalschnitt nicht „normal“ (also z. B. Bogrebe) geschnitten wurde, gibt es auch **keine „Umstellung“ bzw. Umgewöhnung** vom Rebschnitt zum Minimalschnitt.
- **Qualitätsgründe:** Die hohe „Aufhängung“ der Triebe macht einen späten Laubschnitt im Sinne von lockerbeerigem, reifem Lesegut gut realisierbar. Dies vermeidet Fäulnis durch Kompaktheit und hält den Ertrag in Grenzen.

Abb. 228 Minimalschnitt ab Neuanlage: Im 2. Standjahr werden die erforderlichen langen Triebe vorbereitet. In der Regel erfolgt vom 2. auf das 3. Standjahr der Übergang zum Minimalschnitt.

- Eine **Unterstockbearbeitung** ist gut möglich.
- Vergleichsweise **geringer Altholzanteil.**
- Vermutlich **ausgeglichener Reservestoffhaushalt** durch nur geringen Laubschnitt. Dadurch wohl hohes Maß an Rückverlagerung der Reservestoffe über Winter.
- **Nur geringes Risiko der Verkahlung** des Altholzes aufgrund der speziellen Struktur.
- **Triebe und Trauben hängen** trotz der Vielzahl **locker**.

Fazit Minimalschnitt ab Neuanlage

Minimalschnitt ist bereits ab dem 1. Ertragsjahr eines Weinbergs möglich. Das vorgestellte und bewährte System mit Zeilenbreiten ab 2,70 m wird dazu speziell auf die Erfordernisse dieser zeit- und kostensparenden Erziehungsform hin erstellt. Dazu gehört zugunsten der Weinqualität die Realisierbarkeit eines nur geringfügigen Laubschnitts frühestens ab Weichwerden der Beeren sowie ein großer Gestaltungsspielraum, was die Menge der nach dem Schnitt verbleibenden Knospen angeht. Keine Umstellung auf, sondern ein Übergang in den maschinellen Schnitt zeichnen das System in besonderer Weise aus. Daraus resultieren lockerbeerige Trauben bei moderaten Erträgen ohne eine dafür notwendige Ertragsreduzierung.

Tab. 15 Vor- und Nachteile der Naturwuchs-Erziehung im Überblick

Vorteile des Systems:	**Nachteile des Systems:**
Deutliche Kostenersparungen gegenüber der Bogrebenerziehung.	Erhöhte Erträge in den ersten Jahren nach der Umstellung.
Entzerren von Arbeitsspitzen.	Keine selektive Lese möglich.
Erzeugung von guten Basis-Weinqualitäten ohne vordringliche UTA-Neigung.	Gezielte Einflussnahme auf Menge und Güte ist begrenzt.
Risikoärmere Produktion im Hinblick auf Frost, Hagel, Windbruch und Esca-Befall.	Nicht jedes im Weinbau gängige Pflanzenschutzgerät wird den Anforderungen des Minimalschnitts gerecht.
Möglichkeiten zur Ertragsregulierung machen das System mittlerweile beherrschbar.	In extremen Trockenjahren kann ohne Bewässerung die Qualität des Leseguts leiden, vor allem bei Überertrag.
Viele Sorten reagieren mit Lockerbeerigkeit und dickeren Beerenschalen, was die Traubengesundheit begünstigt.	Für die Rotweinproduktion unter unseren Klimabedingungen nur bedingt geeignet (Reifeverzögerung, Gefahr von ungleicher Reife innerhalb der heckenähnlichen Laubwand).
Reifeverzögerung von 7 bis 10 Tagen kann die *Botrytis*-Anfälligkeit mindern.	Nach Rückumstellungen wäre mit einer Ernte mit annäherndem Ertragsausfall zu rechnen.
Interessante Weißweinaromatik.	

Zusammenfassung

Durch das ungewöhnliche Aussehen der Naturwuchs-Erziehung erwecken umgestellte Flächen mehr und mehr Aufsehen. Abgesehen von einzelnen begeisterten Anwendern stellt diese Anbautechnik derzeit eher ein System für die „zweite Lebenshälfte" eines Weinbergs dar. Neuanlagen, die eigens für minimale Bewirtschaftung gepflanzt wurden, gibt es selten.

Die Erfahrung hat jedoch gezeigt, dass auch unter hiesigen Klimabedingungen bei geeigneten Rebsorten Weine mit dem Qualitätsniveau ordentliche Basisqualität und auch darüber hinaus erzeugt werden können, wenn die Umsetzung richtig erfolgt. Laufende Versuche, unter anderem über die Intensität des maschinellen Schnitts im Winter, werden das Management dieser Erziehungsform sicher noch weiter optimieren.

Ferner sollten Naturwuchsweinberge langfristig angelegt sein, was zunächst einen hohen Arbeitseinsatz beim Aufbau voraussetzt. Wer bei dieser einmaligen Aktion aber richtig arbeitet, schafft sich ein dauerhaftes System. Minimalschnitt mit Sachverstand betrieben kann sich zu einer ernst zu nehmenden Möglichkeit entwickeln, Weinbau qualitätsverträglich zu extensivieren.

5.7 Stammrückschnitt und Stockneuaufbau: Die „Reset-Methode“

Esca ist zu einem der bedeutendsten Probleme des Weinbaus in der Welt geworden. Trotz intensiver Bemühungen jedoch konnte bisher keine direkte Bekämpfung gegen diese Stammkrankheit gefunden werden. Zumindest für die Rettung eines Teils der erkrankten Reben hat sich als indirekte Maßnahme die „Esca-Sanierung durch Stammrücknahme bewährt“.

Die erweiterte Ausführung dieser Methode, nämlich der Neuaufbau aller Stöcke einer in die Jahre gekommenen Anlage verspricht indes noch mehr: eine längere Nutzdauer der Weinberge und damit neben Qualitätsaspekten auch eine verbesserte Wirtschaftlichkeit.

Besonders in Zeiten, in denen vielfach Stammerkrankungen und nicht die Haltbarkeit des Drahtrahmens oder die Zeilenbreite den Rodungstermin eines Weinbergs vorgeben, erscheint diese Methode besonders ergründenswert. Bisherige Erfahrungen damit sind durchweg positiv und erbrachten ihrem Alter entsprechend außerordentlich vitale Stöcke.

5.7.1 Esca-Sanierung durch Stammrücknahme

Eine vorliegende Auswertung bei fünf Weingütern aus der Pfalz, die zwischen 2003 und 2007 entsprechende „Amputationen“ an Esca erkrankten Stöcke vornahmen, bescheinigt der Methode in den meisten Fällen gute Erfolge. Voraussetzung ist dabei ist ein **frühzeitiges** Vorgehen sowie eine gute Pflege beim Neuaufbau der vormals erkrankten Stöcke durch bodennahe Triebe.

In einem Langzeitversuch, der 2008 begann und von da an jährlich ausgewertet wurde, konnte den Neuaufbau erkrankter Stöcke mit bodennahen Trieben ein anhaltender Erfolg attestiert werden.

Außer bei an der Stammbasis schwach treibenden Sorten wie z. B. Portugieser verspricht demnach die Sanierungsmethode wirtschaftlichen und anhaltenden Erfolg.

5.7.2 Gute Ergebnisse beim Neuaufbau ganzer Weinbergsanlagen

Eine weitere positive Beobachtung aus der Praxis soll hier in dem Zusammenhang geschildert werden. So trat ein Winzer mit folgender Aussage an die Weinbauberatung heran: In zwei seiner Weinberge herrschen zwar nahezu identische Ausgangsbedingungen, offensichtlich aber große Unterschiede bei den Stockausfällen, zugunsten eines nach Frostschaden komplett neu aufgebauten Weinbergs.

Ergebnis: Die anschließende Auswertung zeigte, dass, während der eine Teil des Vergleichspaares von gut 18 % Stockausfall heimgesucht war, der gleiche Schaden in der Frostlage bei lediglich knapp 4 % rangierte. Erschwerend für die „Nicht-Frostanlage“ kommt hinzu, dass dort bereits weitere 15,4 % neu aufgebaute Stöcke enthalten waren. Solche also, die nach Angaben des Winzers zuvor an Esca erkrankt waren und daraufhin bereits einer Stammrücknahme unterzogen wurden.

> **Das würde so viel bedeuten wie:**
>
> Werden alle Reben durch Stammrücknahme verjüngt (ungeachtet ob Esca-symptomtragend oder nicht) („RESET“), kann das die Lebensdauer der Anlage um viele Jahre erhöhen.

Abb. 229 Der frühzeitige Aufbau erkrankter Stöcke durch bodennahe Triebe hat sich bewährt (hier: Stammneuaufbau [„Reset"] aller Stöcke zur Esca-Vorbeugung).

Vorteil dieser Methode wäre, das etablierte Wurzelwerk der Stöcke weiterhin zu nutzen, auch im Sinne einer positiven Weinqualität. Die Lebensdauer des Weinbergs könnte deutlich verlängert werden.

5.7.3 Testversuch „Reset"

Dies wurde zunächst in einem Versuch bei 356 Stück 24 Jahre alten Silvaner-Reben in einem Weinberg des Staatsweinguts in Oppenheim getestet – ungeachtet dessen, ob Esca-Symptome vorhanden waren oder nicht.

Diesmal war also kein Frost im Spiel, der den Wiederaufbau von der Stammbasis her erforderlich machte. Die Stämme wurden daher im April 2014 kurz über der Veredlungsstelle eingekürzt.

Ergebnis: Daraufhin zeigten insgesamt 51 % der Versuchsobjekte Misserfolg, wohingegen 49 % wieder austrieben. In den Stämmen ohne Wiederergrünen fanden wir nach anschließenden Untersuchungen intakte, saftführende Leitbahnen. Aus unerklärlichen Gründen fand jedoch keine Triebentwicklung bzw. keine Aktivierung schlafender Knospen statt. Dass hier auch vermeintlich gesunde Reben ohne Austrieb bleiben, rückt speziell die Frage nach dem Einfluss des Rebenalters in den Vordergrund.

5.7.4 Einfluss des Rebenalters

Das vorgenannte Ergebnis wirft den Blick auf das Thema Stammaustriebe bei älteren Anlagen. Für dieses Vorhaben günstig bewirtschaftet das Staatsweingut Oppenheim eine Silvaner-Anlage, die sich aus 2 Pflanzjahren, nämlich 1993 und einem Teil jüngeren Pflanzdatums (2007) zusammensetzt. Diese wurde in die Auswertung einbezogen.

Abb. 230 Die Menge (und Anschnitteignung) von bodennahen Stammaustrieben geht mit fortschreitendem Rebenalter deutlich zurück (Silvaner, Nierstein. Links: Pflanzjahr 2007; rechts Pflanzjahr 1993) und hängt auch von der Rebsorte ab.

Dort konnte bei der Bonitur im Jahr 2015 eindrucksvoll der Rückgang der Triebfreudigkeit an der Stammbasis im älteren Weinbergsteil abgelesen werden. Während in der 8 Jahre alten Anlage der Anteil an Stöcken mit bodennahem Austrieb bei nahezu 100 % lag, betrug er im älteren Weinbergsteil (22 Jahre alt) lediglich 7,1 %. Auch die durchschnittliche Triebzahl beim „Ausbrechlaub“ bewegte sich beim älteren Teil auf einem vergleichsweise niedrigen Niveau (durchschnittlich 2,5 Triebe [Pflanzjahr 1993] zu 4,0 Trieben [Pflanzjahr 2007]).

5.7.5 Arbeitswirtschaftliche Aspekte

Auf Grundlage von 159 sanierten Stöcken wurde im Rahmen dieses Projekts eine Arbeitszeitstudie durchgeführt. Unter Lohnansatz von 10,50 € pro Stunde konnte hier unter Berücksichtigung der tatsächlichen Arbeitszeiten Kosten von 0,98 € „pro Reset“, also pro neuaufgebautem Rebstockes ermittelt werden.

Eine Rebe nachzupflanzen kostet insgesamt zwischen 6,00 € und 8,20 € (Verwendung von Hochstammreben; Entfernen des alten Stammes **nicht** eingerechnet; Berücksichtigung von 15 % Nichtanwuchs; Berechnung von Becker, Götz und Oberhofer 2017).

Zusammenfassung

Um die Vorteile von mit bodennahen Trieben neu aufgebauten Weinbergen („Neustart/Reset-Methode") nutzen zu können, sind zunächst frische Austriebe an der Stammbasis der Reben erforderlich.

Vieles deutet jedoch daraufhin, dass, je älter die Reben werden, immer weniger schlafende Knospen um die Veredelungsstelle herum vorhanden sind – selbst bei ansonsten an der Stammbasis triebfreudigen Sorten.

Um also an die nachgewiesenen Vorteile der Stammverjüngung wie Esca-Bekämpfung und Vitalisierung der Rebstöcke zu gelangen, sollte je nach Fall etwa um das 20. Standjahr der Anlage begonnen werden.

Im Vergleich zum Nachpflanzen einer Rebe, das etwa mit 6,00 € bis 8,20 € zu Buche schlägt, erscheint diese Methode betriebswirtschaftlich interessant, da pro neuaufgebautem Stock nach den vorliegenden Erkenntnissen nur 0,98 € aufgewendet werden müssen.

Die vorliegenden Erkenntnisse sollten außerdem vor tief absetzenden Stockverjüngungen beim Rebschnitt nicht zurückscheuen lassen, auch wenn damit **einmalig** größere Sägeschnitte verbunden sind.

6 Rebschnitt und Biegen: Strategien nach Hagelschäden

Jahr für Jahr werden immer wieder Weinbergsflächen vom Hagel getroffen – leider mit steigender Tendenz. Je nach Schaden bleibt vielen Winzer daher nichts weiter übrig, als auf alternative Rebschnitt- und Biegeformen auszuweichen. Schließlich geht es hierbei um die Sicherstellung des Ertrags im kommenden Jahr. Jedoch sind die Schadensintensitäten sehr unterschiedlich und verlangen daher nach differenziertem Vorgehen. So beschreibt dieser Beitrag die möglichen Verfahrensweisen und zeigt die Grenzen der jeweiligen Formen auf.

6.1 Bogrebenschnitt

Der Bogrebenschnitt ist die in der Praxis gängigste Schnittform. Ob sie jedoch nach Hagelschlag anzuwenden ist, hängt vom Schädigungsgrad ab und kann durch einen einfachen Versuch geklärt werden.

Der Biegetest nach Hagelschlag

Einige Stöcke sollten probeweise geschnitten werden, um anschließend einen Biegetest durchzuführen. Halten die Reben auch nach mehreren Tagen diesem Biegetest stand, kann ohne Weiteres auf Bogrebe geschnitten werden. Das ist möglich, da selbst starke Einschläge in der Regel nicht zur Minderversorgung der Trauben oder zu Leitbahnschäden im Folgejahr führen.

Dieser „normale" Rebschnitt sowie das Biegen sind allerdings nach stärkeren Hagelschlägen sehr zeitintensiv. Zum einen sollten nur möglichst wundenfreie Ruten angeschnitten werden, was ein genaues Ansehen des Zielholzes erfordert. Zum anderen muss das Biegen mit einer besonderen Vorsicht erledigt werden, da sich die Wunden nach dem Binden auf der Bogeninnenseite (Unterseite) befinden sollten, was die Gefahr des Brechens im Nachhinein verringert. Biegen bei Nässe ist dabei von Vorteil.

Wird ein Bogrebenschnitt unbedingt gewünscht, sollte zur Sicherheit zumindest an kritischen Stöcken ein Ersatzbogen geschnitten werden, der nach gut erfolgtem Austrieb wieder entfernt wird.

Abb. 231 Starker Hagelschlag zwingt zum Umdenken bei Rebschnitt und Biegen.

Abb. 232 Halten die Reben nach Hagel einem Biegetest stand, kann ohne Weiteres auf Bogrebe geschnitten werden (Bild: im Vorjahr durch Hagel geschädigtes Zielholz).

Viele Rebsorten jedoch reagieren auf das Biegen nach Hagel besonders empfindlich. Dazu gehören Sorten mit sehr bruchgefährdeten Trieben wie Portugieser, Dornfelder oder Acolon.

6.2 Bogrebe aus (teilweise) Geizruten

Je nach Zeitpunkt des Hagelereignisses entstehen mehr oder weniger Geizruten. Stark geschädigte (Haupt-) Ruten können vielfach auch auf intakte, ausgereifte Geiztriebe abgeleitet werden. Ertragseinbußen im Erntejahr nach dem Hagel sind hierdurch nach Versuchsergebnissen von Götz (2000) nicht zu erwarten. Die Reben ließen in der Vegetationsperiode nach dem Hageljahr keine Wuchsdepressionen erkennen. Sie machten einen erholten und vitalen Eindruck.

6.3 Flachstreckerschnitt

Zeigt sich beim Bogrebenschnitt eine erhöhte Bruchgefahr oder kann nicht auf Geiztriebe abgeleitet werden, muss beim Binden der Biegungsgrad verringert werden. Die Spannung auf den Bogen wird dadurch vermindert und die Bruchgefahr reduziert. Ein Flachstreckerschnitt ist in diesem Fall das Mittel der Wahl. Es handelt sich dabei um eine oder zwei kurz angeschnittene Bogreben, die auf den oberen von zwei Biegedrähten flach aufgebunden werden. Grundsätzlich muss die Eignung ebenfalls über einen Biegetest ermittelt werden (siehe oben).

6.4 V-Kurzstreckerschnitt

Zum sogenannten V-Kurzstreckerschnitt, der eine Schnittmöglichkeit nach stärkerem Hagel darstellt, gab es unter anderem Versuche an der Bayerischen Landesanstalt für

Weinbau und Gartenbau in Veitshöchheim. Ursprünglich wurden sie mit dem Hintergrund der Extensivierung durchgeführt. In der Tat kann über diese Erziehungsform in Verbindung mit maschinellem Vorschnitt auch der **Arbeitsaufwand** deutlich verringert werden. Schwab und Grebner (2004) ermittelten eine Zeiteinsparung von etwa 50 % bei den Winterarbeiten.

Schreieck (2009), der sich ebenfalls intensiv diesem Thema widmete beschreibt die Einsparung beim Rebschnitt und dem Entfernen der abgeschnittenen Triebe (Riesling) mit 43 Akh/ha weniger als bei Halbbogenerziehung.

Die oberen 60 cm der einjährigen Ruten werden hierbei (maschinell) entfernt und der Rebschnitt anschließend mit der Schere „normal" durchgeführt, sodass zwei recht kurze Ruten entstehen. Ein- bis zwei (einäugige) Zapfen in Stammbasis begünstigen den optimalen Stockaufbau im Folgejahr. Die zwei Reben werden an den oberen von zwei Biegedrähten in Form des Buchstaben V angebunden – ohne starke Biegung und ohne die Rebe mit hohen Spannkräften zu belasten. Besonders letzteres macht diese Erziehungsform als Schnittvariante nach Hagel interessant.

Schreieck (2009) verzichtete in seinen Versuchen sogar auf das Anbinden der Ruten, machte aber als Voraussetzung hierfür wundenfreie Triebe und sehr zeitgerechte erste Heftarbeiten deutlich. Bis zu fünf sichtbare Augen pro Strecker oder Strecker mit einer Länge von 25 bis 30 cm können so untergebracht werden. Von mehr rät er ab, da es zu einem verkümmerten Austrieb der stammnahen Knospen kommen kann. Ohne Anbinden spreizt sich das V bei zunehmendem Gewicht der grünen Triebe weiter auseinander. Um jedoch ein eventuelles Abknicken zu verhindern, binden viele Praktiker sicherheitshalber die kurzen Ruten an.

Zusammenfassend können die Vor- und Nachteile wie folgt dargestellt werden:

Nachteile

- Neigung zur Verdichtungen der Laubwand vor allem im Stammkopfbereich, denen mit Entblätterung entgegengewirkt werden sollte
- Ertrag 1/4 bis 1/3 niedriger im Vergleich zur Halbbogenerziehung
- Entfernen der Doppeltriebe gestaltet sich etwas schwieriger
- Erstes Gipfeln früher, ggf. einmal Gipfeln mehr erforderlich
- *Botrytis* etwas früher im Auftreten und stärker;
- Reifeverfrühung (bisweilen nachteilig)

Vorteile:

- Insgesamt nennenswerte Zeiteinsparungen, auch bei Heftarbeiten
- Es fallen keine nach unten wachsende Schnabeltriebe an
- Mostgewicht erhöht

Was die **Sorteneignung** angeht, gibt es hier grundsätzlich wenig Bedenken (Schreieck 2010). Abgeraten wird jedoch von Sorten mit hoher Windbruchgefahr wie z. B. Dornfelder und Sorten/Standorten mit mastigem Wuchs.

Durch **Ertragsreduktion** ist nach Schwab und Grebner eine Qualitätsverbesserung erzielbar (jedoch nur, wenn *Botrytis* nicht stark auftritt). Dreijährige Versuchsergebnisse (bei jeweils 4 Augen/m^2) zeigten signifikant niedrigere Erträge und zum Teil deutlich erhöhte wertgebende Mostinhaltsstoffe. Das **Mostgewicht** beim V-Kurzstreckerschnitt fiel im Durchschnitt der drei Probejahre 3 °Oechsle höher aus als bei der konventionellen Bogrebenerziehung. Der Säuregehalt lag etwas niedriger. Bei Schrei-

Abb. 233 V-Kurzstreckerschnitt: Zeitsparend und auch nach stärkerem Hagelschlag einsetzbar.

eck (2010) lagen die Erträge bei der V-Streckererziehung bei gleicher Augenzahl pro Stock beziehungsweise pro Quadratmeter im direkten Vergleich zur Halbbogenerziehung um etwa 25 % (Riesling) und 33% (Silvaner) niedriger (Versuchsjahr 2004). Die Mostgewichte lagen bei einem Vorsprung von 10 bis 14 Tagen höher.

Diese Erziehungsform ist demnach nicht nur nach Hagel einsetzbar, wobei hier besonders von Bedeutung ist, dass auch im basalen Bereich das Holz der einjährigen Triebe fast immer gut ausgereift ist.

Nicht geeignet ist diese Schnitttechnik allerdings bei sehr starken Hagelschäden und besonders dann, wenn Augenausfälle zu erwarten sind. Auch in stark wüchsigen Rebanlagen sollte man mit dieser Erziehung vorsichtig sein, da sonst zu mastiges Anschnittholz für das nächste Jahr vorprogrammiert sein kann.

Spezialfall: Schnitt nach Hagel in Junganlagen

In Jungfeldern ist ein wundenfreies Stämmchen Voraussetzung für vitale Ertragsanlagen. **Deshalb sind hagelgeschädigte Triebe für einen Stammaufbau ungeeignet.**

- Sie sollten zumindest bis unter die letzte Hagelwunde zurückgeschnitten werden.
- Besser ist ein Rückschnitt auf drei Augen über der Veredelungsstelle, um daraus ein wundfreies Stämmchen aufzubauen.
- Auch Junganlagen im zweiten Standjahr sind auf Hagelschäden am bereits aufgebauten Stämmchen zu kontrollieren. Oftmals weisen sie dort starke Narben auf, was den jungen Stamm während der Hauptwachstumsphase sehr schlag- und verletzungsempfindlich macht.

Ist die Schädigung stark, sollte auch hier ein Neuaufbau des Stämmchens aus einem Bodentrieb erfolgen.

Abb. 234 Hagelgeschädigte Triebe sind für einen Stammaufbau in Junganlagen ungeeignet.

6.5 Kordonschnitt

Der Kordonschnitt stellt nach schwer wiegenden Hagelschäden auch bei ansonsten eher ungeeigneten Sorten die beste Alternative dar. Sein Prinzip ist eingehend im vorhergehenden Kapitel beschrieben.

Ruten- oder Kordonschnitt nach Hagel? Kordon ist ratsam, wenn die Ruten brüchig oder gar zerschlissen sind und einem Biegetest nicht einwandfrei standhalten. Er ist gut geeignet bei Burgundersorten, Dornfelder, Riesling.

Wann und wie kann nach Hagel auf Bogrebe geschnitten werden?

- Sind die betroffenen Sorten basal weniger fruchtbar oder *Phomopsis*-gefährdet, sollte nach Möglichkeit auf Bogrebe oder Strecker geschnitten werden (z. B. Elbling, Gewürztraminer, Kerner, Müller-Thurgau).
- Bei vermuteter schlechter Gescheinsausbildung (Vorjahr kühl und sonnenarm) sollte ebenfalls nach Möglichkeit auf Bogrebe oder Strecker geschnitten werden.
- Wenn die Knospen nicht sichtbar geschädigt sind/Hagelwunden gut verheilt sind.
- Wenn keine übermäßigen Holzschäden vorhanden sind, die zum Brechen der Ruten führen.
- Auf Biegefestigkeit prüfen (Ruten, die sich ohne abzuknicken biegen lassen sind verwendbar und werden keine Folgeschäden aufweisen).
- Zur Sicherheit beim Schneiden eher zwei oder gar drei Ruten stehen lassen. Überschüssige Ruten nach dem Biegen (bzw. nach der Frostperiode) entfernen!
- Stark geschädigte Ruten können vielfach auf intakte ausgereifte Geiztriebe abgeleitet werden.
- Biegen bei Nässe von Vorteil.
- Günstig positionierte, gut ausgereifte Wasserschosse können durchaus angeschnitten werden. Bei den seit vielen Jahren verwendeten Klonen ist kaum verminderte Fruchtbarkeit zu befürchten.

Tab. 16 Rebschnitt nach Hagel. Sofern der Schädigungsgrad die jeweilige Erziehungsform zulässt, trifft folgendes zu:

Arbeitswirtschaftliche Aspekte	**Kordonschnitt**	**V-Kurzstrecker**	**Flachstrecker**	**Bogrebe**
Abbrechgefahr beim Biegen	●	●	●/○	○
Anschnitt möglichst wundenfreier Ruten zwingend	●	●	○	○
Ersatzruten empfohlen	●	●	●	○
Arbeitsaufwand für Schnitt nach Hagel	–	–	+	++
Arbeitsaufwand für Binden nach Hagel	●	–	+	++
Für Rebsorten mit besonders bruchgefährdeten Trieben geeignet (z. B. Acolon, Dornfelder, Portugieser)	○	○	●	●
Mehrarbeiten im Folgejahr	○	●	●	●
Rebenphysiologische Aspekte	**Kordonschnitt**	**V-Kurzstrecker**	**Flachstrecker**	**Bogrebe**
Für Flachbogenerziehung geeignet	○	●	●	○
Für Halbbogenerziehung (bis 30 cm Biegdrahtabstand) geeignet	●/○	○	○	○
Für Pendelbogenerziehung (ab 30 cm Biegdrahtabstand) geeignet	●	○	○	●/○
Für starkwüchsige Anlagen geeignet	○ *	●	●/ ○	○
Bei Augenausfällen durch sehr starken Hagel einsetzbar	○	●	●/○ ●	●
Ertragsreduktion ohne Zusatzeingriff	○ **	○	●/○	●
Zusätzliche *Botrytis*-Gefahr	○ **	○	●/○	●

● nein
○ ja
– gering
+ hoch
++ sehr loch
* bei Einsatz von Entblätterung um die Blüte und wenn möglich/erlaubt von Bioregulatoren
** stark sortenabhängig

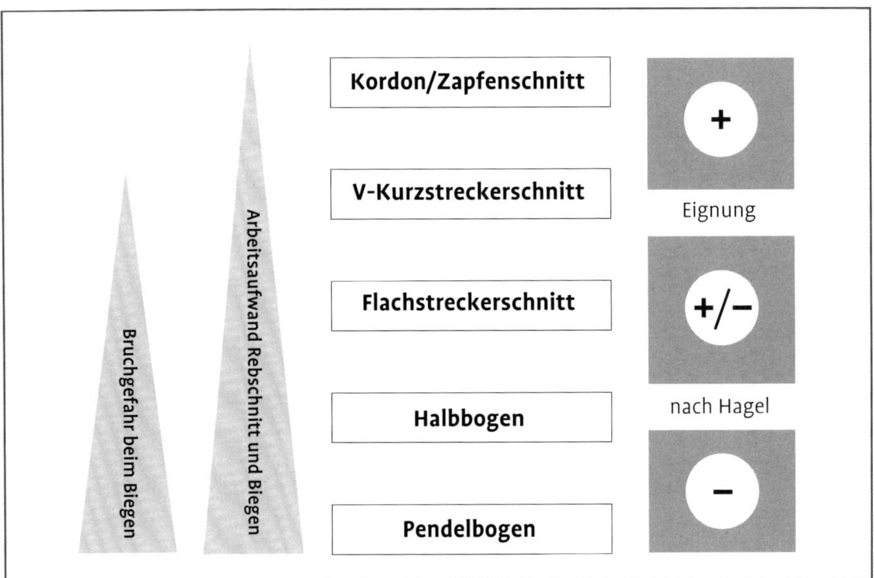

Abb. 235 Welche Schnittform nach Hagelschäden?

Zusammenfassung

Der Schädigungsgrad entscheidet wesentlich darüber, welches Schnittverfahren nach Hagelschlag angestrebt werden sollte. Vereinfacht gesagt gilt: Je mehr Wunden am Zielholz vorhanden sind, desto weniger stark darf gebogen werden. Zu hohe Spannung auf der Rute kann zum Abbrechen führen. Der Flachstreckerschnitt sowie der V-Kurzstreckerschnitt bieten hier interessante Alternativen. Auch nach starken Hagelschäden kann hingegen ein Kordonschnitt noch mit gutem Erfolg angewandt werden. Wenn beispielsweise die Ruten einem Biegetest nicht standhalten und brechen, ist er die bessere Wahl und selbst bei ansonsten eher ungeeigneten Sorten zu bevorzugen.

7 Reben schneiden – womit?

Bis vor kurzem gehörten der Winterschnitt der Reben und das anschließende Ausheben des Schnittholzes aus dem Drahtrahmen zu den nur teilweise mechanisierbaren Arbeiten im Weinberg. Daher verursachen diese Arbeiten bisher auch einen großen Anteil des jährlichen Arbeitsaufwandes.

Die bei herkömmlicher Schnittmethode und Erziehungsform auszuführenden zwanzig bis dreißig Schnitte pro Rebstock summieren sich bei einer üblichen Stockzahl von 4000–5000 Reben je Hektar zu einer Gesamtschnittzahl von 80000–150000 Schnittvorgängen. Bei einer Schneidfrequenz von ca. 35 Schnitten pro Minute ergibt das rechnerisch **allein für die Schneidvorgänge** eine erforderliche Zeit von 40–70 Stunden je Hektar – für das sogenannte Anschneiden (d. h. das Abtrennen der nicht benötigten Teile des Rebstocks), das Entfernen dieser Teile aus dem Drahtrahmen und das Ausputzen und Ablängen des Fruchtholzes. Für den vollständigen Rebschnittvorgang von der ungeschnittenen Rebe bis zu dem Zustand, in dem sie gebogen und angebunden werden kann, benötigt man in der Praxis letztlich 50 bis 100 Stunden je Hektar. Dieser Zeitbedarf kann also bis zur Hälfte der Gesamtjahresarbeitszeit der Stockarbeiten ausmachen.

Abb. 236 Maschinelles Schneiden.

Neuerdings gibt es aber technische Entwicklungen, die ein mechanisches Vorschneiden oder das maschinelle Ausheben des Schnittholzes zum Ziel haben. Diesen Geräten und Systemen können zumindest im professionellen Weinbau aus Gründen der Reduzierung des Arbeitsaufwandes gute Zukunftsaussichten eingeräumt werden, wenn sie auch ihre Einführung im breiten Einsatz noch vor sich haben.

7.1 Geräte für den manuellen Rebschnitt

Neben der klassischen Handschere, die bereits um 1850 das seit der Antike eingesetzte Winzermesser (Sesel, siehe Abb. 1) ersetzte, werden seit den 1970er-Jahren pneumatisch angetriebene Rebscheren eingesetzt; diese werden seit Ende der 1990er-Jahre zunehmend durch Scheren mit elektrischem Antrieb ersetzt. Astscheren

(Hebelscheren) werden im Weinbau seltener verwendet. Speziell für den Weinbau sind Scheren mit kürzeren Holmen einfacher zu handhaben. Aus praktischer und pflanzenbaulicher Sicht sind Sägen aber vorzuziehen, da der Schnitt glatter ist und die Sägen sich problemlos mitführen lassen. Handsägen können zum Abtrennen von Rebstockteilen mit größerem Durchmesser eingesetzt werden.

Bei der Anschaffung von Schnittwerkzeugen sollte auf gute und langlebige Qualität geachtet werden. Selbstverständlich gilt auch für Aushilfskräfte im Betrieb, diese mit leicht gängigem Schnittwerkzeug und Schutzkleidung wie Brillen und Handschuhen auszustatten. Gutes Werkzeug zeichnet sich durch Langlebigkeit, Korrosionsfestigkeit und geringen Verschleiß aus. Günstig erworbene Schnittwerkzeuge, die oft nur einen Bruchteil der relativ teuren Qualitätsprodukte kosten, verschleißen beim Dauereinsatz oft rasch.

Die Holme preisgünstiger Scheren sind meist aus leichtem Metallguss, der leicht ausbricht oder ausleiert, somit einer Dauerbelastung nicht gewachsen ist. Auch die Klingen der oft als Massenware im Baumarkt abgesetzten Scheren nutzen sich rasch ab, da sie nicht genügend gehärtet sind oder das Stahlmaterial dem Einsatzzweck nicht lange standhält. Verschleißteile dieser preisgünstigen Produkte sind oft nicht erhältlich oder lassen sich nicht auswechseln.

Letztlich wird so schnell auf Kosten der Gesundheit gespart, da Muskeln und Gelenke übermäßig strapaziert werden, das gilt auch im Hobbybereich. Für Markenscheren und -sägen führt der Handel auswechselbare Klingen und Sägeblätter, sodass Verschleißteile am besten vor der Schnittsaison erneuert werden können. Oft lässt die Schnittleistung schleichend nach, da das Scherblatt der Säge stumpf wird oder die Schere mehr und mehr quetschend schneidet, was einen höheren Kraftaufwand bedeutet.

Ist das Klingenblatt durch Schleifen und Abnutzung schmal und unrund geworden, so gleitet es nicht mehr gleichmäßig schneidend ins Holz, sondern drückt und quetscht die Ruten ab. Die Klinge sollte dann umgehend erneuert werden. Leistungseinbußen durch verschlissenes Werkzeug von 10 % bis 20 % werden erst wahrgenommen, wenn eine gewartete oder neuwertige Schere zur Hand genommen wird.

Der Schnittvorgang

Das Durchtrennen der Rebtriebe erfolgt beim Einzelschnitt mit einer Rebschere meist mittels einer aktiven geschärften Schneide und einer passiven stumpfen Gegenschneide. Dabei wird die Schnittkraft einseitig an der aktiven Schneide aufgebracht. Davon abhängig, ob durch die Schneidengeometrie neben der senkrecht auf das Schnittgut wirkenden Hauptkraftkomponente zusätzlich eine Bewegung entlang der Schneidkante entsteht (ähnlich wie beim Hin- und Herbewegen des Messers beim Schneiden von Brot), spricht man vom nur drückenden oder mehr ziehenden Schnitt. Der ziehende Schnitt benötigt physikalisch deutlich weniger Kraft, weshalb Scheren mit einer solchen Schnittgeometrie zur Schonung der Handkräfte bzw. Einsparung von Antriebsenergie bei angetriebenen Scheren beitragen können.

7.1.1 Handscheren: Gutes Handwerkszeug schont Gelenke und spart Kraft

Die Handrebschere ist in keinem Weinbaubetrieb wegzudenken und wird oft als Universalwerkzeug gesehen. In kleinen Betrieben werden auch heute oft noch Handsche-

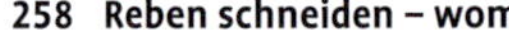

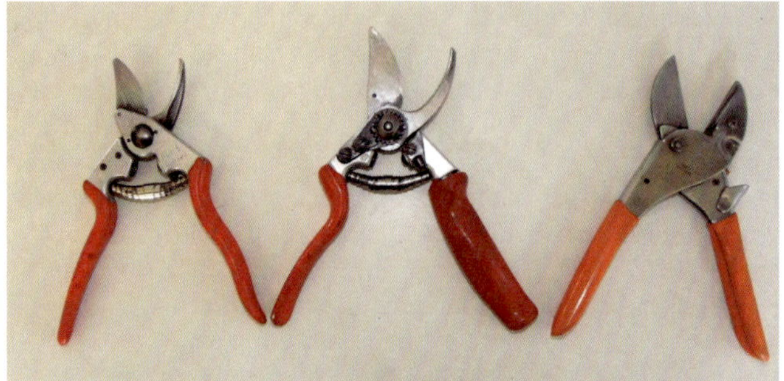

Abb. 237 Verschiedene Rebscheren.

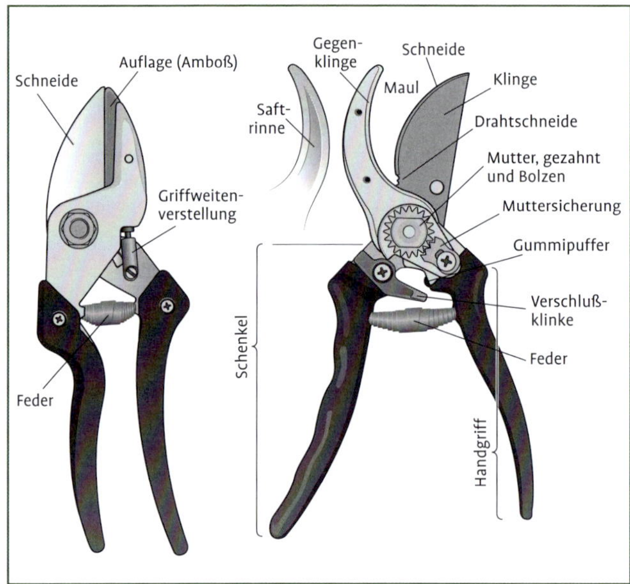

Abb. 238 Scheren mit (links) drückendem und (rechts) ziehendem Schnitt.

ren für den kompletten Schnitt eingesetzt; stärkere Verwendung finden sie allerdings eher zum Ausheben des Schnittholzes, wenn dieses in einem separaten Arbeitsgang erledigt wird. Hier kommen ihre Vorteile besonders wirkungsvoll zur Geltung:

- Niedriger Anschaffungspreis im Vergleich zu Elektro- oder Pneumatikscheren
- Geringes Gewicht (200–250 g)
- Handlichkeit
- Einfache Technik, Reparatur und Wartung

Es gibt zwei grundsätzlich verschiedene Systeme:

- Scheren nach dem Scherenschnittprinzip mit zwei dicht aneinander vorbei gleitenden Klingen („Bypass"-Scheren): Die bewegte kreisbogenförmige Schneidklinge ist **einseitig geschärft** und vollzieht

meist aufgrund der Schneidgeometrie einen deutlich **ziehenden Schnitt**.
- Scheren mit einer **beidseitig geschärften Schneidklinge** und einer breiteren Gegenauflage („Amboss"-Scheren): Der Schnitt ist hierbei etwas mehr **drückend** und erfordert stets eine scharfe Schneidklinge, die in der Regel mit ihrer geraden Schneidkante auf einen ebenfalls geraden „Amboss" trifft.

Von den am deutschen Markt hauptsächlich aktiven Herstellern (z. B. Bahco, Felco, Löwe) werden beide Systeme angeboten.

Das Angebotssortiment der Hersteller umfasst Scheren mit verschieden großen und mehr oder weniger ergonomisch gestalteten Griffen sowie spezielle Ausführungen für Linkshänder. Als besonders gelenkschonend, wenig kräftezehrend und zur Vermeidung von Blasen werden Ausführungen mit einem Rollgriff angeboten, auf dem die Finger ihre Kraft besser an- und umsetzen können.

Abb. 239 Rebschnitt mit Handschere.

Abb. 240 Durch lockere oder stumpfe Klingen ist ein sauberer und gerader Schnitt nicht mehr möglich. Die Wunden reißen oftmals ein, etwa weil mit der anderen Hand versucht wird, einen Gegendruck auszuüben, um den Schnittvorgang zu erleichtern.

Wartung und Pflege

- Regelmäßig reinigen und Klinge nachschärfen.
- Reinigung vor Schmutz, Abrieb und Schutz vor Nässe (Rost setzt sich an), nach dem Gebrauch sollte die Schere geölt und mit einem trockenen Lappen abgerieben werden.
- Regelmäßiges Schmieren der Achse, der Feder und ggf. der Rollgrifflagerung.
- Einstellung des Minimalabstandes zwischen Schneidklinge und Gegenschneide (bei Bypass-Scheren), hierzu wird meistens passendes Werkzeug wie ein Stellschlüssel oder ein Stahlblatt mit Sechskantlöchern mitgeliefert, das beispielsweise am Schlüsselanhänger befestigt werden kann, sodass es stets parat gehalten wird. Die richtige Einstellung vermeidet das lästige Festklemmen besonders bei schräg zur Triebachse angesetzten Schnitten, oft lockern die Schrauben bei Dauereinsatz und müssen dann nachjustiert werden.
- Griffüberzüge, Rollgriffe, Puffer oder Stoßdämpfer nutzen sich mit der Zeit ab und sollten dann ersetzt werden. Blanke Scherenholme erkalten in der Hand und färben durch den Metallabrieb die Handfläche schwarz. Zudem entstehen leichter Blasen an den Händen. Hier sind Rollgriffscheren sehr vorteilhaft. Schere bei Arbeitspausen (Sägeschnitte) immer im Scherenetui aufbewahren, das möglichst am Gürtel getragen wird. Dazu sollte immer die Klinge festgestellt werden. Offene Scheren in Taschen stellen eine ernste Verletzungsgefahr dar.

Einige Scheren haben innen an der Schneide eine Drahtabschneide, eine Einbuchtung, die es erlaubt, die im Weinbau gebräuchlichen Drahtstärken zu durchtrennen. Dabei muss der Draht direkt an die Einbuchtung geführt werden, um Scharten an der Klinge zu vermeiden. Dazu muss die Schere so weit wie möglich geöffnet werden, der Draht wird in diese Klinge eingelegt und durchtrennt. So lassen sich im Notfall die Enden von verschlissenen Drähten sauber entfernen oder ein Stück Draht zum Flicken von gerissenen Drähten abtrennen. Natürlich ersetzt die Rebschere keine Zange und sollte darum für die Zwecke nur in Ausnahmefällen verwendet werden.

Auch zum Einschlagen von locker gewordenen Krampen am Holzpfahl, zum Aufbiegen von Haken am Metallpfahl mit dem Klingenrücken, zum Aufgraben von Ankerösen, Anspitzen von Holzpfählen, als Haltegriff zum Straffen von Drähten oder zum Reinigen von Arbeitswerkzeugen und Schuhen wird manchmal das „Universalinstrument" des Winzers eingesetzt. Die Rebschere wird dadurch nicht nur unansehnlich, sie verschleißt auch schneller. Spachtel, Beil, Hammer, Zange und Spaten sind für die richtigen Arbeitsgeräte für diese Zwecke.

Zum Vorschnitt von vorwiegend dickem Altholz in älteren Weinbergen können auch Zweihand-Astscheren mit kürzeren Griffen (Länge 50–65 cm) eingesetzt werden. Damit lassen sich Holzdurchmesser bis zu 40 mm durchtrennen. Astscheren sind ziemlich unhandlich bei der Mitführung, eine kleine Säge ist wesentlich einfacher beim Rebschnitt mitzuführen. Daher muss in einem zweiten Arbeitsgang der übrige Rebschnitt mit einer Handschere erledigt werden oder man erledigt diese großen Schnitte separat im Nachgang. Größere Schnittwunden, die sich mit der Astschere nicht mit einem Zug durchführen lassen, sollten möglichst immer gesägt werden. Abgesehen von Reben, die sowieso zur Rodung anstehen, sollten Keilschnitte mit mehrfachem Ansatz der Schere vermieden werden. Neben einer unnötig großen Wunde besteht die Gefahr, dass Einrisse entstehen oder Quetschungen am intakten Gewebe erfolgen. Dies gilt besonders dann, wenn gleichzeitig am Stamm gezogen oder gedrückt wird, um die Schere tiefer anzusetzen und die Hebel kräfteschonender zu betätigen.

7.1.2 Handsägen

Größere Holzdurchmesser werden mit **Rebsägen** bewältigt. Auch wenn große Wunden aus phytosanitären Gründen möglichst zu vermeiden sind, kann dies besonders in älteren Rebanlagen zuweilen zur Formerhaltung des Stockes unumgänglich sein. Um die Schnittoberfläche so klein wie möglich zu halten, sollte stets rechtwinklig zur Triebachse gesägt werden.

Die Rebsägen werden in **starrer** oder **klappbarer Ausführung** angeboten. Wichtige Kriterien sind

- Optimale Sägeblattlänge (25–35 cm).
- Möglichst selbstreinigende Sägezahngestaltung.
- Lange Haltbarkeit der Schärfe der Zähne, sie sind speziell gehärtet und auf Zug geschliffen. Sie können also nicht nachgeschärft werden. Bei Verschleiß ist das Blatt zu ersetzen.
- Gutes Handling.
- Geringes Gewicht.

Die Zahngestaltung „auf Zug" ermöglicht kraftschonendes Sägen und vermeidet, dass das Sägeblatt bei plötzlichem Einklemmen verbogen wird. Dies wird zudem erreicht, indem das Sägeblatt auf der Seite mit der Zähnung etwas breiter ist als die Rückseite. Auf eine gefahrlose Aufbewahrungsmöglichkeit der Säge ist zu achten, hierzu werden spezielle Köcher angeboten oder das Sägeblatt lässt sich einfach in den Griff komplett einklappen.

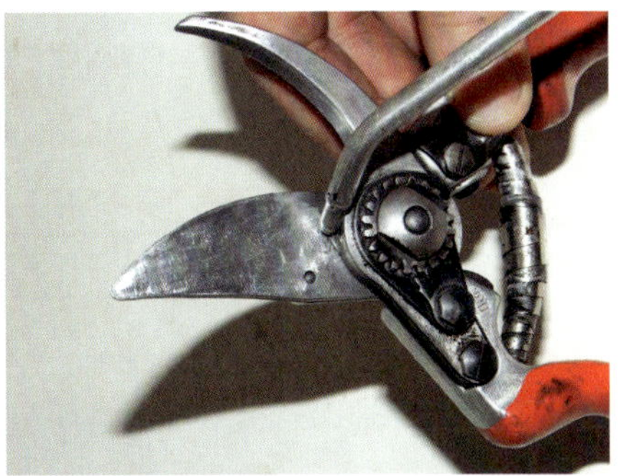

Abb. 241 Hier muss regelmäßig geölt werden.

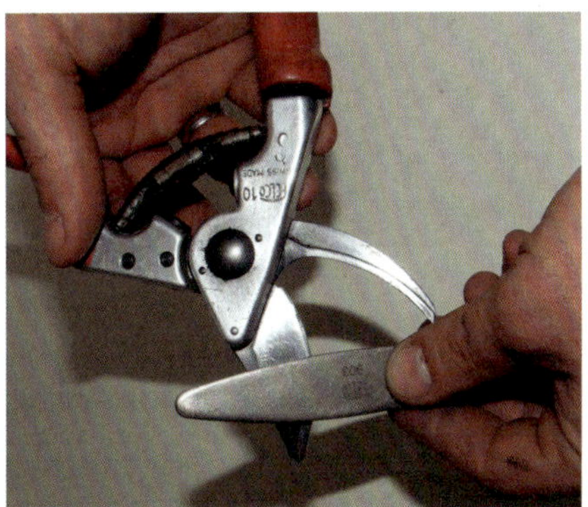

Abb. 242 So wird die Klinge geschärft.

Abb. 243 Astschere im Einsatz.

Abb. 244 Handsäge im Einsatz.

Auch beim Umgang mit Sägen ist auf Arbeitssicherheit besonders Acht zu geben. Die Säge sollte niemals geöffnet am Körper getragen werden, um nicht unbeabsichtigt ins Blatt zu greifen. Beim Sägen sollte die Gegenhand oder das Knie nicht gegen den zu sägenden Stamm drücken, da ein Ausgleiten der Säge diese Körperteile gefährdet. Der letzte halbe Zentimeter des abzutrennenden Stammes sollte möglichst nicht gesägt, sondern geschnitten oder durch leichte Drehung abgetrennt werden.

7.1.3 Einhändige betriebene Motor-/Elektrosägen

Seit wenigen Jahren werden für den Wein- und Obstbau kleine handliche Akkusägen angeboten, die sich mit einer Hand bedienen lassen. Kleine Motorsägen sind aufgrund der Arbeitsweise (schwierig einstellbare Motordrehzahl bei Halbgas und damit ruckliger Betrieb, höheres Gewicht, Lärm- und Abgasbelastung) hierzu weniger geeignet. Sie eigenen sich in erster Linie, um alte Stämme abzutrennen, zur Einzelstockrodung oder für Verjüngungen. Der Einsatz sollte sich auf die unbedingt notwendigen Schnitte beschränken, da hierbei besonders große Wunden entstehen. In jüngster Zeit wird versucht, durch Ausschaben oder Auskratzen von verpilzten Stämmen die Reben wieder zu sanieren, ohne dass ein Stammrückschnitt erfolgt.

Abb. 245 Eine akkubetriebene Elektrosäge erlaubt kräfteschonendes und exaktes Arbeiten am Stamm.

7.1.4 Pneumatische Rebschneidanlagen

Für größere Betriebe, in denen das Schneiden der Reben von mehreren Arbeitskräften in einer Anlage gleichzeitig durchgeführt wird, ist häufig der Einsatz einer pneumatischen Rebschneidanlage sinnvoll. Hierbei wird mit der Drucklufttechnik meist nur der Vorschnitt erledigt; der restliche Schnitt und das Ausheben erfolgt mittels Handschere. Der Hauptvorteil des Einsatzes von pneumatisch angetriebenen Rebscheren liegt in der körperlichen Entlastung der Arbeitsperson, weniger in einer Beschleunigung des Schneidvorganges. Denn das Arbeitstempo beim Rebschnitt hängt neben der Technik noch stärker von äußeren Gegebenheiten ab:

- Zustand und Alter der Anlage
- Erziehungsform
- Übungsgrad der Schneidperson usw.

Eine Druckluftschneidanlage besteht aus einem **Kompressor**, einer **Druckluftverteilung** und einer entsprechenden Anzahl von **Druckluftscheren**. Der Einsatz von schlepperangetriebenen Kompressoren hat sich für durchschnittliche Betriebsgrößen in Deutschland nicht bewährt.

Die Kompressoreinheit ist in der Regel auf einem mobilen Fahrgestell montiert und umfasst neben dem drucklufterzeugenden Kleinkompressor einen 4-Takt-Ottomotor (3–6 kW Leistung) als Antrieb, einen Drucklufttank (5–20 Liter, Betriebsdruck ca. 15 bar) und die erforderlichen Steuerorgane wie Überdruckventil und Manometer so-

Abb. 246 Aufbau einer pneumatischen Rebschneidanlage.

wie Wasserabscheider und Schlauchanschlüsse. Je nach Leistung ermöglicht ein Kompressor den Betrieb von bis zu sechs Scheren. Bei voller Auslastung verbraucht der Kompressorantrieb lediglich bis zu 1 Liter Kraftstoff je Stunde.

Direkt auf der Kompressoreinheit aufgebaut oder separat aufstellbar enthält eine Schlauchtrommel die **Druckluftleitung** (ca. 5 mm Durchmesser) zur Versorgung der Rebscheren. Hiermit kann 150 bis 200 m weit in die Anlage hinein gearbeitet werden. Die Schlauchtrommeln gibt es als selbsttätig aufwickelnde Ausführung oder für den Handkurbelbetrieb. An einem Schlauch können ggf. zwei Scheren angeschlossen werden.

In Druckluftscheren wird die Schneidklinge („Bypass"-Prinzip) von bis zu drei im Gehäusegriff laufenden Kolben geschlossen. Geöffnet wird die Schere beim Loslassen des Auslösehebels entweder per Federkraft oder ebenfalls pneumatisch. Die Scheren wiegen 500 bis 600 g und eignen sich somit in erster Linie für den Vorschnitt. Auswahlkriterien beim Kauf sind außerdem die Lage der Schere in der Hand und die Gestaltung des Schneidkopfes. Wie bei allen Handwerkzeugen ist meist eine gewisse Einarbeitungszeit erforderlich.

Wartung und Pflege

- Kontrolle der Ölstände
- Ölwechsel an Motor und Kompressor
- Schutz vor Frostschäden (durch Entwässerung des Aggregats)

Die Schere selbst wird regelmäßig geschärft und abgeschmiert.

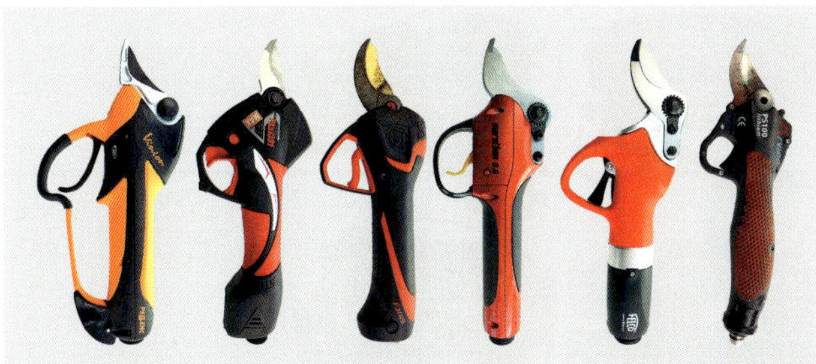

Abb. 247 Scherenmodelle von links nach rechts: Vinion, PASJ301, F3015, Marathon 3.0, Felco 811-HP, Arvipo PS100.

Druckluftschneidanlagen werden derzeit von Müller & Sohn und Niko angeboten; als Scheren sind die Fabrikate Felco, Niko und Campagnola erhältlich.

7.1.5 Elektrisch angetriebene Rebscheren

Der Einsatz von Elektroscheren für den manuellen Rebschnitt hat in letzter Zeit durch die Weiterentwicklung der Batterietechnik enorm zugenommen. Vor allem ab Mitte der 1990er-Jahre wechselte die Mehrzahl der Anwender von der Druckluftschere zur Elektroschere. Ein entscheidender Grund hierfür ist die im Gegensatz zur Druckluftschere erheblich verbesserte Bewegungsfreiheit der Arbeitsperson. Insbesondere die flexible Handhabung in Kombination mit dem einfachen Transport stoßen in der praktischen Anwendung auf große Resonanz. Dies gilt vor allem in Weinbergen, deren Zeilen nicht direkt auf den Weg stoßen und damit für einen Kompressor mit Schlauchleitung nicht erreichbar sind, also Querterrassen oder terrassierte Steillagen.

Außerdem verspricht die Elektroschere analog zu pneumatischen Schneidanlagen gegenüber der Handschere eine deutliche gesundheitliche Entlastung. Typische Berufskrankheiten wie Sehnenscheidenentzündung und Karpaltunnelsyndrom werden durch ihren Einsatz vorgebeugt. Die große Auswahl an Herstellern und Modellen spiegelt die potenzielle Nachfrage und anwenderfreundliche Nutzung wieder.

Eine Elektroschere besitzt einen **Akku** als Energieeinheit, der abhängig von Größe und Gewicht in einen Hüftgürtel/Rucksack verpackt, in einer Jacken-/Hosentasche positioniert oder direkt am Gürtel der Schneidperson mitgetragen wird. Für die Stromversorgung hat sich der Lithium-Akkumulator als vorteilhaft erwiesen, weshalb ihn alle gängigen Hersteller im Weinbau verwenden. Dieser versorgt den im Scherengehäuse verbauten Motor (bürstenloser Gleichstrommotor, Bürstenmotor) über ein Stromkabel (mitunter als Spiralkabel). Abhängig von Modell und Schnittintensität variiert die Einsatzdauer von einem 0,5 bis zu 2 Arbeitstagen. Für die anschlie-

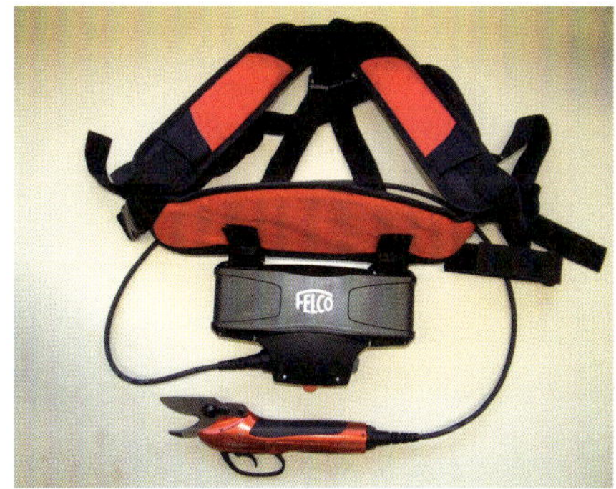

Abb. 248 Elektrische Rebschere mit Zubehör.

Abb. 249 Verschiedene Akkus für elektrisch betriebene Rebscheren.

Abb. 250 Das Akkugewicht wird mit einem Tragegeschirr abgefangen.

ßende Aufladung wird je nach Akku zwischen 1 bis 9 Stunden benötigt.

Kleine Steuerboxen mit Display im Sichtbereich des Anwenders geben Aufschluss über die Akkukapazität und ermöglichen die Bedienung von Grundeinstellungen (dynamische Steuerung, Schließgeschwindigkeit). Bei Scheren ohne Steuerbox erfolgt die Kontrolle des Ladezustandes über Leuchtdioden oder Display am Akku sowie Scherengehäuse. Ersatzakkus kosten je nach Scherentyp zwischen 250 und 400 €. Um einer Tiefenentladung vorzubeugen, wird außerhalb der Schneidsaison nach einem vom Hersteller vorgegebenen Muster geladen. Mittlerweile werden auch Überwinterungsfunktionen angeboten, die diese Ladezyklen überflüssig machen. Die variable Einstellung der Schnittkapazität (groß, klein) ist bei allen Scheren Stand der Technik. Eine elektronisch steuerbare Klingenüberlappung, die das Justieren von Klinge und Gegenklinge ohne Werkzeug erlaubt, wird zunehmend von den Herstellern angeboten.

Arbeitszeitbedarf und Schnittbild

Beim Vorschnitt mit der Elektroschere wird im Vergleich zur Handschere (Typ: Felco 13) im Mittel bei Riesling ca. 30 % weniger Zeit benötigt (siehe Abb. 251). Neben der konstanten Leistungsabgabe der Elektroschere erklärt sich dieser Sachverhalt anhand des Schnittbildes. Mit der Handschere werden tendenziell mehr einjährige Schnitte gesetzt, während mit der Elektroschere

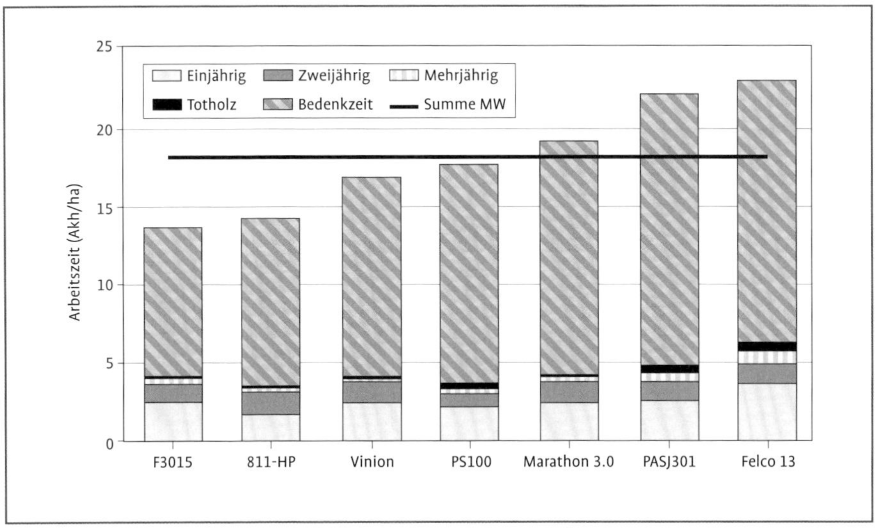

Abb. 251 Arbeitszeitvergleich von Handschere und Elektroschere (Nov. 2016, Vorschnitt, Bogenerziehung, Riesling, Gassenbreite 1,8 m, Stockabstand 1 m, Pflanzjahr 2000, inkl. Rüst- und Verteilzeit).

zunehmend größere mehrjährige Schnittwunden im Kopfbereich entstehen. Nicht selten entfernt der Praktiker auf diese Weise zeitgleich Wasserschosse, die mit der Handschere separat geschnitten werden.

Unabhängig davon empfiehlt es sich aus ergonomischer Sicht, insbesondere mit einer relativ schweren Elektroschere nur den Anschnitt und das Durchtrennen des Vorjahresbogens vorzunehmen, weil es in angenehmer Arbeitshöhe erfolgt. Das Ausputzen und Ablängen der Rute wird anschließend mit der leichteren Handschere im Zuge des Holzaushebens erledigt. Die Entfernung eingetrockneter Überstände als Totholz erfolgt tendenziell häufiger mit der Handschere, da elektronisch betriebene Scheren eine geringere Bewegungsfreiheit im Kopfbereich bieten.

Beobachtet man Fachkräfte bei der Arbeit mit Elektroscheren, die regulär mit der Handschere arbeiten, bestätigen sich die zuvor genannten Unterschiede mit Ausnahme der Schnitte ins Totholz (siehe Abb. 252). Als Konsequenz bilden sich kleinere Eintrocknungsareale im Kopfbereich der Rebe, was eine bessere Versorgung der Fruchttriebe gewährleistet. Daraus schlussfolgernd, sollte der Praktiker beim Einsatz der Elektroschere regelmäßig darüber nachdenken, ob er seine mit der Handschere erlernten Grundregeln konsequent anwendet.

Um die Arbeitszeit zu optimieren, empfiehlt sich durchgängig der Schnitt mit kleiner Öffnungsweite des Schneidkopfes. Dieser verläuft schneller und verbraucht weniger Energie, was wiederum die Akkulaufzeit verlängert. Die Schnittkraft einer Elektrorebschere macht beim normalen Einsatz in einer Rebanlage die Rebsäge grundsätzlich überflüssig. Inzwischen bieten einige Hersteller auch größere Versionen oder Umrüstsätze ihrer Akkuscheren an, die eine deutlich erhöhte Schnittkraft oder größere Klingenöffnungsweite besitzen. Diese Möglichkeiten kommen vor allem Betrieben zu-

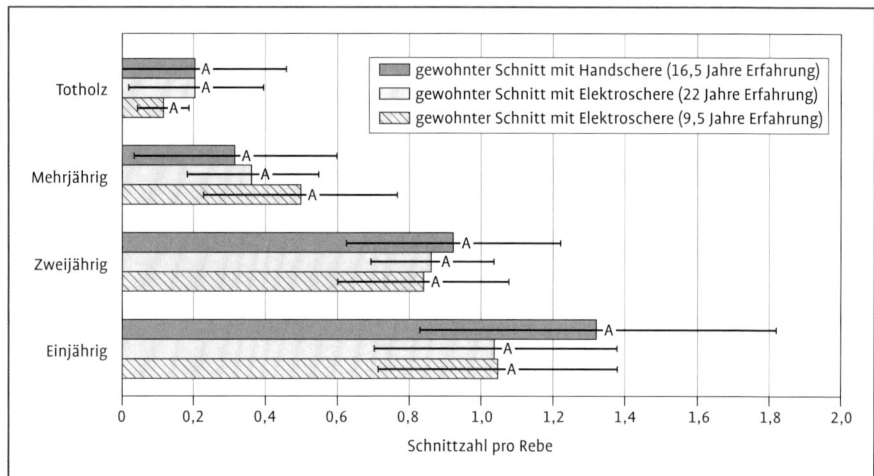

Abb. 252 Rebschnitt mit Elektroschere unterschieden nach „Schneidgruppe" (Dez. 2017, Vorschnitt, Halbbogenanlage, Spätburgunder, Pflanzjahr 1987, n = 6, Schnelltest nach Tukey, Balken mit unterschiedlichen Buchstaben sind signifikant verschieden, wenn p < 0,05, Fehlerbalken veranschaulichen die Standardabweichung).

gute, die neben Reben auch Obstbäume oder Sträucher schneiden möchten.

Inwieweit sich die Scherenmodelle beim Schnittbild unterscheiden, wodurch Vor- und Nachteile (Leistung, Bewegungsfreiheit) offensichtlich werden, wurde 2017 in einer Spätburgunderanlage untersucht (siehe Abb. 253). Diesbezüglich weicht die Schnittanzahl ins mehrjährige Holz bei zwei Modellen (Marathon, PASJ301), die ebenfalls für die Anwendung im Obstbau empfohlen werden, leicht voneinander ab. Da sie allerdings von den anderen Scheren statistisch nicht zu unterscheiden sind, ist dieser Umstand für den Anwender ohne Bedeutung.

Wichtig für eine zügige Arbeitsweise ist die **Dauer des Öffnungs- und Schließvorganges**. Im Vergleich mit Pneumatikscheren schneiden Elektroscheren überraschend gut ab, da sie die Vorzüge der elektronischen Steuerung ausnutzen: Während die Druckluftschere stets den ganzen Öffnungsweg zurücklegt, kann eine Akkuschere im Modus der sogenannten Proportionalsteuerung durch feinfühlige Bedienung exakt so weit geöffnet werden, wie es für den entsprechenden Holzdurchmesser nötig ist. Somit sind kürzere Öffnungswege und ein schnelleres Schneiden möglich.

Die Option, dauerhaft oder kurzzeitig einen kleineren Öffnungswinkel einstellen zu können, beschleunigt den Schnitt vor allem in Rebanlagen, in denen weniger dickes Holz zu schneiden ist. Dabei ist es sehr von Vorteil, wenn die Umstellung schnell vorgenommen und wieder rückgängig gemacht werden kann.

Mit der neuen Generation von Elektroscheren ist somit der gesamte Arbeitsvorgang des Rebschnitts mindestens ebenso zügig durchzuführen wie mit Drucklufttechnik, da bei Letzterer bei einem Gesamtzeitvergleich auch der Zeitaufwand für Transport, Betankung und Wartung berücksichtigt werden muss (siehe Abb. 254).

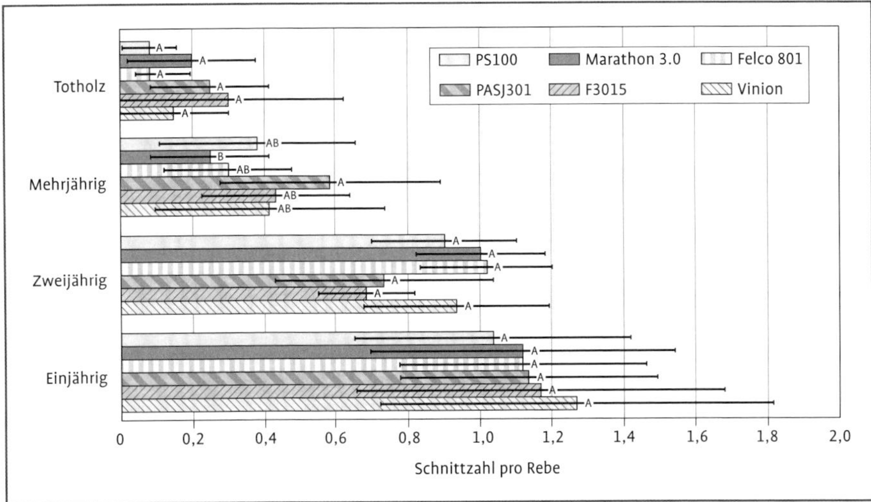

Abb. 253 Schnittanzahl unterschieden nach Elektroschere (Dez. 2017, Vorschnitt, Halbbogenanlage, Spätburgunder, Pflanzjahr 1987, n = 6, Schnelltest nach Tukey, Balken mit unterschiedlichen Buchstaben sind signifikant verschieden, wenn p < 0,05, Fehlerbalken veranschaulichen die Standardabweichung).

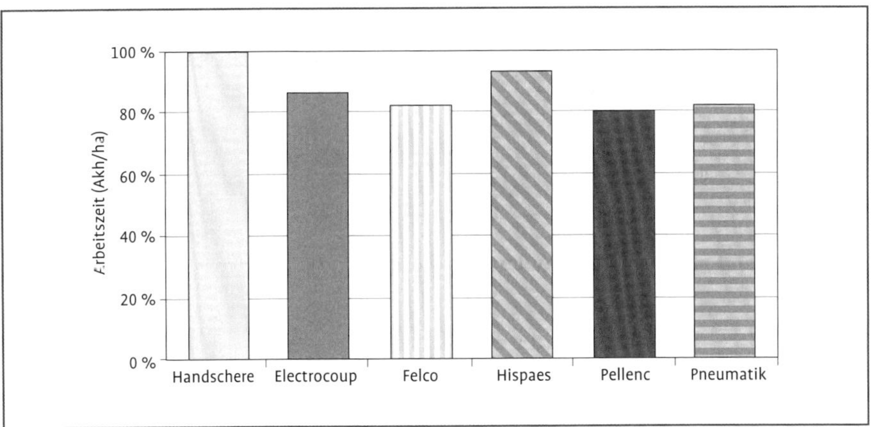

Abb. 254 Zeitaufwand für den Schnitt mit angetriebenen Rebscheren in Relation zur Handschere.

Kaufkriterien

Checkliste für den Kauf

- Position des Akkus – Tragekomfort (unangenehm)
- Zugänglichkeit des Ein-/Ausschalters (anwenderfreundlich)
- Gewicht der Schere (gefühlt schwer)
- Schere einschalten (Initialisierung)
- Änderung der Schnittöffnung (intuitiv)
- Schnittkraft vor allem bei mehrjährigem Holz (Schnittkapazität ausreichend)
- Zugänglichkeit schwer erreichbarer Stellen am Stock (Wasserschosse, Totholz)

Um den praktischen Einsatz von Elektroscheren zu beurteilen, wird dieser in drei Kategorien unterschieden: den Rüstvorgang, die Handhabung sowie den Schnitt. In Untersuchungen am DLR Rheinpfalz wurden hinsichtlich der folgenden Merkmale signifikante Unterschiede dokumentiert (siehe Abb. 255). So gibt es neben dem klassischen Tragegeschirr, das weitestgehend in Form eines Rucksackes die Hauptlast (Stromspeicher) auf den Rücken verteilt, im Zuge immer leichterer Akkus (F3015 – 810 g, Vinion – 845 g) die Möglichkeit, jene in einer ausreichend dimensionierten Jacken- oder Hosentasche mitzuführen. Bei Abweichungen von bis zu 300 g empfiehlt sich zudem ein direkter Vergleich des Scherengewichts in der Praxis.

Bezüglich der Positionierung des Ein- und Ausschalters finden solche Modelle, deren Einschalttaste sich im Sichtbereich des Anwenders befindet, deutlich mehr Zuspruch. Hier wird die Schere entweder über eine Steuerbox, den Akku oder direkt am Scherengehäuse gestartet. Nach dem Einschalten der Stromversorgung gibt es unterschiedliche Initialisierungsprozesse, um die Scheren zu aktivieren. Allen Modellen gemein ist die Betätigung des Abzugshebels. Zur Änderung der Schnittöffnung gilt, je simpler, desto größer die Akzeptanz und schneller die Umsetzung in der Praxis.

Die für den Rückschnitt hochgewachsener Kopfaufbauten notwendige Schnittkraft ist bei allen Scheren gegeben. Der Hersteller Electrocoup vertreibt zu diesem Zweck zusätzlich separate Scherenköpfe, die u. a. aufgrund der größeren Schnittkapazität bei Rodungsarbeiten sowie im Obstbau Anwendung finden.

Der Letzte und einer der wichtigsten Checkpunkte, ist die Zugänglichkeit schwer erreichbarer Stellen im Kopfbereich der Rebe. Dieses Merkmal korreliert gut mit der Proportionalsteuerung. Je feinfühliger der Schneidkopf auf die Betätigung des Abzugshebels reagiert, desto effizienter lassen sich für die Schere ungünstig stehende Wasserschosse und Totholz entfernen, indem die Schnittöffnung individuell eingestellt wird. Beim Neuerwerb empfiehlt es sich, die vorgenannten Merkmale auf die persönliche Eignung zu testen.

Wartung, Betriebssicherheit und Pflege

- Tägliches Schärfen der Schneidklinge
- Regelmäßige Schmierung des Schneidkopfes (je nach Modell)
- Blockierende Schnitte nicht mit seitlichen Druckbewegungen erzwingen
- Die Schere bei Arbeiten am Schneidkopf immer ausschalten (Klingenwechsel, Schärfen)
- Tiefenentladung durch vorgegebene Ladungsintervalle des Herstellers zwischen den Jahren vorbeugen
- Optimale Lagerungsbedingungen des Akkus beachten, gilt vor allem für die Lagerung im Sommer
- Korrektes Vorgehen beim Aufladen

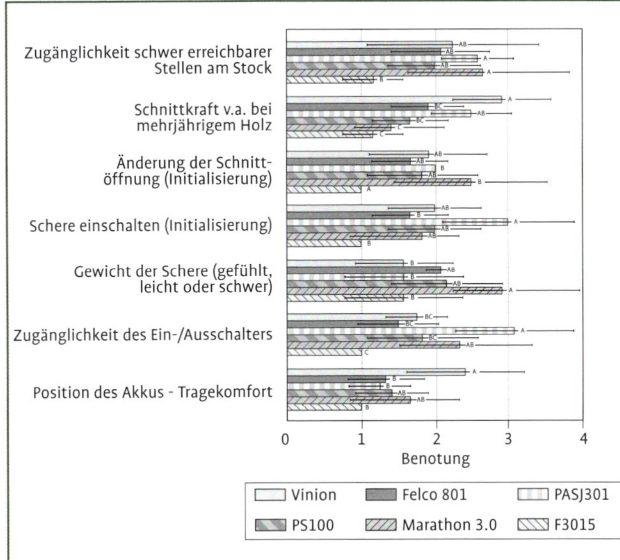

Abb. 255 Bewertung verschiedener Elektroscheren (Dez. 2017, Vorschnitt, Halbbogenanlage, Spätburgunder, Pflanzjahr 1987, n = 6, Schnelltest nach Tukey, Balken mit unterschiedlichen Buchstaben sind signifikant verschieden, wenn $p < 0{,}05$, Fehlerbalken veranschaulichen die Standardabweichung).

Abb. 256 Anzeige der Akku-Restkapazität.

Zurzeit werden auf dem deutschen Markt Akku-Rebscheren folgender Hersteller angeboten: Arvipo, Felco, Infaco, Marathon Tools, MAX, Pellenc, Zanon und Stihl.

Arbeitssicherheit und Pflege

Beim Einsatz ist unbedingt auf die Unfallgefahr durch elektrische sowie pneumatische Scheren zu achten. Nur bei guter körperlicher Verfassung und ausreichender Helligkeit sollte damit gearbeitet werden. Ein verantwortungsvoller Betriebsleiter achtet darauf, dass nur gut geschulten Mitarbeitern diese Scheren anvertraut werden, die auch geistig und körperlich zum Umgang befähigt sind.

Zur Unfallvermeidung werden Kettenhandschuhe aus Metall angeboten, die bei unsachgemäßer Handhabung das Abtrennen von Fingern verhindern sollen. In der

Tab. 17 Welche Modelle sind derzeit auf dem Markt?

Scherentyp	Firma
801 811 820	FELCO Deutschland GmbH
PS100 lithium	ARVIPOTECNIC S.L.
Vinion Prunion	PELLENC GmbH
Marathon 3.0	Marathon-tools UGmbH
F3015	INFACO s.a.s.
PASJ301	MAX CO., LTD

(Angaben ohne Gewähr, Stand 2018)

täglichen Praxis hat sich deren Einsatz aber als nicht sehr praktikabel herausgestellt. Eine Pflicht zur Anwendung von seitens der Berufsgenossenschaft besteht nicht. Es hat sich zudem gezeigt, dass durch starke Quetschungen aufgrund des Sicherheitshandschuhs die Verletzungen ebenso schwerwiegend sein können wie bei ganz abgetrennten Gliedmaßen. Beim Aufenthalt im Außengelände sollte stets ein ortskundiger Angehöriger leicht erreichbar sein, um Hilfe zu holen. Ständige Aufmerksamkeit und keine Leichtsinnigkeit sind die wichtigsten Regeln, um derartige Unfälle zu verhindern.

Allen Elektroscheren gemein ist die Proportionalsteuerung. Gegenüber einer Druckluftschere, wie bereits beschrieben, ist der Schnitt nicht endgültig. Wird der Abzugshebel nicht vollständig durchgezogen, bleibt die Klinge entsprechend „stehen". Infolgedessen können unbeabsichtigte Schnitte gestoppt werden, was insbesondere beim Durchtrennen des zweijährigen Holzes in Flachbogenanlagen zu deutlich weniger nachfolgenden Reparaturarbeiten am Draht führt.

Des Weiteren gibt es ergänzende elektronische Schutzvorrichtungen für den Anwender in Form eines Sicherheitshandschuhs (Electrocoup) und Armbandes (Arvipo). Diese, an die Schere angeschlossene Systeme, stoppen den Schließvorgang des Schneidkopfes bei Kontakt, um Schnittverletzungen vorzubeugen. Zudem sichern automatische Motorschutzfunktionen vor Überlastungen, wie sie bei blockierenden Schnitten entstehen.

Wird die Klinge nicht regelmäßig geschliffen, stumpft diese ab. Die Folge sind gequetschte Schnittflächen und ein erhöhter Stromverbrauch, was die Nutzungsdauer des Akkus reduziert. Die stärkere mechanische Belastung führt zur Überhitzung des Motors. Da die Scheren generell über ausreichende Leistung beim Schnitt verfügen, fällt eine stumpfe Klinge erst spät auf. Die Kontrolle der Schneidkante sollte daher regelmäßig überprüft werden.

7.2 Geräte für den teilmechanisierten Rebschnitt im Direktzug

Vorwiegend für den professionellen Einsatz, sei es in Eigenmechanisierung, sei es im Lohneinsatz, gibt es seit geraumer Zeit verschiedene Schlepperanbaugeräte, die zur Mechanisierung von Teilschritten der Arbeitskette Rebschnitt – Ausheben – Häckseln gedacht sind. Hierbei handelt es sich um Drahtablegegeräte, Rebenvorschneidegeräte, Entranker und Rebholzaushebegeräte. Je nach Einsatzart kann man sie an die gewünschte Erziehungsform (Flach-, Halbbogen, V-Strecker, freie Welle, Kordon-/Zapfenschnitt) anpassen, was allerdings die Höhe des Zeiteinspareffekts entsprechend beeinflusst.

7.2.1 Drahtablegegeräte und Entranker

Bei der Verwendung von beweglichen Heftdrähten hat sich zur Erleichterung des Aushebens und Biegens ein vorübergehendes Herunterlegen dieser Drähte bewährt. Diese Arbeit kann zwar manuell durch Saisonarbeitskräfte durchgeführt werden, häufig bereits während oder kurz nach der Lese. In größeren Betrieben ist aber auch der Einsatz eines **Drahtablegegerätes** überlegenswert. Ein solches Gerät kann die Heftdrähte mit Rollen oder Schneidscheiben, die sich an einem am Schlepper angebauten Rahmen befinden, aus den Heftstationen heben. Damit befinden sich diese nach der Durchfahrt nicht mehr im Arbeitsbereich des Rebschnitts und Biegens. Aber nur bei nach oben offenen Heftstationen (Metallpfähle mit außen liegenden Haken oder sogenannten Schleuderhaken) funktioniert das System ohne Vorarbeit. Bei der Durchfahrt mit dem Drahtablegegerät werden gleichzeitig die Verrankungen der Rebtriebe abgerissen, wodurch das Ausheben ebenfalls erleichtert wird.

Es empfiehlt sich nicht, alle Heftdrähte einer Rebzeile abzulegen, da dann die Triebe umkippen können und Folgearbeiten behindern würden. Deshalb wird meist ein Heftdraht belassen oder mit einem festen Heftdraht die Stabilität der Triebe gewährleistet. Der Einsatz des Drahtablegegerätes sollte aus Gründen des Bodenschutzes nur auf ausreichend trockenem oder auf gefrorenem Boden erfolgen.

Die Erleichterung des Aushebens bewirkt auch der Einsatz eines **Entrankers**: Hierbei werden möglichst alle Verrankungen der Triebe an den Drähten gelöst, was besonders bei Rebsorten mit starker Rankenbildung (z. B. Riesling) einen guten Effekt hat. Der Entranker, an der Schlepperfront rechts angebaut, reißt die Triebe mittels eines um die eigene Achse drehbaren Stabes mit Dreieckprofil von den oberen Heftdrähten, die in ihrer Position verbleiben. Das Gerät schwenkt selbständig am Pfahl ein und aus.

Abb. 257 Entrankerkombination mit Vorschneider.

Neuerdings werden Entranker mit einer Vorschneideeinrichtung für das erste Heftdrahtpaar in Kombination eingesetzt.

7.2.2 Rebenvorschneidegeräte

Rebenvorschneider sind zwar vom technischen Prinzip her bereits seit mehr als 25 Jahren bekannt und einsatztauglich, haben aber aufgrund verschiedener Umstände erst in der jüngeren Vergangenheit verstärkt Einzug in die Praxis gefunden. Durch den vereinfachten Aufbau sind die Geräte mittlerweile erschwinglicher geworden. Sie werden inzwischen auch mit der traditionellen Bogenerziehung kombiniert.

Abb. 258 Vorschneidegerät.

Die Arbeitsbeschleunigung und -erleichterung beim Ausheben des Schnittholzes gerade bei stark rankenden Rebsorten ist allgemein bekannt. Dem gegenüber stehen hauptsächlich die Maschinenkosten bzw. das Risiko der Bodenverdichtung beim Einsatz auf empfindlichen Böden. In Abwägung dieser Vor- und Nachteile setzen immer mehr Betriebe Vorschneider zum Freischneiden der oberen Heftdrähte ein. Seltener wird der ganze Drahtrahmen freigeschnitten mit der Konsequenz der Umstellung auf Zapfenschnitt zumindest im Jahr des Vorschneidereinsatzes (Wechselkordon).

Vorschneidegeräte arbeiten mit horizontal rotierenden Schneidorganen (Schneidsternen, Schneidscheiben, Sägeblättern), die in einem über die Rebzeile greifenden Rahmen übereinander angeordnet sind, hydraulisch angetrieben werden und somit die Rebtriebe aus dem Drahtrahmen „herausfräsen“ können. An den Drähten bleiben nur noch kleine Triebstücke hängen, sofern sie am Draht angerankt sind. Die Schneidwalzen schwenken entweder vom Fahrer ausgelöst oder durch eine optische Abtastung automatisch gesteuert kurz vor den Pfählen aus und dahinter wieder in die Rebzeile hinein. Daher bleiben nur an den Pfählen einige Rebtriebe stehen, die bei der Nacharbeit von Hand mit geringem Zeitaufwand entfernt werden können.

Durch den modularen Aufbau kann die Höhe des bearbeiteten Bereiches im Drahtrahmen den gewählten Vorgaben angepasst werden: Werden nur die oberen Heftdrähte freigeschnitten, kann in der Regel noch eine ausreichend lange Fruchtrute angeschnitten werden – es wird lediglich das Ausheben erleichtert. Eine (vorübergehende) Umstellung auf Kordonschnitt ist notwendig, wenn man das ganze Potenzial eines Vorschneiders ausschöpfen will, nämlich das Freischneiden des ganzen Drahtrahmens oberhalb der letztjährigen Fruchtrute. Der Anschnitt einer Bogrebe im Folgejahr (Wechselkordonschnitt) vermeidet die bekannten Probleme eines Dauerkordons.

Angebaut sind die Vorschneidegeräte meist an der Schlepperfront in Fahrtrich-

Abb. 259 Der „Kobold“ im Einsatz.

tung rechts, sodass sie gut im Blickfeld des Fahrers liegen. Aus Unfallschutzgründen sind Augenschutz oder eine geschlossene Fahrerkabine unumgänglich.

Hersteller von am deutschen Markt angebotenen Gerätetypen sind Binger Seilzug, Freilauber, KMS Rinklin, Pellenc und VBC/Stockmayer.

7.2.3 Rebholzaushebegeräte

Aus Neuseeland kamen in den letzten Jahren zwei technische Verfahren, denen womöglich eine größere Bedeutung im professionellen Weinbau zukommen kann: das mechanisierte Entfernen des Schnittholzes aus dem Drahtrahmen mittels „Vinestripper“ und „Canepruner“, wie die Geräte seitens ihrer Erfinder zunächst genannt wurden.

Der **Vinestripper** der Fa. Langlois (NZ) wurde inzwischen von den deutschen Gerätebauern Wagner und Clemens auf hiesige Verhältnisse angepasst (Gerätebezeichnung „Kobold“) und wird nun in der Praxis erprobt: Zwei hydraulisch gegenläufig angetriebene bereifte Räder werden über die Rebzeile geführt, erfassen dabei die über den Drahtrahmen ragenden Triebspitzen und ziehen das vorher manuell abgeschnittene Rebholz nach oben aus den Drähten. Bei störungsfreier Arbeit – gezielte und sorgfältige Arbeit beim Vorschnitt und Stabilität des Drahtrahmens vorausgesetzt – können Einsparungen von ca. 30 Akh/ha erwartet werden. Ein solches Gerät ist zur Kosteneinsparung sehr gut in Maschinengemeinschaft vorstellbar, da ein relativ langer Einsatzzeitraum für diese Arbeit gegeben ist.

Ebenfalls aus Neuseeland (Fa. Klima) stammt die Idee zum mittlerweile von ERO (D) als „Viteco“ angebotenen **Canepruner**, einer Maschine, die das Holzausheben automatisch mit dem Häckseln kombiniert. Dies wird beim Kobold momentan nur als Option angeboten. Der Canepruner zieht die beim manuellen Vorschnitt von den Pfählen gelösten Heft- und Biegedrähte mitsamt dem daran hängen bleibenden

Abb. 260 Der Canepruner im Einsatz.

Schnittholz durch einen engen Kanal, der es einem Häcksler zuführt. Das Gerät verlassen sauber freigefräste Drähte, die anschließend wieder in ihren Drahtstationen eingelegt werden. Auch hier ist eine entsprechend zielgerichtete Vorarbeit und eine besondere Drahtrahmengestaltung erforderlich, die am besten bereits bei der Weinbergserrichtung Berücksichtigung finden sollte. Der Einspareffekt von bis zu 50 Akh/ha muss die recht hohen Einsatzkosten des Gerätes aufwiegen, was am ehesten beim Gemeinschafts- oder Lohneinsatz zu erwarten ist, weil damit eine rentable jährliche Einsatzfläche bearbeitet werden kann.

Die Erprobungsphase muss natürlich abgewartet werden, ehe ein Fazit bezüglich der breiteren Praxistauglichkeit dieser Systeme gezogen werden kann.

8 Wohin mit dem Rebholz?

Die historisch übliche Methode, das Verbrennen des aus dem Weinberg heraus geschafften Schnittholzes, hat sich bis heute lediglich in mit Maschinen unerreichbaren Anlagen teilweise erhalten. Selbst dort wird heute durch manuelles Kleinschneiden oder gleichmäßiges Ablegen des Holzes versucht, diese Humusquelle im Weinberg zu nutzen. Zudem ist das Bündeln und Heraustragen des Holzes im Steilhang eine zeitaufwendige und schweißtreibende Arbeit, die kaum rentabel ist. Zudem bietet grob zerkleinertes Rebholz Erosionsschutz und ist eine stetig nachwachsende Futterquelle von Insekten und Kleinlebewesen, die es verarbeiten, bis es gänzlich verrottet. Heute ist das Verbrennen von Schnittholz (oder holzigen Gartenabfällen) durch Gemeindeverordnungen reglementiert oder wird mehr oder weniger stillschweigend geduldet. Innerorts ist es in der Regel verboten.

Früher war geschnittenes, trockenes Rebholz in den holzarmen Weinbauregionen ein wichtiger Brennstoff zum Heizen, Backen und Kochen. Damit wurde täglich der Ofen oder der Holzherd angefeuert, um Warmwasser zu bereiten, auch beim Schlachten oder zum Kochen von Kartoffeln wurden die kupfernen Kessel damit befeuert. Aus historischer Überlieferung wird heute teils noch mit getrockneten Rebholzbündeln in Backhäusern oder Brennereien angefeuert. Dafür wird das Rebholz gebündelt und mit Weiden umflochten, und meist im Freien unter Dache zur Trocknung gelagert. Diese handlichen und gut transportierbaren Bündel wurden regional als Rebenbüschel, Rebenheisel, Rebenbürde, Rebenboßen oder Rebenholzwellen bezeichnet. Gebündeltes Rebholz wurde auch vor der Auslauföffnung des Maischefasses gelegt, um feste Bestandteile abzusieben. Zudem diente es als Polster oder Sitzgelegenheit beim Transport von Gegenständen oder Personen, um Stöße ungefederter Wagen etwas abzufedern.

Als Frostschutzmaßnahme, dem sogenannten Räuchern der Weinberge im Frühjahr, um die jungen Triebe vor Spätfrösten durch Rauch und Nebel zu schützen, wurde Rebholz zusammen mit Reisig und feuchtem Stroh verbrannt. Dickes Stammholz war knapp und wurde oft aus angrenzenden Waldgebieten einführt, um Pfähle und Baumaterialien zu gewinnen. Meist waren Stickel aus schnell wachsenden Fichtenhölzern, seltener aus Eichen oder Robinienholz, das dauerhaft und teuer war. Früher wurde lediglich die Asche wieder in den Weinberg zu Düngezwecken rückgeführt. Seit etwas den 1960er Jahren ist das Zerkleinern mit geeigneten Geräten und das Ausbringen im Weinberg (und somit Ausnutzen der im Holz „zwischengelagerten" Nährstoffe im Ökosystem Weinberg) gute fachliche Praxis. Neuerdings wird allerdings – aufgrund stark gestiegener Energiepreise – wieder verstärkt an eine energetische Verwertung des Schnittholzes aus Rebanlagen gedacht. Entsprechende Gerätesysteme werden bereits auf dem Markt angeboten.

8.1 Geräte für die Schnittholzzerkleinerung

Die ersten praktisch einsetzbaren Geräte waren in den 1960er-Jahren speziell für die Zerkleinerung des Schnittholzes entwickelt worden, oft wurde das dünne Holz einfach bei der Bodenbearbeitung eingefräst, lediglich dickere Stämme oder Schenkel werden vorher abtransportiert. Mit dem Einzug von Begrünungen in die Weinberge konnten Schlegelmulchgeräte das Zerkleinern des Holzes übernehmen, da sie neben der Mulcharbeit universell auch hierfür geeignet sind. Bei ordentlicher Schnittholzablage erreichen Schlegelmulcher ein ausreichend feines Arbeitsergebnis, damit die Verrottung des Häckselgutes im Laufe des Jahres zügig ablaufen kann. Als Kompromisslösung ist der Einsatz eines Kreiselmulchgerätes oder einer Fräse anzusehen, da hier der Zerkleinerungsgrad weniger stark ausfällt und über einen längeren Zeitraum unverrottete Rebholzstücke in der Anlage verbleiben. Störend sind längere Holzteile im Unterstockbereich, besonders wenn die Bearbeitung mechanisch erfolgt. Zudem sollte es so fein zerkleinert werden, dass es beim Gehen nicht hinderlich ist.

Sinnvoll ist in der Regel die Ablage des Holzes in eine begrünte Gasse, damit mit dem Häckseln gleich eine Begrünungseinkürzung, evtl. sogar erst im April/Mai, verbunden werden kann. Der Zeitaufwand für die Schnittholzzerkleinerung ist mit 1–2 Akh/ha anzusetzen. Wird im Winter gehäckselt, so ist es optimal, wenn das Holz und der Boden gefroren sind. Dies verhindert Bodenverdichtungen und sorgt für ein gutes Häckselergebnis, das sich sprödes gefrorenes Holz leichter zerkleinern lässt.

8.2 Geräte für Schnittholzbergung zur thermischen Verwertung

Bereits in den frühen 1980er-Jahren (zur Zeit der ersten „Ölkrisen") machte man sich erstmals Gedanken, wie die Heizenergie der

Abb. 261 Rebehäcksler im Frontanbau.

ca. 20 bis 30 dt Schnittholz je Hektar als „Heizölersatz" nutzbar gemacht werden könnte. Durch wieder sinkende Ölpreise verloren diese Initiativen seinerzeit schnell wieder an Schwung. Inzwischen werden erneut Geräteentwicklungen vorangetrieben, die durch Bergung des alljährlich anfallenden Schnittholzes eine thermische Verwertung ermöglichen sollen. Die entsprechende heizfähig trockene Rebholzmenge von einem Hektar Rebfläche entspricht dem Heizwert von z. B. zwei bis vier Festmetern Buchenbrennholz oder 600–800 Litern Heizöl.

Bei weiter anhaltender Preissteigerung sowohl fossiler als auch nachwachsender Brennstoffe können die Kosten für Bergung und Aufarbeitung (Trocknung) künftig womöglich durch die Einsparungen abgedeckt sein. Allerdings ist auch die Nährstoffbilanz durch den Holzabtransport aus der Rebfläche (bei möglicher Rücklieferung der Verbrennungsasche) wertmäßig zu berücksichtigen. Sinnvoll kann es dort sein, wo ein zu starker Wuchs der Reben durch Nährstoffentzüge gebremst werden soll. Auf schwach wüchsigen Beständen, die zudem einer verbesserten Humusversorgung bedürfen, ist die Entnahme von Rebholz zu Brennzwecken kontraproduktiv und würde auch keine ausreichenden Mengen liefern Eine Ausgleichsdüngung mit Humusdüngern und die Pressung und Bergung des Rebholzes ist in der Regel teurer als der Brennwert des Holzes.

Auf dem Markt werden derzeit schmal gebaute Ballenpressen sowie Sammelgeräte für das Häckselgut angeboten; die verwertende Heiztechnik muss dementsprechend auf die Form der Gewinnung ausgelegt sein. Die Ballenpresse erzeugt zylindrische Kleinballen (Breite 0,6 m, Durchmesser 0,4 m, Gewicht ca. 25 kg), die in der Fahrgasse in Abständen von 15–20 m abgelegt werden und anschließend mit einer geeigneten Technik eingesammelt und zum Lager bzw. Verwertungsort transportiert werden.

Häcksler mit Sammeleinrichtung nehmen das Schnittholz front- oder heckseitig auf und verfrachten es nach der Zerkleinerung in einen aufgebauten Behälter oder Anhänger. Durch die stärkere Verdichtbarkeit des Häckselgutes ist hierbei weniger Volumen zu transportieren als bei der Bergung in Ballenform. Es sollte bei der Pressung nicht verschmutzen und bereits eine Vortrocknung erfahren haben. Ansonsten leidet der Brennwert oder es setzt Schimmel an. Daher ist eine Pressung und Bergung im Frühjahr bei trockenem und sonnigem Wetter sinnvoll. Es dürfen aber noch keine Grünpflanzen durchgewachsen sein.

Unabdingbar ist bei beiden Verfahren jedoch die Kontrolle bzw. Reduzierung der Materialfeuchte – im Bergezustand ca. 45 % – auf möglichst unter 15 %. Insbesondere falls hierfür Fremdenergie eingekauft werden muss, ist es sinnvoll, zunächst eine wirtschaftliche Vergleichsrechnung unter Berücksichtigung aller Rahmenbedingungen (z. B. Maschinen-, Arbeits-, Trocknungskosten, Nährstoffbilanz, Wert der organischen Masse, ggf. Umrüstung der Heizanlage) vorzunehmen, um eine fundierte langfristige Entscheidung treffen zu können. Vielleicht ist auch eine überbetriebliche Anschaffung der Technik der Schnittholzbergung überlegenswert. Alternativ kann auch die Bereitung von Holzhackschnitzeln aus grobem Material (gerodete Stämme und saubere Wurzeln) sinnvoll sein. Häufig werden die gesägten Stämme auch heute noch in Kleinfeuerungsanlagen verbrannt.

Gerade auch die zunehmenden Erkrankungen durch Pilze (Esca) im Totholz rückt das Abtransportieren und Verbrennen wieder in den Vordergrund. Infizierte Stämme sollten nicht im Freien der Verrottung über-

Abb. 262 Schnittholzbergung in Ballenform zur Brennholzgewinnung.

lassen werden. Auch wenn in vielen Gemeinden das Verbrennen im Freien grundsätzlich nicht mehr gestattet ist, sollte zum Schutz vor weiterer Ausbreitung der Pilze eine Ausnahmegenehmigung von infiziertem Material angestrebt werden. In der Regel werden bei schriftlicher Anfrage diese Genehmigungen auch erteilt. Besteht Klärungsbedarf, so sollte die amtliche Weinbauberatung kontaktiert werden.

9 Kostenkalkulation Rebschnitt

9.1 Arbeitszeitbedarf und Kostenkalkulation für Rebschnitt und Biegen

Vielfach wird der Rebschnitt als Fremddienstleistung genutzt oder Winzer bieten anderen Kollegen an, den Rebschnitt und das Biegen teilweise oder ganz für sie zu übernehmen. Daher stellt sich die Frage, wie z. B. der Anschnitt oder das Ausheben abzurechnen sind. Hierzu soll diese Kalkulationsgrundlage dienen. Die Angaben stützen sich auf durchschnittliche arbeitswirtschaftliche Kenndaten und Stundensätze in

Tab. 18 Arbeitszeitbedarf und Kosten beim Rebschnitt und Biegen (ohne Material- und Gerätekosten) Halbbogenerziehung: Gassenbreite 1,80–2,00 m; Stockabstand 1,10–1,30 m

Arbeitsverfahren	Arbeitszeit	Arbeitskosten € (brutto)	
	Std. je ha	in €/Std.	in €/ha
Rebschnitt (je nach Sorte u. Wüchsigkeit)			
ganzer Stock 1 Bogen	60–90	18,–	1 080,– bis 1 620,–
ganzer Stock 2 Bogen	70–100	18,–	1 260,– bis 1 800,–
Einfacher Anschnitt ohne Putzen 1 Bogen	20–30	18,–	360,– bis 540,–
Rebholz herausziehen mit Putzen 1 Bogen	40–60	12,–	480,– bis 720,–
Einfacher Anschnitt ohne Putzen 2 Bogen	20–30	18,–	360,– bis 540,–
Rebholz herausziehen mit Putzen 2 Bogen	50–70	12,–	600,– bis 720,–
Anschnitt mit Putzen 1 Bogen	30–40	18,–	540,– bis 720,–
Rebholz herausziehen ohne Putzen 1 Bogen	30–50	12,–	360,– bis 600,–
Anschnitt mit Putzen 2 Bogen	40–60	18,–	720,– bis 1 800,–
Rebholz herausziehen ohne Putzen 2 Bogen	35–45	12,–	420,– bis 540,–
Mehrjähriger Kordon-Komplettschnitt	70–110	18,–	1 260,– bis 1 980,–
Mehrjähriger Kordon-Nachschnitt 1 Bogenkordon	30–45	18,–	540,– bis 810,–
Manueller Nachschnitt Minimalschnitt (Stammtriebe und tief hängende Triebe entfernen, die vom Laubschneider nicht erfasst werden)	8–10	12,–	96,– bis 120,–
Biegen und Binden (je nach Bruchfestigkeit der Sorte)			
1 Bogen mit 30 % Stammbindungen	25–35	12,–	300,– bis 420,–
2 Bogen mit 30 % Stammbindungen	35–45	12,–	420,– bis 540,–
1 Bogen mit 5 % Stammbindungen	15–30	12,–	180,– bis 360,–
2 Bogen mit 5 % Stammbindungen	30–40	12,–	360,– bis 480,-

Beim Flachbogen sind 5 bis 10 Stunden zusätzlich je ha für Schneiden und Biegen zu kalkulieren.

Tab. 19 Arbeitszeitbedarf Rebschnitt bei verschiedenen Arbeitsverfahren mit maschineller Drahtablage und Vorschnitt der oberen Drahtstation bei Halbbogenerziehung

Arbeitsvergleich Rebschnitt	Verfahren 1 Maschinelles Ablegen beider Heftdrahtpaare	Verfahren 2 Maschinelles Ablegen des unteren Heftdrahtpaares kombiniert mit Vorschnitt der oberen Drahtstation
Teilschritte	**Arbeitsstunden je Hektar**	**Arbeitsstunden je Hektar**
Drähte manuell aus den Haken aushängen, Heftklammern lösen	2,5	2,5
Maschinelles Ablegen beider Heftdrahtpaare	1,5	–
Maschinelles Ablegen des unteren Heftdrahtpaares kombiniert mit maschinellem Vorschnitt und Entranken	–	3
Anschnitt und Putzen der Ruten	30–35	30–35
Rebholz herausziehen	20–25	20–30
Gesamt	54–64	55,5–70,5

(nach Walg 2005)

betriebsüblichen Normalanlagen. Abweichungen nach unten und oben sind je nach Wuchs und Standraum aber möglich. Auch die individuelle Arbeitsleistung kann schwanken. Daher sind die Daten den einzelbetrieblichen Umständen gegebenenfalls anzupassen.

9.2 Dichtpflanzung: Aufwand für den Rebschnitt ist erhöht

Die Dichtpflanzung im Weinbau unterscheidet sich in der Regel nur durch den Stockabstand von der herkömmlichen Drahtspalieranlage. Aufgrund der Mechanisierung liegt der Zeilenabstand in der Regel einheitlich bei 1,80 bis 2,00 m. Dies gilt insbesondere für geplante Neuanlagen. Auch hinsichtlich der Abtrocknungs- und Belichtungsverhältnisse ist es – abgesehen von nicht mechanisierungsfähigen Steillagen mit Südausrichtung – kaum sinnvoll, engere Gassen unter 1,80 m anzulegen. Bei der Dichtpflanzung wird hingegen mit deutlich engeren Stockabständen gearbeitet und so der Einzelstockertrag reduziert. Auch das Wurzelwachstum verlagert sich weiter nach unten, wie Wurzelgrabungen aufzeigen konnten. Damit soll der Stocküberlastung und Stress vor allem bei Sommertrockenheit entgegengewirkt werden.

Voraussetzung für das Gelingen dieses Systems ist die Verwendung einer wuchsschwächeren Unterlage, als bei üblichen Standweiten für den Standort vorgesehen wäre. Auf besonders wüchsigen Böden bei guter Wasser- und Nährstoffversorgung haben Dichtpflanzungen kaum Vorteile, auf austrocknungsgefährdeten Standorten kann eine höhere Stockzahl jedoch von Vorteil sein. Neben qualitativen Aspekten ist auch der Anfangsertrag der Anlage höher. Die In-

Tab. 20 Arbeitszeitbedarf Rebschnitt bei verschiedenen Drahtrahmensystemen mit und ohne maschinellen Vorschnitt (Halbbogenerziehung bei Riesling)

Drahtrahmen	Teilschritte	Arbeitszeiten (Akh/ha)			
		manuelle Draht-ablage	maschineller Vorschnitt	Rebschnitt und Ausheben	Summe
1 bewegliches Heftdrahtpaar und 2 Rank-drähte	Vorschnitt, Heftdrahtpaar abgelegt	5,5	2,5	56	64
	ohne Vorschnitt, Heft-drahtpaar abgelegt	5,5	–	71	76,5
2 bewegliche Heftdrahtpaare und 1 Rank-draht	Vorschnitt, unteres Heft-drahtpaar abgelegt	5,5	2,5	54	62
	ohne Vorschnitt, unteres Heftdrahtpaar abgelegt	5,5	–	67	72,5
	ohne Vorschnitt, beide Heftdrahtpaare abgelegt	8,5	–	62,5	71
2 beweglicher Heftdrahtpaare	Vorschnitt, unteres Heft-drahtpaar abgelegt	5,5	2,5	52,5	60,5
	ohne Vorschnitt, unteres Heftdrahtpaar abgelegt	5,5	–	60,5	66
	ohne Vorschnitt, beide Heftdrahtpaare abgelegt	8,5		50	58,5

(nach Walg 2005)

vestitionskosten der Anlage sind entsprechend der größeren Stockzahl höher. Der Anschnitt je Rebe beträgt bei halber Standweite auch nur die Hälfte der Augen, sofern das Anschnittniveau pro Flächeneinheit gleich gehalten wird.

Die Aufwendungen für die Stockarbeiten steigen aber an, je mehr Reben auf der Fläche stehen. Das gilt insbesondere für die Arbeiten Rebschnitt, Biegen und Ausbrechen, da ja diese Arbeiten individuell am einzelnen Rebstock stattfinden und nicht wie die maschinellen Arbeiten von der Anzahl an Zeilen pro Flächeneinheit abhängen. Der Aufwand beim Rebschnitt ist somit bei doppelter Stockzahl um annähernd 100 % erhöht. Bei üblichen Standräumen von 2,00 m^2/Rebe wurden in einer 5-jährigen Spätburgunderanlage für den Komplettschnitt 64,5 Stunden je Hektar benötigt. Bei der Dichtpflanzung auf 1,00 m^2 je Rebe (gleiche Zeilenbreite, halber Stockabstand) waren es hingegen 125,4 Arbeitsstunden je Hektar. Die Variante Doppelstock, also 2 Reben an einer Pflanzstelle bei 2,00 m^2/Doppelstock (entspricht 1,00 m^2/Stock) hatten einen Aufwand von 112 Akh/ha zur Folge, demnach einen Mehraufwand von 73 % im Vergleich zur Normalpflanzung. Somit wird die tatsächliche oder vermeintlich höhere Traubenqualität durch einen erheblich höheren Stundenaufwand teuer erkauft, geht man von annähernd gleichen Flächenerträgen aus.

Abb. 263 Dichtpflanzungen erhöhen den Arbeitsaufwand der Stockarbeiten erheblich.

Tab. 21 Beispiel zum Anschnitt und Einzelstockertrag bei Dichtpflanzung und Normalpflanzung

	Normalpflanzung	Dichtpflanzung
Zeilenabstand	2,00 m	2,00 m
Stockabstand	1,20 m	0,60 m
Standraum/Stock	2,4 m^2	1,2 m^2
Stöcke/ha	4166	8333
angestrebter Flächenertrag	14000 kg/ha	14000 kg/ha
entspricht einem Stockertrag von	3,36 kg	1,68 kg
Anschnitt pro m^2	5 Augen	5 Augen
Anschnitt pro Stock	12 Augen (ein Halbbogen)	6 Augen (ein Strecker)

Service

Foto: Stockaufbau bei sanftem Rebschnitt mit zwei Ausgängen.

Tab. 22 Hersteller von Rebschneidwerkzeugen, Bindezangen und Bindematerial (Stand Mai 2018)

Hersteller/Vertriebspartner national	E-Mail	Internet
Felco Deutschland	info@felco.eu	www.felco.eu
Müller&Sohn Spezialmaschinen	marco@mueller-eltville.de	www.mueller-eltville.de
Echo Motorgeräte Vertrieb Deutschland	info@echo-shop.de	www.echo-shop.de
Hispaes S.A.	informacion@hispaes.es	www.hispaes.com
Infaco s.a.s.	electrocoup@infaco.fr	www.infaco.fr
Albrecht-Akkuspezialgeräte	vertrieb@albrecht-web.com	www.albrecht-elektro.com
Pellenc SA	pellenc.sa@pellenc.com	www.pellenc.com
Tiger GmbH	info@tiger-pabst.de	www.tiger-pabst.de
Ebinger Technisches Equipment	info@ebinger-gmbh.com	www.ebinger-gmbh.com
KME Agromax	info@kme-agromax.de	www.kme-agromax.de
Niko Maschinenbau	info@niko-maschinenbau.de	www.niko-maschinenbau.de
Gebr. Schröder	info@original-loewe.de	www.original-loewe.de
Ero Maschinenbau GmbH	mail@ero.eu	www.ero-weinbau.de/
AWS Stockmayer Maschinenbau e. K:	info@aws-stockmayer.de	www.aws-stockmayer.de/
Andreas Stihl AG Co. KG	info@stihl.de	www.stihl.de
Braun Maschinenbau	info@braun-maschinenbau.de	www.braun-maschinenbau.info
Clemens GmbH CO. KG	info@clemens-online.com	www.clemens-online.com
Provitis		www.viticulture-provitis.eu
Marathon Tools UG	info@marathon-tools.de	www.marathon-tools.de
Seibert Gerätebau	info@rebenbindegeraet.de	www.rebenbindegeraet.de
Mowein GmbH	info@mowein.de	www.mowein.de
Rema Kunststoffteile	info@rema-plasticparts.com	www.rema-plasticparts.de
Wurth Pflanzenschutz GmbH	info@wurth-pflanzenschutz.de	www.wurth-pflanzenschutz.de
Baywa AG	info1@baywa.de	www.baywa.de

(Angaben ohne Gewähr, Stand 2018, kein Anspruch auf Vollständigkeit)

Literaturverzeichnis

Kiefer, W.; Weber, M. (1995): Rebschnitt als Grundlage für die Qualitätsweinerzeugung. In: Mechanisierung der Laubarbeiten. KTBL, Darmstadt, Schrift 364: 51–66

Babo, A.; Mach, E. (1893): Handbuch des Weinbaues und der Kellerwirtschaft. Verlag Paul Parey

Bauer, K. (2002): Erste Erfahrungen mit dem Minimalschnittsystem bei der Sorte Grüner Veltliner in Österreich. In: Deutsches Weinbau-Jahrbuch, Waldkircher Verlag: 127–132

Bauer, K. u. a. (2002): Weinbau. Österreicher Agrarverlag, Leopoldsdorf (Österreich)

Becker, A. (1998): Wasserhaushalt beim Minimalschnitt im Vergleich zur Normalerziehung. Diplomarbeit, Geisenheim

Becker, A. (2010): Esca: der Schnitt macht die Musik. In: Der Deutsche Weinbau 1: 14–16

Becker, A. (2011): Maschinelles Ausheben des Schnittholzes. Landw. Wochenblatt, 5, S. 28–32

Becker, A. u. a. (2007): Extensivierung im Weinbau. Meininger Verlag, Neustadt a. d. Weinstraße

Clingeleffer, P. R. (1988): Response of Riesling clones to mechanical hedging and minimal pruning of cordon trained vines (MPCT) – implications for clonal selection.In: Vitis 27: 87–93

Clingeleffer, P. R. (1983): Minimal pruning – Its role in canopy management and implications of its use for the wine industry. In: "Advances in Viticulture and Oenology for Economic gain". Proceedings of the 5th Australian Wine Industry Technical Conference. Perth, Western Australia: 133–145

Currle, O. u. a. (1983): Biologie der Rebe. Meininger-Verlag, Neustadt a. d. Weinstraße

Downtown, W. J. S.; Grant W. J. R. (1992): Photosynthetic Physiology of Spur Pruned and Minimal Pruned Grapevines. In: Australian Journal of Plant Physiologie, Nr. 19: 309–316

Fischer A. (1982): Verwertung von Rebholz; Der Deutsche Weinbau, 11, S. 486–490

Fischer M. (2006): Esca Bekämpfung – Überblick und Perspektiven. Der Badische Winzer 8. S. 29–31

Fox, R. (2008): Schnittholzmenge: Ein wichtiger Indikator. Das Deutsche Weinmagazin, 5, S. 30–34

Fox, R. (2009): Klimawandel und Minimalschnitt – passt das zusammen? In: Das Deutsche Weinmagazin 20: 27–30

Fox, R. (2010): Mit eine Folge des Klimawandels: Die Reben werden immer fruchtbarer. Umdenken beim Rebschnitt angesagt?. Rebe und Wein, 1, S. 1–19

Fox, R. (2010): Versuche zu Weinsberger Rotweinzüchtungen. In: Der Deutsche Weinbau 5: 12–15

Fox, R.; Steinbrenner, P. (2007): Ergebnisse zur Minimalschnitterziehung. Eine Zwischenbilanz. In: Das Deutsche Weinmagazin 7: 70–76

Frisch, H. (2000): Die Umkehrerziehung hat sich bewährt. Der Badische Winzer, 10, S. 21–23

Götz, G. (2000): Stockpflegemaßnahmen und Rebschnitt. Hagel – was nun? In: Das Deutsche Weinmagazin 25: 16–20

Götz, G. (2002): Pendel- oder Flachbogen? Biegedrähte: Den Abstand verringern. Der Deutsche Weinbau, 5, S. 51

Götz, G. (2006): Maßnahmen nach starken Hagelschäden. Die letzte Rettung. In: Das Deutsche Weinmagazin 14: 8–11

Götz, G. (2013): Der Rebschnitt II. Chirurgische und prophylaktische Maßnahmen. Das Deutsche Weinmagazin 26, 16–21

Hafner, P., Feichter, M.; Sinn, F. (2009): Wundenarmer Rebschnitt.Obstbau Weinbau 11, 381–383

Hill, G.; Spies, S.; Prior, B. (2000): Minimalschnitt zur Bewirtschaftung abgängiger Rebanlagen auf dem Prüfstand. In: Das Deutsche Weinmagazin 16/17: 10–14

Holzapfel, B. (2007): Mündliche Mitteilung.

Kortekamp, A. (2012): Pflanzenschutz beginnt bereits beim Rebschnitt. Der Deutsche Weinbau, 2, S. 42

Kranich, H. (2007): Eine Studie zum Arbeitszeitbedarf für die Minimalschnittbewirtschaftung. Persönliche Aufzeichnung.

Ladach, M. (2018): An die Knospe, fertig, los. Das Deutsche Weinmagazin 09, S. 18–21

Lutz, M. u. a. (2010): Rebholz als alternativer Energieträger. Rebe & Wein, 2, S. 20–21

Molitor, D. (2003): Lässt sich die Rebe antiautoritär erziehen? In: Das Deutsche Weinmagazin 24: 16–19

Moser, E. (1984): Verfahrenstechnik Intensivkulturen. Parey-Verlag, Hamburg-Berlin

Müller, E. u. a. (1999): Der Winzer, Band 1. Ulmer Verlag, Stuttgart

Petgen, M. (2009): Einsatz von Bioregulatoren Meilensteine in der Fäulnisbekämpfung? In: Das Deutsche Weinmagazin 4: 12–16

Petgen, M. (2016): Der Rebschnitt nach Simonit & Sirch. Der Deutsche Weinbau 01, S. 30–34

Petgen, M. (2016): Sanfter Rebschnitt in der Umstellungsphase. Der Deutsche Weinbau 05, S. 20–23

Petgen, M.; Hörsch, S. (2018): Aller Anfang ist schwer. Etablierung der Schnittmethode nach Simonit & Sirch in einer Junganlage. Der Deutsche Weinbau 01, S. 42–46

Petgen, M.; Wörthmann, M. (2017): Der Rebschnitt nach Simonit & Sirch. Der Deutsche Weinbau 24, S. 21–27

Petgen, M.; Hörsch, S.; Wörthmann, M. (2016): Erste Erfahrungen nach der Umstellung. Schnittmethode nach Simonit & Sirch im Test. Das Deutsche Weinmagazin 06, S. 16–19

Porten, M. und Schneider, C. (2004): Überlegungen zum Rebschnitt. Das Deutsche Weinmagazin, 26, S. 18–21

Raifer, B. (2009): Auf den Rebschnitt kommt es an. Sanfter Rebschnitt für alterungsfähige, gesunde Reben und hohe Traubenqualität. Südtiroler Landwirt 23, 59–60

Rebholz, F. (2006): Praxiserfahrungen mit Elektrorebscheren. Der Deutsche Weinbau, 25/26, S. 32–34

Rebholz, F. (2007): Elektrorebscheren im Test. Der Deutsche Weinbau, 21, S. 12–15

Rebholz, F. (2007): Rebschnitt – Umsteigen auf Akkuschere. Der Deutsche Weinbau, 22, S. 34

Rebholz, F. (2011): Akkuscheren für den Weinbau. KTBL-Arbeitsblatt 105, 3 S.

Scheu., G. (1936): Mein Winzerbuch. Reichsnährstand Verlags GmbH

Schiefer, H. C. (2013): Der Sanfte Rebschnitt – Eine Südtiroler Methode. Rebe und Wein 01, 30–32

Schirra K. (2011): Schildläuse: Die Winzer sind nicht wehrlos. Inno Vino, 2 S. 18–19

Schmitt, M. (2006): Mündliche Mitteilung.

Schreieck, P. (2009): Welche Erziehung taugt zum Vorschnitt? In: Der Badische Winzer 1: 27–30

Schreieck, P. (2010): V-Strecker in der Praxis. In: Das Deutsche Weinmagazin 26: 34–37

Schreieck, P. (2011): Schleppergeführter Vorschnitt: rechnet sich's? Der Deutsche Weinbau, 23, S. 28–31

Schultz H. R. (1997): Weinbau ohne Winterschnitt – Zukunftsmusik? In: Der Deutsche Weinbau Nr. 18: 11

Schwab, A., Grebner, E. (2004): Zeitsparender, teilmechanisierter V-Streckerrebschnitt. In: Rebe und Wein 57 (2): 20–21

Schwab. A., Grebner, E. (2007): Mechanische Teilentfruchtung in Naturwuchs-/Minimalschnittanlagen. In: Das Deutsche Weinmagazin 13: 9–11

Schwab. A.; Nüsslein, R. (2004): Minimalschnitt – Erfahrungen in Franken (1999-2004). Broschüre des Sachgebiets Weinbaumanagement der Bayerische Landesanstalt für Weinbau und Gartenbau (LWG)

Schwab. A.; Nüsslein, R. (2005): Minimalschnitt schafft Arbeitskapazitäten. In: Der Deutsche Weinbau Nr. 15: 26–31

Simonit, M.; Sirch, P. (2009): Potatura secca della vite, tagliare solo legno giovane.L Ínformatore Agrario 36, 48–4

Simonit, M.; Sirch, P. (2009): Potatura soffice contro il dperimento die vigneti L Ínformatore Agrario 36, 42–46

Simonit, M. (2014): Manuale di potatura della vite Guyot. Edizioni L`Informatore Agrario, Verona

Simonit, M. (2016): Manuale di potatura della vite. Cordone speronato. Edizioni L`Informatore Agrario, Verona

Sommer, K. J. (1995): Mechanisierung des Rebschnitts in Australien. In: Mechanisierung der Laubarbeiten. KTBL, Darmstadt, Schrift 364: 23–50

Vereinigte Hagelversicherung, Alzey (2010): Mündliche Mitteilung.

Walg, O. (2003): Rebschnitt und Rebenerziehung richtig gestalten. Die Winzer Zeitschrift, 12, S. -29

Walg, O. (2005): Bindematerialien und Bindegeräte. KTBL-Arbeitsblatt Nr. 89. Das Deutsche Weinmagazin, 2, S. 19–23

Walg, O. (2005): Stockarbeiten besser mechanisieren. Das Deutsche Weinmagazin, 24, S. 16–22

Walg, O. (2007): Taschenbuch der Weinbautechnik. Fachverlag Fraund, Mainz

Walg, O. (2010): Teil 2: Vine stripper, Cane Pruner und Co. Das Deutsche Weinmagazin, 26, S. 22–27

Walg, O. (2012): Ein Kobold zum Rausziehen des Altholzes? Landw. Wochenblatt, 3, S. 37–38

Walg, O. (2012): Neuer Rebholzentranker. Landw. Wochenblatt, 3, S. 35–36

Weisbrodt, G. (2004): Der richtige Schnitt. Das Deutsche Weinmagazin, 25, S. 12–15

Weyand, K. (2006): Entwicklung und Erprobung von Minimalschnittsystemen unter Berücksichtigung von Ertragsphysiologie, Laubwandstruktur, Wasser- und Reservestoffhaushalt. Dissertation zur Erlangung des Doktorgrades im Fachgebiet Agrarwissenschaften der Justus-Liebig-Universität Giessen

Wohlfarth, P. (2002): Was leisten eigentlich die Nichtschnitt-Systeme. In: Der Badische Winzer Januar: 27–29

Zink, M. (2007): Mündliche Mitteilung.

Bildquellen

Titelbild: AdobeStock/lotharnaler

Becker, Arno: Abb. 195, 196, 198-204, 212, 213, 216, 219, 221-224, 228-234
Götz, Gerd: Abb. 1-4, 6, 8-11, 14-16, 18-24, 26-51, 53-59, 61-64, 67-70, 72-77, 85, 87, 89, 90, 94, 96, 97, 102-106, 108-155, 158, 161-164, 170-172, 176, 178-181, 183-190, 192-194, 206, 208-211, 240, 245, 247, 249, 256, 257, 261, 263, S. 289
Hörsch, Sebastian: S. 285
Kranich, Helmut: Abb. 84
Ladach, Martin: Abb. 156–160, 165, 169
Löhe, Ralf: Abb. 52
Rebholz, Franz: Abb. 236, 237, 239, 241-244, 246, 248, 250, 262
Werkbild ERO: Abb. 260
Werkbild KMS Rinklin: Abb. 258
Werkbild Wagner/Clemens: Abb. 259

Die Abbildungen 5, 7, 65, 66, 100, 101, 166,168, 225, 227, 251-253, 255 fertigte Helmuth Flubacher, Stuttgart, nach Vorlagen der Autoren.
Die Abbildungen 12, 13, 17, 25, 60, 71, 78-83, 86, 88, 91-93, 95, 98, 99, 107, 173-175, 177, 182, 191, 197, 205, 207, 214, 215, 217, 218, 220, 226, 235, 238, 254 fertigte Artur Piestricow, Stuttgart, nach Vorlagen der Autoren.

Sachregister

Die in diesem Buch enthaltenen Empfehlungen und Angaben sind von den Autoren mit größter Sorgfalt zusammengestellt und geprüft worden. Eine Garantie für die Richtigkeit der Angaben kann aber nicht gegeben werden. Autoren und Verlag übernehmen keine Haftung für Schäden und Unfälle. Bitte setzen Sie bei der Anwendung der in diesem Buch enthaltenen Empfehlungen Ihr persönliches Urteilsvermögen ein.

Der Verlag Eugen Ulmer ist nicht verantwortlich für die Inhalte der im Buch genannten Websites.

Bibliografische Information der Deutschen Nationalbibliothek
Die Deutsche Nationalbibliothek verzeichnet diese Publikation in der Deutschen Nationalbibliografie; detaillierte bibliografische Daten sind im Internet über http://dnb.d-nb.de abrufbar.

Wollgrasweg 41, 70599 Stuttgart (Hohenheim)
E-Mail: info@ulmer.de
Internet: www.ulmer.de
Projektleitung: Pia Fehrenbach
Lektorat: Alessandra Kreibaum
Herstellung: Stephanie Haun
Umschlagentwurf: Verlag Eugen Ulmer
Satz: primustype Hurler GmbH, Notzingen
Reproduktion: timeRay Visualisierungen, Jettingen
Druck und Bindung: Pustet, Regensburg
Printed in Germany

ISBN 978-3-8186-0404-2

HIER KÖNNEN SIE WEITERLESEN:

Terroir.
Wetter, Klima, Boden.
D. Hoppmann, M. Stoll,
K. Schaller.
2., aktualisierte Auflage 2017.
384 Seiten, 123 sw-Fotos,
50 Farbfotos, 14 sw-Zeichnungen, 63 Tabellen, kart.
ISBN 978-3-8001-0350-8.

Die Autoren beschreiben alle wichtigen rebphysiologischen Vorgänge und schaffen so ein Verständnis, wie natürliche Standortfaktoren auf die Weinqualität wirken. Durch Bewirtschaftung, Bewässerung und Bestandsführung verändern Winzer das Mikroklima und die Bodenverhältnisse. Eine Analyse des Begriffes „Terroir" lässt begreifen, wie vielfältig die Zusammenhänge sind.

2019 wurde Terroir von der International Organisation of Vine and Wine (OIV) in der Kategorie "Nachhaltiger Weinbau" ausgezeichnet.

QUALITÄT UND ERTRAG STEUERN

STELLEN SIE UM AUF BIO

Biologischer Weinbau.
U. Hofmann. 2014. 384 Seiten, 193 Farbfotos, 40 Tabellen, geb.
ISBN 978-3-8001-7977-0.

Das Buch vermittelt die wissenschaftlichen und praktischen Grundlagen des ökologischen Weinbaus. Schwerpunktthemen sind einerseits der Boden und das Bodenmanagement, andererseits die Pflanzenpflege. Die ökologischen Grundsätze der Artenvielfalt und der natürlichen Regulationsmechanismen werden mit Beispielen und für die Praxis dargestellt. Winzer, Berater und Wissenschaftler erhalten mit diesem Buch eine umfangreiche Zusammenstellung der Möglichkeiten des ökologischen Weinbaus, nicht zuletzt auch einen unentbehrlichen Ratgeber bei allen Fragen zur Umstellung der Wirtschaftsweise.

DEM KLIMAWANDEL BEGEGNEN

Bewässerung im Weinbau.
W. Patzwahl. 2007. 88 Seiten, 16 sw-Abbildungen, 14 Tabellen, 20 Zeichnungen, kart.
ISBN 978-3-8001-4944-5.

Die Bewässerung von Rebflächen spielt eine immer wichtigere Rolle. Verstärkt wird dies durch die derzeitige klimatische Entwicklung. Je nach betrieblicher Situation wird die Bewässerung im Weinbau dabei als eine „Feuerwehr-Maßnahme“ bei akuter Trockenheit oder als möglichst optimiert eingesetzter Produktionsfaktor verstanden. Dieses Buch beantwortet ausführlich alle Fragen zur Bewässerung. Darüber hinaus wird das Basiswissen für den optimalen Einsatz der Bewässerung vermittelt. Dazu gehören die komplexen Zusammenhänge des Wasserflusses in einer Rebanlage und in der Rebe sowie die vielfältigen möglichen Beeinträchtigungen im Stoffwechsel der Rebe bei Wassermangel und den Folgen für die Trauben- und Weinqualität.